高等教育规划教材

Java EE 开发技术与实践教程

聂艳明　刘全中　李宏利　邹　青　编著

机械工业出版社

本书共分为五大部分，涵盖了 Java EE 的主流开发技术。第一部分介绍了 Java Web 开发模型及其演化、Java EE 基础服务。第二部分对 Java Web 基础开发技术，如 JSP、Servlet、EL、JSTL 以及 MVC 进行了阐述。第三部分集中论述基于轻量级 SSH（Struts2+Spring+Hibernate）框架开发的原理和技术，特别是三者之间的整合方法。第四部分着重探讨了基于经典 Java EE 框架（JSF+EJB+JPA）开发的原理和方法，重点在于其架构性理念和规范。最后一部分给出了针对同一项目的三种不同开发技术方案，以期读者能获得 Java EE 应用分层开发技术的整体性理解。本书的每个章节都配有拓展参考阅读文献，以指导读者进一步深入学习。

本书既可作为高等院校计算机软件开发技术课程的教材，也可作为软件开发从业人员的技术参考书。

本书配套授课电子课件，需要的教师可登录 www.cmpedu.com 免费注册，审核通过后下载，或联系编辑索取（QQ：2966938356，电话：010-88379739）。

图书在版编目（CIP）数据

Java EE 开发技术与实践教程 / 聂艳明等编著. —北京：机械工业出版社，2014.9（2018.2 重印）

高等教育规划教材

ISBN 978-7-111-48043-3

Ⅰ. ①J… Ⅱ. ①聂… Ⅲ. ①JAVA 语言－程序设计－高等学校－教材
Ⅳ. ①TP312

中国版本图书馆 CIP 数据核字（2014）第 219125 号

机械工业出版社（北京市百万庄大街 22 号　邮政编码 100037）
责任编辑：郝建伟　师沫迪　　责任校对：张艳霞
责任印制：常天培

涿州市京南印刷厂印刷

2018 年 2 月第 1 版・第 3 次印刷

184mm×260mm・23.5 印张・580 千字

4501－5700 册

标准书号：ISBN 978-7-111-48043-3

定价：49.00 元

出 版 说 明

当前，我国正处在加快转变经济发展方式、推动产业转型升级的关键时期。为经济转型升级提供高层次人才，是高等院校最重要的历史使命和战略任务之一。高等教育要培养基础性、学术型人才，但更重要的是加大力度培养多规格、多样化的应用型、复合型人才。

为顺应高等教育迅猛发展的趋势，配合高等院校的教学改革，满足高质量高校教材的迫切需求，机械工业出版社邀请了全国多所高等院校的专家、一线教师及教务部门，通过充分的调研和讨论，针对相关课程的特点，总结教学中的实践经验，组织出版了这套“高等教育规划教材”。

本套教材具有以下特点：

1）符合高等院校各专业人才的培养目标及课程体系的设置，注重培养学生的应用能力，加大案例篇幅或实训内容，强调知识、能力与素质的综合训练。

2）针对多数学生的学习特点，采用通俗易懂的方法讲解知识，逻辑性强、层次分明、叙述准确而精炼、图文并茂，使学生可以快速掌握，学以致用。

3）凝结一线骨干教师的课程改革和教学研究成果，融合先进的教学理念，在教学内容和方法上做出创新。

4）为了体现建设“立体化”精品教材的宗旨，本套教材为主干课程配备了电子教案、学习与上机指导、习题解答、源代码或源程序、教学大纲、课程设计和毕业设计指导等资源。

5）注重教材的实用性、通用性，适合各类高等院校、高等职业学校及相关院校的教学，也可作为各类培训班教材和自学用书。

希望教育界的专家和老师能提出宝贵的意见和建议。衷心感谢广大教育工作者和读者的支持与帮助！

机械工业出版社

前　言

Java EE 已经成为企业级应用开发的首选技术解决方案之一。本书以 MyEclipse 8.5、MySQL 5.6、Tomcat 6.0 或 JBoss 6.0（用于 EJB 项目）作为开发和运行测试环境，以对比的叙述方式介绍了主流的 Java EE 开发技术及其实践。

本书从 Java Web 开发模型及其演化、Java EE 多层架构及其基础服务的简单介绍入手，深入浅出地叙述了当前流行的 Java EE 开发技术的原理、方法及实践：1）基于 MVC 的 Java Web 开发基础模型（JSP+Servlet+JavaBean）；2）基于 SSH（Struts2+Spring+Hibernate）轻量级框架；3）基于 JSF+EJB+JPA 的经典 Java EE 框架。在本书的最后一个部分，针对同一项目采用上述三种 Java Web 开发技术方案分别予以实现，以期读者对于 Java EE 分层架构及各层对应模型或框架的技术选型有一个整体性的把握。

本书体现了面向实用型软件工程人才培养的课程改革的方向，在关注 Java Web 开发基础的前提下，紧跟业界需求，重点介绍基于轻量级 SSH 框架的开发技术，同时从应用架构和规范标准的角度兼顾了经典 Java EE 框架。对于本书的使用：1）可以任选其中一种或两种 Java Web 开发模型或框架作为主要内容，而将其他部分作为辅助参考，这种使用方式建议授课 30 课时、实验 10 课时；2）可以包含所有内容，建议授课 40 课时、实验 20 课时，同时规划课余时间用于课程项目开发实践，以切实强化学生对基础概念和开发实践的掌握。

本书中包含的所有示例代码都是在 MyEclipse 8.5、MySQL 5.6 以及 Tomcat 6.0 或 JBoss 6.0 环境下调试运行通过的。第 14 章给出一个完整的示例，以帮助读者顺利地完成开发任务。从应用程序的设计到应用程序的发布，读者都可以按照书中所讲述内容实施。作为教材，每章后附有小结和拓展阅读书目建议，以指导读者对相关主题的深入学习。

本书的第 1、2、9、13 和 14 章由聂艳明编写；第 8 章和第 11 章由刘全中编写；第 3～7 章由邹青编写；第 10 章和第 12 章由李宏利编写。全书由聂艳明统稿，张阳教授审定。在本书的编写过程中，徐雷等同学承担了书稿的文字校对工作。本书的顺利出版，还要感谢西北农林科技大学信息工程学院的李书琴院长等领导以及其他老师所给予的大力支持和帮助。李建良、张宏鸣、赵建邦、王美丽、英明、王湘桃、毛锐、颜永丰等软件工程系的同仁，也为本书的编写提供了宝贵建议。

需要本书第 14 章示例项目代码以及全书示例的读者，请到出版社网站上下载。

本书出版得到了陕西省教育科学“十二五”规划 2014 年度课题“面向实用型软件工程人才培养的 Java EE 课程教学与实践改革探索研究”（课题编号：SGH140541）的资助与支持。

由于时间仓促、作者水平有限，书中难免存在不妥之处，恳请读者批评指正并提出宝贵意见。作者 Email：yanmingnie@nwsuaf.edu.cn。

编　者

目　录

第三部分　轻量级框架 SSH

第四部分 经典 Java EE 框架

第五部分　案例项目开发实践

第一部分　Java EE 基础及服务

第 1 章　Java Web 开发模型及其演化

随着计算机软硬件技术的发展以及应用需求的变迁，应用模式也随之发生演化，例如从单机、C/S、B/S 再到云应用。当前 B/S 应用（亦称为 Web 应用）为主流，基于 Java 的 Web 开发模型也经历了 3 个主要阶段，即原始阶段、模型阶段和框架阶段，多层架构的 Java EE（包括表现层、业务逻辑层、持久层和数据库层）可以被看做是 Java Web 应用开发的框架规范。

1.1　应用模式演化

1.1.1　单机应用

单机应用（Standalone Application）为全部应用任务独立运行于一台机器上的应用，如记事本、画图以及 MS Word 等。基于数据库的应用系统中，应用任务一般可以分为三类：用户界面表示、业务逻辑处理以及应用数据存取。在单机应用中，上述三类任务都被部署并运行于同一台机器上。如基于 MS Access 的简单数据库应用也属于单机应用。

在计算机网络还不是很普及的年代，应用大都为单机版。随着计算机网络的发展和业务需求自身的改变，应用程序逐步转向多个系统协同的网络版，如随后将会讨论到的 C/S 应用、B/S 应用、云应用等。

1.1.2　C/S 应用

C/S（Client/Server，客户机/服务器）架构为分布式的软件体系结构的一种。C/S 架构的基本原则是将计算机应用任务分解成多个子任务，由多台计算机分工完成，即采用“功能分布”的原则。除了完成自身的任务外还需请求诸如网络连接、数据存取、消息收发等服务的程序称为客户机程序（Client），提供相应服务的程序则称为服务器程序（Server），客户机和服务器通过网络（可以是 Intranet 或 Internet）连接，C/S 架构示意见图 1-1。通过 C/S 架构，可以在尽量降低系统通信开销的同时，充分利用两端软硬件环境的优势，将应用任务合理分配到客户端和服务器来执行。特别的，具有分布要求的业务应用需要通过网络连接的多台机器协作完成。

根据客户机和服务器任务的分配重点，C/S 架构中的客户机又可分为胖客户机（Rich Client）和瘦客户机（Thin Client）。如客户机只是负责用户界面表示（其他两类任务由服务器负责），则为瘦客户机；相应的，如客户机负责用户界面和业务逻辑处理（服务器只负责应用数据存取），则称为胖客户机。

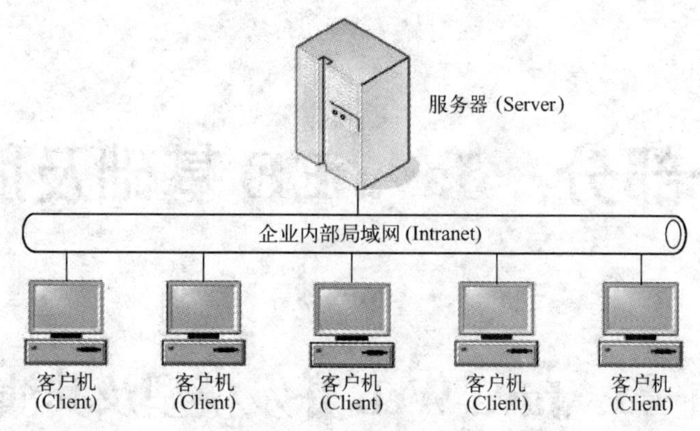

图 1-1 C/S 架构

C/S 应用就是基于 C/S 架构的应用，客户程序与服务器之间的交互协同一般体现为协议通信，如基于 FTP 的文件传输系统、基于 HTTP 的 WWW 系统（其中，如微软 IE 等浏览器为客户机）、基于 POP3 和 SMTP 的邮件系统等都属于 C/S 应用。早期基于 PowerBuilder、Dephi、VC、VB 等开发的数据库应用系统也都属于 C/S 应用。

与单机应用相比，C/S 应用的主要优势是实现了业务逻辑的分布式处理。另外，C/S 应用的交互性好，基于 C/S 架构实现的业务分布协作具有良好的可伸缩性（Scalability）。同时，C/S 应用的缺点也是显而易见的。首先，系统（特别是客户程序）的安装、调试、升级和维护存在较大困难。其次，由于业务分布于多个客户程序而不是由服务器集中统一控制，存在一定的安全隐患。当然，通过特定的客户机与服务器间的通信协议和加密认证措施，可以减小甚至是提高系统的安全性，如银行业务系统。

1.1.3 B/S 应用

B/S（Browser/Server，浏览器/服务器）架构是 Web 兴起之后的一种软件体系结构，本质上是一种瘦客户端的 C/S 架构。其工作原理与 C/S 架构类似，也实现了应用业务分布式部署和运行，并通过由网络连接的多台机器交互协作完成。只是 B/S 架构模式将客户端统一为 Web 浏览器，如微软的 IE、Google 的 Chrome、苹果的 Safari、Mozilla Firefox 以及 Opera 等。B/S 架构示意见图 1-2。

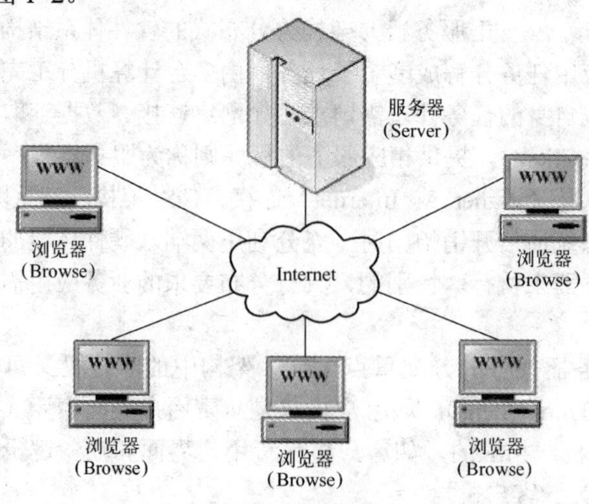

图 1-2 B/S 架构

B/S 应用就是基于 B/S 架构的应用，客户程序与服务器之间的通信协议为 HTTP。B/S 应用中的业务集中于服务器，浏览器主要负责系统的 UI 渲染和交互。在基于数据库的应用中，服务器需要负责 UI 的服务器端生成、业务逻辑处理以及应用数据存取，相应可以划分为 Web 服务器、应用服务器和数据库服务器，分别部署和运行对应类型的业务，如图 1-3 所示。可以根据业务复杂程度、业务量大小以及具体需求选择服务器端的架构。

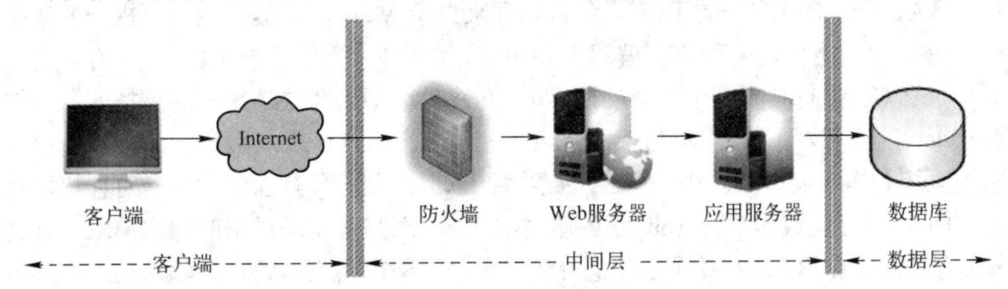

图 1-3　B/S 架构中的服务器

如同 C/S 应用，B/S 应用也可以实现业务逻辑的分布式处理。而且，B/S 应用具有业务扩展简单方便、开发效率高、升级维护简单方便等特点。由于 B/S 应用的 UI 表现是基于 HTML 页面的，所以传统模式下的特殊功能、个性化要求（特别是 UI 方面）都难以实现。另外，B/S 应用在速度和安全性上也存在一定的问题。

1.1.4　云应用

按照美国国家标准与技术研究院（NIST）的定义，云计算（Cloud Computing）是一种按需付费的服务模式，该模式提供可用、便捷、按需的网络访问，进入可配置的计算资源共享池（资源包括网络、服务器、存储、应用软件、服务），这些资源能够被快速提供，只需投入很少的管理工作或与服务提供商进行很少的交互。云计算通常涉及通过互联网来提供动态易扩展、虚拟化的资源（如图 1-4 所示），是分布式计算、并行计算、效用计算、网络存储、虚拟化、负载均衡等传统计算机和网络技术发展融合的产物，是继 20 世纪 80 年代大型计算机到 C/S 大转变之后计算模式的又一次巨变。

图 1-4　云应用环境示意图

云应用（Cloud Application）可看做是基于云计算概念和架构构建的应用，是云计算技术在应用层的体现。云应用与云计算的最大区别在于，云计算作为一种宏观技术发展概念而存在，而云应用则是直接面对客户解决实际问题的产品，如云存储、云地图导航、云杀毒、云渲染以及搜索引擎等。云应用的工作原理是把传统软件“本地安装、本地运算”的使用方式变为“即取即用”的服务，通过互联网或局域网连接并操控远程服务器集群，完成业务逻辑或运算任务。云应用的主要载体为互联网，以瘦客户端或智能客户端的形式展现。云应用可以帮助用户降低 IT 成本，还能提高工作效率，因此传统软件向云应用转型的发展革新浪潮已是不可阻挡。

1.2 Java Web 开发模型演化

1.2.1 原始阶段

早期的动态网页主要采用公共网关接口（Common Gateway Interface，CGI）技术。CGI为运行于 Web 服务器上的一个程序，负责处理来自于 Web 浏览器的用户所提交的数据并提供反馈。CGI 可采用任何一种语言编写，如 Perl、C、C++等。鉴于 CGI 程序存在运行性能不佳（每个 CGI 访问对应一个独立的线程）、开发效率不高（缺乏统一的支持库）等缺点，基于 Servlet 的动态网页技术随之出现。Servlet 的各个用户请求对应于一个线程，服务器处理请求的系统开销明显降低。由于 Servlet 采用 Java 开发，具有面向对象、可移植等特点。Servlet 的工作过程大致如下：Web 服务器接收 Web 浏览器发送过来的用户请求，并将请求数据转发给 Servlet；Servlet 根据业务逻辑对用户请求进行相应的处理，随后动态产生响应反馈给客户端浏览器。这样就可以完成系统和用户的一次交互。

Servlet 并未彻底克服 CGI 程序编写复杂（相比于 HTML 脚本编写）的缺陷，这样就出现了 Java 服务器端网页（Java Server Pages，JSP）技术，JSP 可以看做是嵌入了 Java 代码的 HTML 页面。JSP 的工作原理与 Servlet 本质上相同，只是降低了动态网页开发的技术门槛，使得 HTML 页面设计人员经过初步培训就可以完成基本动态网页的编写。与 JSP 不同，动态服务器页面（Active Server Page，ASP）基于微软技术平台，无法移植到非 Windows 环境。另一种动态网页技术超文本预处理器（Hypertext Preprocessor，PHP）与 Linux、Apache 和 MySQL 的集成解决方案 LAMP（Linux + Apache + MySQL + PHP）是目前较为流行的 Web 应用开发框架。

本阶段的 Java Web 应用开发就是采用 Servlet 或 JSP，将处理用户请求的请求数据接收、逻辑处理、数据库存取以及用户响应等所有的代码置于一个文件中，程序中的 HTML 脚本与 Java 代码混在一起，可读性极差，也难以维护。

1.2.2 模型阶段

随着所应对的业务越来越复杂，易于开发和维护成为应用系统的首要技术指标。显然，采用 Servlet 或 JSP 的原始 Java Web 开发方式就显得很不适应现实需求了，进而演变为基于模型的开发方式。所谓基于模型的 Java Web 开发方式，就是将原处于同一个 Servlet 或 JSP 文件中的 UI 表示、业务逻辑以及输入输出响应分割为不同类型的组件，并通过这些组件的协同实现应用业务。同时，关注 Java Web 应用系统的开发便利性和可维护性。按照分割的方式和粒度，Java Web 开发模型可以划分为以下两种。

1．模型 1：JSP/Servlet + JavaBean

该模型将 Java Web 应用中业务逻辑处理、数据库存取等部分的代码抽取为 JavaBean，JSP 或 Servlet 则主要负责用户请求接收、页面跳转控制、用户响应生成以及输入/输出表示。工作流程相应为 JSP/Servlet 接收用户请求，然后调用 JavaBean 进行业务处理和数据存取，最后生成响应返回给客户端。

2．模型 2：JSP + Servlet + JavaBean

模型 2 对模型 1 继续进行改进，在将 Java Web 应用中业务逻辑处理、数据库存取等部分的代码抽取为 JavaBean 的同时，对模型 1 中的 JSP 或 Servlet 的代码做进一步分割，即输入/输出 UI 表示部分的代码纳入 JSP 组件，用户请求接收、页面跳转控制及用户响应生成部分的代码则纳入到 Servlet 组件中。工作流程相应为 Servlet 接收用户请求，然后调用 JavaBean 进行业务处理和数据存取，最后生成响应并以 JSP 的形式返回给 Web 浏览器或控制到其他 Servlet 的跳转。

无论是模型 1 还是模型 2，通过代码分割都显著地提高了 Java Web 应用系统的开发效率和可维护性。但是，由于很多支撑性技术代码如数据库存取、页面流程控制、输入/输出的预处理、操作日志维护等都需要开发人员自行编写，开发效率、可复用程度以及代码质量都有待进一步提高。对于大型的、较为复杂的企业级 Java Web 应用，尤为如此。

1.2.3 框架阶段

框架（Framework）是整个或部分系统的可重用设计，表现为一组抽象构件及构件实例间交互的方法。框架是可被应用开发者定制的应用骨架。前者是从应用方面，而后者是从目的方面给出的定义。应用框架并不包含构件应用程序本身，而是实现某应用领域通用完备功能（相对于应用所独有的业务功能等）的底层服务及各部分组件交互规范。应用框架强调的是软件的设计重用性和系统的可扩充性，以缩短大型应用软件系统的开发周期，提高开发质量为目标。应用框架可以从两个方面来理解：首先，框架是一种规范，规定了所包括组件构成及其之间的交互规范；其次，框架又是一种基础服务的实现，为应用开发人员提供相应 API 及配置进行基于框架的应用系统开发。

针对 Java Web 应用开发，目前存在很多框架。包括应对 UI 交互、页面流程跳转等的框架，如 Struts、JSF（JavaServer Faces）等；应对业务逻辑处理的框架，如 Spring、EJB 等；应对数据持久的框架如 Hibernate、MyBatis、JPA（Java Persistence API，Java 持久 API）等。在实际 Java Web 应用开发过程中，会根据项目的自身特点和具体需求选择合适框架进行组合。目前主流的 Java Web 应用开发框架组合可分为两类：轻量级（Struts+Spring+Hibernate，SSH）和经典（JSF+EJB+JPA）。其中，以 Spring 为核心的轻量级框架 SSH 在开发效率方面存在较大优势，而以 EJB 为核心的经典框架则主要适用于对分布和可伸缩性（Scalability）要求较高的企业级 Java Web 应用（经典 Java EE 应用）开发。

📖 经典意义上的 Java EE 是上文提到的以 EJB 为核心，由 Sun（现已被 Oracle 收购）提出的。“Java EE”中的第一个 E 即为企业（Enterprise），与“EJB”中的 E 含义相同。除了针对业务组件分布部署的 EJB 外，还包括分别针对 UI 表现和数据持久的 JSF 和 JPA（将在后续的章节中进行详细说明）。为简便起见，通常将基于其他框架，如 SSH 等的 Java Web 应用开发也称为 Java EE 开发。

1.3 Java EE 多层架构

1.3.1 概述

Java EE 采用多层架构，以应对应用系统业务和技术的复杂性。Java EE 多层架构模型将 Java EE 服务划分成多层（Tier）：表现层（Presentation Tier）、业务层（Business Tier）和持久层（Persistence Tier）。Java EE 多层架构以及各层技术框架如图 1-5 所示。其中，表现层（客户端）和数据层是作为 Java EE 应用整体结构的参与层，并非 Java EE 架构的重点。以下只对 Java EE 的表现层（服务器端）、业务层和持久层分别做一个简单介绍。

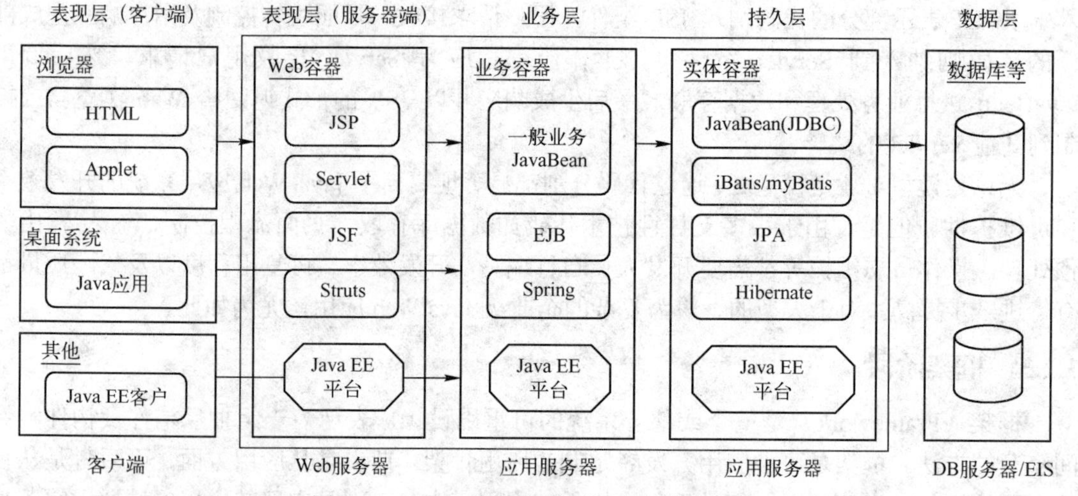

图 1-5 Java EE 分层架构以及各层技术框架

1.3.2 表现层

作为 Java EE 架构的第一层，表现层的主要功能就是实现用户交互、界面表示以及页面流程控制等。表现层收集客户请求数据，调用处于第二层即业务层中的核心服务，并生成客户请求响应。表现层的主要组件（JSP 和 Servlet）需要使用 Web 容器所提供的服务，并由 Web 容器管理。JSP/Servlet 以及辅助 JavaBean 可作为最基础的表现层技术方案，常见的表现层框架有 Tapestry、Struts、Spring MVC、JSF 等。

1.3.3 业务层

业务逻辑层为 Java EE 架构的中间层，主要实现核心业务逻辑服务。该层由大量服务组件（Components）组成，亦称为组件层。业务逻辑层接收来自于表现层的服务请求，向持久层请求数据存取服务，并将处理结果返回给处于表现层的请求者。作为服务（Service）组件的 JavaBean 可作为最基础的业务逻辑层的技术方案，常见的业务逻辑层框架有 Spring、EJB 等。基于框架的业务层组件需要使用相应的业务组件容器（如 IoC、AOP 等）所提供的服务，并由容器来管理业务对象的生命周期。

1.3.4 持久层

持久层构成 Java EE 架构的第三层，主要负责数据库等应用数据的存取。持久层为业务逻辑层提供对业务数据的存取服务。包括数据存取对象（Data Access Object，DAO）和持久对象（Persistence Object，PO）的 JavaBean 可作为最基础的持久层的技术方案，常见的持久层框架有 Hibernate、MyBatis、TopLink、JPA 等。基于框架的持久层组件需要使用相应的实体容器（如 Hibernate、JPA 等容器）所提供的 ORM、持久、事务等服务，并由实体容器管理实体对象的生命周期。

1.4 本章小结

本章内容对应用模式和 Java Web 开发模式的演化以及 Java EE 多层架构进行了简要介

绍。随着计算机技术的发展以及需求的变迁，应用模式由早期的单机模式过渡到 C/S 和 B/S 架构直至当前的云应用。Java Web 应用的开发模式也经历了从基于 JSP/Servlet 的原始阶段到基于业务分割的模型阶段和框架阶段的发展历程。为了应对应用系统业务和技术的复杂性，Java EE 采用多层架构（即表现层、业务层、持久层和数据层），并为每层架构制定了组件和交互规范。可以选择合适的框架实现组合来开发 Java EE 应用。

关于 Java EE 多层架构可以进一步参考 Oracle 公司网站的 Java EE 专题。对于各层框架实现的技术细节可以参考相应的网站。

拓展阅读参考：

[1] Oracle Corporation. Java EE[OL]. http://www.oracle.com/technetwork/java/javaee/overview/index.html.

[2] The Apache Software Foundation. Struts[OL]. http://struts.apache.org.

[3] GoPivotal, Inc. Spring[OL]. http://projects.spring.io/spring-framework/.

[4] Red Hat, Inc. Hibernate[OL]. http://hibernate.org/.

第2章 Java EE 基础服务

基于 Java SE、Java EE 平台规范要求的标准 Java EE 应用服务器为 Java EE 应用提供诸如 Web、数据库连接、Web 服务、消息服务、持久支持、事务控制、分布组件部署等基础服务，以 API 形式提供。本章仅对其中的 Java 命名与目录接口（Java Naming and Directory Interface，JNDI）、远程方法调用（Remote Method Invocation，RMI）、Java 数据库互连（Java DataBase Connectivity，JDBC）、Java 事务 API（Java Transaction API，JTA）和 Java 消息服务（Java Message Service，JMS）进行说明，其他将在后续章节中专门论述。

2.1 概述

2.1.1 Java EE 基础服务架构

如前所述，Java EE 多层（Multi-Tier）架构包括表现层（又分为客户端和服务器）、业务层、持久层和数据层。Java EE 6 的基础服务架构如图 2-1 所示。图中的矩形框表示 Java EE 组件的运行环境，亦称为容器，如 Applet 容器、应用容器、Web 容器和 EJB 容器，分别部署 Applet 组件、应用组件、JSP 组件/Servlet 组件和 EJB 组件。所有容器都基于 Java SE。矩形框的下半部分表示容器内所容纳的 Java EE 组件提供的相应服务（表现为 API 或 SPI 及配置等），如应用容器为 Java 应用提供 JMS 等服务等。图中的箭头表示 Java EE 架构中各部分之间的调用关系，如 Java 应用客户端可以通过 JDBC API 实现对数据库的存取。

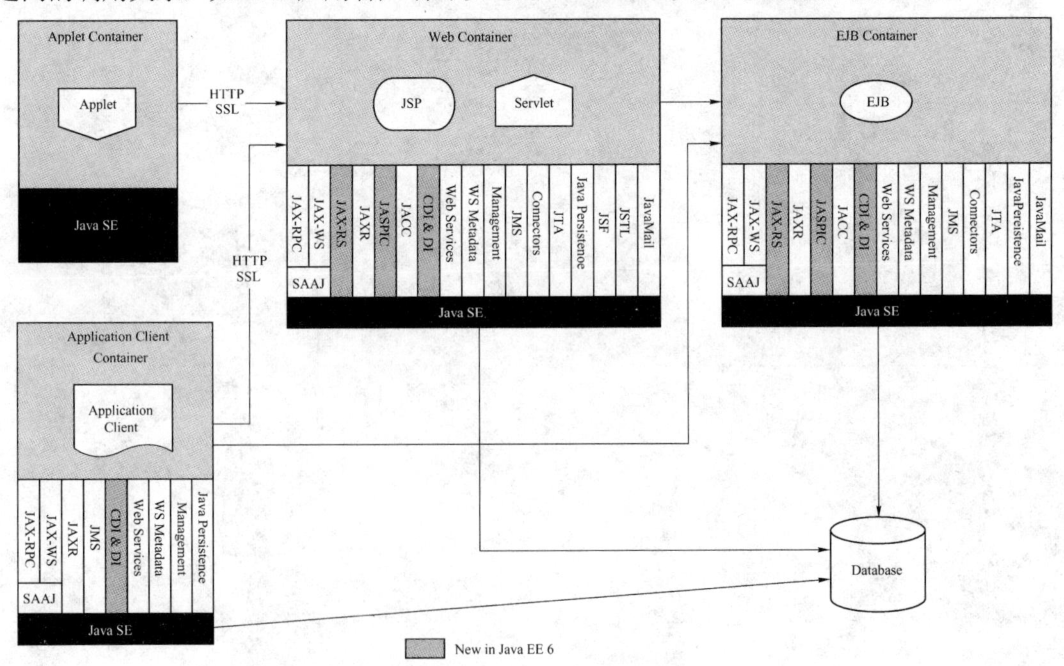

图 2-1 Java EE 6 基础服务架构

2.1.2 Java EE 提供的服务

Java EE 标准规范中包含的基础服务如表 2-1 所示。除做简要说明外，表中还标明了 Java EE 的相应服务和技术所支持的容器，包括 App（Application，应用）、Web 和 EJB 容器及其状态，包括 REQ（REQuired，必需的）、OPT（OPTional，可选的）和 POPT（Proposed OPTional，推荐可选的）共 3 种。

表 2-1 主要的 Java EE 基础服务

类别	名称	说明	支持容器	状态
Web	JSTL	囊括 JSP 应用的公共核心功能，使用一种单一的、标准的标签库。使用 JSTL 编写 JSP 可避免过多的 Scriptlet 代码	Web	REQ
	JSF	为 Web 应用开发提供了一个以组件为中心、事件驱动的 Java Web 应用程序的用户界面构建方法	Web	REQ
Web 服务	WS Metadata	定义了可用来简化 Web 服务部署工作的 Java 语言注解。这些注解可以和 JAX-WS 服务组件一起使用	App/Web/EJB	REQ
	Web Services	为 Web 服务提供的 API。包括 JAX-WS、SAAJ、JAXB 和 Web 服务元数据	App/Web/EJB	REQ
	JAXR	提供一种统一和标准的 API，用于访问不同类型的基于 XML 的元数据注册中心。包括 API 和 SPI	App/Web/EJB	REQ/POPT
	JAX-RS	定义了部署 REST 体系风格的 Web 服务的 API	Web/EJB	REQ
	JAX-WS	定义了访问 Web 服务的客户端 API 及实现 Web 服务端的技术，并使用 JAXB API 将 XML 数据绑定到 Java 对象	App/Web/EJB	REQ
	JAX-RPC	定义了用于访问 Web 服务的客户端 API 以及实现 Web 服务端的技术。可看做是 Web 服务上的 Java RMI	App/Web/EJB	REQ/POPT
	SAAJ	支持按照 SOAP1.1 规范和 SOAP with Attachments note 生成和消费消息	App/Web/EJB	OPT
数据处理	JTA	支持分布式事务的 API。包括 API 和 SPI	Web/EJB	REQ
	JPA	用于管理持久性和对象/关系映射（ORM）的 API	App/Web/EJB	REQ
授权/验证	JACC	在应用程序服务器和授权策略提供商之间定义了一个协议，以将各种授权认证服务器插入到 Java EE 产品中	Web/EJB	REQ
	JASPIC	定义了一个可以实现消息验证机制的验证提供方在运行时集成到客户端或服务器消息处理容器中的 SPI	Web/EJB	REQ
消息服务	JMS	提供一个平台无关的关于面向消息中间件（MOM）的 API	App/Web/EJB	REQ
依赖注入	DI&CDI	DI 为可注入的类定义了一套标准的注解（或接口）；CDI 定义了一套由 Java EE 容器提供的上下文相关的服务	App/Web/EJB	REQ
邮件服务	JavaMail	提供一种与平台无关和协议独立的框架来构建邮件应用程序。包括 API 和 SPI	Web/EJB	REQ
遗留系统	Connectors (JCA)	为应用程序连接到遗留系统提供一个更通用的架构。与专门用于连接到数据库的 JDBC 相对应	Web/EJB	REQ
平台管理	Management	用于为应用服务器创建监控管理的 、跨不同提供商的 API	App/Web/EJB	REQ

2.2 JNDI（Java 命名和目录服务）

2.2.1 基本原理

1．什么是命名和目录服务

命名服务就是将名字和对象关联，并支持根据名字访问对象。如文件系统中文件名与文件的关联，并可以基于文件名访问文件；域名系统（Domain Name System，DNS）中域名与 IP 地址的关联，并可以基于域名访问 IP；轻量目录访问协议（Light Directory Access Protocol，LDAP）中 LDAP 名字与 LDAP 实体的关联，并可以基于 LDAP 名字访问 LDAP

实体。因此，文件系统、DNS、LDAP 都支持命名服务。命名服务系统具有相同的上下文（Context）、命名规则及操作。

目录服务在把名字与对象进行关联的同时，还将属性与对象进行关联，为命名服务的扩展。因而可以有：目录服务 = 命名服务 + 包含属性的对象。目录服务中不仅可以根据名字访问对象，也可将属性作为过滤条件搜索对象。电话号码簿就是一个典型的目录服务系统，除用户名和用户对象之间的关联之外，还可以将诸如具体地址、电话号码、Email、QQ 等（即属性）与用户对象关联。既支持基于用户名查找用户，也可将上述属性作为条件来查找特定用户。常见的目录服务包括 LDAP、DNS 等。

基于命名和目录服务，可以为物理资源等对象建立起逻辑关联，而不必知道对象的实际物理标识，最终实现对分布式部署、不同的对象或资源的统一和透明的访问。

2．什么是 JNDI

JNDI 是 Java 应用程序连接各种命名和目录服务的标准 API，在 JMS、JMail、RMI、EJB 等技术中存在广泛的应用。通过 JNDI 可以连接到命名和目录服务上、基于名字或属性查找命名和目录服务上的资源、对资源或属性进行更新和删除，以及在命名和目录服务上注册资源。JNDI 独立于特定的命名和目录服务实现，体现为一种接口规范。通过 JNDI 接口，Java 应用程序可采用统一的方式访问所有的命名和目录服务。

3．JNDI 架构

JNDI 提供一组应用程序编程接口（Application Programming Interface，API）和一组服务提供者接口（Service Provider Interface，SPI），独立于具体实现。JNDI 命名和目录服务提供商基于 JNDI SPI 规范实现自身的命名和目录服务，应用程序则基于 JNDI API 访问某种类型的命名和目录服务。

JNDI 架构如图 2-2 所示。从图中可看出，Java 应用程序通过调用 JNDI API 把请求发送给命名和目录服务管理器（Naming Manager，NM），由命名和目录服务管理器转发给相应的 JNDI 服务提供者，JNDI SPI 程序连接具体的命名和目录服务器，从而实现命名和目录服务服务调用。服务提供者则可以基于 JNDI SPI 实现具体的命名和目录服务。而且，基于符合 JNDI SPI 规范的所有 JNDI 实现都可以纳入到 JNDI 框架中，以实现命名和目录服务的扩展。

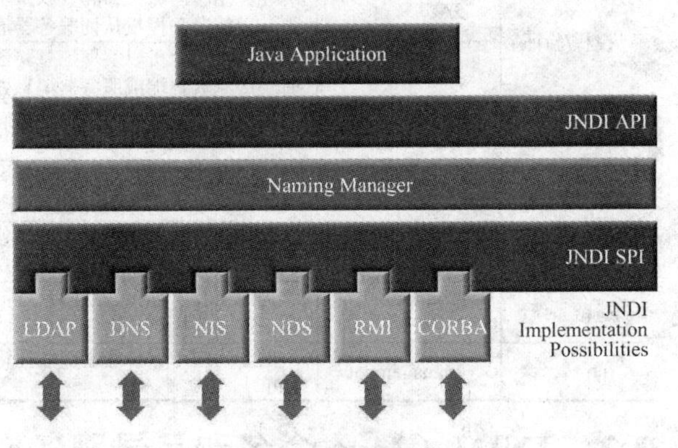

图 2-2　JNDI 架构

2.2.2　JNDI API

Java SE 提供了对 JNDI 的支持，已包含的 JNDI 命名和目录服务提供者包括 LDAP、公共对象请求代理体系结构（Common Object Request Broker Architecture，CORBA）、公共对象服务（Common Object Service，COS）、RMI、DNS 等，其他则需从 JNDI 网站或相应 JNDI 服务提供者的网站上下载。JNDI API 包括 javax.naming（命名操作）、javax.naming.directory（目录操作）、javax.naming.event（命名目录服务事件）、javax.naming.ldap（LDAP 支持）和 javax.naming.spi（JNDI SPI）共 5 个包。JNDI 主要类或接口如表 2-2 所示。

表 2-2　JNDI 主要类或接口

包	类 或 接 口	说　明
javax.naming	Context	命名和目录服务的上下文接口，为主要接口。包含了支持命名和目录的查找、绑定/解除绑定以及上下文的创建和删除的方法
	InitialContext	命名与目录服务的初始上下文，为一个开始点。一旦拥有了该对象，就可以进行 JNDI 命名和目录服务的相关操作
	NamingException	命名和目录服务操作过程中出现的异常
javax.naming.directory	DirContext	目录服务的核心接口，扩展了 Context。除支持命名服务的各种操作外，还提供对属性的访问和更新以及基于属性的对象搜索操作
	InitialDirContext	目录服务的初始上下文
	Attribute	目录服务中的属性
	Attributes	目录服务中的属性集合
	SearchResult	目录服务搜索操作的结果
	SearchControls	用于对目录服务搜索操作进行更为精细的控制。可以设定搜索的范围、时间限制和结果数量限制
javax.naming.event	EventContext	命名目录服务事件的上下文
	InitialEventContext	命名目录服务事件的初始上下文
	NamingEvent	命名目录服务所产生的事件
	NamingListener	命名目录服务事件监听器
	NameSpaceChangeListener	为 NamingListener 的子接口。可用于定义 NameSpace（名字空间）改变的事件类型的监听器
	ObjectChangeListener	为 NamingListener 的子接口。可用于定义对象改变的事件类型的监听器
javax.naming.ldap	这里略去	提供对 LDAP 的扩展操作与控件的支持
javax.naming.spi	这里略去	为服务提供者给出 JNDI SPI，以开发可动态插入的 JNDI 命名和目录服务

2.2.3　应用示例

JNDI 的使用大体可以分为 5 个步骤。

1．初始化上下文环境

使用 JNDI 命名和目录服务时，首先需获取一个添加或查找 JNDI 名字的初始上下文环境。通常有两种方式来创建一个 JNDI 初始上下文。

（1）基于一个 Properties 对象或 Hashtable 对象传递相关信息来创建 InitialContext：

创建一个 Properties 对象或 Hashtable 对象，并设置如下必须属性。

- Context.INITIAL_CONTEXT_FACTORY：上下文创建工厂。
- Context.PROVIDER_URL：JNDI 服务提供 URL。

基于 Properties 对象创建 InitialContext 如下：

```
Properties p = new Properties();            //这里采用 Properties 对象，也可以为 Hashtable 对象
//指定 JNDI 命名和目录服务管理器为 JBoss
p.put(Context.INITIAL_CONTEXT_FACTORY, org.jnp.interfaces.NamingContextFactory");
//指定管理器 JBoss 的 URL
p.put(Context.PROVIDER_URL, "jnp:        //localhost:1099");
ctx = new InitialContext(p);                //初始化 JNDI 上下文
```

（2）通过 jndi.properties 文件创建 InitialContext 如下

```
Context ctx = new InitialContext();
```

针对 JBoss 的 JNDI 服务的 jndi.properties 文件的内容如下：

```
java.naming.factory.initial= org.jnp.interfaces.NamingContextFactory
java.naming.provider.url=localhost:1099
```

InitialContext 的构造器会在类路径中查找 jndi.properties 文件。

2．绑定 JNDI 对象

获取 JNDI 命名和目录服务上下文后，就可以建立名字和 JNDI 对象之间的关联。形如：

```
//将名字 name 绑定为字符串对象 JNDI Test。如名字已经绑定过，将产生异常
ctx.bind("name", "JNDI Test");
```

如名字为 name 已经绑定，将抛出 NameAlreadyBoundException。

3．根据名字或属性查找 JNDI 对象

可以基于名字或属性搜索 JNDI 对象。基于名字查找 JNDI 对象的代码如下：

```
//查找名字为 name 的 JNDI 对象，这里为字符串对象 JNDI Test
ctx.lookup("name");
```

如名字为 name 的对象不存在，将抛出 NameNotFoundException。

4．解除 JNDI 对象绑定

可以基于名字解除 JNDI 对象绑定。如：

```
//解除名字为 name 的 JNDI 对象绑定
ctx.unbind("name");
```

5．重新绑定 JNDI 对象

可以对已经绑定过的名字进行重新绑定以赋予新的值。形如：

```
//解除名字为 name 的 JNDI 对象绑定
ctx.rebind("name", "Welcome");
```

一个较为简单的 JNDI 使用示例代码如代码 2-1。

代码 2-1　JndiDemo.java-JNDI 示例。

```
package ch02;
import javax.naming.*;
import java.util.Properties;
public class JndiDemo
{
    public static void main(String[] args)
    {
        Context ctx = null;
        //设定 JNDI 命名和目录服务管理器的相关属性
        Properties p = new Properties();
        p.put(Context.INITIAL_CONTEXT_FACTORY,
            "org.jnp.interfaces.NamingContextFactory");
        p.put(Context.PROVIDER_URL, "jnp:        //localhost:1099");
        try {
            ctx = new InitialContext(p);                //初始化 JNDI 上下文
            String sName = "jnditest";
            ctx.unbind(sName);                          //解除名字 name 上的对象绑定
            ctx.bind(sName, "JNDI Test");               //将名字 name 绑定为字符串对象 JNDI Test
            String s = （String)ctx.lookup(sName);
            System.out.println(sName + " bind: " + s);
            ctx.rebind(sName, "Welcome");
            s = （String)ctx.lookup(sName);
            System.out.println(sName + "rebind: " + s);
        }
```

```
            catch(NamingException e)
            {
                e.printStackTrace();;
            }
        }
    }
```

运行结果如图 2-3 所示。

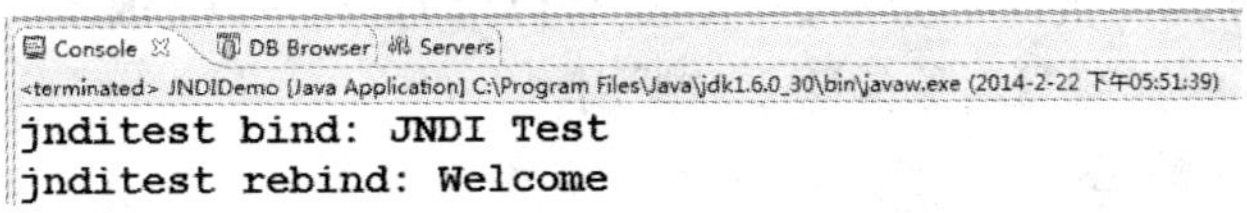

```
Console  DB Browser  Servers
<terminated> JNDIDemo [Java Application] C:\Program Files\Java\jdk1.6.0_30\bin\javaw.exe (2014-2-22 下午05:51:39)
jnditest bind: JNDI Test
jnditest rebind: Welcome
```

图 2-3　应用程序的运行结果

进入 JBoss 的 JMX Console 控制台，然后点击左边菜单上的“jboss”链接，再点击“service=JNDIView”链接，最后点击 JMX MBean View 的“list”操作中的“Invoke”方法，可以查看到 JNDI 树中程序已经绑定的“jnditest”，如图 2-4 所示。

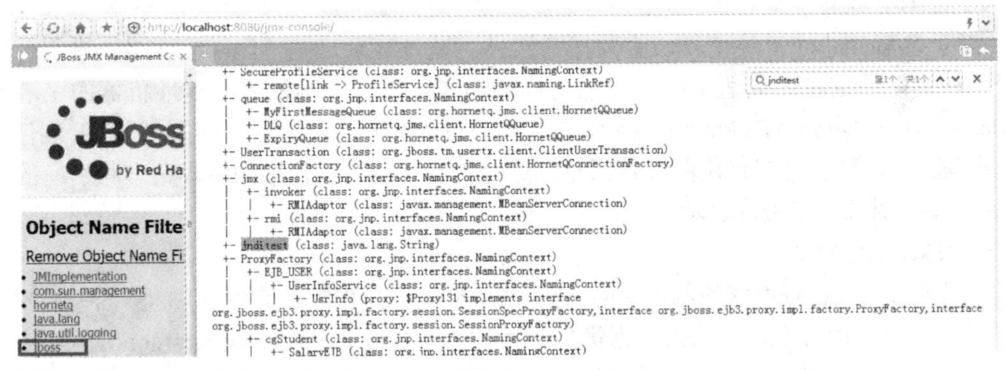

图 2-4　JNDI 绑定结果

2.3　RMI（远程方法调用）

2.3.1　基本原理

1．什么是分布式计算

分布式计算中，处理的数据和实际的计算都可以广泛分布于网络中的不同机器上。换言之，分布式计算允许远程获得商业逻辑（即调用远程方法）和数据。这既为了平衡各个计算机的处理能力，也归因于应用程序本身的特点和需求。分布计算可以实现计算单元间的协同，可以提高系统的可靠性、可用性、开放性和可伸缩性。分布式对象技术是基于面向对象的分布式计算解决方案，目前流行的几种分布式对象技术有对象管理小组（Object Management Group，OMG）的 CORBA、微软的分布式组件对象模型（Distributed Component Object Model，DCOM）和 Oracle 的 EJB。

2．什么是 RMI

RMI 是一种纯 Java 的分布式编程模型，为 Java 程序提供远程访问接口。RMI 允许位于一 JVM 上的对象调用运行于另一 JVM 上对象的方法，如同调用本地方法一样，为用户屏蔽了 Java 对象远程通信的细节。后面将要学习的 EJB 就是基于 RMI 机制。

📖 RMI 中的“Remote（远程）”与“本地”相对应。需要注意的是，这里的“远程”是指存在方法调用的两个对象位于不同的 JVM，并不一定是位于不同机器上。“本地”则指存在方法调用的两个对象位于同一 JVM，当然是同一台机器上。

用 Java RMI 开发的应用系统可以部署在任何支持JRE的平台上。由于 RMI 是专为 Java 对象制定的，因而 RMI 对于非 Java 应用系统的支持不足，无法与非 Java 对象进行通信，是语言相关的。DCOM 同样仅限于微软平台，是平台相关的。而 CORBA 是平台无关和语言无关的，可以支持不同语言编写对象的跨平台调用。

3．序列化与反序列化

序列化（Serialization）是将对象转换为可持久保存或网络传输的数据格式（字节流）的过程；与序列化相反，反序列化（deserialization）则是将字节流重新组装为对象的过程。这两个过程结合起来，可以轻松地存储和传输数据。Java 序列化API提供一种处理对象序列化的标准机制。

4．整编与解编

整编（Marshaling）是使复杂的数据结构（这里为对象）序列化以在网络上进行传输的过程。整编把数据转换成适于网络传输的标准形式，该形式不依赖于本地机器的字节顺序（Endian-ness）和填充（Padding）规则。解编（Demarshaling）是整编的逆过程。解编使通过网络传输到达的数据反序列化并对数据重新进行构造，用与所使用的编程语言相适应的类型（这里为 Java 对象）来加以表示。

5．RMI 通信格式

不同的 Java EE 应用服务器支持的 RMI 通信格式不尽相同。其中，T3 是一种 WebLogic 服务器优化过的 RMI 协议，JBoss 则优先使用 JNP（Java Network Programming）协议。而 WebLogic 的 T3/HTTP 和 JBoss 的 JNP/HTTP 使 RMI 调用能穿越只允许 HTTP 流量通过的防火墙。互联网内部 ORB 协议（Internet Inter-ORB Protocol，IIOP）是一种 CORBA 通信协议，其中，ORB（Object Request Broker）是指对象请求代理。Java EE 应用服务器一般都支持 RMI/IIOP 协议，允许 Java 程序与传统的 CORBA 组件进行通信。

6．RMI 架构

RMI 对象由远程接口及其实现类组成。其中，客户机上实现远程接口的对象为 Stub（存根），服务器上实现远程接口的对象为 Skeleton（骨架），这里 Stub 和 Skeleton 分别为远程对象在客户机和服务器上的代理对象。RMI 架构如图 2-5 所示。

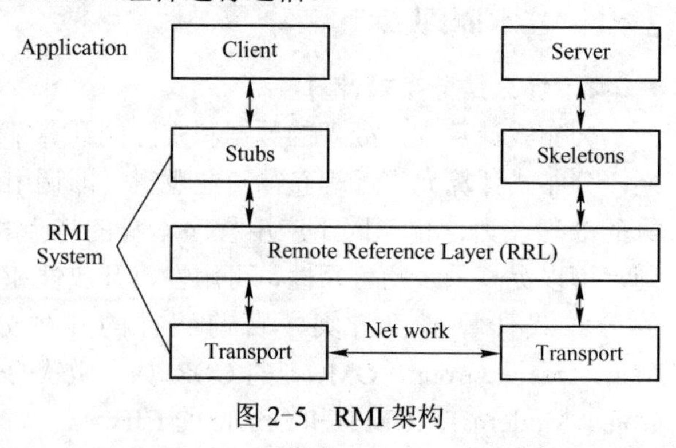

图 2-5　RMI 架构

当客户机调用 RMI 远程方法时，相当于调用本地 Stub。RMI Stub 通过 Marshaling 操作将方法调用中的参数（包括 Java 对象）转换成可以在网络上传输的数据格式，经由客户机的远程引用层和传输层，向下以网络分组的形式传递给服务器，然后经由服务器端的传输层和远程引用层，到达 Skeleton。RMI Skeleton 通过 Demarshaling 操作将网络传输过来的字节流组装为调用参数，并最终达到位于服务器上的远程对象。RMI Skeleton 基于本地方法调用访问

RMI 实现类对象。RMI 实现类对象方法进行相应处理，并将返回值交还 Skeleton。Skeleton 对返回值进行 Marshaling 处理，经由传输层和远程引用层到达客户机上。Stub 再对收到的远程方法返回值进行 Demarshaling 处理，并最后返回给客户机程序。

需要指出的是，分布对象只有通过 RMI API 进行注册后才能被远程调用。前面讨论过的 JNDI 就可以为 RMI 对象提供命名和目录服务。

2.3.2 RMI API

Java SE 也提供了对 RMI 的支持，RMI API 包括 java.rmi（核心 RMI 的 API）、java.rmi.activation（可激活对象的 API）、java.rmi.gdc（分布式垃圾回收的 API）、java.rmi.registry（RMI 命名和目录服务的 API）、java.rmi.server（服务器端操作的 API）、javax.rmi（核心 RMI-IIOP 的 API）、javax.rmi.CORBA（与 CORBA 组件通信的 API）和 javax.rmi.ssl（支持 SSL 或 TSL 的 API）共 8 个包。RMI 主要类或接口如表 2-3 所示。

表 2-3 RMI 主要类或接口

包	类或接口	说明
javax.rmi	Remote	远程接口，为核心接口。用于标识其方法可远程调用的接口。任何远程对象都必须直接或间接实现该接口，且只有在“远程接口”（扩展 Remote 的接口）中指定的方法才可被远程调用
	MarshalledObject	表示一个包含有给定构造方法的对象的序列化字节流的整编对象
	Naming	提供在远程对象注册表中存储和获取对远程对象引用的方法
	RemoteException	许多与通信相关的异常的通用超类。这些异常可能会在执行远程方法调用期间发生
java.rmi.registry	Registry	简单远程对象注册表的一个远程接口，提供存储和获取绑定任意字符串名称的远程对象引用的方法
	LocateRegistry	用于获得对特定主机（包括本地主机）上引导远程对象注册表的引用，或用于创建一个接受对特定端口调用的远程对象注册表
java.rmi.activation	这里略去	提供对远程对象激活的支持
java.rmi.gdc	这里略去	为 RMI 分布式垃圾回收（Distributed Garbage-Collection, DGC）提供支持的类和接口
java.rmi.server	这里略去	提供支持服务器端 RMI 的类和接口
javax.rmi	这里略去	包含 RMI-IIOP 的用户 API
javax.rmi.CORBA	这里略去	包含用于 RMI-IIOP 的可移植性 API，支持与 CORBA 组件的交互
javax.rmi.ssl	这里略去	为客户机和服务器的 Socket 工厂提供安全套接字层（Secure Sockets Layer, SSL）或传输层安全（Transport Layer Security, TLS）协议的支持

2.3.3 应用示例

RMI 的使用大体可以分为 6 个步骤。

1．创建远程接口

远程服务器使用远程接口来完成对远程对象的操作，所有的 RMI 接口都必须扩展 Remote 接口，只有在接口中声明了的方法才能被远程调用，如代码 2-2a 所示。

代码 2-2a IRMIDemo.java-RMI 示例的接口。

```
package ch03;
import java.rmi.Remote;
import java.rmi.RemoteException;
public interface IRMIDemo extends Remote {
    public int count(int i）throws RemoteException;        //声明的接口方法 count()
```

```
}
```

2．编写实现远程接口的服务类

RMI 服务器类必须包含一个扩展了 UnicastRemoteObject 的类，并实现 Remote 接口（这里为 IRMIDemo）。该类可以包含其他方法，但客户机只能调用已在远程接口中声明的方法，如代码 2-2b 所示。

代码 2-2b RMIDemo.java-RMI 示例的实现类。

```
package ch03;
import java.rmi.*;
import java.rmi.registry.*;
import java.rmi.server.UnicastRemoteObject;
public class RMIDemo extends UnicastRemoteObject implements IRMIDemo {
    @Override
    public int count(int i）throws RemoteException {
    return i - 1;
    }

    public RMIDemo(Registry reg）throws Exception, RemoteException {
    super();
    reg.bind("RMIDemo", this);
    }

    public static void main(String[] args）{
    Registry reg = null;
    try {
        reg = LocateRegistry.createRegistry(1000);
        RMIDemo e = new RMIDemo(reg);
    } catch(Exception e）{
    }
    }
}
```

3．生成 Stub 和 Skeleton

编译远程对象，并使用 rmic（RMI 存根编译器）命令创建 Stub 和 Skeleton 如下：

```
rmic RMIDemo
```

上述命令成功执行后，将会创建 RMIDemo_Stub.class 和 RMIDemo_Skel.class 两个新类，分别对应到 RMI 的 Stub 和 Skeleton。这里需要特别说明的是，JDK1.5 以及更高版本的 JDK 支持运行时动态生成存根类，免去了使用 rmic 为远程对象预生成存根类。

4．编写客户端程序

编写客户端程序以测试对 RMI 服务对象的方法的远程调用，如代码 2-2c 所示。

代码 2-2c RMIDemoClient.java-RMI 示例的客户端程序。

```
package ch03;
import java.rmi.*;
public class RMIDemoClient {
    public static void main(String[] args）{
```

```
            IRMIDemo iRMIDemo = null;
            try {
                String target = null;
                if(args.length < 1）{
                    target = "rmi://localhost:1000/RMIDemo";
                } else {
                    target = "rmi://" + args[0] + "localhost:1000/RMIDemo";
                }
                System.out.println("target: " + target);
                Remote objRemote = Naming.lookup(target);
                if(objRemote instanceof IRMIDemo）{
                    iRMIDemo =（IRMIDemo)objRemote;
                } else {
                    throw new Exception("Bad object returned from remote machine.");
                }
            } catch(Exception e）{
                System.out.println("error in lookup() " + e.toString());
            }
            try {
                System.out.println("iRMIDemo.count(5): " + iRMIDemo.count(5));
            } catch(RemoteException e）{
                System.out.println("Remote error: " + e.toString());
            }
            }
        }
```

5．运行程序

执行结果如图 2-6 所示。

```
Console ⨯  DB Browser  Servers
<terminated> RMIDemoClient [Java Application] C:\Program Files\Java\jdk1.6.0_30\bin\javaw.exe (2014-2-22 下午06:20:07)
target: rmi://localhost:1000/RMIDemo
iRMIDemo.count(5): 4
```

图 2-6　程序的运行结果

2.4　JDBC（Java 数据库互连）

2.4.1　基本原理

1．什么是 JDBC

Java 语言提供 JDBC 技术支持数据库应用开发。JDBC 提供一组 API，提供到多种关系数据库统一的访问接口。JDBC 屏蔽了数据库访问的底层技术细节，使得程序员不必关心数据库具体实现以及不同数据库之间的差异，从而实现对数据库的透明访问。JDBC 使用已有的 SQL 标准并支持与其他数据库的连接标准（如 ODBC 之间的桥接等），并提供具有严格类型定义和性能实现的符合现行标准的简单接口。没有 JDBC 之前，要求开发人员自己编写连接各种数据库的驱动程序以实现与数据库的交互，而且程序也无法移植。

2．JDBC 工作原理

JDBC 提供了实现 Java 应用程序与数据库系统互连的标准 API，允许发送 SQL 语句给数据库，并处理执行结果。JDBC 工作原理如图 2-7 所示。从图中可以看出，Java 应用程序调用 JDBC API 执行 SQL 语句以操作数据库，SQL 语句执行请求将经由 JDBC 驱动管理器转发给相应数据库的 JDBC 驱动程序（基于 Java 语言实现应用与数据库进行交互的通用 API，为开发人员屏蔽具体技术细节。支持 JDBC 的数据库都会提供自身的 JDBC 驱动程序）。随后，由驱动程序负责与数据库交互以执行相应的 SQL 语句，并返回执行结果。Java 应用程序通过 JDBC API 操纵返回的结果集，以最终实现业务逻辑。

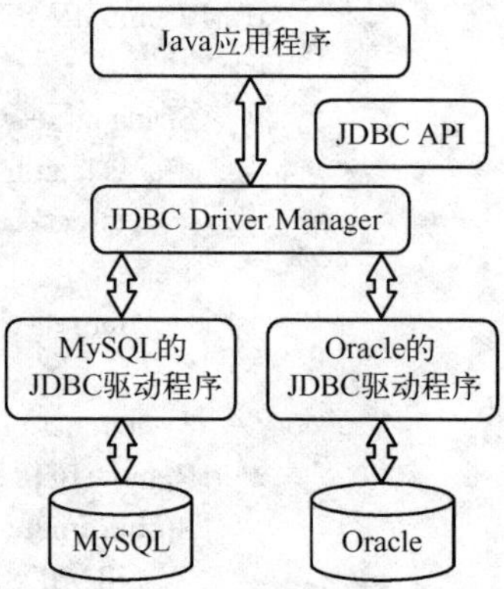

图 2-7　JDBC 工作原理

3．JDBC 驱动程序分类

JDBC 驱动程序共有 4 种类型。

1）类型 1 驱动程序。亦即 JDBC-ODBC 桥，通过 ODBC 数据源与数据库进行连接，如图 2-8 所示。

图 2-8　JDBC 类型 1 驱动程序连接

JDK1.1 版本及以后版本自带了 JDBC-ODBC 桥驱动程序，用户不必专门配置就可使用。ODBC 支持多种编程语言，而 JDBC 是专门为 Java 设计的。

2）类型 2 驱动程序。通过网络进行数据库连接的纯 Java 的 JDBC 驱动程序，如图 2-9 所示。

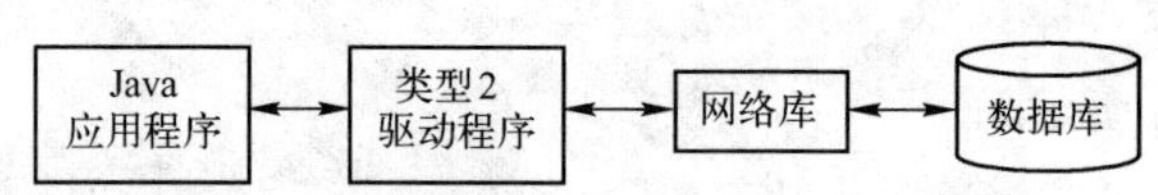

图 2-9　JDBC 类型 2 驱动程序连接

Java 应用程序通过 JDBC 驱动程序经由网络与数据库进行连接，由于减少了 ODBC 驱动层，类型 2 驱动程序的性能要优于类型 1 驱动程序。

3）类型 3 驱动程序。由中间件服务器与数据库建立连接的 JDBC 驱动程序，如图 2-10 所示。

Java 应用程序通过中间件服务器（如 WebLogic、JBoss 等）建立与数据库的连接，并负责将客户程序中的 JDBC 调用映射到适当的驱动程序上，完成数据的处理过程。

4）类型 4 驱动程序。应用程序基于驱动程序连接到数据库，如图 2-11 所示。

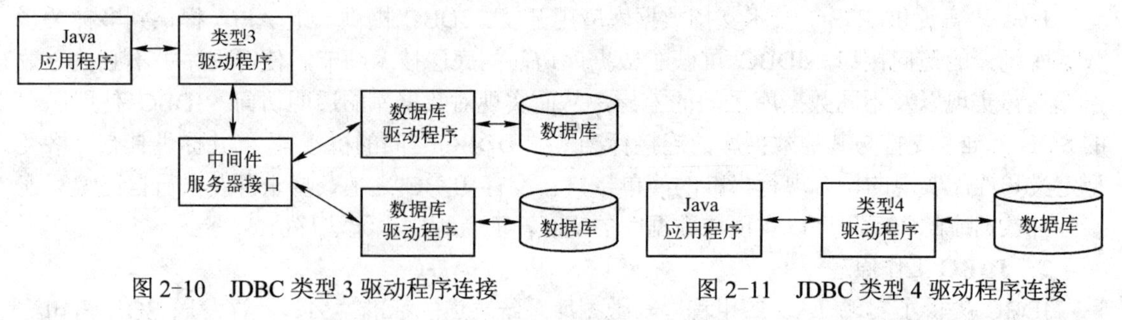

图 2-10　JDBC 类型 3 驱动程序连接

图 2-11　JDBC 类型 4 驱动程序连接

与类型 2 驱动程序类似，只是 JDBC 驱动程序无需经由网络直接与数据库交互。

整合了上述 4 种 JDBC 驱动程序的 JDBC 架构如图 2-12 所示，原理上与图 2-7 相同。

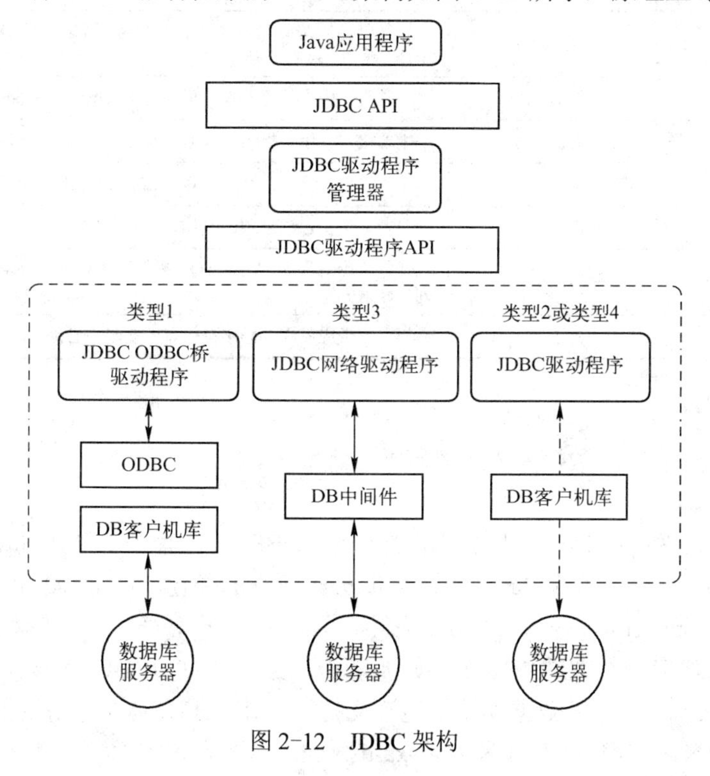

图 2-12　JDBC 架构

2.4.2　JDBC API

JDBC 包括两类包：基本功能包（如 java.sql）和扩展功能包（如 javax.sql、javax.sql.rowset、javax.sql.rowset.serial 及 javax.sql.rowset.spi）。基本功能包中的类和接口主要针对基本的数据库编程服务，如生成连接、执行语句等。同时也有一些高级处理，如批处理更新、事务隔离和可滚动结果集等。扩展功能包则主要为数据库高级操作提供接口和类，如为连接管理和分布式事务提供更好的抽象，引入容器管理的连接池、分布事务和 RowSet（行集）等。JDBC 主要的类或接口如表 2-4 所示。

表 2-4　JDBC API 主要类或接口

包	类 或 接 口	说　明
java.sql	Connection	主要接口。表示与特定数据库的连接（会话）
	Driver	主要接口。每个数据库驱动程序都应提供一个实现 Driver 接口的类
	DriverManager	辅助类。管理一组 JDBC 驱动程序的基本服务
	Statement	核心接口。用于执行静态 SQL 语句并返回其生成结果的对象
	PreparedStatement	继承 Statement 接口。用于表示预编译的 SQL 语句
	CallableStatement	继承 Statement 接口。用于表示存储过程
	ResultSet	核心接口。用于表示查询返回的数据库结果集
	ResultSetMetaData	辅助接口。可用于获取关于 ResultSet 对象中列的类型和属性信息

（续）

包	类或接口	说明
java.sql	SQLException	异常类。用来处理较为严重的异常情况，如 SQL 语句语法的错误、JDBC 程序连接断开等
	SQLWarning	异常类。用来处理不太严重的异常情况，如警告性异常
javax.sql	DataSource	主要接口。用于提供到此 DataSource 对象所表示的物理数据源的连接
	RowSet	主要接口。该接口添加了对 JavaBeans 组件模型的 JDBC API 支持
javax.sql.rowset	这里略去	包括 RowSet 实现的标准接口和基类
javax.sql.rowset.serial	这里略去	提供实用工具类，允许 SQL 类型与 Java 编程语言数据类型之间的可序列化映射关系
javax.sql.rowset.spi	这里略去	第三方供应商在其同步提供者的实现中必须使用的标准类和接口

2.4.3 应用示例

基于 JDBC 编写 Java 数据库应用的基本过程如下。

1．准备工作

首先是到数据库厂商的网站下载对应版本的 JDBC 驱动程序。创建 Java 应用工程时需要引入这些 JDBC 驱动，并在 Java 程序中 import 所需的类包。如 mysql 的 JDBC 驱动程序包可以为 mysql-connector-java-5.1.22-bin.jar。

其次就是创建应用相关的数据库。如要基于数据源建立 JDBC 连接，还需要配置数据源。可以参照 JBoss 为各种数据库提供包括支持本地事务和分布式事务的数据源配置 XML 文件模板（形如×××-ds.xml 和×××-xa-ds.xml，其中，×××文件为数据库名。这些数据源配置 XML 文件模板位于 JBOSS_HOME\docs\examples\jca 目录下）。

以下以支持本地事务的 mysql 数据源的配置为例进行说明。

```
<datasources>
  <local-tx-datasource>
    <jndi-name>MySqlDS</jndi-name>
    <connection-url>jdbc:mysql://mysql-hostname:3306/jbossdb</connection-url>
    <user-name>root</user-name>
    <password>root</password>
    … … …
  </local-tx-datasource>
</datasources>
```

这里，主要配置<local-tx-datasource>中的内容，每个<local-tx-datasource>对应一个数据源。其中，子元素<jndi-name>指定数据源的名称。<connection-url>指定 JDBC 连接 URL 串，URL 串中各部分的含义将在随后予以说明。<user-name>和<password>指定数据库用户的账号和密码。

2．加载 JDBC 驱动程序

JDBC 驱动程序的加载有三种方式（这里假设数据库为 Oracle）。

1）方式一：静态加载并注册到 JDBC 驱动程序管理器中。形如：

```
Class.forName("oracle.jdbc.driver.OracleDriver");
```

2）方式二：动态加载并显式地注册到 JDBC 驱动程序管理器中。形如：

```
Driver jdbcDrv = new oracle.jdbc.driver.OracleDriver();
```

```
DriverManager.registerDriver(jdbcDrv);
```

3）方式三：通过设置系统属性 jdbc.drivers，编译时由 JVM 加载。形如：

```
javac ×××.java（需确保 classpath 已经包含 JDBC 驱动程序包的路径)
java –D jdbc.drivers=驱动全名 类名
```

使用系统属性名，加载驱动-D 表示为系统属性赋值。mysql 的 Driver 的全名为 com.mysql.jdbc.Driver。

3．创建与数据库的连接

连接数据库时，需要提供的信息包括：数据库位置（包括主机名或 IP 以及端口）、数据库信息（如数据库名）、用户信息（包括用户名和密码）以及其他信息（如数据库编码等）。创建与 mysql 的连接代码如下：

```
Connection conn = DriverManager.getConnection("jdbc:mysql://192.168.0.20:3306/jdbctest",
"root", "root");
```

其中，"jdbc:mysql:@192.168.0.20:3306:jdbctest"为连接 URL，包括数据库的类型、主机 IP 与端口以及数据库名。不同数据库对应不同的连接 URL，常用数据库的 JDBC 驱动及连接 URL 如表 2-5 所示。

表 2-5　常用数据库的 JDBC 驱动及连接 URL

数　据　库	JDBC 驱动	URL
mysql	com.mysql.jdbc.driver	jdbc:mysql://192.168.0.20:3306/jdbctest
Oracle	oracle.jdbc.driver.OracleDriver	jdbc:oracle:thin:@192.168.0.20:1521:jdbctest
SQL Server	com.microsoft.jdbc.sqlserverDriver	jdbc:microsoft:sqlserver://192.168.0.20:1433;DatabaseName=jdbctest
DB2	com.ibm.db2.jdbc.app.DB2Driver	jdbc:db2://192.168.0.20:5000/jdbctest
Informix	com.informix.jdbc.IfxDriver	jdbc:informix-sqli://192.168.0.20:1533/jdbctest:INFORMIXSERVER=myServer
Sybase	com.sybase.jdbc.SybDriver	jdbc:sybase:Tds:192.168.0.20:5007/jdbctest
PostgreSQL	org.postgresql.Driver	jdbc:postgresql://192.168.0.20:3306/jdbctest
Acess	sun.jdbc.odbc.JdbcOdbcDriver	jdbc:odbc:driver={Microsoft Access Driver（*.mdb)};DBQ=E:/jdbctest.mdb

基于数据源建立 JDBC 连接的代码如下：

```
Context ctx = new InitialContext();
DataSource ds =（DataSource）ctx.lookup("java:/MySqlDS")
Connection conn = ds.getConnection();
```

4．创建语句对象

利用 Statement、PreparedStatement 或 CallableStatement 接口创建语句对象。在具体应用中，Statement 用于操作不带参数的 SQL 语句，PreparedStatement 用于带参数的 SQL 语句，CallableStatement 则对应于存储过程。创建一个 Statement 对象代码如下：

```
Statement stmt = conn.createStatement();
```

5．编写 SQL 语句

要完成对数据库的 CRUD（Create Retrieve Update Delete，增查改删）操作，需编写相应的 Insert、Select、Update 和 Delete 语句。查询所有用户信息的 SQL 语句串如下：

```
String strSql = "Select * from USER";
```

6．执行 SQL 语句

语句对象提供了多个执行 SQL 语句的方法，常用的如下：

1）executeQuery（String sql）：主要用于执行具有结果集返回的 SQL 语句（如 Select 语句），返回结果为 ResultSet 对象。

2）executeUpdate（String sql）：用于执行没有结果集返回的 SQL 语句（如 Create、Update、Delete 语句），返回结果为整数，表示影响数据库中记录的个数。

执行上述 Select 语句的代码如下：

```
ResultSet rs = stmt.executeQuery(strSql);
```

7．处理结果集

对于有结果集返回的 executeQuery()，返回结果封装于 ResultSet 对象，可根据具体的业务逻辑对结果集进行相应处理。ResultSet 的类型、并发性和延续性等，可参考相关 API。处理结果集就是对结果集进行遍历，使用 ResultSet 的 next()方法遍历结果集的行，使用 get()方法获取某一字段的值。对于不同类型的列，需采用不同的 get 方法，如 getInt()获取整型字段的值，getString()获取字符串字段的值。获取用户名的代码如下：

```
String sName = rs.getString("username");
```

这里，getString()方法中的参数为字段名，也可使用字段的序号（由 1 开始）。字段的序号由字段在 SQL 语句中的位置确定，如未确定则以数据库中的定义为准。基于字段序号获取用户名（假设字段序号为 1）的代码如下：

```
String sName = rs.getString(1);
```

8．关闭相关对象

在编写基于 JDBC 的 Java 数据库应用程序时，需要创建很多对象，如数据库连接 Connection 对象、语句 Statement 对象以及结果集 ResultSet 对象，这些对象都占用一定资源（包括网络、存储等），需及时关闭，以提高程序的运行效率。代码如下：

```
conn.close();
stmt.close();
rs.close();
```

2.5 JTA（Java 事务 API）

2.5.1 基本原理

1．事务与事务处理

事务表示一个由一系列相关操作组成的不可分割的逻辑单位，其中的操作要么全做要么全不做。事务不仅仅是指数据库操作，消息服务也可以具有事务特性。事务具有 ACID（Atomicity-Consistency-Isolation-Durability，即原子性、一致性、隔离性和持久性）特性。在一般小型的 Java Web 应用中，相对来说事务可能并不是十分重要。在基于 Java EE 的如电信、银行、商务等对事务较为敏感的系统中，事务控制就显得很关键了。

SQL 中已提供了事务处理的相关语句，即 BEGIN TRANSACTION（开始事务）、PREPARE（准备提交事务）、COMMIT（提交事务）和 ROLLBACK（回滚事务）。在 Java 应用中，事务处理具有三种方式：JDBC 事务处理、JTA（Java Transaction API，Java 事务 API）事务处理和容器事务处理。JDBC 通过 Connection 对象声明事务的开始、提交和回滚，还会间接使用 JDBC 驱动程序提供的事务处理功能；JTA 事务则通过 JTA 提供的接口进行事务处理；容器管理的事务由容器控制，无需开发人员自己管理。容器管理的事务处理将在后续的 EJB（Enterprise JavaBean，企业 JavaBean）章节中介绍。

2．JDBC 事务

JDBC 中，由接口 Connection 提供的方法实现事务操作。可以通过设定 AutoCommit 为 true 来实现事务的自动提交，该方式使用简单，但会影响数据库服务器的性能。使用 JDBC 接口完成事务处理的基本过程如下（假设 JDBC 连接对象为 conn）。

（1）关闭事务自动提交的设置

使用 false 为参数调用 Connection 接口对象的 setAutoCommit()方法，关闭事务自动提交（默认情况下，JDBC 事务是自动提交的）代码如下：

```
conn.setAutoCommit(false);
```

（2）执行事务包含的操作

通常是对数据库进行多次更新的代码，如银行系统中的转账功能需对数据库进行两次更新操作。这里略去示例代码。

（3）提交事务

使用 Connection 对象的 commit()方法提交事务如下：

```
conn.commit();
```

（4）回滚事务

当事务操作产生异常时，可以使用 Connection 对象的 rollback()方法回滚事务如下：

```
try {
    conn.rollback();
    } catch（Exception ex）{
}
```

使用 JDBC 处理简单事务的基本框架如下：

```
try {
    … … …
    conn.setAutoCommit(false);
    … … … //与事务相关的操作
    conn.commit();
    } catch（Exception ex）{
    try {
        conn.rollback();
    } catch（Exception ex2）{ }
}
```

3．JTA 事务

JTA 事务比 JDBC 事务更强大。JDBC 事务被限定在一个数据源连接，所以被称为本地事务；一个 JTA 事务可以支持多个资源（包括数据源、消息队列或主题等），所以被称为分布式事务或全局事务。Java EE 中，JTA 事务的参与者可以是 JDBC 连接、JMS 连接以及 JPA 实体存取。

Oracle、Sybase、DB2、SQL Server 等数据库支持 XA，支持分布式事务。mysql 在 5.0 的版本后增加了对 xa 的支持，因而也支持分布式事务。

4．分布式事务服务

Java EE 的分布式事务服务包括 5 层：事务管理器（Transaction Manager，TM）、应用服务器（Application Server，AS）、资源管理器（Resource Manager，RM）、通信资源管理器（Communication Resource manager，CRM）和应用程序（Application Program，

AP），如图 2-13 所示，其中的小半圆代表 JTA 规范。每一层都通过一组事务 API 和相关机制参与到分布式事务处理系统中。

TM 是一个系统级的组件，是事务服务的访问点。它提供了一组服务和相关的管理机制，用于支持事务划分、事务资源管理、事务同步和事务上下文的传播；AS（或称为事务处理监测器）提供支持应用程序运行环境（包括事务状态管理）的基础设施。EJB 服务器是 AS 的一个实例；RM 通过资源适配器（类似于数据源连接）为应用程序提供对资源的访问。RM 通过实现一组事务资源接口参与到分布事务中。TM 使用这组接口来处理事务联系、事务提交和事务恢复等工作。关系数据库服务器就是 TM 的一个实例；CRM 支持事务上下文的传播和事务服务的访问请求；基于组件的事务性 AP 运行于 AS 环境中，需要依赖 AS 通过事务属性声明设置所提供的事务管理支持。EJB 就是 AP 的典型例子。除此之外，一些独立的 Java 客户端程序则需要使用 AS 或 TM 所提供的高层接口来控制事务界定。

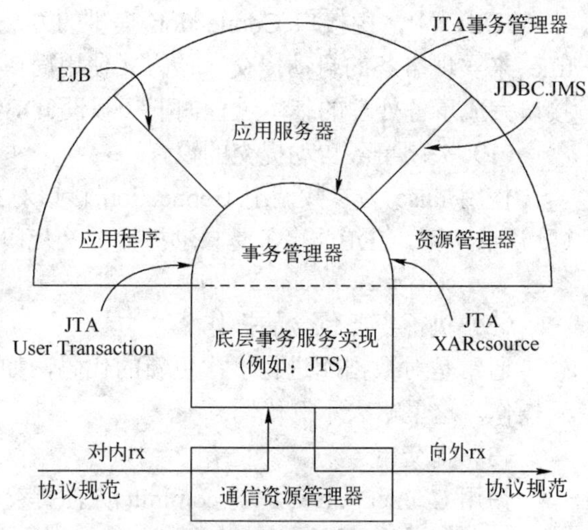

图 2-13　分布式事务服务

从事务管理器的角度出发，事务服务的具体实现是无需暴露给事务用户的，只需为用户提供支持事务界定、资源获取、事务同步和事务恢复的高层接口。JTA 的目的就是定义事务管理器所要求的 Java 接口，从而在企业级分布式计算环境中支持事务管理。

2.5.2　JTA API

JTA 包括 3 个部分：

1）高层应用事务界定接口。供事务处理客户界定事务边界。

2）X/Open 中 XA 协议的标准 Java 映射。支持事务性的资源管理器参与到由外部事务管理器所控制的事务中。

3）高层事务管理器接口。允许应用服务器为其所管理的应用程序界定事务边界。

JTA API 定义了一组基本的接口，如表 2-6 所示。

表 2-6　JTA 主要接口

包	接　口	说　明
javax.transaction	UserTransaction	核心接口。支持在应用中显式管理事务边界。可编程控制事务的开始、挂起、重新开始、提交或回滚
	Transaction	接口。支持与目标对象相关联的事务操作
	TransactionManager	接口。允许应用服务器代表被管理的应用程序控制事务边界的界定
javax.transaction.xa	XAResource	接口。为 XA 接口的 Java 映射。定义了 DTP 环境下资源管理器和事务管理器间的交互机制。该接口的适配器将事务与资源联系起来，如同数据源连接一样
	Xid	接口。为 X/Open 事务标识符 XID 的 Java 映射。该接口由事务管理器和资源管理器使用，对于应用服务器与应用程序而言是不可见的

2.5.3 应用示例

1）在 JBoss 中配置数据源。配置 JBoss 中的数据源，步骤参考 2.4 节。

2）建立事务。使用 UserTransaction 接口建立一个事务，形如：

```
UserTransaction tx = （UserTransaction)ctx．lookup("java:/UserTransaction");
```

3）开始事务。调用 UserTransaction 的 begin()方法开始一个事务，形如：

```
tx.begin();
```

4）查找数据源。基于 JNDI 查找之前配置的数据源，形如：

```
DataSource ds = （javax.sql.DataSource)ctx.lookup("java:/MySqlDS");
```

5）建立数据源连接。

```
Connection conn = ds.getConnection();
```

6）执行与资源有关的事务操作。如对一个数据源的数据或结构的增删改操作，都可以是事务操作。形如：

```
String sUpdateSQL = "update book set publisher='cmp' where name='Java EE 实战'";
String sDeleteSQL = "delete from book where name like '%FoxPro%'";
Statement stmt = conn.createStatement();
stmt.executeUpdate(sUpdateSQL);
stmt.executeUpdate(sDeleteSQL);
```

7）关闭到数据源的连接和语句对象。形如：

```
Stmt.close();
conn.close();
```

8）完成事务。提交事务。如果在事务处理过程中出现异常，则需要回滚事务。形如：

```
try {
    … … …
    tx.commit();
    } catch（Exception ex）{
    try {
        tx.rollback();
    } catch（Exception ex2）{ }
}
```

本示例步骤是针对只有一个数据源连接的本地事务。对于分布式事务，需查找多个资源源（包括数据源），创建到多个资源的连接，执行的事务操作也涉及多个资源。当然，也需要使用不同的 JTA API。详细可以参考 JTA 规范和 JTA API 文档。

2.6 JMS（Java 消息服务）

2.6.1 基本原理

1．消息服务

消息是不同应用程序之间或同一个应用程序的不同组件之间的通信方法，当一个应用程序或者一个组件（生产者）将消息发送到指定的消息目的地后，该消息可以被一个或多个组件（消费者）读取并处理。消息服务是一种在分布式应用之间提供消息传递服务的系统。消息服务一般会为客户端程序提供隔离了底层消息服务处理的标准接口，使得各种不同的客户端程序能通过一个统一的编程接口与消息服务系统进行交互。

与方法调用一样，消息服务也是从发送方把消息发送到接收方，消息接收方对消息进行相应处理。但与方法调用不同的是，消息服务中消息发送者无需等待消息接收者的响应而继续后续业务逻辑（此即非阻塞方式），而方法调用中调用方必须等待被调用方的响应（此即阻塞方式）。对于面向消息的应用架构来说，消息生产者与消息消费者之间完全隔离，消息生产者只负责将消息送到目的地，至于该消息的处理细节是消息消费者关心的。消费者和生产者双方无需相互了解，只需了解消息格式即可。

2．JMS

JMS 是用于访问企业消息系统的服务提供商独立的 API。JMS 工作原理可概括为：应用程序 A 发送一条消息到消息服务器的某个目的地（Destination），然后消息服务器将消息转发给应用程序 B，如图 2-14 所示。从图中可看出，应用程序 A 和 B 之间没有直接的代码关联。

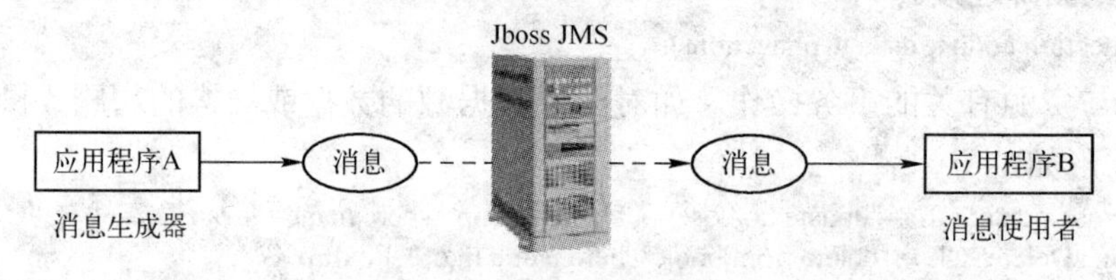

图 2-14　JMS 工作原理

3．JMS 消息

JMS 消息由消息头字段、一组属性和消息体组成。所有 JMS 消息都支持一组规定的头字段，客户端和消息服务提供者都可以利用头字段来进行消息标识和路由等处理。通过配置可选的属性字段，作为消息额外的消息头为消息处理提供辅助信息，客户端可通过消息选择器，根据这些属性字段选取感兴趣的有用消息。消息体则装载消息的主要内容，消息类型依赖于使用的消息接口。

（1）消息头字段

JMS 规范定义了一组消息头字段，如表 2-7 所示。

表 2-7　JMS 消息头字段

名　称	描　述	由谁设置
JMSDestination	消息发送的目的地。消息发送完成后由消息服务器自动设置该字段	发送方法
JMSDeliveryMode	消息发送时的传递模式：非持久存储（易丢失）和持久存储（更可靠）	发送方法
JMSExpiration	消息的有效时间。如为 0，则永不过期；如小于当前时间，将被忽略	发送方法
JMSPriority	消息的优先级。从 0 到 9 共 10 级，0~4 为普通优先级，5~9 为高优先级	发送方法
JMSMessageID	消息的唯一标识。由 ID 为前缀	发送方法
JMSTimestamp	消息服务器收到消息的时间	发送方法
JMSCorrelationID	消息的关联消息 ID。典型应用就是建立请求消息和响应消息间的关联	客户端
JMSReplyTo	该消息的响应消息的目的地。可实现响应消息的统一、分流处理	客户端
JMSType	消息类型。用于区分不同消息	客户端
JMSRedelivered	消息已发送但未收到确认消息的标识。可实现消息的重新发送	消息服务提供方

（2）消息的属性

JMS 消息发送者可以在消息中设置应用特定的属性，以辅助消息接收者对该消息的处理。属性是键-值对的形式，可通过调用 javax.jms.Message 的 setObjectProperty()方法进行设置。将名为 priority 的属性设置为 5（该属性可被消息选择器使用）：

```
Msg.setIntProperty("priority", 5);
```

为消息 msg 设定相应属性。消息选择器可以基于所设定的属性实现消息过滤。

JMS 定义的属性保留了"JMSX"属性名前缀，可参考相关 JMS 规范。

（3）消息的类型

JMS 消息的基本接口为 javax.jms.Message。针对不同消息，JMS 提供了不同的消息接口，如表 2-8 所示。

表 2-8　JMS 消息接口

名　称	描　述
StreamMessage	消息体包含了一个被顺序填充和读取的 Java 基本数据类型流
MapMessage	消息体包含了一系列的键-值对
TextMessage	消息体包含了一个字符串
ObjectMessage	消息体包含了一个可序列化的 Java 对象
BytesMessage	消息体包含了一个不间断的二进制字节流
XMLMessage	消息体包含了 XML 内容。为 TextMessage 的扩展，只在 WebLogic 中得到支持

4．JMS 消息服务的类型

JMS 提供两种类型的消息服务：点对点（Point-To-Point，PTP）消息处理和发布-订阅（Publish-Subscribe，Pub/Sub）消息处理。

PTP 消息模型通过一个消息队列（Queue）实现，消息发送者向消息队列写入消息，消息接收者从消息队列中读取消息；Pub/Sub 消息模型把消息发送给一个主题（Topic），消息发布者将消息发送给消息主题，消息服务器将消息发布给订阅该消息主题的每一个消息订阅者。

PTP 模型中的每个消息只有一个消息接收者，消息发送者和消息接收者之间不存在时间上的依赖关系。不论发送者在发送消息时接收者是否运行，接收者都可接收消息。接收者对于成功接收的消息给予回执。该方法可用于如在线购买等独特的交易；Pub/Sub 模型中每个消息可以有多个订阅者。而且某个消息主题的订阅者只能收到订阅之后发布的消息。为了接收消息，订阅者必须保持活动状态。因而，消息发布者和消息订阅者之间存在时间上的依赖关系。为放宽这种限制，JMS 还支持持久性订阅，当订阅者不是处于活动状态时，也可以接收到订阅的消息。

2.6.2　JMS API

JMS API 定义了一组基本的接口，如表 2-9 所示。

表 2-9　JMS API 中的基本接口

接　口	描　述
ConnectionFactory（连接工厂）	为客户端程序创建一个消息连接的管理对象，由消息服务器管理员创建并绑定到 JNDI 树上。客户可以基于 JNDI 检索 ConnectionFactory 并用于建立一个新的 JMS 连接（Connection）
Connection（连接）	客户端到 JMS 服务器之间的一个活动连接。每个客户端都使用一个单独的 JMS 连接，而每个 JMS 连接可以连接多个 JMS 目的地（Destination）
Destination（目的地）	实际的消息源和消息存储位置，位于消息服务器上
Session（会话）	客户端和消息之间的会话状态。会话定义了消息的顺序
MessageProducer（生产者）	由会话创建的消息发送者对象
MessageConsumer（消费者）	由会话创建的消息接收者对象
Receiver（接收者）	JMS 消息选择器。可根据消息中所设定的属性对消息进行过滤。可基于 SQL-92 子集的字符串表达式进行消息过滤

在发送或接收消息时，首先获取对连接对象工厂的引用。由连接工厂创建客户端与 JMS 提供者之间的连接，并由 JMS 连接创建会话，最后由会话创建消息生产者和消息消费者以及消息。消息生产者将消息发送到指定的消息目的地，消息消费者接收来自于指定的消息目的地的消息。JMS API 中主要接口对象关系如图 2-15 所示。

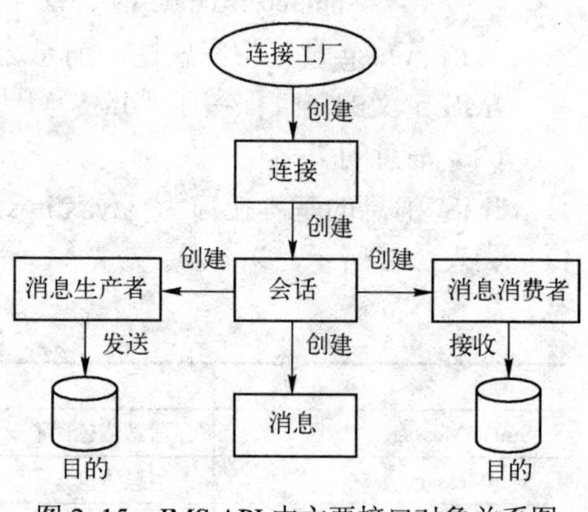

图 2-15　JMS API 中主要接口对象关系图

不管是将消息发送到消息队列（PTP）还是发布到消息主题（Pub/Sub），消息处理的步骤都是相同的，差别是使用不同的 JMS API 对象，如表 2-10 所示。

表 2-10　PTP 和 Pub/Sub 两种 JMS API 的比较

接口名称	PTP	Pub/Sub
连接工厂	QueueConnectionFactory	TopicConnectionFactory
连接	QueueConnection	TopicConnection
目的地	Queue	Topic
会话	QueueSession	TopicSession
消息生产者	QueueSender	TopicPublisher
消息消费者	QueueReceiver	TopicSubscriber

2.6.3　消息服务器配置

在使用消息服务之前，需要对消息服务器进行配置。不同消息服务器的配置也不尽相同。JBoss 内置的 Hornetq 是一个支持集群和多种协议、可嵌入、高性能的异步消息系统，完全支持 JMS（不但支持 JMS1.1 API 同时也定义属于自己的消息 API），在不久的将来将支持更多的协议。可以通过 Jboss 控制台配置 Hornetq，也可直接通过修改配置文件 hornetq-jms.xml 来配置 Hornetq 消息服务器。

Hornetq 的配置文件 hornetq-jms.xml 位于 JBoss_Home\server\default\deploy\hornetq 中，创建队列 MyFirstMessageQueue 和主题 MyFirstMessageTopic 的配置代码片段如下：

```
<configuration xmlns="urn:hornetq" xmlns:xsi=http://www.w3.org/2001/XMLSchema-instance xsi:
    schemaLocation="urn:hornetq /schema/hornetq-jms.xsd">
    … … …
    <queue name="MyFirstMessageQueue">
    <entry name="/queue/MyFirstMessageQueue"/>
    </queue>
    <topic name="MyFirstMessageTopic">
    <entry name="/topic/MyFirstMessageTopic"/>
    </topic>
</configuration>
```

也可以通过 Jboss 控制台手工配置消息队列或消息主题，单击左侧菜单栏中的 JMS Queues 就可以创建一个新的消息源。在 Jboss 控制台中查看已配置的消息队列 MyFirstMessageTopic，如图 2-16 所示。

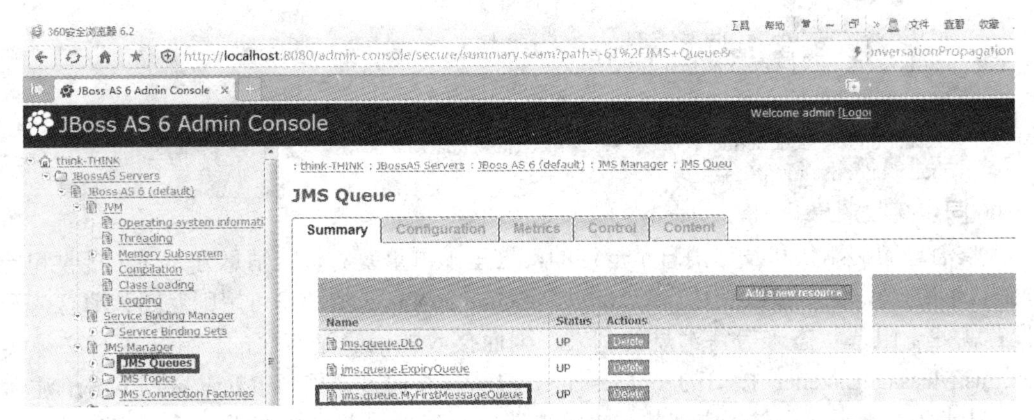

图 2-16 在 JBoss 控制台中查看所创建的消息队列

2.6.4 应用示例

JMS 消息服务处理的参与方包括消息发送和消息接收客户端以及消息服务器。关于消息服务器配置，之前已经讨论过。这里，仅对 PTP 模型的消息处理步骤进行说明，Pub/Sub 消息应用的开发步骤与 PTP 消息应用的开发步骤类似，只是需要使用 Pub/Sub 所对应的 JMS API。需注意的是，在 Pub/Sub 模型中，两个主题订阅者可以同时运行，接收各自的消息。PTP 模型的消息应用开发的主要步骤如下。

1．发送消息

（1）获取一个 JBoss 上下文的引用

如同之前在 JNDI 一节中的示例，可利用默认配置获取一个初始上下文环境，形如：

```
Context ctx = new InitialContext();
```

也可以通过一个 Properties 对象或 Hashtable 对象传递信息来获取初始上下文，形如：

```
Properties p = new Properties();
p.put(Context.INITIAL_CONTEXT_FACTORY, org.jnp.interfaces.NamingContextFactory");
p.put(Context.PROVIDER_URL, "jnp://localhost:1099");
ctx = new InitialContext(p);
```

（2）使用上下文和 JNDI 获得对连接工厂的引用

```
QueueConnectionFactory qCF = (QueueConnectionFactory)ctx.lookup("ConnectionFactory");
```

（3）使用连接工厂创建一个消息连接

```
QueueConnection qConn = qCF.createQueueConnection();
```

（4）使用消息连接创建一个会话

```
QueueSession qSess = qConn.createQueueSession(false, Session.AUTO_ACKNOWLEDGE);
```

第一个参数设定该会话是否支持事务，false 表示不支持事务。第二个参数设定消息应答方式，AUTO_ACKNOWLEDGE 为自动应答，亦即客户端收到消息后自动向 JMS 消息服务器发送确认消息。

（5）基于上下文和 JNDI 创建一个消息目的地

创建到之前配置的消息队列/queue/MyFirstMessageQueue 的目的地代码如下：

```
Queue queue = (Queue)ctx.lookup("/queue/MyFirstMessageQueue");
```

（6）创建一个指定类型的待发送消息并装入消息

创建一个 TextMessage 消息并装入消息内容"Hello, my first JMS!"代码如下：

```
TextMessage txtMsg = qSess.createTextMessage();
txtMsg.setText("Hello, my first JMS!");
```

（7）使用会话创建消息发送者并发送消息

```
QueueSender queueSender = queueSession.createSender(queue);
queueSender.send(txtMsg);
```

2．同步接收消息

接收消息的初始化和发送消息是一样的，这里不再重复。接收消息分为同步接收和异步接收。不同的是，同步接收使用 receive()接收下一个消息，如消息可用则返回该消息，否则接收者就处于阻塞状态来等待消息的到来，因而接收的消息是有序的。异步消息必须实现 javax.jms.MessageListener 接口的 onMessage()方法。并通过调用 setMessageListener()注册到 JMS。异步接收无需一直处于阻塞状态来等待消息的到来，当 JMS 接收到一个消息时，才将消息传给接收者。

同步接收消息时，首先使用会话创建一个消息接收者实例，代码如下：

```
QueueReceiver queueReceiver = queueSession.createReceiver(queue);
```

然后，使用 QueueReceiver 的 receive()方法询问 JMS 是否有新消息，并通过对应消息类型（如 TextMessage）的方法（如 getText()）读取消息的示例，代码如下：

```
TextMessage txtMsg = （TextMessage)queueReceiver.receive();
String sTxtMsg = txtMsg.getText();
```

3．异步接收消息

异步消息接收时，需要注册异步消息监听器。异步消息处理的主要步骤如下。

（1）实现 javax.jms.MessageListener 接口

```
public class AsynMsgQueueReceiver implements MessageListener { }
```

（2）创建异步消息接收者并启动消息连接

```
QueueReceiver queueReceiver = queueSession.createReceiver(queue);
qConn.start();
```

（3）设置消息监听

```
queueReceiver.setMessageListener(this);
```

（4）实现 onMessage()方法

```
public void onMessage(Message msg）{
    try {
        TextMessage textMessage = （TextMessage)msg;
        System.err.println("AsyncQueueJMSConsumer Received: " + textMessage.getText());   }
catch(JMSException ex）{
        ex.printStackTrace();
    }
}
```

2.7 本章小结

本章简要介绍了 Java EE 基础服务。Java EE 应用中如 Applet、应用（Application）、JSP/Servlet、EJB 等组件由相应的服务器，如 Applet、应用、Web 和 EJB 等容器提供运行环境和服务。Java EE 平台规范定义了各种服务器需为组件提供的服务，开发人员就可基于这些服务构建实现相应业务需求的 Java EE 应用。本章随后还对几个主要的基础服务（如 JNDI、RMI、JDBC、JTA 和 JMS）进行讨论。

关于 Java EE 基础服务架构及服务的详细规范，可以进一步参考 Oracle 公司网站的相关专题。

拓展阅读参考：

[1] Oracle Corporation. Java EE[OL]. http://www.oracle.com/technetwork/java/javaee/overview/ index.html.

第二部分 Java Web 开发基础

第3章 Java Web 应用概述

Web 应用是一种以 HTTP 为核心的通信协议，通过 Internet 网络让浏览器和 Web 服务器进行通信的程序。不同于静态网站，Web 应用程序通过与客户机进行交互，根据请求动态生成网页。Java Web 应用是使用 Java 为开发语言来开发的 Web 应用程序，Java Web 的核心技术是 JSP 和 Servlet，使用 JSP 和 Servlet 技术可以快速开发出具有交互功能的 Web 应用。

3.1 静态网页和交互式网页

所谓静态网页是指网页内容由标准的 HTML 标记、CSS 定义和 Javascript 代码组成的 HTML 文件，其扩展名是 html 或 htm，可以包含图像、动画、视频等媒体内容。这种网页看起来似乎动感十足，但这种网页的源代码中不包含服务器端运行代码，所有的内容服务器不做任何处理，而直接发送给客户端由浏览器执行后显示结果，而且不能和服务器进行交互。这种不包含服务器端处理代码、不能和服务器交互的网页统称为静态网页。

静态网页不能和服务器交互、通常也不支持后台数据库，页面内容不会因为时间、地点、访问者的不同而不同。

交互式网页也称为动态网页，是由 Web 服务器动态生成的页面，这种页面会因为时间、地点、访问者的不同而不同。动态网页与静态网页最根本的区别是动态网页中被嵌入了服务器端脚本代码，Web 服务器会根据客户端的请求去执行这些代码，并把执行的结果和页面中的静态内容一起发送给客户端。

交互式网页主要有如下优点：

- 具有良好的交互性，可以根据不同的要求动态产生页面内容。
- 支持后台数据库，可以将数据永久地保存在数据库，有利于数据的查找。
- 使用动态页面，页面量减少，降低了网页的维护工作量，提高了工作效率。

3.2 Java Web 应用体系结构

一个 Web 应用程序是由完成特定任务的各种 Web 组件构成的并通过 Internet 将服务展示给外界。在 Java Web 中，Web 应用程序是由多个 Servlet、JSP 页面、HTML 文件以及图像文件等组成。所有这些组件相互协调为用户提供一组完整的服务。

3.2.1 HTML

HTML 是 Hypertext Markup Language 的缩写，即超文本标记语言，是网页（HTML 文

件、Web 页）的基本描述语言。使用 HTML 可以将文本、声音、图像、视频等多种媒体集成到 Web 页面中。此外，HTML 还允许在网页中插入超文本链接和交互按钮，将一个 Web 页面和站点内的其他资源或与 Internet 中的其他站点上的资源链接起来。

HTML 是一种文本标记语言，而非编程语言。在网页中并不能真正地包含声音、视频等多媒体，只是通过 HTML 标记及统一资源定位器（Universal Resource Locator，URL）来描述媒体资源在 Internet 中的位置。

1．网页的页面结构

一个网页（HTML 文件）可以保存扩展名为 html 或 htm 的文本文档。

下面是一个完整的网页：

```
<!DOCTYPE HTML PUBLIC "-//W3C//DTD HTML 4.01 Transitional//EN" "http://www. w3c.org/TR/html4/strict.dtd">
<html>
    <head><title>第一个网页</title></head>
    <body>
        <p align="center">欢迎进入 HTML 世界</p>
    </body>
</html>
```

该文件的执行结果如图 3-1 所示。

图 3-1 HTML 示例执行结果

一个完整有效的 HTML 由两大部分组成。

（1）文档类型说明

一个合法的 HTML 文件必须使用文档类型说明来告诉浏览器该网页文件所使用的 HTML 版本。HTML 版本是通过在 DOCTYPE 元素中声明特定的 HTML 的文档类型定义（Document Type Definition，DTD）来实现的。DTD 文档类型定义是一套关于标记符的语法规则，用于校验文档标记格式的正确性。DTD 包括两部分内容，格式如下：

```
<!DOCTYPE HTML PUBLIC "说明文档类型部分" "系统标识部分">
```

其中，“说明文档类型部分”用于说明文档类型的 DTD；“系统标识部分”确定浏览器寻找 DTD 的 URL。

DTD 不是 HTML 文件的必需部分，但设置正确的文档类型定义会使浏览器显示网页时更加快速合理。

（2）HTML 基本结构

HTML 文件基本结构部分以<html>开头，以</html>结束，中间分成两个部分：标头（head）区和主体（body）区。标头区由一对<head></head>标记来定义，也称为定义区，它紧跟在<html>之后；在此区可以利用<title>和</ttitle>来定义网页的标题，以及其他的内容，如 CSS 样式、JavaScript 和<Meta>等。主体区为 HTML 文件的主体。包括如文本、超链接、图像、表格、列表、表单等 HTML 页面中所有可显示的内容。

2．常用标记

标记（标签）是 HTML 网页的基础，一个 HTML 文档中一般都会包含许多标记。每个标记由尖括号“<”和“>”包含具体含义的标识符构成，标识符不区分大小写。标记一般都成对出现，有开始标记和结束标记，结束标记比开始标记的“<”和标识符之间多一个“/”，如<b>和</b>；标识符表示了该标记的功能，而开始标记和结束标记之间的内容称为标记体，是标记的作用对象。有些标记只有开始标记而没有结束标记，如<img>。常用标记见表 3-1。

表 3-1　常用标记

标　记	说　明	标　记	说　明
Font	定义文本的字体、字号及颜色	P	产生一个段落
B	对标签体的文本加粗显示	a	插入一个超链接
BR	段内换行	img	插入图片

3.2.2　HTTP

HTTP 是用于从 WWW 服务器传输超文本到客户端浏览器的传送协议。HTTP 可以使浏览器更加高效，使网络传输减少。HTTP 不仅保证计算机正确快速地传输超文本文档，还确定传输文档中的哪一部分，以及哪部分内容首先显示（如文本先于图形）等。

HTTP 基于“请求/响应”的工作模式为客户端提供服务。HTTP 工作原理如图 3-2 所示。

首先，客户端在浏览器地址栏输入地址并按下〈Enter〉键或单击页面中的一个超链接时，便是向 Web 服务器发出一个 HTTP 请求，Web 服务器收到这个请求后，按照提交的路径找到客户端请求的资源并按请求的方法对资源进行处理，处理完成后会将请求的资源或处理的结果返回给客户端——即 HTTP 响应，最后断开与客户端的连接。

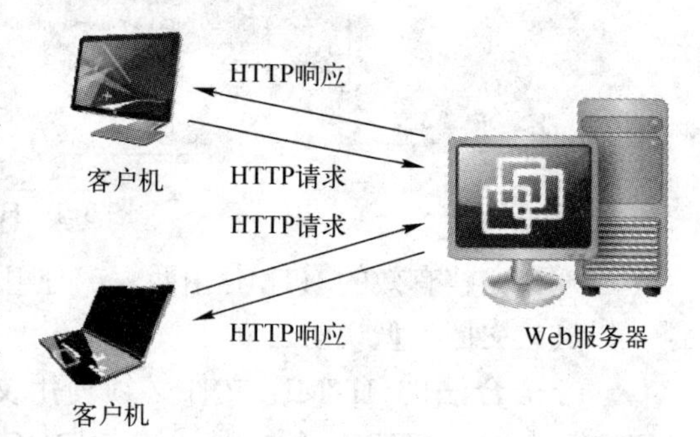

图 3-2　HTTP 工作原理

HTTP 有如下几个特性。

- 简单快速：客户向服务器请求服务时，只需传送请求方法、路径及所需的参数。常用的请求方法有 GET、HEAD、POST，每种方法规定了客户与服务器交互的类型。
- 灵活：HTTP 允许传输任意类型的数据对象，传输类型由 Content-Type 加以标记。
- 无状态：HTTP 是无状态协议。无状态是指协议对于事务处理没有记忆能力，对同一客户端的每次相同请求都会认为是一个新的请求。缺少状态意味着如果后续处理需要前面的信息，则必须重传，这样可能导致每次连接传送的数据量增大。

在 HTTP1.1 版本中共定义了 8 种请求方法（或动作）来表明请求指定资源的操作方式。

- GET：向特定的资源发出请求。
- POST：向指定资源提交数据进行处理请求（例如提交表单或者上传文件）。
- OPTIONS：返回服务器针对特定资源所支持的 HTTP 请求方法。
- HEAD：向服务器索要与 GET 请求相一致的响应，只不过将不会返回响应体。这一方法可以在不必传输整个响应内容的情况下，获取包含在响应消息头中的元信息。

- PUT：向指定资源位置上传其最新内容。
- DELETE：请求服务器删除 Request-URI 所标识的资源。
- TRACE：回显服务器收到的请求，主要用于测试或诊断。
- CONNECT：HTTP/1.1 协议中预留给能够将连接改为管道方式的代理服务器。

在服务器与客户端进行交互的过程中，为了方便标识交互过程中的状态 W3C 制定 RFC 2616 规范，并得到 RFC 2518、RFC 2817、RFC 2295、RFC 2774、RFC 4918 等规范扩展。在规范中将整个交互过程出现的状态分为 5 大类，其内容见表 3-2。

表 3-2　HTTP 状态码分类

状　态　码	含　　义
1xx	这一类型的状态码，代表请求已被接受，需要继续处理
2xx	这一类型的状态码，代表请求已成功被服务器接收、理解并接受
3xx	重定向。这类状态码代表需要客户端采取进一步的操作才能完成请求。通常，这些状态码用来重定向，后续的请求地址（重定向目标）在本次响应的 Location 域中指明
4xx	请求错误。这类的状态码代表了客户端看起来可能发生了错误，妨碍了服务器的处理
5xx	服务器错误。这类状态码代表了服务器在处理请求的过程中有错误或者异常状态发生，也有可能是服务器意识到以当前的软硬件资源无法完成对请求的处理

在应用开发和调试过程中，最为关心的是程序运行过程中出现的异常错误。如表 3-3 列出了常见的错误 HTTP 状态码。

表 3-3　常见错误 HTTP 状态码

状　态　码	含　　义
400	Bad Request。有两种情况：语义有误，当前请求无法被服务器理解；请求参数有误
401	Unauthorized。当前请求需要用户验证
403	Forbidden。服务器已经理解请求，但是拒绝执行它
404	Not Found。请求失败，请求所希望得到的资源未被在服务器上发现
405	Method Not Allowed。请求行中指定的请求方法不能被用于请求相应的资源
406	Not Acceptable。请求的资源的内容特性无法满足请求头中的条件，因而无法生成响应实体
408	Request Timeout。请求超时。客户端没有在服务器预备等待的时间内完成一个请求的发送
410	Gone。被请求的资源在服务器上已经不再可用，而且没有任何已知的转发地址
500	Internal Server Error。服务器遇到了一个未曾预料的状况，导致了它无法完成对请求的处理。一般来说，这个问题都会在服务器端的源代码出现错误时出现
501	Not Implemented。服务器不支持当前请求所需要的某个功能。服务器无法识别请求的方法，并且无法支持其对任何资源的请求
503	Service Unavailable。由于临时的服务器维护或者过载，服务器当前无法处理请求。这个状况是临时的，并且将在一段时间以后恢复

3.2.3　JSP 和 Servlet 技术

Java 提供了专用的 Web 开发组件，主要包括 JSP 和 Servlet。

1．Servlet

Java Servlet 实质是一种小型的、与平台无关的 Java 类，其生命周期由服务器的 Servlet 容器管理。当服务器接收到客户端请求时，服务器调用并执行相应的 Servlet 动态生成响应内容，然后再由服务器返回给客户端。

2．JSP

JSP 技术是继 Servlet 之后 Sun（现已被 Oracle 收购）公司推出的一项新技术。JSP 技术是将 Java 代码嵌入到 HTML 代码中形成 JSP 文件。JSP 技术依然是基于 Servlet 技术的，虽然 JSP 在编写时与 Servlet 不一样，但在执行时，JSP 首先要由 Servlet 容器将 JSP 文件转换为 Servlet 并编译，然后才能执行。

3．JSP 与 Servlet 的区别

编程方式不同：JSP 技术是为了解决在 Servlet 中难以生成复杂的 Web 页面的问题。将 Java 代码分散嵌入到 HTML 代码中，便很容易以 HTML 及 CSS 产生的页面为模板而产生复杂的 Web 页面。

编译的时机不同：Servlet 必须由开发人员在 Web 应用部署到服务器前编译；JSP 的转换和编译都是由 Servlet 容器自动完成。Servlet 每修改一次都需要重新编译和部署，而 JSP 文件被修改后容器会自动检测更新进而重新转换和编译。

3.2.4 Java Web 应用基本组成

采用 Java 技术编写的 Web 应用程序称之为 Java Web 应用程序，它是由一组 Servlet、JavaBean 类、JSP 页面、HTML 页面等其他相关的资源组成，它必须运行在实现了 Servlet 规范的容器中。Java Web 应用程序基本原理如图 3-3 所示。

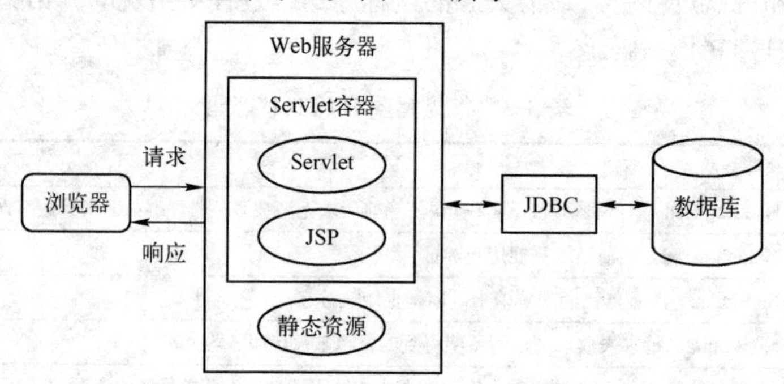

图 3-3　Java Web 应用程序基本原理

一个 Java Web 应用程序执行的具体过程如下：

1）客户端向 Web 服务器发出一个 HTTP 请求。

2）Web 服务器接受到请求，若请求的是静态 HTML 页面，则由 Web 服务器负责查找此页面并返回给客户端；若请求的是 Java Web 组件（Servlet 或 JSP），Web 服务器则将请求转交给 Servlet 容器进行处理。

3）Servlet 容器根据请求及配置文件（web.xml）确定被访问的具体 Servlet 或 JSP 文件，并将请求传递给它，执行该 Servlet，Servlet 将执行结果通过容器返回给客户端。

4）一旦完成请求处理，Servlet 容器将把控制器返回给 Web 服务器等待下次请求。

3.2.5 Java Web 应用文档结构

Java Web 应用有一个基本的文档结构，即一个完整的 Java Web 应用必须包含几个特定的文件和目录。假设存放一个 Java Web 应用的目录为 WebApp，则该目录中必须包含如表

3-4 中所列举的内容。

表 3-4 Java Web 应用的基本组成

目录/文件	说 明
WebApp	该应用的根目录，也是该应用部署后的访问起点。目录中存放了所有与该应用相关的资源，如 HTML 网页、CSS 文件、JavaScript 文件、图片视频等
WebApp/WEB-INF	存放受保护文件。该目录中保存的内容不能被客户端直接访问，只能由 Web 应用访问
WebApp/WEB-INF/classes	保存编译后的 Java 类文件，如 Servlet 和 JavaBean
WebApp/WEB-INF/lib	存放 Web 应用运行所必须的第三方 JAR
WebApp/WEB-INF/Web.xml	包含 Web 应用的配置及部署信息

3.3 Java Web 运行与开发环境

3.3.1 运行环境

若要运行一个 Java Web 应用程序，必须有相应的 Servlet/JSP 容器。所有的 Servlet/JSP 程序代码在容器中被执行，然后将执行的结果由 Web 服务器返回给客户端。常用的 Servlet 容器有 Tomcat、Jboss、Glassfish、Weblogic、Websphere 等，本书的 Java Web 基础部分使用 Tomcat 6 作为 Servlet 容器。

Tomcat 是 Apache 软件基金会的 Jakarta 项目中的一个核心项目，由 Apache、Sun（现在的 Oracle）公司和其他一些公司及个人共同开发。由于有 Sun 公司的加入和支持，因此最新的 Servlet 和 JSP 规范总是能在 Tomcat 中得到体现。由于 Tomcat 的快速、稳定及先进的技术而受到开发者的喜爱，并得到了很多运营商的认可，Tomcat 已经成为流行的 Java EE 应用服务器之一。

Tomcat 可以到 Apache 公司官网（tomcat.apache.org）下载。Tomcat 和 JDK 一样有两种安装包：一种是二进制带有安装向导的安装程序；一种是压缩包。

下面描述 Tomcat 的安装过程。如图 3-4 所示是安装欢迎界面。单击“Next”按钮进入 Apache 许可界面，然后单击“I Agree”按钮进入组件选择页面，使用默认选项即可。接着单击“Next”按钮进入配置页面（如图 3-5 所示），其中：

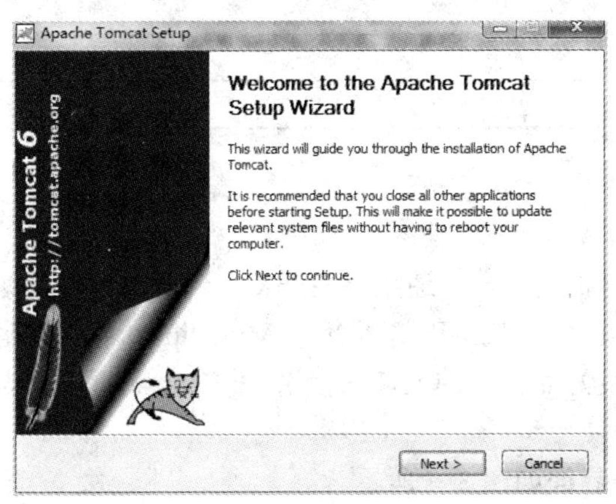

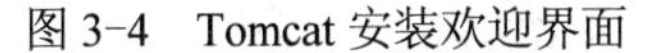
图 3-4 Tomcat 安装欢迎界面

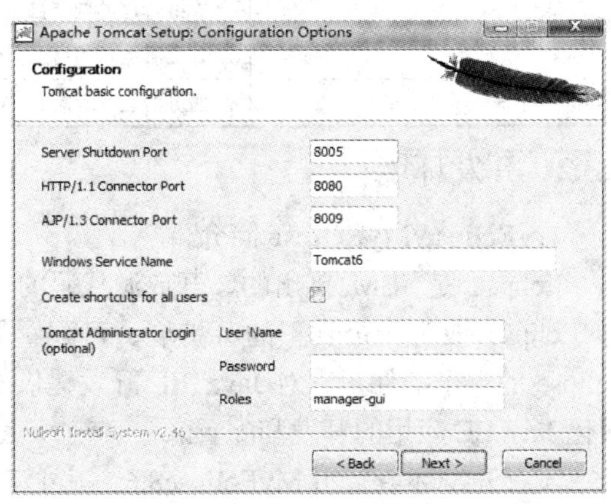

图 3-5 Tomcat 配置

- HTTP/1.1 Connector Port 是客户端访问服务器所监听的端口，默认为 8080。

- Windows Service Name 指定 Tomcat 作为 Windows 服务的服务名称。
- Tomcat Administrator Login 用于指定管理 Tomcat 的用户名和口令，通过此用户将来可以通过 Web 来管理 Tomcat。

单击“Next”按钮进入选择 Java 虚拟机页面，在此页面中选择在第一步中安装 JDK 的安装目录即可或使用安装程序寻找到的位置。然后单击“Next”按钮指定安装目录，最后单击“Install”按钮完成安装。

安装完成后，Tomcat 的安装目录内容如图 3-6 所示，其主要目录内容如表 3-5 所示。

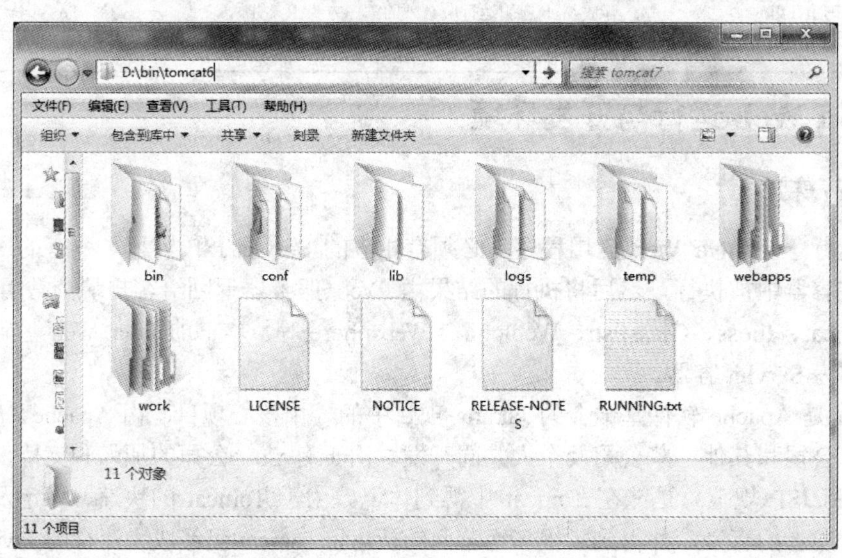

图 3-6　Tomcat 安装目录内容

表 3-5　Tomcat 主要目录内容

目　录	说　明
bin	所有的可执行程序及服务管理脚本
conf	Tomcat 的配置文件
webapps	Web 程序的部署目录
logs	存放服务器的日志文件
lib	服务器运行所需的 JAR 文件

3.3.2　开发环境

1．Eclipse/MyEclipse 简介

Eclipse 是 IBM 推出的、开放源代码的、可扩展的一个通用集成开发平台，插件机制使得 Eclipse 成为一个真正的可扩展、可配置的 IDE（集成开发环境）。MyEclipse 本质上是 Eclipse 的一个插件，它对 Java EE 开发提供了良好而强大的支持，使用 MyEclipse 可以大大简化 Java EE 应用的开发和配置。

本书开发环境采用 MyEclipse8.6，其主工作界面如图 3-7 所示。

MyEclipse 常用视图及其功能说明如表 3-6 所示。

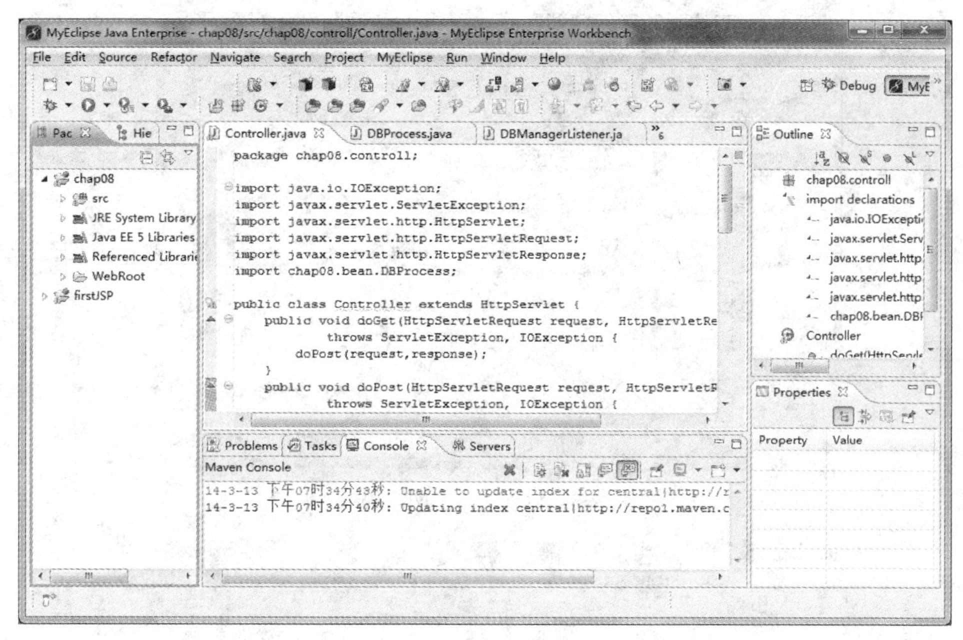

图 3-7 MyEclipse 主界面

表 3-6 MyEclipse 常用视图及其功能

视 图	功 能 说 明
Package Explorer	显示项目中的包和文件
Outline	显示编辑器中当前文件的方法声明
Hierarchy	显示当前类的继承关系
Problems	显示编译错误和警告信息
Console	显示控制台程序的运行结果
Debug	显示调试信息
Servers	显示、配置和管理 Web 应用服务器及数据库服务器

2．编码配置

Java EE 开发过程中，涉及多种类型的文件，如 JSP 文件、HTML 文件、Java 类文件，这些文件都有各自的编码，在开发前必须统一编码，否则显示结果就会乱码。本书中的所有工程统一使用 UTF-8 编码。

（1）工作空间（workspace）编码

工作空间编码将影响 Java 类、HTML、CSS 等文件的编码。设置方法选择 Windows 菜单下的 Preference，打开系统配置窗口，单击左侧的树形列表中的 General→Workspace，如图 3-8 所示。在右侧的 Text file encoding 中选择 Other 为 UTF-8。

（2）JSP 文件编码设置

工作空间编码不能影响 JSP 文件的编码，必须单独设置。方法是在图 3-8 的窗口左侧选择 MyEclipse→Files and Editors→JSP，在右侧的 Encoding 下拉列表中选择 ISO 10646/Unicode（UTF-8），如图 3-9 所示。

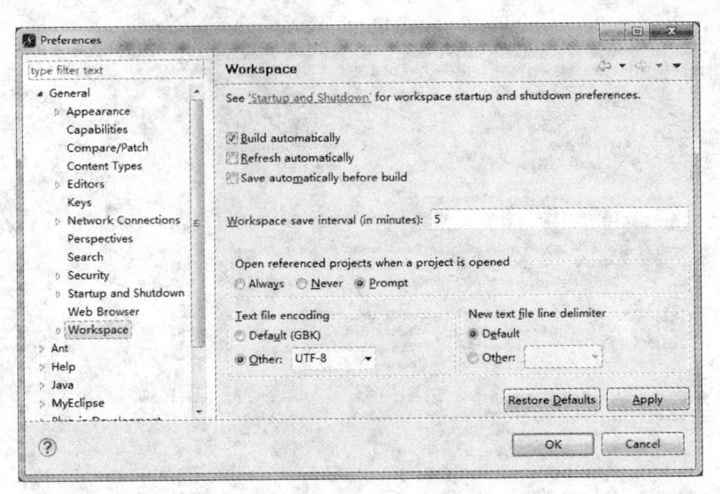

图 3-8　设置工作空间编码

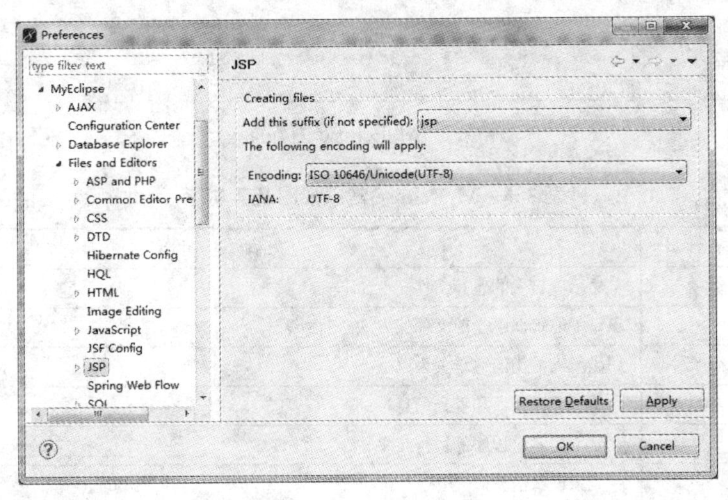

图 3-9　JSP 文件编码设置

3．应用服务器设置

为了方便开发调试，在 MyEclipse 中可以将 Tomcat 集成进来。MyEclipse 在安装时已经内置了一个 Tomcat6 的应用服务器，如图 3-10 所示。Server 列表中的 MyEclipse Tomcat 便是 MyEclipse 内置的 Tomcat 服务器。

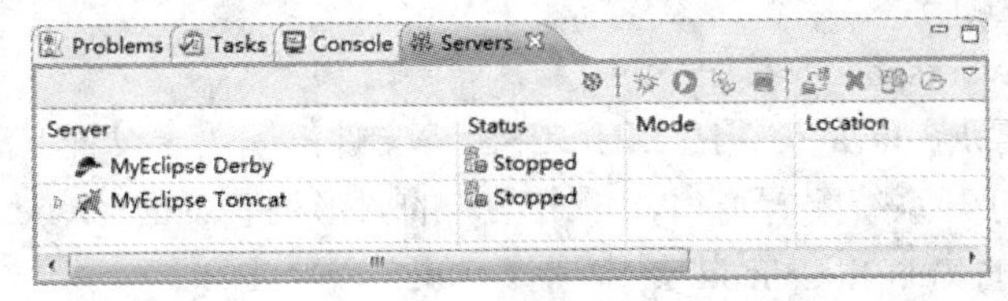

图 3-10　服务器列表

若要添加其他的应用服务器，如自己安装的 Tomcat。在服务列表中单击右键，在弹出的快捷菜单中选择 Configure Server Connector，弹出服务器配置对话框如图 3-11 所示。在左侧列表中选择 Servers→Tomcat→Tomcat 6.x。在右侧窗口的 Tomcat Server 栏中选择 Enable，并在 Tomcat home directory 中指定 Tomcat 的安装目录，最后单击 OK 按钮即可。

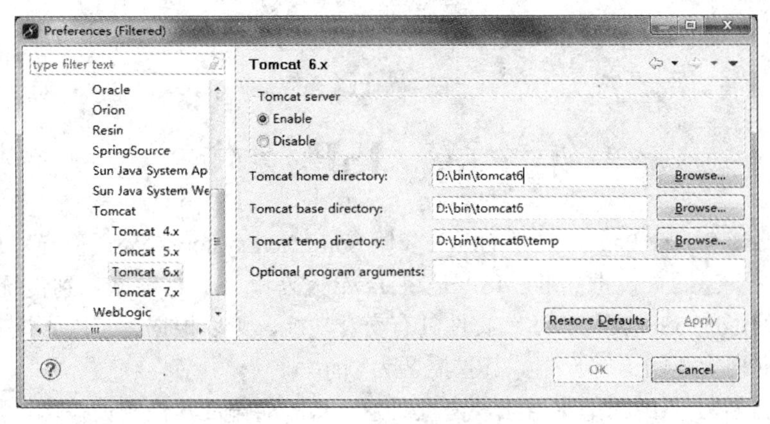

图 3-11　添加应用服务器

3.4　本章小结

本章对 Java Web 应用的基础概念进行了简单介绍，包括静态网页与动态网页的区别，HTML 和 HTTP，JSP 和 Servlet，以及 Java Web 应用的基本组成、文档结构和运行开发环境等。

拓展阅读参考：

[1] Wikipedia. Servlet. 维基百科[OL]. http://zh.wikipedia.org/zh-cn/Servlet.

[2] Wikipedia. JSP. 维基百科[OL]. http://zh.wikipedia.org/zh-cn/JSP.

[3] Wikipedia. MVC. 维基百科[OL]. http://zh.wikipedia.org/wiki/MVC.

[4] 余东进，任祖杰. Java EE Web 应用开发基础[M]. 北京：电子工业出版社, 2012.

第4章　JSP技术

JSP全称Java Server Page，是由Oracle（原Sun Microsystem）公司倡导、许多公司参与一起建立的一种动态网页技术标准。JSP是将Java代码和JSP标记嵌入到传统的HTML网页文件中，从而形成JSP文件。JSP文件具有交互功能，可以根据客户端不同的请求而动态产生不同的页面内容返回给客户端，其扩展名为*.jsp。

在本章中将学习JSP的基本语法、内置对象、JSP动作及其他相关技术，如EL表达式和JSTL等。

4.1　JSP简介

4.1.1　JSP特点

JSP是Web应用程序的Java技术解决方案，因此JSP具有和Java一样的优良特性；另外，JSP技术规范是从Servlet规范拓展而来，但和Servlet有很大的区别，因此它在具有Servlet的一些特性外还有自己一些特有的技术特点。JSP技术有如下特点：

- 平台无关性，一次编写多次运行。
- 组件重用。JSP技术特别强调组件的重用，像JavaBean、标签库（Tag Library），这些组件简化了JSP页面的复杂性，并提高了代码的可扩展性。
- 将内容与表示分离。
- SP标签可扩充性。尽管JSP和其他Web程序解决方案（如ASP、PHP）一样，都是使用脚本技术和标签来制作动态网页，但JSP技术运行开发者扩展了JSP标签，定制了JSP标签库，所以大大减少了对脚本语言的依赖。由于定制标签技术，使网页制作者降低了制作网页的复杂度。
- 预编译。预编译就是在用户第一次通过浏览器访问JSP页面时，服务器将对JSP页面代码进行编译，并且仅执行一次编译。编译好的代码将被保存，在用户下一次访问时，直接执行编译好的代码。这样不仅节约了服务器的CPU资源，还大大提升了客户端的访问速度。

4.1.2　JSP工作原理

JSP工作原理如图4-1所示。

1）当客户端向服务器发出一个JSP请求时，服务器首先检查该JSP文件是否是第一次被访问；若是第一次，则将JSP文件转换为Servlet类文件。在转换时，若发现JSP文件中存在语法错误，则停止转换，并向服务器提交错误信息，然后由服务器返回给客户端；若转换成功，转换后的Servlet文件将被编译为响应的class文件。

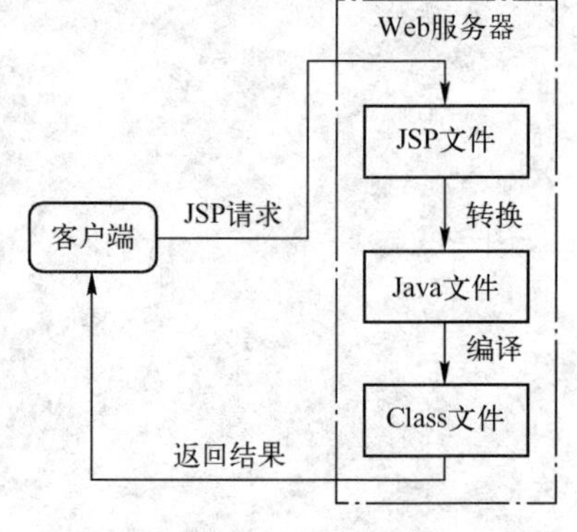

图4-1　JSP工作原理

2）容器将编译好的 Servlet 文件加载并常驻内存，并由该 Servlet 容器负责提供服务来响应用户的请求。如果有多个客户端同时请求该 JSP 文件，则容器会创建多个线程，每个客户端对应一个线程。

3）如果 JSP 文件被修改，服务器将根据设置决定是否对该文件进行重新编译，若重新编译，则将新编译的 Servlet 文件取代内存中的 Servlet 文件，并继续为客户端提供服务。

4.2　第一个 JSP 程序

本节将介绍在 MyEclipse 中创建一个简单的 JSP 程序，实现在 Web 页面中动态产生 10 行表格。

（1）创建 Web 工程

单击 File 菜单→New→Web Project，弹出如图 4-2 所示的对话框。

在“Project Name”框中输入该工程的工程名“firstJSP”，然后单击“Finish”按钮，创建一个新的 Web 工程。

在左侧的工程管理器中，单击展开 firstJSP 工程的文档结构，如图 4-3 所示。其中 index.jsp 是 MyEclipse 默认创建的一个 JSP 文件，为站点的默认首页。

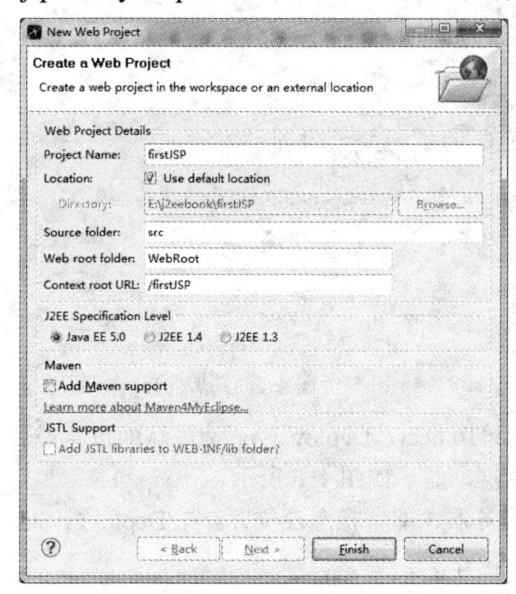

图 4-2　创建 Web 工程对话框

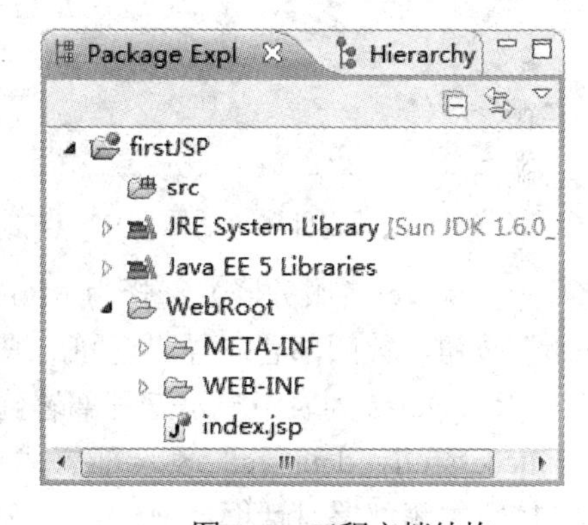

图 4-3　工程文档结构

（2）编写 JSP 文件

双击打开 index.jsp，将原有的代码改为代码 4-1 的内容。

代码 4-1　index.jsp。

```
<%@ page language="java" import="java.util.*" pageEncoding="UTF-8"%>
<!DOCTYPE HTML PUBLIC "-//W3C//DTD HTML 4.01 Transitional//EN">
<html>
  <head>
    <title>第一个 JSP 程序</title>
  </head>
  <body>
```

```
        <table border="1" width="400" align="center">
          <%
               for(int i=0;i<10;i++)
               {
          %>
          <tr>
          <td>这是动态产生的第<%=i %>行</td>
          </tr>
          <%} %>
          </table>
     </body>
</html>
```

（3）部署到服务器

点击工具栏上的部署按钮，弹出如图 4-4 所示的对话框。

确认 Project 中选择工程是 firstJSP，然后单击“Add”按钮弹出如图 4-5 所示的对话框。

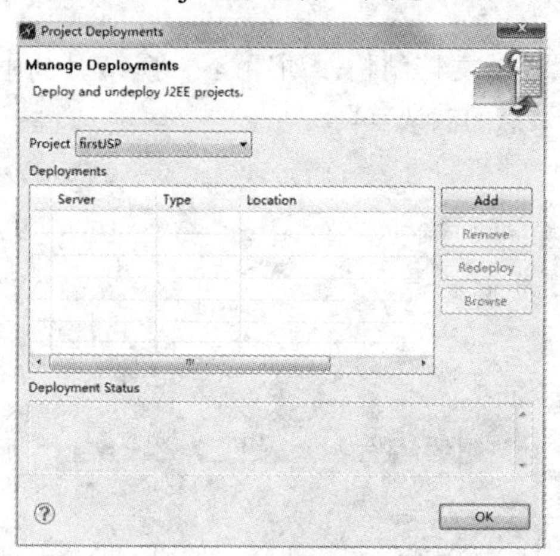

图 4-4　工程部署对话框

图 4-5　部署向导

其中，Server（服务器）选择为 MyEclipse Tomcat，Deploy type 为默认即可。最后单击“Finish”按钮，关闭部署向导，返回部署对话框，显示如图 4-6 所示。

在 Deploymes 列表中显示工程部署到的服务器、部署状态及位置；在 Deploym Status 中显示 Successfully deployed 表示部署成功。单击“OK”按钮关闭部署对话框。

在主窗口下方的状态窗口中，切换到 Servers 选项卡，选择并展开列表中的 MyEclipse Tomcat，显示如图 4-7 所示。可以看到 firstJSP 工程已经被部署到 JBoss 中，然后单击图 4-7 上方的启动服务按钮，启动 Tomcat，至此部署完成。

（4）访问 JSP 页面

打开浏览器，在地址栏中输入 http://localhost:8080/firstJSP/index.jsp，得到如图 4-8 所示的运行结果。

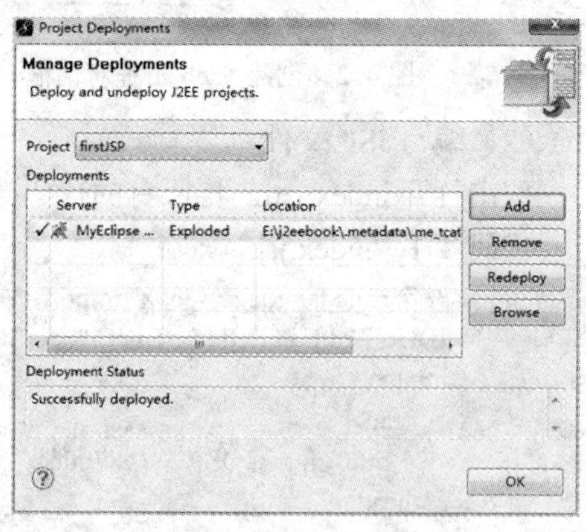

图 4-6　部署成功后对话框

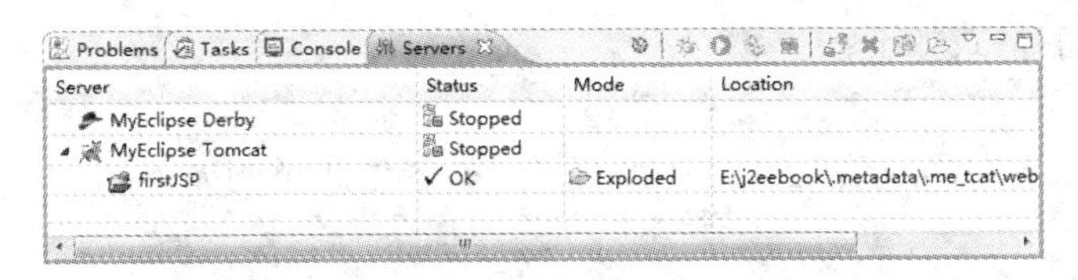

图 4-7　Servers 选项卡

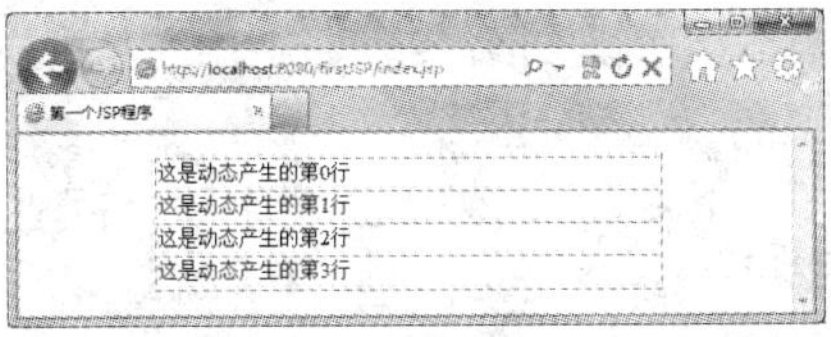

图 4-8　第一个 JSP 程序的运行结果

URL 地址中的 firstJSP 称为 Java Web 应用程序的上下文路径，默认为该应用的工程名，是访问该应用所有资源（程序）的起点。

4.3　JSP 基本语法

JSP 文件由 JSP 元素和模板数据组成。JSP 元素是必须由容器处理的部分，而针对模板数据容器不做处理直接返回给客户端。JSP2.0 规范中定义了三种元素：脚本元素、指令元素和动作元素。

4.3.1　脚本元素

脚本元素包括三部分内容：声明、脚本段和表达式。声明用于声明在其他元素中要使用的变量和方法；脚本段是一段 Java 代码，用于描述要完成的功能；表达式是一个完整的 Java 表达式，它的计算结果被转换为字符串然后插入到输出流中返回给客户端。

1．声明

声明元素用于声明在 JSP 页面中使用的变量或方法。声明必须是完整的声明语句，并遵循 Java 语法规范。声明元素以“<%!”开始，以“%>”结束。格式如下：

```
<%! 声明语句 1; 声明语句 2; …%>
```

举例如下：

```
<%! int i; String name; %>
<% ! String getName(){return "John";} %>
```

<%! 后和%>前可以有任意空格，但<、%和！之间，%和>之间不能有空格。使用这种方式声明的变量为页面共享级变量，会被所有访问此页面的用户共享，因此在多用户并发访问时会导致线程不安全，所以请谨慎使用。

2．脚本段

脚本段是在请求处理期要执行的 Java 代码段。脚本段可以输出，并将输出返回给客户端；也可以进行流程控制。脚本段以“<%”开始，以“%>”结束。

下面代码段根据服务器端时间输出“上午好”或“下午好”。

```
<%
    if(Calendar.getInstance().getTime().getHours()<12)
    {
            out.println("上午好");
    }else{
            out.println("下上好");
    }
%>
```

3．表达式

表达式是由变量、常量和运算符组成的式子，在请求处理的时候该表达式被计算并插入到输出流返回给客户端。JSP 表达式的格式如下：

```
<%=表达式%>
```

其中，“<%=”三个字符之间不能有空格，表达式之后没有“;”。表达式举例如下：

```
<html>
  <head>
    <title>表达式</title>
  </head>

  <body>
    现在时间是：<%=new java.util.Date() %>
  </body>
</html>
```

4.3.2 指令元素

JSP 指令用于设置整个页面属性，并告诉 JSP 引擎如何处理该页面，它并不向客户端产生任何输出。通过 JSP 指令可以设置该页面的引入类、内容类型和编码、错误处理和会话信息等。指令元素的语法格式：

```
<%@ 指令名 属性名1="属性值"; 属性名2="属性值";… %>
```

其中，“<%@”三个字符之间没有空格。

JSP2.0 中指令共有 3 个：page、include 和 taglib。

1．page 指令

page 指令作用于整个 JSP 页面，定义整个页面的相关属性，如页面的编码、是否参与会话等。常用 page 指令属性如表 4-1 所示。

表 4-1　page 指令常用属性

属 性 名	说 明	默 认 值
language	定义该文件要用的脚本语言，目前只能是 java	java
import	定义该 JSP 文件要引入的类	空
contentType	定义字符编码和输出的 MIME 类型	text/html;charset=ISO-88590-1
session	设置当前 JSP 页面是否参与 HTTP 会话	true
errorPage	定义该 JSP 页面出现异常时转向的页面	空
isErrorPage	设置该页面是否为错误处理页面	false
pageEncoding	设定 JSP 页面采用的字符编码。若没有指定，则使用 contentType 指定的字符编码，若两者都没有指定，则使用默认：ISO-8859-1	ISO-8859-1

2．include 指令

include 指令是将一个文件的内容静态地包含到当前 JSP 文件的指定位置。被包含的文件可以是 HTML 文件、JSP 文件、文本文件或一段 Java 代码。include 指令的包含动作发生在 JSP 文件被转换阶段。include 指令的语法如下：

```
<%@ include file= "path " %>
```

file 属性被解释为相对于当前 JSP 页面的 URL。

通过 include 指令可以将多个页面共有的内容单独保存至一个文件中，然后在需要的 JSP 页面中使用 include 指令包含进来，这样可以提高开发效率，使代码可以重用，提高代码的可维护性。

下面通过代码 4-2 来说明 include 指令的用法。被包含的 jsp 页面（include.jsp）内容是一个计数器及版权声明；show.jsp 是显示页面。

代码 4-2　include.jsp。

```
<!--include.jsp-->
<%@ page language="java" import="java.util.*" pageEncoding="UTF-8"%>
<%! int cnt;  //用于保存页面被访问的次数%>
<hr align="center" width="90%" />
<p align="center">
    本页面被访问了<%=cnt++ %>次。<br/>
    信息工程学院版权所有 2014
</p>
<!--show.jsp-->
<%@ page language="java" import="java.util.*,java.text.SimpleDateFormat" pageEncoding="UTF-8"%>
<!DOCTYPE HTML PUBLIC "-//W3C//DTD HTML 4.01 Transitional//EN">
<html>
  <head>
    <title>Include 指令的使用</title>
  </head>

  <body>
    <h1 align="center">欢迎来到 Java Web 社区</h1>
    <%
     SimpleDateFormat sdf = new SimpleDateFormat("yyyy 年 M 月 d 日  HH:mm:ss");
     String date = sdf.format(new Date());
    %>
    <h3 align="center">服务器当前时间是<%=date %></h3>
    <%@include file="include.jsp" %>
  </body>
</html>
```

执行结果如图 4-9 所示。

图 4-9　include 指令举例执行结果

3．taglib 指令

tablib 指令用于在 JSP 页面中引入自定义标签库，其语法格式如下：

```
<%@ taglib （ uri="URI"|tagdir="tagDir" ） prefix="tagPrefix" %>
```

其中，uri 通过 URL 地址指向一个存在于 Internet 上的标签库，可以是相对地址或绝对地址；tagdir 指向的是保存在本站点/WEB-INF/tags 目录或其子目录下的标签库；prefix 指定在 JSP 页面中应用此标签库的标签前缀。

4.3.3　动作元素

JSP2.0 规范共定义了 20 个标准动作，这些动作在 JSP 页面中通过动作标签来引用。这些动作会影响 JSP 运行时的行为和对客户端的请求响应。这些动作由 JSP 容器实现。

1．<jsp:param>动作

这个动作元素被用来以“key-value”的形式为其他动作元素提供参数。它一般和

<jsp:include>、<jsp:forward>和<jsp:plugin>一起使用。其语法格式为：

```
<jsp:param name="keyName" value="keyValue" />
```

其中，name 指定参数的名称，value 指定参数值，参数值可以是一个具体的值，也可以是一个表达式。

2．<jsp:include>动作

此动作是在当前 JSP 页面中动态地包含一个 HTML 文件或 JSP 文件。<jsp:include>动作对被包含对象的处理发生在对 JSP 文件的请求处理期。include 动作将被包含的对象看做一个动态对象，在请求处理期 JSP 页面发送请求到该对象，然后在当前页面对请求的响应中包含该对象对请求的处理结果。其语法格式为：

```
<jsp:include page="path" flush="true|false" />
```

或

```
<jsp:include page="path" flush="true|false" >
<jsp:param … />
</jsp:include>
```

其中，page 指定被包含文件的相对路径或可以转换为相对路径的表达式；flush 为可选，设定在包含页面之前是否刷新缓冲区，true 为刷新，false 为不刷新，flush 默认为 false。

若在使用 include 动作时，通过 param 动作向 include 动作提供了参数，并在包含的 JSP 页面中，可通过 request 的 getParameter 方法来获取参数值。使用方法：request.getParameter（"参数名"）。

include 动作和 include 指令功能相似，但它们存在本质的区别：

- include 指令处理发生在 JSP 页面的转换期，是将被包含文件的内容包含到 include 指令所在位置，生产 Servlet 源文件，然后编译，编译后的 class 文件不再和被包含文件有关系。而 include 动作处理发生在 JSP 的请求处理期，被编译的 class 文件中并不包含被包含文件的代码，只是包含了对包含文件的请求动作，最终包含的只是被包含文件的执行结果。
- include 动作可以向被包含的文件传递参数，include 指令则不能。

3．<jsp:forward>动作

该动作的功能是告诉 JSP 容器停止当前 JSP 文件的执行，将请求转向另一个资源，可以是一个 HMTL 文件、JSP 文件或 Servlet。请求转向的资源必须与该 JSP 文件在同一个上下文环境中，即必须属于同一个 Java Web 应用程序。另外，在跳转时，可以通过 param 动作为 forward 添加参数。其语法格式为：

```
<jsp:forward page= page="path" />
```

或

```
<jsp:forward page= page="path">
    <jsp:param … />
</jsp:forward>
```

其中，path 为将跳转到资源的相对路径。

forward 动作的跳转发生在服务器端，即把客户端的请求延续到另一个资源，但客户端无法知道这个跳转。

下面通过一个模拟登录的代码来说明 forward 动作的使用。整个程序涉及 4 个页面，分别是登录页面（login.html）、验证页面（check.jsp）、验证通过后显示的页面（welcome.jsp）

和验证失败后显示的错误页面（error.jsp）。

整个程序流程是：在登录页面输入用户名和口令，提交到验证页面进行验证，成功后转向欢迎页面，否则转向错误页面。所有代码见代码 4-3。

代码 4-3a login.html。

```
<!-- login.html -->
<!DOCTYPE HTML PUBLIC "-//W3C//DTD HTML 4.01 Transitional//EN">
<html>
  <head>
    <title>用户登录</title>
    <meta http-equiv="content-type" content="text/html; charset=UTF-8">
  </head>

  <body>
  <!-- 登录表单，当单击确定按钮（提交）时，将表单域中的元素提交给 check.jsp 处理 -->
    <form action="check.jsp" method="post">
     用户名：<input name="uName" type="text" /><br />
     口令：<input name="uPasswd" type="password" /><br />
     <input value="确定" type="submit">
    </form>
  </body>
</html>
```

代码 4-3b check.jsp。

```
<!-- check.jsp -->
<%@ page language="java" import="java.util.*" pageEncoding="UTF-8"%>
<!DOCTYPE HTML PUBLIC "-//W3C//DTD HTML 4.01 Transitional//EN">
<html>
  <head>
    <title>验证页面</title>
  </head>

  <body>
      <%
        //获取客户端提交的用户名和口令
        String uname = request.getParameter("uName");
        String passwd = request.getParameter("uPasswd");
        if("Tom".equals(uname）&& "1234".equals(passwd))
        {
      %>
          <!-- 用户名和口令正确，跳转到欢迎页面，同时将用户名传递过去 -->
          <jsp:forward page="welcome.jsp">
             <jsp:param value="<%=uname%>" name="name"/>
          </jsp:forward>
      <%
        }
        else{
      %>
          <jsp:forward page="error.jsp" />
      <%   } %>
  </body>
</html>
```

代码 4-3c welcome.jsp。

```
<!-- welcome.jsp -->
<%@ page language="java" import="java.util.*" pageEncoding="UTF-8"%>
<!DOCTYPE HTML PUBLIC "-//W3C//DTD HTML 4.01 Transitional//EN">
<html>
  <head>
    <title>Welcome</title>
  </head>
  <body>
    <%
     //获取从 forward 动作传递的用户名
     String uname = request.getParameter("name");
     String date = new Date().toString();
    %>
    <p><%=uname %>，你好！</p>
    <p>欢迎访问本网站。</p>
    <p>当前时间是<%=date %></p>
  </body>
</html>
<!-- error.jsp -->
<%@ page language="java" import="java.util.*" pageEncoding="UTF-8"%>
<!DOCTYPE HTML PUBLIC "-//W3C//DTD HTML 4.01 Transitional//EN">
<html>
  <head>
    <title>error page</title>
  </head>
  <body>
    <font size="4" color="red">
     用户名或密码输入错误，请重新<a href="login.html">登录</a>
    </font>
  </body>
</html>
```

运行结果如图 4-10c 所示。

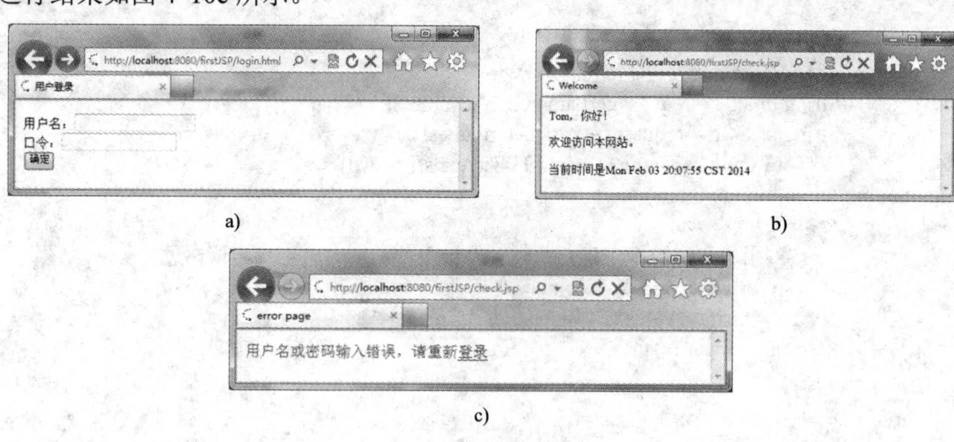

a) b) c)

图 4-10 运行结果

a) 登录页面 b) 验证成功页面 c) 验证错误页面

4．<jsp:useBean>、<jsp:setProperty>和<jsp:getProperty>动作

这三个动作元素是用于在 JSP 页面中访问 JavaBean。

<jsp:useBean>动作元素用于实例化一个 JavaBean，或定位一个已经存在的 JavaBean 实

例，并把实例的引用赋予一个变量。其语法格式为：

```
<jsp:useBean id="name" scope="page|request|session|application" class="className"| beanName=
"beanName" type="typeName" />
```

其中：

- id：用于标识 JavaBean 实例的名字，同时也是声明的脚本变量的名字，用于在 setProperty 或 getProperty 动作元素中对 JavaBean 进行引用。
- scope：指定 JavaBean 的作用范围，默认为 page。
- class：指定 JavaBean 的完整限定类名。
- beanName：指定 Bean 的名字。该名字提供给 java.beans.Beans 类的 instantiate()方法来实例化一个 JavaBean。
- type：定义该对象的类型，可以是类本身或它的父类，也可以是类实现的接口的类型。该属性的默认值和 class 属性的值一样。

<jsp:setProperty>动作元素是为指定的 Bean 的属性赋值，必须和<jsp:useBean>一起使用。该动作其实是通过调用 Bean 的 set×××方法来为属性赋值的。在 JSP 中，经常使用 setProperty 动作元素将客户端提交的值保存到 JavaBean 中。其语法格式为：

```
<jsp:setProperty name="beanID" propertyExp />
```

其中：

- name：Bean 的实例名，必须是已经在<jsp:useBean>元素中定义的 id 属性值。
- propertyExp 有三种形式：property="*"；property="属性名"；property="属性名" value="属性值"。

property 用来指定 Bean 的属性名。若 property 的值被设定为“*”，标签会在请求对象中查找所有的请求参数，看是否有参数名与 Bean 的属性名相同，若找到匹配的参数和属性，则将参数值按照正确的类型赋给 Bean 的属性；如果某个参数值为空，则对应的属性值将不会被修改。若 property 指定了属性值，但没有指定 value 属性，则在请求对象的参数中查找是否有和指定的属性名匹配的参数，若找到则赋值，否则不赋值。若 property 和 value 都指定了，则使用指定的值为指定的属性赋值。

<jsp:getProperty>用于访问 Bean 的属性并输出到 JSP 页面中，相当于调用 Bean 的 get×××方法。其语法格式为：

```
<jsp:getProperty name="beanID" property="属性名" />
```

其中，name 为 Bean 的实例名，必须是已经在<jsp:useBean>元素中定义的 id 属性值。property 为要访问的属性名。

下面通过一个模拟用户注册的例子来说明 useBean、setProperty 和 getProperty 三个动作元素的使用。在这个例子中，用户通过注册页面（reg.html）填写注册信息，然后提交到处理页面（process.jsp）将注册信息保存到 JavaBean 中，然后再通过用户信息页面（userInfo.jsp）将注册信息显示出来。所有代码见代码 4-4。

代码 4-4a UserInfo.java。

```
/**
 * UserInfo.java 用户信息 Bean
 */
package chap05;
```

```
public class UserInfo {
    private String uName;          //用户姓名
    private String sex;            //性别
    private String homeAddress;        //出生日期
    private String education;      //学历
    …                    //成员变量的 get、set 方法
}
```

代码 4-4b UserInfo.java。

```
<!-- reg.html -->
<!DOCTYPE HTML PUBLIC "-//W3C//DTD HTML 4.01 Transitional//EN">
<html>
  <head>
    <title>useBean 示例</title>
    <meta http-equiv="content-type" content="text/html; charset=UTF-8">
  </head>
  <body>
    <form action="reg.jsp" method="post">
     <table width="300" align="center" border="1">
     <caption>用户注册</caption>
        <tr>
                <td width="100">姓名：</td>
                <td><input name="uName" type="text"></td>
        </tr>
        <tr>
                <td>性别</td>
                <td>
                     <input name="sex" value="男" type="radio">男
                     <input name="sex" value="女" type="radio">女
                </td>
        </tr>
        <tr>
                <td>家庭住址</td>
                <td> <input name="homeAddress" type="text"></td>
        </tr>
        <tr>
                <td>教育程度</td>
                <td>
                     <select name="education">
                          <option>研究生</option>
                          <option>大学本科</option>
                          <option>高中</option>
                     </select>
                </td>
        </tr>
        <tr>
                <td colspan="2" align="center"><input type="submit" value="确定"></td>
        </tr>
     </table>
    </form>
  </body>
</html>
```

代码 4-4c reg.jsp。

```
<!-- reg.jsp -->
<%@ page language="java" import="java.util.*" pageEncoding="UTF-8"%>
```

```
<!DOCTYPE HTML PUBLIC "-//W3C//DTD HTML 4.01 Transitional//EN">
<html>
  <head>
    <title>注册</title>
  </head>
  <body>
   <%
     //设定请求对象 request 的字符编码，保证获取的中文不会乱码
     request.setCharacterEncoding("UTF-8");
   %>
      <!-- 设定 Bean 的 scope 为 session，以便在 userInfo.jsp 中可以获取保存的内容 -->
      <jsp:useBean id="user" class="chap05.UserInfo" scope="session" />
      <jsp:setProperty property="*" name="user"/>
      <h2 align="center">注册成功</h2>
      <p align="center"><a href="userInfo.jsp">查看注册信息</a></p>
  </body>
</html>
```

代码 4-4d userInfo.jsp。

```
<!-- userInfo.jsp -->
<%@ page language="java" import="java.util.*" pageEncoding="UTF-8"%>
<!DOCTYPE HTML PUBLIC "-//W3C//DTD HTML 4.01 Transitional//EN">
<html>
  <head>
    <title>注册信息</title>
  </head>
  <body>
    <h2>注册信息</h2>
    <jsp:useBean id="user" scope="session" class="chap05.UserInfo" />
    姓名：<jsp:getProperty property="uName" name="user"/><br />
    性别：<jsp:getProperty property="sex" name="user"/><br />
    家庭住址：<jsp:getProperty property="homeAddress" name="user"/><br />
    教育程度：<jsp:getProperty property="education" name="user"/>
  </body>
</html>
```

程序运行结果如图 4-11 所示。

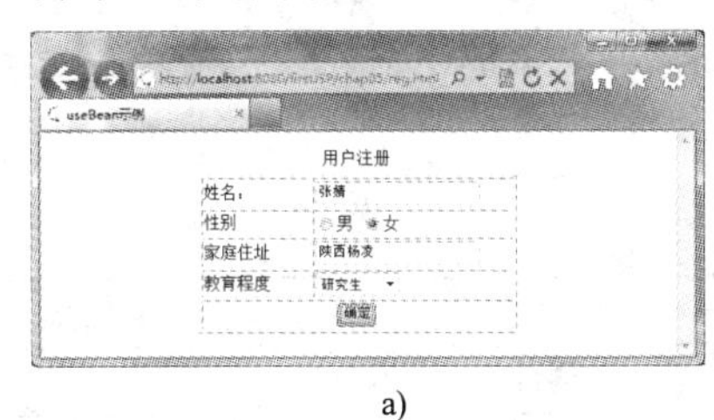

a)

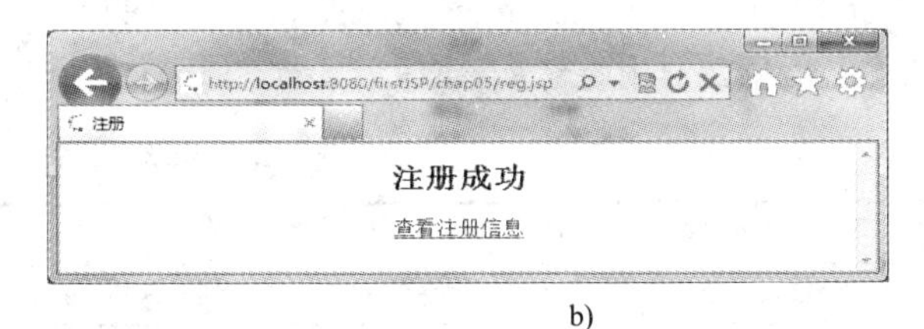

b)

c)

图 4-11 程序运行结果

a) 注册界面 b) 注册成功界面 c) 显示用户信息页面

4.3.4 注释

在 JSP 文件中，可以使用 3 种注释：HTML 注释、JSP 注释和 Java 注释。

1．HTML 注释

HTML 注释是被添加在模板数据中，即 HTML 中，不能出现在 JSP 代码段中。这种注释会被返回给客户端，因此对客户端是可见的。语法格式如下：

```
<!-- 注释 -->
```

另外，在注释中也可以加入动态内容，动态内容将被 JSP 容器处理，最终转换为字符串返回给客户端。格式：

```
<!-- 注释<%=表达式%> -->
```

2．JSP 注释

语法格式：

```
<%-- 注释 --%>
```

这种注释将被 JSP 容器忽略，但不会被返回给客户端。这种注释一般用于代码功能注释。

3．Java 注释

在脚本段中可以使用 Java 语言本身的注释机制，形如：

```
<% //单行注释%>
<% /*多行注释*/ %>
```

4.4 JSP 内置对象

内置对象也称为隐含对象。在 JSP 页面中，这些对象不用声明便可以直接使用，它们的生命周期由 JSP 容器掌控。这些对象中包含了一些特定的信息，如 HTTP 请求、响应、会话信息等，通过它们便可以和 JSP 容器及客户端进行交互，从而处理客户端的请求。

JSP 内置对象共有 9 个：out 对象、response 对象、request 对象、session 对象、applicant 对象、exception 对象、config 对象、page 对象和 pageContext 对象。

4.4.1 out 对象

out 对象是 javax.servlet.jsp.JspWriter 对象的实例，表示一个输出流。其主要功能是向客户端输出信息。常用方法如表 4-2 所示。

表 4-2　out 对象常用方法

方 法 名	说　明
void print(Object)	向客户端输出信息。该方法会将 Object 转换为字符串然后输出给客户端
void println([Object])	向客户端输出信息。同 print 方法，不同的是，println 会在输出内容后加一个换行
void newline()	输出一个空行
void close()	关闭输出流

4.4.2 request 对象

request 对象是 javax.servlet.http.HttpServletRequest 接口的实例化对象。request 对象封装了客户端请求的所有信息，如请求头、提交的参数、Cookie 信息、客户端浏览器信息等。其常用方法见表 4-3。

表 4-3　request 对象常用方法

方 法 名	说　　明
String getParameter(String)	获取客户端提交的指定参数的参数值
String[] getParameterValues(String)	获得客户端提交的一组参数值，用于接收复选框、列表框提交的参数
Enumeration getParameterNames()	获取客户端提交的参数名列表
void setAttribute(String,Object)	向 request 对象添加一个附加属性
Object getAttribute(String)	获取 request 中的附加属性
void removeAttribute(String)	移除一个附加属性
Cookie[] getCookies()	获取客户端提交的 Cookie
void setCharacterEncoding(String)	设置请求信息的编码
String getRemoteAddr()	获得客户端的 IP 地址
String getContextPath()	获得上下文路径

1．setCharacterEncoding 方法

该方法用于设置 request 对象中客户端提交参数的编码。在 Java 的内部处理中，所有的字符编码默认都使用 ISO-8859-1，而客户端在提交参数时所采用的编码不一定是 ISO-8859-1，若编码不一致，获取的客户端参数便会乱码。

2．getParameter（String）和 getParameterValues（String）方法

这两个方法都是用来获取客户端提交的参数值，不同的是若参数为单值时使用 getParameter，若为多值则使用 getParameterValues，如复选框、列表框提交的参数。

使用这两个方法获取客户端提交的参数值时，方法的参数对应于表单元素的 name 属性值或通过 URL 地址传递参数时的键（key）值。

下面模拟一个调查问卷的例子，说明 getParameter 和 getParameterValues 的使用方法。代码详细见代码 4-5。

代码 4-5a　survey.html.

```
<!-- survey.html -->
<!DOCTYPE HTML PUBLIC "-//W3C//DTD HTML 4.01 Transitional//EN">
<html>
  <head>
    <title>getParamterValues 和 getParameter 的使用</title>
    <meta http-equiv="content-type" content="text/html; charset=UTF-8">
  </head>
  <body>
    <form action="result.jsp" method="post">
    <h2>调查问卷</h2>
    姓名：<input name="uName" type="text" /><br>
    性别：<input name="sex" value="男" type="radio" />男 <input name="sex" value="女" type=
"radio" />女<br>
    爱好：<input type="checkbox" name="hobs" value="阅读">阅读
    <input type="checkbox" name="hobs" value="旅游">旅游
    <input type="checkbox" name="hobs" value="运动">运动
    <input type="checkbox" name="hobs" value="网游">网游<br>
    <input type="submit" value="提交">
    </form>
```

```
    </body>
</html>
```

代码 4-5b result.jsp。

```
<!-- result.jsp -->
<%@ page language="java" import="java.util.*" pageEncoding="UTF-8"%>
<!DOCTYPE HTML PUBLIC "-//W3C//DTD HTML 4.01 Transitional//EN">
<html>
  <head>
    <title>结果</title>
  </head>
  <body>
    <%
     //设置 request 编码，保持与客户端一致
     request.setCharacterEncoding("UTF-8");
     //获取参数值为单值的参数
     String name = request.getParameter("uName");
     String sex = request.getParameter("sex");
     //获取多值参数
     String[] hobs = request.getParameterValues("hobs");
     //将 hobs 转换为字符串
     String hobStr = "";
     for(String hob:hobs){
     hobStr += hob + ",";
     }
    %>
    <h2>调查结果</h2>
     姓名：<%=name %><br/>
     性别：<%=sex %><br/>
     爱好：<%=hobStr %><br/>
  </body>
</html>
```

运行结果如图 4-12 所示。

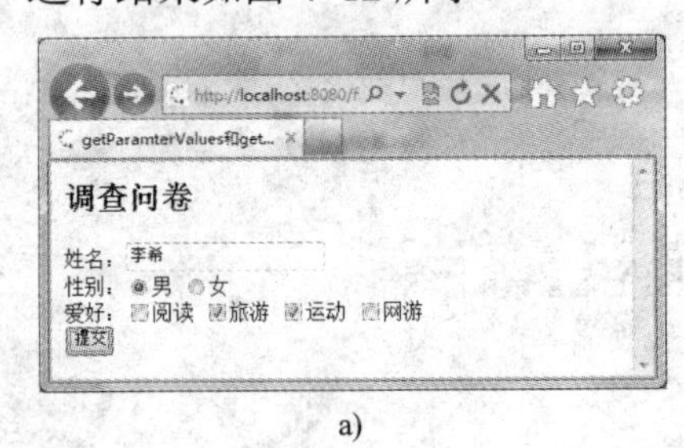

a)

b)

图 4-12 运行结果

a) 调查页面 b) 调查结果页面

4.4.3 response 对象

response 对象是 javax.servlet.http.HttpServletResponse 接口的实例。response 对象的主要功能是对客户端的请求进行响应，设置响应头、向客户端写入 Cookie 信息、将处理结果返回给客户端等。常用方法见表 4-4。

表 4-4　response 对象常用方法

方　法	说　明
void setCharacterEncoding(String)	设置响应的字符编码
void setContentType(String)	设置响应的 MIME 类型
void addCookie(Cookie)	将指定的 Cookie 加入到响应中
void sendRedirect(String)	将页面重定向到指定的地址
String encodeRedirectURL(String)	将指定的地址进行 URL 编码，以便在 sendRedirect 方法中使用

1．setCharacterEncoding 方法

同 request 对象的 setCharacterEncoding 方法类似，设置响应的字符编码，若不设置则使用 page 指令中的 pageEncoding 属性值，若两者都没有设置则使用默认编码 ISO-8859-1。

2．addCookie 方法

功能是向客户端写入 Cookie 信息，通过此方法可以在客户端保存一些简短信息，如登录用户名和口令以便以后快速登录、用户个性界面信息等。在下次访问同一网站时，可通过 request 的 getCookies 方法获取保存在客户端的 Cookie 信息。但在客户端能否保存 Cookie 信息取决于浏览器的设置。

3．sendRedirect 方法

该方法向客户端发送一个页面重定向的头，浏览器得到此头信息后，向指定的 URL 发出新的请求，从而引起页面跳转。要注意的是，在使用 sendRedirect 之前不能有信息输出，否则会引发异常。

与 forward 动作元素进行页面转向不同的是：sendRedirect 方法的跳转发生在客户端，地址栏的地址会发生变化，而 forward 动作的转向发生在服务器端，地址栏地址不会发生变化。forward 动作不会产生新的请求，而是将原请求转发给新的资源；而 sendRedirect 方法会产生新的请求。

4.4.4　session 对象

session 对象是 javax.servlet.http.HttpSession 接口的实例，是 JSP 用于支持 HTTP 的会话机制的解决方案。会话机制是在客户第一次访问网站时，服务器会为每个客户端创建一个 session 对象，在这个 session 对象中记录了客户的相关信息，根据 session 对象记录的信息，服务器可以实现对客户的跟踪。当客户退出服务器时，对应该客户的 session 对象就会被注销。而实现客户与服务器交互的这样一个过程就称为会话。

JSP 的 session 对象是在客户第一次访问一个参与会话的 JSP 页面时产生，该对象会被容器所管理，不同的客户容器会产生不同的 session 对象，这些会话对象通过不同的 session ID 来进行区分。在整个会话期间，参与会话的任何一个 JSP 页面中的 session 对象都是同一个实例，因此同 session 对象可以为客户在不同页面之间保存信息。session 对象常用方法见表 4-5。

表 4-5　session 对象常用方法

方　法	说　明
void setAttribute(String,Object)	将指定对象绑定到 session 对象上
Object getAttribute(String)	通过键名获取绑定在 session 对象上的附加对象
void removeAttribute(String)	移除指定的附加对象
void invalidate()	注销 session 对象，并释放绑定在此 session 对象上的所有附加对象
long getId()	返回 session 对象的 session ID

会话是用户第一次访问参与会话的 JSP 页面时建立，当下列 3 种情况发生时会话便会失效：

- 客户关闭浏览器。
- 会话超时，即超过 session 对象的生存时间。当用户在规定时间内没有再次访问该网站，则认为超时。默认超时时间为 30min。
- 显式调用 invalidate()方法。

模拟一个用户登录及内容保护的应用来说明 session 对象的使用。本应用共有 4 个页面，登录页面（sessionLogin.html）、验证页面（validate.jsp）、受保护页面（protect.jsp）和注销操作页面（invalidate.jsp）。验证页面用于验证用户提交的登录信息是否正确，受保护页面只有登录后的用户才能访问此页面，否则被重定向到登录页面。应用的流程如图 4-13 所示。

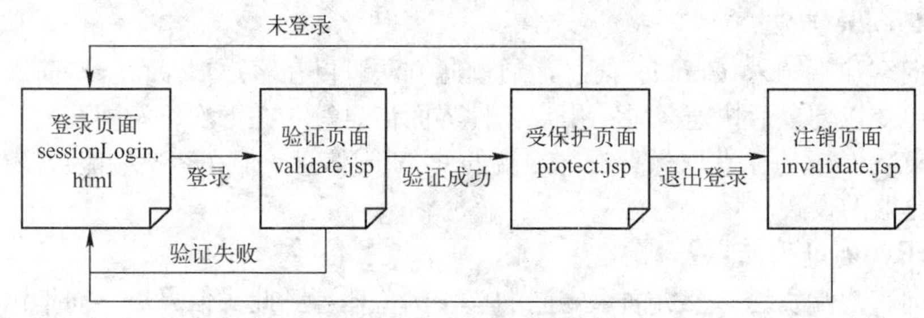

图 4-13　用户登录流程图

实现保护 protect.jsp 不被未登录用户访问的方法是在该文件的最开始检查 session 中是否绑定有 userInfo 对象，而 userInfo 对象是在验证页面中验证成功时绑定到 session 对象中的。完整内容见代码 4-6。

代码 4-6a　sessionLogin.html。

```
<!-- sessionLogin.html -->
<!DOCTYPE HTML PUBLIC "-//W3C//DTD HTML 4.01 Transitional//EN">
<html>
  <head>
    <title>用户登录</title>
    <meta http-equiv="content-type" content="text/html; charset=UTF-8">
  </head>

  <body>
    <form action="validate.jsp" method="post">
     用户名：<input name="uName" type="text" /><br />
     口令：<input name="uPasswd" type="password" /><br />
     <input value="确定" type="submit">
    </form>
  </body>
</html>
```

代码 4-6b　validate.jsp。

```
<!-- validate.jsp -->
<%@ page language="java" import="java.util.*" pageEncoding="UTF-8"%>
<%
    //userList 用于模拟一个用户信息表，每个用户信息为一个 map，包括登录名、口令、昵称
    ArrayList<HashMap<String,String>> userList = new ArrayList<HashMap<String,String>>();
```

```
    HashMap<String,String> user1 = new HashMap<String,String>();
    user1.put("loginName","luccy");        //登录名
    user1.put("passwd","123456");          //登录口令
    user1.put("nickName","李杰");           //昵称
    userList.add(user1);
    HashMap<String,String> user2 = new HashMap<String,String>();
    user2.put("loginName","tty");          //登录名
    user2.put("passwd","123456");          //登录口令
    user2.put("nickName","王茜");           //昵称
    userList.add(user2);


    //获取提交的用户名和口令
    String uName = request.getParameter("uName");
    String passwd = request.getParameter("uPasswd");
    //验证
    boolean checkOK = false;
    for(HashMap<String,String> user:userList){
      if(user.get("loginName").equals(uName） && user.get("passwd").equals(passwd)){
            checkOK = true;
            session.setAttribute("userInfo",user);
            break;
      }
}

    //根据验证结果跳转
    if(checkOK){
      response.sendRedirect("protect.jsp");
    }
    else{
      response.sendRedirect("sessionLogin.html");
    }
%>
```

代码 4-6c protect.jsp。

```
<!-- protect.jsp -->
<%@ page language="java" import="java.util.*" pageEncoding="UTF-8"%>
<%
    //获取绑定在 session 对象上的 userInfo
    Object tmp = session.getAttribute("userInfo");
    //如果 user 为空，表明用户尚未登录，跳转到登录页面
    if(tmp == null){
      response.sendRedirect("sessionLogin.html");
      return;
    }
    HashMap<String,String> user = （HashMap<String,String> )tmp;
%>
<!DOCTYPE HTML PUBLIC "-//W3C//DTD HTML 4.01 Transitional//EN">
<html>
  <head>
    <title>被保护页面</title>
  </head>
  <body>
```

```
        <h2 align="center"> <%=user.get("nickName") %> 欢迎你!本页面主要登录用户才能看到。
        </h2>
        <p align="center"><a href="invalidate.jsp">退出登录</a></p>
    </body>
</html>

<!-- invalidate.jsp -->
<%@ page language="java" import="java.util.*" pageEncoding="UTF-8"%>
<%
    //注销会话
    session.invalidate();
    response.sendRedirect("sessionLogin.html");
%>
```

运行结果如图 4-14 所示。

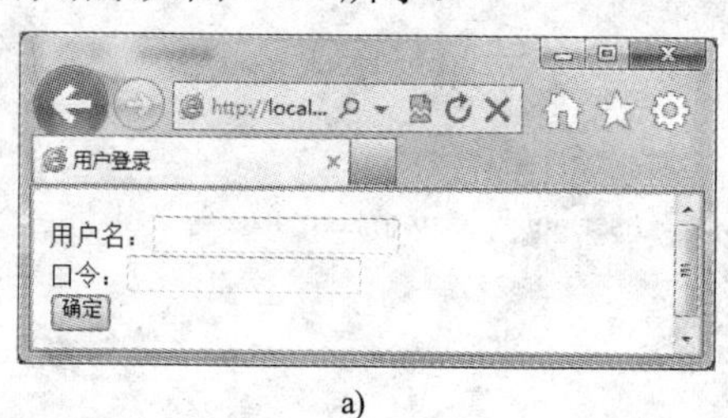

a)

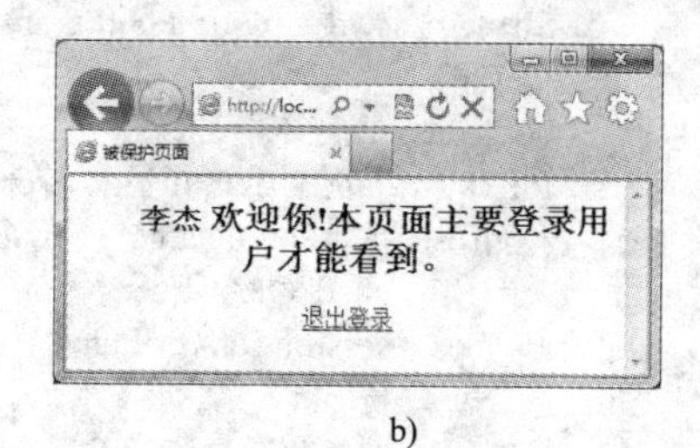

b)

图 4-14 运行结果

a) 登录页面 b) 登录成功页面

📖 在没有登录的情况下，试着直接访问 protect.jsp 页面，看是否能够访问。

4.4.5 application 对象

application 对象是 javax.servlet.ServletContext 接口的实例化对象。application 对象是一个公共对象，它代表了整个 Web 应用程序，存储着与应用程序相关的信息，任何用户在任何页面都可以访问到该对象，绑定到该对象上的附加对象对任何用户都是可见的。application 对象的常用方法见表 4-6。

表 4-6 application 对象的常用方法

方　法	说　明
void setAttribute(String,Object)	绑定指定对象到 application 对象上
void removeAttribute(String)	移除绑定到 application 对象上的附加对象
Object getAttribute(String)	返回绑定 application 对象上的指定对象
String getRealPath(String)	返回指定虚拟路径的真实路径
String getInitParameter(String)	返回配置文件 Web.xml 中指定的上下文参数值

1．getRealPath()方法

该方法是将指定的虚拟路径转换为真实路径。通过 URL 访问网页时，跟在主机名后面的路径，如 http://www.163.com/index.do 中的“/index.do”就是虚拟路径。通过虚拟路径访问网页有多个原因，最重要的有两方面的原因：一个是出于安全方面的考虑；一个是为了将分布在不同位置上的资源组织到同一个虚拟的目录树上，方便访问。但若要在 Web 应用中对实际的文件系统进行操作，如创建目录、删除文件，则必须知道资源的真实物理路径，这时就需要将虚拟路径转换为部署服务器上的真实路径。

2．getInitParameter()方法

该方法是获取在部署配置文件 web.xml 中通过<context-param>标记配置的初始化参数。使用这种方式可以将应用中使用的可变参数保存到配置文件中，在程序中通过 getInitParameter 方法来获取，再使用；这样在参数发生变化时只要修改配置文件，而不需要修改源代码。如将连接数据库用到的 URL、用户名、口令等信息保存到 web.xml 中。配置格式为：

```
<context-param>
   <param-name>参数名 </param-name>
   <param-value>参数值</param-value>
</context-param>
```

一组<context-param>配置一个参数，将此段配置内容作为<web-app>节点的子节点即可。

4.4.6 page 和 pageContext 对象

page 对象是 java.lang.Object 的对象实例，也是 JSP 的实现类的实例，类似于 Java 编程中的 this 指针，就是指当前 JSP 页面本身，在实际开发过程中并不经常使用。

pageContext 对象是 javax.servlet.jsp.pageContext 类的对象实例，它提供 JSP 页面的上下文，代表 JSP 页面本身。它可以实现对 JSP 页面内所有对象以及属性的管理和访问，如 request 对象、response 对象，但这些对象可以直接使用，因此 pageContext 对象也很少使用。

4.4.7 exception 对象

exception 对象是 java.lang.Throwable 类的对象实例，表示运行时的异常。exception 对象用来处理 JSP 文件在执行时发生的错误和异常。常用方法见表 4-7。

表 4-7 exception 对象的常用方法

方　法	说　明
String getMessage()	返回错误信息
void printStactTrace()	以标准错误的形式输出错误栈
String toString()	以字符串形式返回一个对异常的描述

exception 对象必须配合 page 指令一起使用，exception 对象只能用在使用 page 指令指定为错误处理页面的 JSP 页面中。

4.5 对象范围

JSP 页面中的对象，包括用户创建的对象（如 JavaBean）和 JSP 内置对象，都有一个范围属性。这个属性定义了对象在什么时间、在哪个 JSP 页面可以被访问。例如，session 对象在整个会话期可以被所有参与会话的 JSP 页面访问，而 application 对象在整个 Web 应用声明周期中都可以被访问。在 JSP 中定义了 4 种对象范围：page、request、session 和 application。

1．page 范围

将声明为 page 范围的对象绑定到 pageContext 对象上。在这个范围内的对象只能在被创建的页面中访问，当页面被执行完毕，这个范围内的所有对象将被丢弃。page 范围内的对象，在客户端每次请求时创建，在页面完成对客户端的响应或请求被转发（Forward）时被删除。

2．request 范围

将声明为 request 范围的对象绑定到 request 对象上，可以通过 request 对象的 getAttribute 方法来访问该范围内的对象。在这个范围内的对象可以在请求对象产生后、响应完成前，被请求的页面和调用 forward 之后的页面及被 include 的页面访问。要注意的是，请求对象对于客户端的每个请求都是不一样的，所以对每一个新请求都会重新创建和删除这个范围内的对象。

3．session 范围

将声明为 session 范围的对象绑定到 session 对象上，可以通过 session 对象的 getAttribute 方法来访问该范围内的对象。JSP 容器为每次会话创建一个会话对象，在会话期间，任何一个参与会话的 JSP 页面都可以访问该范围内的对象。

4．application 范围

将声明为 application 范围的对象绑定到 application 对象上，可以通过 application 对象的 getAttribute 方法来访问该范围内的对象。在整个 Web 程序运行期间，任何一个 JSP 页面都可以访问该范围内的对象。

4.6 本章小结

本章首先介绍了 JSP 的特点和工作原理，然后讨论了 JSP 的基本语法和相应的 JSP 元素；重点讲述了 JSP 的内置对象以及如何使用这些内置对象来开发 Java Web 应用。

拓展阅读参考：

[1] Oracle Corporation. Java EE6 API 官方文档[OL]. http://docs.oracle.com/javaee/6/api/.

[2] 孙鑫. Java Web 开发详解[M]. 北京：电子工业出版社, 2012.

[3] 李绪成. Java EE 实用教程[M]. 北京：电子工业出版社, 2011.

[4] 余东进, 任祖杰. Java EE Web 应用开发基础[M]. 北京：电子工业出版社, 2012.

[5] 范立锋, 林果园. Java Web 程序设计教程[M]. 北京：人民邮电出版社, 2010.

第 5 章　Servlet 技术

Servlet 是运行在 Web 服务器端的小程序，是 JSP 出现前 Java 中用于构建 Web 应用的一项很重要的技术。Servlet 是对服务器功能的一个扩展，是 Sun 公司开发的用于替代传统 CGI 技术的一项运行快速、易于编写、与平台无关的新技术。

5.1　Servlet 概述

Servlet 通过创建一个框架来扩展服务器的能力，以提供在 Web 上进行请求和响应服务。Servlet 可完成如下功能：

1）创建并返回一个包含基于客户请求的动态内容的完整 HTML 页面。

2）与其他服务器资源（数据库、基于 Java 的应用程序、服务器文件系统等）进行通信。

3）对特殊的请求处理采用 MIME 类型过滤数据，例如，图像转换和服务器端包含（Server Side Include，SSI）技术。

从完成功能上看，Servlet 与 JSP 没有本质的区别，JSP 能完成的任务 Servlet 都可以完成；在运行时，JSP 首先要被转换为 Servlet，然后才编译运行。两者最大的差别在于，Servlet 是用纯 Java 代码编写，可以方便调用 Java 的其他组件；JSP 是将 Java 代码嵌入到 HTML 代码中，更容易生成复杂的 HTML 页面。在实际使用中通常是将两者结合使用，使用 Servlet 进行业务处理，而 JSP 用于显示处理结果或提供输入界面。

5.1.1　Servlet 工作原理

Servlet 工作原理，如图 5-1 所示。

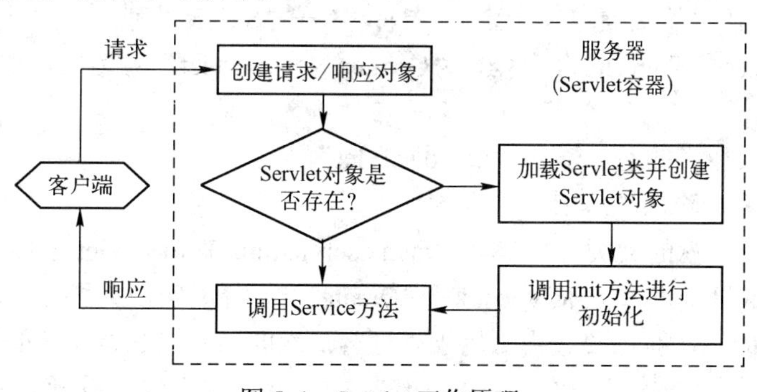

图 5-1　Servlet 工作原理

1）Web 服务器（Servlet 容器）接收到客户端请求，容器创建“请求和响应”对象，并判断请求的 Servlet 对象是否存在。

2）如果存在，则直接调用此 Servlet 对象的 Service 方法（间接调用 doPost 或 doGet 等方法），并将“请求和响应”对象作为参数传递。

3）如果不存在，容器负责加载 Servlet 类，创建 Servlet 对象并实例化，然后调用 Servlet 的 init 方法进行初始化，之后调用 Service 方法。

4）在 Service 方法中，通过请求对象获取客户端提交的数据并处理，然后通过响应对象将处理结果返回给客户端。

5.1.2 Servlet 生命周期

Servlet 不是独立的应用程序，它不能由用户或程序员直接调用，它的产生与销毁完全由容器（Web 服务器）管理。Servlet 生命周期分为 3 个阶段。

- 初始化阶段：调用 init()方法。Servlet 对象被创建时，由容器调用此方法对该对象进行初始化。
- 响应客户请求阶段：调用 service()方法。当客户请求到达时，容器调用此方法完成对请求的处理和响应。要注意的是，在 service()方法被调用之前，必须确保 init()方法被正确调用。
- 终止阶段：调用 destroy()方法。当容器检测到一个 Servlet 对象应从服务中移除时，会调用此方法完成 Servlet 对象被销毁前的收尾工作。

在 Servlet 的生命周期中，同一个 Servlet 对象可以为多个客户端服务，即多个客户端共享同一个 Servlet 对象，对不同的客户端容器仅仅为每个请求创建不同的请求和响应对象，因此，Servlet 是线程不安全的。

5.2 编写第一个 Servlet

编写一个 Servlet 完整的过程包括：类的编写、编译、配置、部署和调用（访问），下面通过一个实例来介绍这个过程。实例功能：在输入页面（input.html）中输入访问者的姓名，单击“确定”按钮后调用编写的 Servlet 显示“×××欢迎来到 Servlet 世界!!!”。

5.2.1 编写 Servlet

启动 MyEclipse 并创建一个 Web 工程名为“servletDemo”。在右侧工程管理器中，右键单击新建工程，在弹出的快捷菜单中选择“New”→“Servlet”或单击工具栏上“新建”按钮侧边的下拉按钮选择“servlet”，弹出 “Createa New Servlet”对话框，如图 5-2 所示。

其中：

- Package：类所在的包，输入“demo.servlet”。
- Name：类名，输入“MyServlet”。
- Superclass：继承的父类，默认为“javax.servlet.http.HttpServlet”。
- Which method stubs would you like to create?：选择要实现或覆盖的方法，“doGet()”和“doPost()”一般都要选择，用于处理客户端的 Get 或 Post（表单）请求。

填写完成后单击“Next”按钮，显示如图 5-3 所示对话框，设置 Servlet 映射信息。Servlet 不能被客户端直接访问，必须将 Servlet 映射到一个虚拟的 URL，然后通过此 URL 进行访问。

其中：

- Servlet/JSP Class Name：上一步生成 Servlet 的完整类名。
- Servlet/JSP Name：该 Servlet 在配置文件中的标识名，用于在配置文件中进行引用。

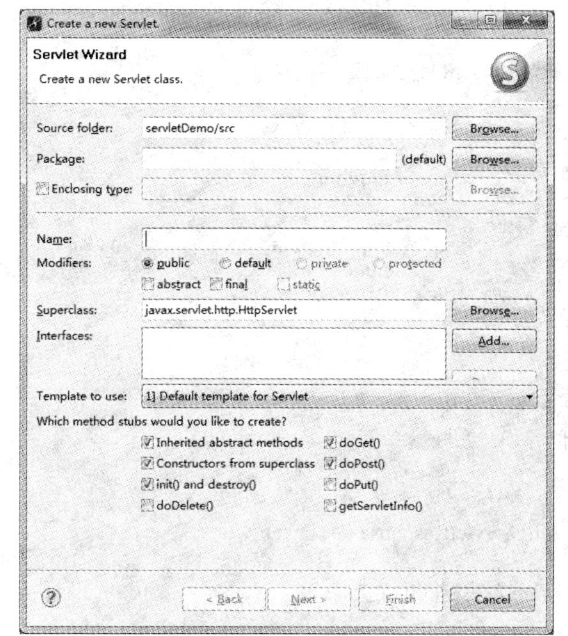

图 5-2 “Createa New Servlet”对话框

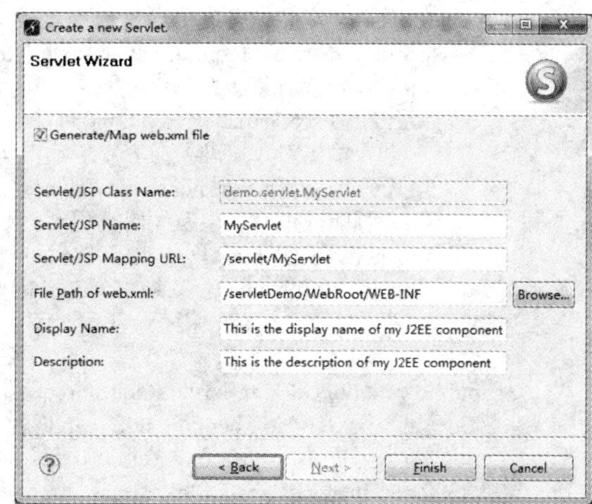

图 5-3 Servlet 映射配置对话框

- Servlet/JSP Mapping URL：该 Servlet 的映射 URL，客户端通过此 URL 来访问此 Servlet。此 URL 必须以“/”开始，表示应用的根，后面可以根据需要进行设定修改。此处修改为“/myServlet”。
- File Path of web.xml：指定 web.xml 文件所在位置。web.xml 为默认的 Web 应用配置文件。
- Display Name：显示名（可选）。
- Description：说明（可选）。

通过图 5-3 所示对话框，在 web.xml 文件中将生成代码 5-1 所示的配置信息。

Servlet 注册信息，通过<servlet>标记注册一个 Servlet。

代码 5-1 Servlet 在 web.xml 中的配置信息。

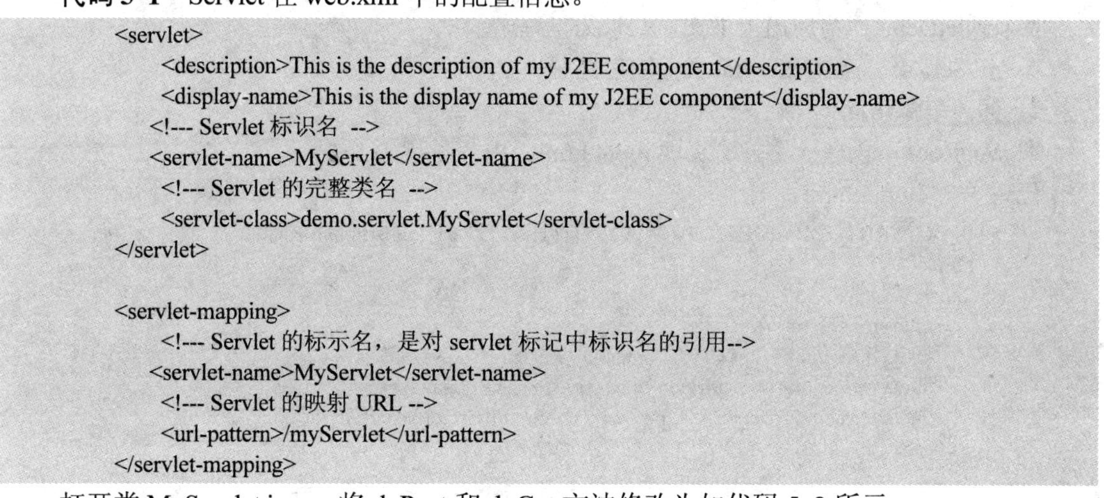

```
<servlet>
    <description>This is the description of my J2EE component</description>
    <display-name>This is the display name of my J2EE component</display-name>
    <!--- Servlet 标识名 -->
    <servlet-name>MyServlet</servlet-name>
    <!--- Servlet 的完整类名 -->
    <servlet-class>demo.servlet.MyServlet</servlet-class>
</servlet>

<servlet-mapping>
    <!--- Servlet 的标示名，是对 servlet 标记中标识名的引用-->
    <servlet-name>MyServlet</servlet-name>
    <!--- Servlet 的映射 URL -->
    <url-pattern>/myServlet</url-pattern>
</servlet-mapping>
```

打开类 MyServlet.java，将 doPost 和 doGet 方法修改为如代码 5-2 所示。

代码 5-2　MyServlet.java 部分代码。

```
public void doGet(HttpServletRequest request, HttpServletResponse response)
        throws ServletException, IOException {
        //设置请求对象的编码为 UTF-8
        request.setCharacterEncoding("UTF-8");
        //获取客户端提交的用户名
        String uName = request.getParameter("userName");
        //设置响应对象的编码
        response.setCharacterEncoding("UTF-8");
        //获得输出对象，准备向客户端输出信息
        PrintWriter out = response.getWriter();
        //设置响应内容类型及编码类型
        response.setContentType("text/html;charset=UTF-8");
        out.println(uName + "欢迎来到 Servlet 世界！！！");
}

public void doPost(HttpServletRequest request, HttpServletResponse response)
        throws ServletException, IOException {
        //当用户使用 Post 方法请求时，采用和 Get 方法相同的处理方法
        doGet(request,response);
}
```

5.2.2　部署

部署方法同 JSP。在 MyEclipse 中，在“Servers”选项卡中的 Web 服务器上单击鼠标右键，在快捷菜单中选择“Add Deployment...”，在打开的对话框“project”中选择“servletDemo”进行发布，然后启动服务器即可完成 Servlet 的部署。

5.2.3　访问 Servlet

1．通过地址栏直接访问

确保在部署时，启动服务器没有出错，打开浏览器在地址栏中输入:

```
http://localhost:8080/servletDemo/myServlet?userName=Marry
```

其中：

- servletDemo：为应用上下文，默认为工程名。
- /myServlet：为 MyServlet 类的映射路径。

2．通过表单访问

在 WebRoot 下创建一个静态页面 input.html，内容见代码 5-3。

代码 5-3　input.html。

```
<!DOCTYPE HTML PUBLIC "-//W3C//DTD HTML 4.01 Transitional//EN">
<html>
  <head>
    <title>input.html</title>
    <meta http-equiv="keywords" content="keyword1,keyword2,keyword3">
    <meta http-equiv="description" content="this is my page">
    <meta http-equiv="content-type" content="text/html; charset=GBK">
  </head>

  <body>
```

```
        <form action="myServlet" method="post">
        请输入你的姓名：<input type="text" name="userName"/>
        <input type="submit" value="Go" />
        </form>
    </body>
</html>
```

form 的 action 属性值设置为“myServlet”，原因是：input.html 存放在“WebRoot”中即此 Web 应用的根（/）目录中，而“myServlet”在 web.xml 中的映射地址为“/myServlet”，表示把“MyServlet”映射到了 Web 应用的根目录中，因此“myServlet”和“input.html”在虚拟路径上属于同一级目录。

5.3 Servlet 主要接口及实现类

5.3.1 javax.servlet.Servlet 接口

javax.servlet.Servlet 接口是 Servlet 的基本接口，所有定义的 Servlet 都要直接或间接实现这个接口。Servlet 接口的基本目标是提供生命周期方法。

Servlet 接口中共定义了 5 个方法，如表 5-1 所示。

表 5-1 Servlet 接口方法

方 法 名	说 明
public void init(ServletConfig config) throws ServletException	Servlet 实例化后由 Servlet 容器调用此方法对 Servlet 进行初始化，此方法只能被调用一次
public void service(ServletRequest req, ServletResponse res) throws ServletException, java.io.IOException	容器调用此方法来处理客户端的请求。要注意的是，在调用此方法之前要保证 init()方法被正确执行
public void destroy()	当容器检测到一个 Servlet 要被移除的时候，容器会调用此方法来做一些收尾工作，让 Servlet 可以释放它所使用的资源
public ServletConfig getServletConfig()	该方法返回容器调用 init()方法时传给 Servlet 对象的 ServletConfig 对象，ServletConfig 对象包含了 Servlet 的初始化参数
public java.lang.String getServletInfo()	返回一个包含有关 Servlet 信息的字符串，如 Servlet 的版本、作者等

5.3.2 ServletConfig 接口

在 javax.servlet 包中，定义了 ServletConfig 接口，用于在初始化时从 Servlet 容器中读取其他配置信息。在此接口中定义了如下 4 种方法，如表 5-2 所示。

表 5-2 ServletConfig 接口方法

方 法 名	说 明
public String getInitParameter(String name)	返回名字为 name 的初始化参数。初始化参数在 web.xml 中配置。若 name 不存在返回 null
public java.util.Enumeration getInitParameterNames()	返回所有初始化参数的名字枚举集合，若没有参数返回空集合
public ServletContext getServletContext()	返回 Servlet 上下文对象的引用
public String getServletName()	返回 Servlet 的实例名

5.3.3 javax.servlet.GenericServlet 类

GenericServlet 类是一个实现了 javax.servlet.Servlet 接口和 javax.servlet.ServletConfig 接口的抽象类，它对除 service()方法外的所有接口方法做了缺省实现。这意味着通过简单的扩展 GenericServlet 类，便可编写一个基本的 Servlet。

5.3.4 javax.servlet.http.HttpServlet 类

HttpServlet 类是继承自 GenericServlet 并对 HTTP 进行了封装的子类。虽然 Servlet API 允许将 Servlet 扩展到其他协议，但 Servlet 最终的运行环境是在 Web 下，因此 Sun 公司在 javax.servlet.http 包中提供了 HttpServlet 类用于创建适合 Web 站点的 HTTP Servlet。

HttpServlet 类针对 HTTP1.1 中定义的 Get、Post、Delete、Put、Head、Trace 和 Options 七种方法，分别提供了 7 个方法来（do×××）处理相应的请求。要编写一个 HTTP Servlet 至少要覆盖其中一个方法，通常只要覆盖 doPost 和 doGet 两个方法即可。

- protected void doPost（HttpServletRequest request，HttpServletResponse response）throws ServletException，IOException：处理 Post 方法提交的请求。
- protected void doGet（HttpServletRequest request，HttpServletResponse response）throws ServletException，IOException：处理 Get 方法提交的请求。

5.3.5 HttpServletRequest 和 HttpServletResponse

在 HttpServlet 类中，service 方法和 7 个 do×××方法都会传入这两个对象，HttpServletResponse 和 HttpServletRequest 是 javax.servlet.http 包中定义的两个接口，分别继承于 javax.servletRequest 和 javax.servletResponse 接口，并增加了许多用于处理 HTTP 的方法，便于处理基于 HTTP 的信息。HttpServletRequest 常用方法见表 5-3，HttpServletResponset 常用方法见表 5-4。

表 5-3 HttpServletRequest 对象常用方法

方法名	说明
public java.lang.String getParameter (java.lang.String name)	返回请求字符串或表单数据中 name 对应的值
public void setCharacterEncoding (java.lang.String charsetName)	设置 Request 的编码，必须在调用 getParameter 方法之前调用
public cookie[] getCookies()	返回客户端请求中的所有 cookie 对象
public java.lang.String getMethod()	返回此次请求所使用的 HTTP 方法名，如 Get、Put
public HttpSession getSession() 和 public HttpSession getSession(boolean create)	返回与此次请求相关联的 Session。第一种，若 Session 存在则返回，否则创建；第二种，若 create 为 true 则创建，否则不创建并返回 null

表 5-4 HttpServletResponset 对象常用方法

方法名	说明
public java.io.PrintWriter getWriter() throws java.io.IOException	返回一个 PrintWriter 对象，用于向客户端发送文本信息
void setContentType(java.lang.String type)	设置向客户端发送信息的上下文类型，一般用于设置发送文件的类型及编码。如 setContentType("text/html;charset=UTF-8")
public void addCookie(Cookie cookie)	向响应中添加一个 Cookie，此方法可以多次调用来设置多个 Cookie
public void setCharacterEncoding (java.lang.String charsetName)	设置 Response 的编码，必须在调用 getWriter()方法之前调用

5.4 Servlet 与客户端进行通信

Servlet 与客户端的交互主要通过 do×××方法或 Service 方法中传入的 request 对象和

response 对象。通过 request 对象不但可以获取客户端提交的信息，还可以获得会话对象 session 进行会话管理；通过 response 对象完成对客户端的响应。

5.4.1 request 对象

request 对象保存了用户的请求信息，通过此对象可以获取用户提交的数据。该对象的使用和 JSP 的内置对象 request 的使用方法完全相同。在 Servlet 中，容器没有直接将会话对象传入，而是将会话对象绑定到 request 对象中。在 Servlet 中要管理会话，首先必须通过如下方法来获取会话对象。

- public HttpSession getSession()：获得会话对象，若不存在则建立。
- public HttpSession getSession（boolean create）：获得会话对象，根据参数 create 决定是否建立会话对象，若为 true 则创建，否则不创建返回一个空对象。

得到会话对象后，会话管理和 JSP 内置对象 session 相同。

5.4.2 response 对象

JSP 和 Servlet 中都通过 response 对象来对客户端做出响应。但 Servlet 中没有传入输出流对象，若要向客户端输出信息首先要通过 response 对象获得输出流对象，方法如下：

```
PrintWriter out = response.getWriter();
```

在 Servlet 中，使用 out 对象向客户端输出信息时，必须在调用 response.getWriter()方法之前调用下面两个方法：

```
response. setContentType("text/html;charset=UTF-8");
```

设置响应的内容类型和编码，将“UTF-8”指定为工程所采用的编码即可。

```
response.setCharacterEncoding("UTF-8");
```

设置 response 对象的编码。

若没有设置相应编码，在浏览器中可能会显示乱码。

5.4.3 Servlet 上下文

每一个运行在 Java 虚拟机中的 Web 应用都有一个与之相关的上下文，通过上下文 Servlet 可以和容器进行通信并获得运行的环境参数，如得到文件的 MIME 类型、请求转发等。Java Servlet API 中提供了一个 ServletContext 接口来表示 Servlet 上下文。

ServletContext 对象在 Web 服务器中代表一个 Web 应用，上下文路径便是访问该应用的起点，即该应用的根。5.2 节实例中 servlet 上下文被定位于 http://localhost:8080/servletDemo，其中/servletDemo 被称为上下文路径，以/servletDemo 请求路径开始的请求将会被发送到与此上下文（ServletContext）关联的 Web 应用。

Servlet 容器在初始化 Servlet 时向其传入一个 ServletConfig 对象，通过该对象的 getServletContext()方法来得到 ServletContext 对象。要使用 ServletConfig 对象，必须在新建的 Servletlet 子类中覆盖带有参数的 init 方法：

```
public void init(ServletConfig config) throws ServletException
```

其中，参数 config 便是容器向 Servlet 传入的 ServletConfig 对象。

另外，也可以在 Servletlet 子类中直接调用 GenericServlet 的 getServletContext()方法得到上下文对象。

ServletContext 接口定义了一些接口方法，Servlet 容器对这些方法进行了实现，在 Servletlet 子类中通过这些方法就可以和 Servlet 容器进行通信，获得一些环境信息或初始化参数。常用有如下方法：

```
public String getInitParameter(String name)
```

通过“参数名”获取在部署配置文件（web.xml）中使用<context-param>元素定义的上下文初始化参数值。定义格式如下：

```
<context-param>
    <param-name>参数名</param-name>
    <param-value>参数值</param-value>
</context-param>
```

一般可将一些相对固定的参数保存在上下文参数中，如数据库的用户名和口令。

```
public Enumeration getInitParameterNames()
```

获取上下文初始化参数的所有参数名，代码如下：

```
public String getRealPath(String path)
```

在 Web 应用中对资源的引用都是相对于上下文路径的，上下文路径是一个虚拟的路径；通过此方法可以返回资源在服务器文件系统中的真实路径（文件的绝对路径）。如果容器不能正确将虚拟路径转化为真实路径，则返回 null。

5.4.4 请求转发

在 Servlet 中要想实现 JSP 技术中的 include 动作和 forward 动作，就必须首先获得 RequestDispatcher 接口实例。该接口提供了两个方法：

- void forward（ServletRequest request, ServletResponse response）。
- void include（ServletRequest request, ServletResponse response）。

JSP 的 forward 动作实际上就是调用 RequestDispatcher 的 forward()方法进行页面转发的。forward()方法用于将请求从一个 Servlet 传递给服务器上的另外一个资源，该资源可以是一个 Servlet、一个 JSP 页面或一个 HTML 页面。要注意的是 forward()方法必须在响应被提交之前被调用，否则就会产生 IllegalStateException 的异常。在 forward()方法被调用之后，原 Servlet 在响应缓存中没有被提交的内容会被清除，即原 Servlet 的输出将不会被返回给客户端。include 动作实际上是调用 RequestDispatcher 的 include()方法将请求传递给被包含的资源。与 forward()方法所不同的是：include()方法在被包含的资源被执行完成后会再次返回原 Servlet 中继续执行，直到响应完成，或再次被转发。

有三种方法可以获得 RequestDispatcher 接口对象。一个是通过 ServletRequest 接口中的 getRequestDispatcher()方法，语法为：

```
RequestDispatcher getRequestDispatcher(Strng path)
```

另两种是通过 ServletContext 的接口方法，语法为：

```
RequestDispatcher getRequestDispatcher(Strng path)
RequestDispatcher getNamedDispatcher(Strng name)
```

可以看出 ServletRequest 接口和 ServletContext 接口有一个同名方法 getRequestDispatcher()。它们的区别是 ServletContext.getRequestDispatcher()方法中的 path 必须以“/”开始，被解释为必须是当前上下文的根路径，而 ServletRequest.getRequestDispatcher()则没有这个限制，既可以是绝对路径（以/开始），也可以是相对路径。getNamedDispatcher()方法中的 name 指的是

在部署文件（web.xml）中 Servlet（或 JSP）的部署描述。

5.4.5 Cookie 对象

Cookie 是用来在客户端浏览器中保存一些信息的方法。通过 Cookie 可以使用户在多次访问同一网站之间共享信息。如将登录用户名和口令以 Cookie 的形式保存在客户端，下次再访问此网站时就不需要再输入用户名和口令，而使用 Cookie 保存的信息进行验证登录即可。

1．创建 Cookie 对象

使用 Cookie 保存信息时，信息以键值对的形式保存，一个键值对对应一个 Cookie 对象。创建一个 Cookie 对象的语法格式：

```
Cookie varName = new Cookie(key,value);
```

创建 Cookie 对象后，必须通过 response 的 addCookie()方法将 Cookie 对象插入到响应中，然后返回客户端。使用方法如下：

```
response.addCookie(varName);
```

2．读取 Cookie

当客户端向 Web 服务器发出请求时，会将该服务器在浏览器中保存的所有为失效的 Cookie 加到请求头中发送到服务器。服务器端通过 request 对象获取请求头中的 Cookie 信息。获取方法如下：

```
Cookie[] cks = request.getCookies();
```

3．Cookie 的生存周期

在创建 Cookie 对象后应当为此 Cookie 对象指定一个有效时间（Expire 值），这就是 Cookie 的生命周期。若没有指定这个有效时间，当浏览器关闭时 Cookie 就失效了。设置 Cookie 的有效时间可以通过 Cookie 对象的 setMaxAge()方法。此方法需要一个整型参数，单位为秒，表示 Cookie 在设定的秒数后过期。

4．实例

该实例展示一个登录验证的 Servlet（LoginServlet.java）。该 Servlet 首先检查请求对象中提交的参数是否有登录名和口令参数，若有则使用参数中的信息进行验证；若没有再检查请求对象中的 Cookie 对象是否包含了登录名和口令信息，有则使用此信息进行验证。若两者中都没有验证信息，或验证失败则重新定向到登录页面。若验证通过，将用户名和口令写入 Cookie 保存到客户端。详细代码见代码 5-4。

代码 5-4 LoginServlet.java。

```
package chap06;

import java.io.IOException;
import javax.servlet.ServletException;
import javax.servlet.http.Cookie;
import javax.servlet.http.HttpServlet;
import javax.servlet.http.HttpServletRequest;
import javax.servlet.http.HttpServletResponse;

public class LoginServlet extends HttpServlet {
	public void doGet(HttpServletRequest request, HttpServletResponse response)
```

```
        throws ServletException, IOException {
    doPost(request,response);
    }

    public void doPost(HttpServletRequest request, HttpServletResponse response)
        throws ServletException, IOException {
    //从提交参数中获取用户名和口令
    String uName = request.getParameter("uName");
    String passwd = request.getParameter("passwd");

    //若从参数中没有获取到登录信息，则从 Cookie 中获取
    if(uName == null){
        Cookie[] cks = request.getCookies();
        if(cks != null){
            for(Cookie ck:cks){
                if("uName".equals(ck.getName())){
                    uName = ck.getValue();
                }
                if("passwd".equals(ck.getName())){
                    passwd = ck.getValue();
                }
            }
        }
    }

    if("maxii".equals(uName) && "1234".equals(passwd)){
        //验证成功，将用户名和口令写入 Cookie 保存到客户端
        Cookie ck = new Cookie("uName",uName);
        //设置 7 天后过期
        ck.setMaxAge(60*60*24*7);
        response.addCookie(ck);
        ck = new Cookie("passwd",passwd);
        ck.setMaxAge(60*60*24*7);
        response.addCookie(ck);
        //此处加入跳转到登录后应看到的页面
    }
    else{
        //转向登录页面
        response.sendRedirect("login.html");
    }
}

}
```

5.4.6 应用示例

在本例中将管理员的用户名和口令以 Servlet 上下文参数的形式保存到部署文件（web.xml）中，管理员登录成功后显示当前应用部署在服务器上的真实路径。本例涉及两个文件：处理 Servlet（AdminCheck.java）和管理员登录页面（login.html），登录页面保存在 WebRoot 目录下的 chp06 子目录中。

创建 Web 工程 servletContextDemo。在部署文件（web.xml）中的“<web-app …>”标

记之后添加上下文初始化参数：

```
<!-- 用户名 -->
<context-param>
    <param-name>adminName</param-name>
    <param-value>jhon</param-value>
</context-param>
<!--  口令 -->
<context-param>
    <param-name>adminPasswd</param-name>
    <param-value>123456</param-value>
</context-param>
```

创建一个 Servlet，类名为 AdminCheck.java，保存在 chap06 包中。具体内容见代码 5-5 至代码 5-7。

代码 5-5 AdminCheck.java。

```
package chap06;

import java.io.IOException;
import java.io.PrintWriter;
import javax.servlet.ServletContext;
import javax.servlet.ServletException;
import javax.servlet.http.HttpServlet;
import javax.servlet.http.HttpServletRequest;
import javax.servlet.http.HttpServletResponse;

public class AdminCheck extends HttpServlet {

    public void doGet(HttpServletRequest request, HttpServletResponse response)
        throws ServletException, IOException {
        //得到上下文
        ServletContext context = getServletContext();
        //得到上下文参数中的管理员用户名和口令
        String admin = context.getInitParameter("adminName");
        String passwd = context.getInitParameter("adminPasswd");

        //设置请求对象的编码为 UTF-8
        request.setCharacterEncoding("UTF-8");
        //获取客户端提交的用户名
        String uName = request.getParameter("userName");
        //获取口令
        String uPasswd = request.getParameter("passwd");

        //设置响应对象的编码
        response.setCharacterEncoding("UTF-8");
        //获得输出对象，准备向客户端输出信息
        PrintWriter out = response.getWriter();
        //设置响应内容类型
        response.setContentType("text/html;charset= UTF-8");

        //如果提交的用户名和口令正确
        if(admin.equals(uName) && passwd.equals(uPasswd)){
            //得到应用部署在
```

```
                String realPath = context.getRealPath("/");
                out.println("部署的真实路径为： " + realPath);
            }else{
                out.println("用户名或口令错....");
            }

    }

    public void doPost(HttpServletRequest request, HttpServletResponse response)
            throws ServletException, IOException {
            //当用户使用 Post 方法请求时，采用和 Get 方法相同的处理方法
            doGet(request,response);
        }

    }
```

代码 5-6 Servlet 部署信息（web.xml 中配置信息）。

```
    <servlet>
        <servlet-name>AdminCheck</servlet-name>
        <servlet-class> cn.servlet.AdminCheck</servlet-class>
    </servlet>

    <servlet-mapping>
        <servlet-name>AdminCheck</servlet-name>
        <url-pattern>/adminCheck </url-pattern>
    </servlet-mapping>
```

代码 5-7 登录页面 login.html。

```
<!DOCTYPE HTML PUBLIC "-//W3C//DTD HTML 4.01 Transitional//EN">
<html>
  <head>
    <title>登录页面</title>
    <meta http-equiv="content-type" content="text/html; charset=UTF-8">
  </head>
  <body>
    <form action="adminCheck " method="post">
     用户名：<input type="text" name="userName"/>
     口令：<input type="password" name="passwd"/>
     <input type="submit" value="Go" />
    </form>
  </body>
</html>
```

运行结果，在登录页面输入正确的用户名和口令登录后，运行结果如图 5-4 所示

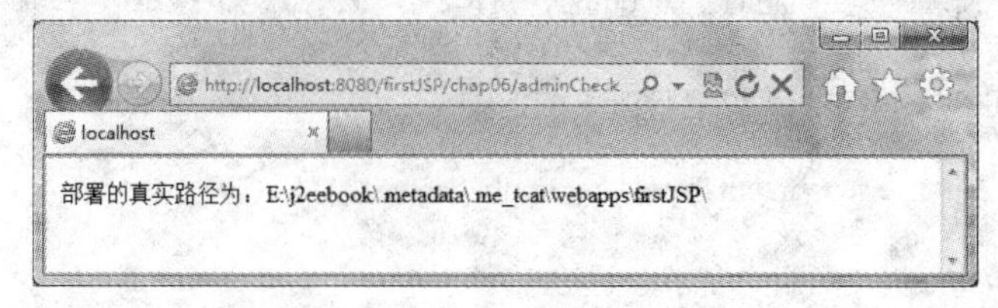

图 5-4 运行结果

5.5 过滤器

过滤器（Filter）是 Java 在服务器端的一个可插拔的 Web 组件。配置过滤器可以截取客户端和请求目标资源之间的请求和响应，并对请求/响应信息进行预处理或过滤。过滤器可以让开发者能够在请求到达目标资源之前截取请求信息，或在处理请求之后修改响应信息。典型的应用如记录对特殊资源的请求、处理安全协议、管理会话等。

5.5.1 过滤器工作原理

过滤器是一个小型的 Web 组件，Servlet 容器可以根据配置把一个或多个过滤器插入到客户端和目标资源之间。在客户端请求目标资源时，容器会首先调用这些过滤器，过滤器对这些请求数据进行检查和处理，并依次经过过滤器链，在经过每个过滤器时，过滤器可以将请求交给下一个过滤器或目标资源，也可以将请求转向，到预定页面。过滤器的工作原理如图 5-5 所示。

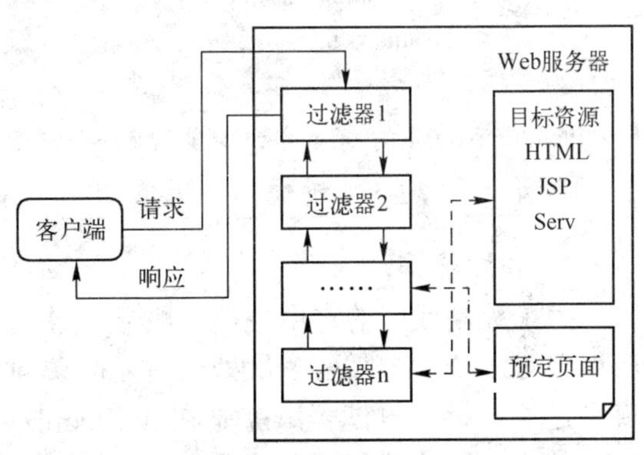

图 5-5 过滤器工作原理

5.5.2 过滤框架及部署

1．过滤框架

要实现一个过滤器必须实现 javax.servlet.Filter 接口，Filter 接口中定义了三个方法：

- void destroy()。
- void doFilter（ServletRequest request, ServletResponse response,FilterChain chain）。
- void init（FilterConfig filterConfig）。

init()方法在创建过滤器时被调用，用于对过滤器进行初始化，在整个生命周期中，只能被调用一次。init()方法被调用时，会传入一个 FilterConfig 对象参数，通过此对象可以获取部署文件 web.xml 中过滤器的初始化参数。

destroy()方法是在容器销毁过滤器实例前调用，用于释放在 init()方法中申请的资源。

doFilter()方法是完成过滤操作的地方。在请求/响应到达时，容器调用此方法对请求/响应内容进行检查处理。在此方法被调用时，除了会传入请求对象（request）和响应对象（response）外，还会传入一个 FilterChain 对象，该对象代表了请求要经过的过滤器链。当处理完所有的信息后，必须调用 FilterChain 对象的 doFilter()方法，将请求传递到过滤器链中的下一个过滤器，或调用 forward()、sendRedirect()方法结束过滤器链，将请求转向预定页面。

2．过滤器部署

过滤器是一个可插拔组件。刚创建好的过滤器和任何资源没有耦合关系，也就是说这时的过滤器并没有被插入到资源和客户之间。要使过滤器起作用，必须在部署文件 web.xml 中对过滤器进行配置。配置分两个部分：一是过滤器声明部分；二是引用声明的过滤器对指定的资源进行过滤。配置信息如下：

```
<!-- 声明部分 -->
 <filter>
```

```
        <!-- 过滤器标识名 -->
        <filter-name>filterDemo</filter-name>
        <!-- 过滤器的实现类 -->
        <filter-class>chap06.FilterDemo</filter-class>
    </filter>
    <!-- 引用部分 -->
    <filter-mapping>
        <!-- 引用已定义的过滤器标识名 -->
        <filter-name>filterDemo</filter-name>
        <!-- 目标资源的 URI -->
        <url-pattern>/*</url-pattern>
    </filter-mapping>
    <servlet>
```

📖 filter-mapping 下的 url-pattern 只能指定一个，若一个过滤器要对不同的资源进行过滤，只要重复定义引用部分，将 url-pattern 执行不同资源的 URI 即可。

3．过滤器链

为了提高代码的重用性，一般一个过滤器只能完成一个单一的功能。当在一个复杂的应用中对一个请求需要多次处理后才能访问目标资源时，就需要多个过滤器一起工作，这就是过滤器链。过滤器链就是在 web.xml 中按需要的顺序部署多个过滤器，目标资源的 URI 指向同一个资源或包含指定资源即可。过滤器调用时便会按部署文件中的配置顺序调用过滤器。

5.5.3 应用示例

本例要实现的功能是：对目录/chap06/system 中的内容进行保护，只能通过 127.0.0.1 才能访问。共涉及两个过滤器：①EncodeFliter.java，设置请求对象和响应对象的字符编码；②RightFilter.java，根据登录用户类型，显示相应页面，若没有登录则跳转到登录页面。一个 Servlet：ErrorPageServlet.java，当访问 system 中的内容被拒绝显示的信息。一个 HTML 页面：admin.html，用于存放在 system 目录中用于测试。详细代码见代码 5-8。

代码 5-8a admin.html。

```
<!-- admin.html -->
<!DOCTYPE HTML PUBLIC "-//W3C//DTD HTML 4.01 Transitional//EN">
<html>
  <head>
    <title>管理员</title>
    <meta http-equiv="content-type" content="text/html; charset=UTF-8">
  </head>
  <body>
    This is my Admin page. <br>
  </body>
</html>
```

代码 5-8b EncodeFilter.java。

```
//EncodeFilter.java
package chap06.filter;
import java.io.IOException;
```

```
import javax.servlet.Filter;
import javax.servlet.FilterChain;
import javax.servlet.FilterConfig;
import javax.servlet.ServletException;
import javax.servlet.ServletRequest;
import javax.servlet.ServletResponse;

public class EncodeFilter implements Filter {
    public void destroy() {}
    public void doFilter(ServletRequest request, ServletResponse response,
        FilterChain chain) throws IOException, ServletException {
        request.setCharacterEncoding("UTF-8");
        response.setCharacterEncoding("UTF-8");
        response.setContentType("text/html;charset=UTF-8");
        chain.doFilter(request, response);
    }
    public void init(FilterConfig filterConfig) throws ServletException {}
}
```

代码 5-8c RightFilter.java。

```
//RightFilter.java
package chap06.filter;
import java.io.IOException;
import javax.servlet.Filter;
import javax.servlet.FilterChain;
import javax.servlet.FilterConfig;
import javax.servlet.ServletException;
import javax.servlet.ServletRequest;
import javax.servlet.ServletResponse;
import javax.servlet.http.HttpServletResponse;

public class RightFilter implements Filter {
    public void destroy() {}
    public void doFilter(ServletRequest request, ServletResponse response,
        FilterChain chain) throws IOException, ServletException {
        String addr = request.getRemoteAddr();
        System.out.println(addr);
        if("127.0.0.1".equals(addr)){
            chain.doFilter(request, response);
        }else{
            HttpServletResponse res = (HttpServletResponse)response;;
            res.sendRedirect("../errorPage");
        }
    }
    public void init(FilterConfig filterConfig) throws ServletException {}
}
```

代码 5-8d ErrorPageServlet.java。

```
//ErrorPageServlet.java
package chap06;
import java.io.IOException;
```

```java
import java.io.PrintWriter;
import javax.servlet.ServletException;
import javax.servlet.http.HttpServlet;
import javax.servlet.http.HttpServletRequest;
import javax.servlet.http.HttpServletResponse;

public class ErrorPageServlet extends HttpServlet {
        public void doGet(HttpServletRequest request, HttpServletResponse response)
                throws ServletException, IOException {
                PrintWriter out = response.getWriter();
                out.println("<h2 align='center'>必须从本地登录才能访问...</h2>");
                out.close();
        }

        public void doPost(HttpServletRequest request, HttpServletResponse response)
                throws ServletException, IOException {
                doGet(request,response);
        }

}
```

过滤器及 Servlet 的配置信息的片段如下：

```xml
<filter>
      <filter-name>encodingFilter</filter-name>
      <filter-class>chap06.filter.EncodeFilter</filter-class>
 </filter>
 <filter>
      <filter-name>rightFilter</filter-name>
      <filter-class>chap06.filter.RightFilter</filter-class>
 </filter>
 <filter-mapping>
      <filter-name>encodingFilter</filter-name>
      <url-pattern>/*</url-pattern>
 </filter-mapping>
 <filter-mapping>
      <filter-name>rightFilter</filter-name>
      <url-pattern>/chap06/system/*</url-pattern>
 </filter-mapping>
<servlet>
      <servlet-name>ErrorPageServlet</servlet-name>
      <servlet-class>chap06.ErrorPageServlet</servlet-class>
 </servlet>
<servlet-mapping>
   <servlet-name>ErrorPageServlet</servlet-name>
   <url-pattern>/chap06/errorPage</url-pattern>
 </servlet-mapping>
```

📖 假设本应的上下文是 fliterDemo，试着用 http://127.0.0.1:8080/filterDemo/chap06/system/ admin.html 访问，然后将 127.0.0.1 修改为本机的 IP 再次访问，看看有什么样的结果。若将 EncodeFilter 的配置信息删除，看看错误页面的显示是否正常。

5.6 Servlet 生命周期事件

Servlet 生命周期事件又称为应用生命周期事件，是 Servlet 规范中定义的应用程序在执行过程中 ServletContext、HttpSession 和 ServletRequest 各对象在其生命周期内用于表达其状态变化的事件。通过这些应用事件可以更好地进行代码分解，并在管理 Web 应用使用的资源上提高效率。

5.6.1 应用事件监听器

应用事件监听器是实现一个或多个 Servlet 事件监听器接口的类。它支持在 ServletContext、HttpSession 和 ServletRequest 状态改变时进行事件通知。通过定义监听器，可以监听这些状态的改变并对这些改变事件进行响应。

1．ServletContext 事件及监听器

Servlet 上下文监听器是用来管理资源或把应用的状态保持在一个 JVM 级别。其事件类型和监听器接口见表 5-5。

表 5-5 Servlet 上下文事件及监听器

事件类型	监听器接口及事件类	描述
生命周期事件	javax.servlet.ServletContextListener javax.servlet.ServletContextEvent	Servlet 上下文刚刚创建并可用于服务它的第一个请求或者 Servlet 上下文即将关闭时触发
属性改变事件	javax.servlet.ServletContextAttributeListener javax.servlet.ServletContextAttributeEvent	在 Servlet 上下文的属性添加、删除、或替换（即调用 ServletContext 对象的 setAttribute()、removeAttribute()方法）时触发

2．HttpSession 事件及监听器

HTTP 会话监听器是用来管理从相同客户端或用户进入 Web 应用的一系列与请求关联的状态或资源。其事件类型和监听器接口见表 5-6。

表 5-6 HttpSession 事件及监听器

事件类型	监听器接口及事件类	描述
生命周期事件	javax.servlet.http.HttpSessionListener javax.servlet.http.HttpSessionEvent	会话已创建、无效或超时触发
属性改变事件	javax.servlet.http.HttpSessionAttributeListener javax.servlet.http.HttpSessionBindingEvent	在 HttpSession 上添加、移除、或替换属性时触发，即调用 HttpSession 的 setAttribute()、removeAttribute()方法时触发
会话迁移事件	javax.servlet.http.HttpSessionActivationListener javax.servlet.http.HttpSessionEvent	会话被激活或挂起（钝化）时触发
对象绑定事件	javax.servlet.http.HttpSessionBindingListener javax.servlet.http.HttpSessionBindingEvent	将一个对象绑定到 HttpSession 对象上或从 HttpSession 对象上移除一个对象时触发

3．ServletRequest 事件及监听器

ServletRequest 事件及监听器如表 5-7 所示。

表 5-7 ServletRequest 事件及监听器

事件类型	监听器接口及事件类	描述
生命周期事件	javax.servlet.ServletContextListener javax.servlet.ServletContextEvent	一个 Servlet 请求已经开始由 Web 组件处理或被关闭时触发

（续）

事件类型	监听器接口及事件类	描　述
属性改变事件	javax.servlet.ServletContextAttributeListener javax.servlet.ServletContextAttributeEvent	在 ServletRequest 的属性已添加、删除、或替换，即调用 ServletRequest 对象的 setAttribute()、removeAttribute()方法时触发

5.6.2 监听器注册部署

创建完一个监听器类后，必须在部署文件（web.xml）中使用 listener 元素进行声明注册才能起作用。语法格式：

```
<listener>
    <listener-class>监听器类完整类名</listener-class>
</listener>
```

Web 容器为每一个监听器类创建一个实例，并在应用处理第一个请求之前为事件通知注册它。Web 容器根据它们实现的接口和出现在部署描述中的顺序注册监听器实例。在 Web 应用执行期间，监听器按照它们注册的顺序进行调用。

5.6.3 生命周期事件应用

良好的运用 Servlet 生命周期事件可以很好地将代码分解，还可以完成使用其他方式很难完成的功能。例如，监听 Servlet 上下文事件。在应用被启动时建立数据库连接并绑定到上下文，这样在其他模块中就可以使用该数据库连接了，当应用将被停止时关闭连接。再比如，利用 HttpSession 的对象绑定事件和属性改变事件很容易统计网站的在线人数。

下面以 Servlet 上下文监听器类管理数据库连接为例，说明生命周期事件的使用。

1. 创建监听器类

新建 Java 类 DBMangerListener 并实现 javax.servlet.ServletContextListener 接口，在实现类中完成创建数据库连接及连接的关闭。详细内容见代码 5-9。

代码 5-9　DBManagerListener.java。

```
package chap06.listener;

import java.sql.Connection;
import java.sql.DriverManager;
import java.sql.SQLException;
import javax.servlet.ServletContext;
import javax.servlet.ServletContextEvent;
import javax.servlet.ServletContextListener;

public class DBManagerListener implements ServletContextListener {
    //应用将被关闭时调用此方法
    public void contextDestroyed(ServletContextEvent sce) {
        //得到上下文对象
        ServletContext ctx = sce.getServletContext();
        //获取绑定的数据库连接对象
        Object con = ctx.getAttribute("DBCon");
        if(con != null){
            Connection conn = (Connection)con;
            try {
```

```
                    if(!conn.isClosed()){
                         conn.close();
                         System.out.println("关闭数据库连接......");
                    }
               } catch (SQLException e) {
                    e.printStackTrace();
               }
          }
     }

     //应用被创建时调用该方法
     public void contextInitialized(ServletContextEvent sce) {
          try {
               //创建数据库连接
               Class.forName("com.mysql.jdbc.Driver");
               Connection con=DriverManager.getConnection("jdbc:mysql://localhost:3306/test",
"root","");

               //得到上下文对象
               ServletContext ctx = sce.getServletContext();
               //将连接对象绑定到上下文
               ctx.setAttribute("DBCon", con);
               System.out.println("创建数据库连接成功......");
          } catch (ClassNotFoundException e) {
               System.out.println("创建数据库连接失败......");
               e.printStackTrace();
          } catch (SQLException e) {
               System.out.println("创建数据库连接失败......");
               e.printStackTrace();
          }
     }
}
```

2．注册该监听器类

Web.xml 注册监听器类的配置代码片段如下：

```
<listener>
     <listener-class>chap06.listener.DBManagerListener</listener-class>
</listener>
```

DBMangerListener 类注册完成后，在其他的 JSP 页面或 Servlet 中便可以使用 DBManger Listener 类中创建的连接，在 JSP 页面中通过 application 对象的 getAttribute("DBCon")方法来获取，在 Servlet 中首先获取 Servlet 上下文，然后通过上下文的 getAttribute("DBCon")方法来获取数据库连接对象。

5.7 本章小结

本章首先介绍了 Servlet 的工作原理及生命周期，然后通过实例展示在 MyEclipse 中如何创建一个 Servlet、如何部署及访问 Servlet。

接下来介绍了创建一个 Servlet 的三种方法：实现 Servlet 接口、继承 GenericServlet 类和继承 HttpServlet 类。并重点讨论了 Servlet 如何和客户端进行通信及使用 Servlet 结合 JSP 开发 Java Web 应用程序。

最后重点阐述过滤器（Filter）的工作原理、创建和部署方法，并通过实例来说明使用的方法。此外简单了 Servlet 的生命周期事件并举例说明。

拓展阅读参考：

[1] Oracle Corporation．官方 Servlet 规范[OL]．https://jcp.org/en/jsr/detail?id=340．

[2] 孙鑫．Java Web 开发详解[M]．北京：电子工业出版社，2012.

[3] Java EE 实用教程．李绪成[M]．北京：电子工业出版社，2011.

[4] 余东进，任祖杰．Java EE Web 应用开发基础[M]．北京：电子工业出版社，2012.

[5] 范立锋，林果园．Java Web 程序设计教程[M]．北京：人民邮电出版社，2010.

第 6 章　EL 与 JSTL

表达式语言（Expression Language，EL）是 JSP2.0 规范的一部分。在 JSP 页面中使用 EL 表达式可以简化对变量和对象的访问。JSTL 全称为 JavaServer Pages Standard Tag Library，是 Sun 公司制定的一套标签库规范，用来替代原来的 scriptlet（代码总嵌入<%%>）进行 JSP 页面开发，使得页面代码的可读性和可维护性得到了显著提高。

EL 和 JSTL 均是为了简化 JSP 页面开发而提出的技术规范，它们将 Java 代码彻底从 JSP 页面中移除，从而提高页面代码的可读性。

6.1　EL

EL 是 JSP 2.0 提供的表达式语言和 JSF 技术引入的表达式语言的组合体。EL 能够帮助页面开发人员通过简单的表达式完成如下任务：

- 动态读取 JavaBean 中的数据。
- 动态将数据写入 JavaBean 中。
- 调用任意静态或公有方法。
- 动态执行算术运算。

【例 6-1】 将客户端提交的参数（num）值加 1，然后输出到页面。

JSP 语法：

```
<%
    String strNum = request.getParameter("num");
    int num = Integer.parseInt(strNum);
    out.println("计算的结果：" + num++);
%>
```

EL 语法：

```
计算的结果：${param.num + 1}
```

6.1.1　即时计算和延迟计算

即时计算是指页面在第一次被调用时，JSP 引擎就计算表达式并立即返回结果，只能用于模板数据中或者作为能够使用运行时表达式的 JSP 标签属性值。所有使用${}符号的表达式都是即时执行的，其语法格式为：${表达式}。

延时计算只能在页面生命周期以后使用自己的机制计算表达式，主要用于 JSF 技术框架。其语法格式为：#{表达式}。

EL 的功能是计算{}中的表达式，并将表达式中所引用的变量或对象属性自动转换为合适类型进行计算，最后结果转化为字符型并显示在页面中。即时计算表达式通常写在 HTML 标签体中，也可以作为标记的属性值。{}中可以是常量、变量、表达式，通常用于访问 JSP 内置对象的属性（Attribute）和用户提交的参数值等。

6.1.2 [ ]与.操作符

EL 提供“[]”和“.”两个运算符来获取数据。

两种运算符的功能相同，都用于获取指定对象的属性值，如${param.user}和${param["user"]}均可获取客户端提交的 user 参数值，但“[]”运算符适用性更广，当对象的属性名中包含特殊字符或属性名为一个变量的值时，只能使用[]来获取属性值。

6.1.3 运算符

1．算术运算符

EL 提供了 5 种数学运算符，如表 6-1 所示。

表 6-1 EL 算术运算符

运 算 符	功 能	示 例	结 果
+	加	${ 12 + 13}	35
-	减	${12 - 3 }	9
*	乘	${ 12 * 3 }	36
/ 或 div	除	${ 10 / 4 }	2.5
% 或 mod	取模（或求余）	${ 10 mod 4 }	2

2．关系运算符

EL 提供了 6 种关系运算符，如表 6-2 所示。

表 6-2 EL 关系运算

运 算 符	功 能	运 算 符	功 能
==（eq）	相等	!=（ne）	不等
>（gt）	大于	>=（ge）	大于等于
<（lt）	小于	<=（le）	小于等于

3．逻辑运算符

在 EL 中有 3 种逻辑运算符。

- 逻辑与：&&（或 and）。
- 逻辑或：||（或 or）。
- 逻辑非：!（或 not）。

4．Empty 运算符

Empty 是一个单目运算符，作用是检查指定对象是否为 null 或 empty。例如，${empty a}用于检查变量 a 是否存在，若不存在则返回 true，否则返回 false。

5．条件运算符

条件运算符的格式为：

布尔量？表达式 1:表达式 2。

若布尔量为 true 返回表达式 1 的值，否则返回表达式 2 的值。

6.1.4 EL 内置对象

在 JSP 中存在 JSP 内置对象，这些对象无需任何声明就可以直接使用。EL 中也有自身的内置对象，通过这些内置对象可以访问 JSP 页面中常用对象的属性。EL 的内置对象共有 11 个。

1．pageContext 对象

该对象等价于 JSP 中的 pageContext 对象，通过它可以访问 ServletContext、request、response 和 session 等对象及其属性。例如：

- ${pageContext.request.method}客户端请求方法。
- ${pageContext.response.contentType}该页面的 contentType 信息。
- ${pageContext.session.creationTime}会话的创建时间。

2．作用域内置对象

EL 中允许直接访问通过 setAttribute 被绑定到不同范围（page、requst、session 和 application）的属性变量。作用域内置对象有如下 4 个。

- pageScope：访问绑定在 pageContext 对象上的对象。
- requestScope：访问绑定在 request 对象上的对象。
- sessionScope：访问绑定在 session 对象上的对象。
- applicationScope：访问绑定在 application 对象上的对象。

其语法格式为：

${作用域内置对象.属性名}

【例 6-2】 通过以下代码将变量 uName 绑定到 request 对象中。

```
request.setAttribute("userName",uName);
```

使用 EL 访问属性 userName 的方法如下：

```
${requestScope.userName}
```

在访问绑定不同作用域范围内的属性变量时，可以省略前面作用域对象的限定。如访问上面的 userName 属性可以简写为：

```
${userName}
```

当省略了作用域对象后，EL 将按照 page、request、session、application 的顺序查找。若在不同的范围内使用相同的属性名绑定了多次，则以范围最小的为准，若没有以指定名称绑定的属性则返回空字符。

3．请求头内置对象

EL 提供了 3 个内置对象来访问请求头中的信息。

- header：访问请求头中值为单值的属性，等同于调用 ServletRequest.getHeader（String name）。
- headerValues：访问请求头中值为多值的属性，等同于调用 ServletRequest.getHeaders（String name）。
- cookie：访问请求头中的 Cookie 信息。

4．参数访问内置对象

主要用于访问客户端提交的参数，有两个对象：param 和 paramValues。

- param：访问请求参数值为单值的参数，格式：${param.key}。
- paramValues：访问请求参数值为多值的参数，EL 将参数值映射到一个数组中。格式：${paramValues.key[index]}。

5．initParam 对象

initParam 对象用于访问 Servlet 上下文初始化参数，initParam 对象将上下文初始化参数按参数名映射到 initParam 对象中。

假设在 web.xml 文件中有如下描述：

```
...
<context-param>
    <param-name>DBName</param-name>
    <param-value>root</param-value>
</context-param>
...
```

在 JSP 页面中要访问 DBName 的值，可以使用下面的语句进行访问：

```
${initParam.DBName}
```

6.2 JSTL

JSTL 规范由 Sun 公司制定，由 Apache 基金会的 Jakarta 小组负责实现。JSTL 1.0 发布于 2002 年 6 月，由 4 个定制标记库（core、format、xml 和 sql）和一对通用标记库验证器（ScriptFreeTLV 和 Permitted TaglibsTLV）组成，最新版本为 1.2.1。JSTL 有如下优点：

- 在应用程序和服务器之间提供了一致的接口，最大程度地提高了 WEB 应用在各应用服务器之间的移植。
- 简化了 JSP 和 Web 应用程序的开发。

6.2.1 JSTL 配置

JSTL 规范虽然是 JSP2.0 的一部分，但其实现并没有包含在 JSP2.0 API 中。因此，要使用 JSTL 标签库必须下载 JSTL 的安装包。下载地址：http://tomcat.apache.org/taglibs/standard/。下载到的安装包是一个压缩文件，解压后在其目录中存在一个 lib 子目录，包含两个 Jar 文件：standard.jar 和 jstl.jar。将这两个文件复制到 tomcat 安装目录的 common\lib 目录中或 Web 应用程序的 WEB-INF\lib 目录中。

JSTL 由 5 个不同功能的标签库组成。这 5 个标签库的功能、URI 及约定前缀见表 6-3。

表 6-3　JSTL 标签库信息

名　称	功　能	URI	约 定 前 缀
核心标签库	变量支持、流程控制、URL 处理等	http://java.sun.com/jsp/jstl/core	c
国际化标签库	本地化、信息和日期格式化	http://java.sun.com/jsp/jstl/fmt	fmt
XML 标签库	XML 解析、查询和转换	http://java.sun.com/jsp/jstl/xml	X
SQL 标签库	数据库操作	http://java.sun.com/jsp/jstl/sql	sql
函数标签库	提供各种常用的字符串处理函数	http://java.sun.com/jsp/jstl/functioin	fn

在 JSP 文件中要使用 JSTL 标签库，还必须通过 taglib 指令声明和引入相应的标签库。如若要使用核心标签库必须在 JSP 的开始部分添加如下内容：

```
<%@ taglib prefix="c" uri="http://java.sun.com/jsp/jstl/core" %>
```

6.2.2 核心标签库

核心标签库包括变量操作、流程控制以及在 JSP 页面中访问基于 URL 资源的相关标签。JSP 页面中要使用核心标签库，需要使用 taglib 指令来引入标签库及设定前缀和 uri，形如：

```
<%@ taglib prefix="c" uri="http://java.sun.com/jsp/jstl/core" %>
```

1．输出标签—<c:out>

<c:out>标签用于计算一个表达式并将结果输出。<c:out>功能类似于 JSP 的<%=表达式%>或 EL${表达式}，但具有更多的功能。其语法格式如下。

语法 1：没有标签体。

```
<c:out value="表达式" [escapeXML="true|false"] default="默认值" />
```

语法 2：有标签体。

```
<c:out value="表达式" [escapeXML="true|false"]>
默认值
</c:out>
```

其中：

- value：被计算的表达式，实际上就是一个 EL。
- escapeXML：确定结果中的字符："<"、">"、"'"、"""和"&"是否转换为 HTML 中的字符引用，默认为 true。
- default：当计算结果为 null 时，输出指定的字符串。也可使用语法 2 的格式在标签体中指定默认值。

2．变量操作标签

对变量操作的标签有两个：<c:set>和<c:remove>。

（1）<c:set>标签

功能是向指定范围内的变量赋值，语法格式为：

```
<c:set var="varName"   value="value"   [scope="varScope" ]/>
```

或

```
<c:set var="varName"   [scope="varScope"]>
value
</c:set>
```

若指定变量存在，则将 value（或标签体）的值赋予该变量，若不存在再创建并赋值。

其中：

- var：指定变量名称。
- scope：指定变量的作用范围，可以是 page、request、session 或 application，默认为 page。
- value：待赋给变量的值，可以是一个常量、EL 或 JSP 表达式。

另外，<c:set>也可以向一个指定范围内的 JavaBean 或 map 的属性赋值，语法格式为：

```
<c:set target="beanName"   property="propertyName" value="value"   [scope="varScope" ]/>
```

或

```
<c:set target="beanName"   property="propertyName" [scope="varScope"]>
value
</c:set>
```

其中：

- target：必须是一个 JavaBean 或 Map 类型的变量。

- property：JavaBean 的属性名或 Map 的 key，若 target 为一 bean，则 property 必须有相应的 set 方法。

（2）<c:remove>标签

移除指定范围内的变量，语法格式：

```
<c:remove var="varName" [scope="varScope" ]/>
```

3．条件标签

条件标签包括：<c:if>、<c:choose>、<c:when>和<c:otherwise>。

（1）<c:if>标签

<c:if>用于实现 Java 中的 if 单分支功能，语法格式：

```
<c:if test="condition" [var="varName"] [scope="varScope"] />
```

或

```
<c:if test="condition">
标签体
</c:if>
```

格式 1：是将测试结果保存到指定范围的变量中。

格式 2：如果条件为真则执行标签体。

其中：

- test：一般是一个 EL 的条件表达式。
- var：保存测试结果的变量名。
- scope：变量的范围。

【例 6-3】 根据客户端提交的参数 sex 的值来决定性别是男还是女，sex 的值为 0 表示男，非 0 为女。代码如下：

```
性别：
<c:if test="${param.sex = = 0 }">男</c:if>
<c:if test="${param.sex != 0 }">女</c:if>
```

（2）<c:choose>、<c:when>和<c:otherwise>

这 3 个标签用于实现 Java 中的 switch 多分支功能，语法格式：

```
<c:choose>
    <c:when test="condition1">body1</c:when>
<c:when test="condition2">body2</c:when>
...
    [<c:otherwise>bodyn</c:otherwise>]
</c:choose>
```

📖 <c:when>和<c:otherwise>只能作为<c:choose>的子标签出现，<c:when>可以有多个，而<c:otherwise>只能有一个，而且必须出现在最后一个<c:when>之后。

【例 6-4】 根据客户提交的参数 score 对成绩进行评定：85～100 为优秀，70～84 为良好，60～69 为及格，60 以下为不及格。代码如下：

```
<c:choose>
    <c:when test="${param.score >=85 }">优秀</c:when>
    <c:when test="${param.score >=70 }">良好</c:when>
    <c:when test="${param.score >=60 }">及格</c:when>
    <c:otherwise>不及格</c:otherwise>
</c:choose>
```

4．迭代标签

迭代标签有两个：<c:forEach>和<c:forTakens>。

（1）<c:forEach>标签

用于遍历各种类型的集合、数组和用逗号分隔的字符串，如 java.util.Collection、java.util.Map、java.util.List 等；同时<c:forEach>也可实现 Java 中 for 的功能。

对集合数组字符串进行遍历的代码片段如下：

```
<c:forEach var="varName" items="collection" [varStatus="varStatusName"] [begin="int"] [end="int"] [step="int"]>
标签体
</c:forEach>
```

固定次数的循环的代码片段如下：

```
<c:forEach [var="varName"] begin="int" end="int"   [step="int"]>
标签体
</c:forEach>
```

其中：

- items：为将被遍历的对象，可以是一个集合、数组或用逗号分隔的字符串。
- var：保存每次遍历得到集合、数组的成员的变量名。
- varStatus：保存遍历状态对象的变量名，其类型为 javax.servlet.jsp.jstl.core.LoopTagStatus。

  current：当前这次迭代的（集合中的）项。

  index：当前这次迭代从 0 开始的迭代索引。

  count：当前这次迭代从 1 开始的迭代计数。

  first：用来表明当前这轮迭代是否为第一次迭代，该属性为 boolean 类型。

  last：用来表明当前这轮迭代是否为最后一次迭代，该属性为 boolean 类型。
- begin：遍历开始的索引值。若指定了 items，var 中保存集合中索引指向的成员，若没有指定，则保持此索引值。
- end：遍历结束的索引值。
- step：索引增长的步长，默认为 1。

【例 6-5】 对数据库查询的学生信息列表进行遍历，每个学生的信息包括学号（stuID）、姓名（name）和班级（stuClass）。

```
<%
....
//查询结果保存在 list 对象中，然后将 list 绑定到 page 属性
    pageContext.setAttribute("list", list);
%>
<c:forEach var="stu" items="${list}">
    学号：${stu.stuID},姓名：${stu.name },班级：${stu.stuClass}<br />
</c:forEach>
```

【例 6-6】 下面代码将用逗号（,）分隔的星期名称添加到下拉列表选项中。

```
<select>
    <c:forEach var="week" items="星期日,星期一,星期二,星期三,星期四,星期五,星期六">
        <option>${week }</option>
    </c:forEach>
```

```
</select>
```

【例 6-7】 对【例 6-5】中的输出结果隔行（奇数行）加背景。

```
<%
....
//查询结果保存在 list 对象中，然后将 list 绑定到 page 属性
    pageContext.setAttribute("list", list);
%>
<c:forEach var="stu" items="${list}"   varStatus="stat">
<div <c:if test="${stat.index mod 2 == 0 }"> style="background-color:gray"</c:if> >
    学号：${stu.stuID},姓名：${stu.name },班级：${stu.stuClass}<br />
</div>
</c:forEach>
```

（2）<c:forTakens>标签

将字符串按照指定的分隔符分隔后进行遍历，语法格式：

```
<c:forTokens items="String" delims="delimiters" [var="varName"] >
标签体
</c:forTokens>
```

其中：

- items：被分隔并遍历的字符串。
- delims：分隔符，可以同时指定多个，连着写即可。

【例 6-8】 改变上面【例 6-6】使用<c:forTokens>实现。

```
<select>
    <c:forTokens  var="week"  items="星期日,星期一:星期二,星期三:星期四,星期五,星期六"
delims=":,">
        <option>${week }</option>
    </c:forTokens>
</select>
```

5．URL 相关标签

JSTL 中除了提供变量、流程控制的标签外，也提供了对 URL 操作的相关标签：<c:import>、<c:url>、<c:redirect>和<c:param>。

（1）<c:param>标签

为<c:import>、<c:url>和<c:redirect>提供参数。这些参数将以 key=value 的形式追加到指定的 URL 之后。格式：

```
<c:param name="paramName" value="paramValue" />
```

或

```
<c:param name="paramName">
paramValue
</c:param
```

（2）<c:import>标签

功能类似于<jsp:include>标签，但与<jsp:include>区别在于<c:import>不但可以导入本 Web 应用的资源还可以导入其他 Web 应用的资源，甚至其他网站的资源。格式：

```
<c:import   url="url"   [context="context"]   [var="varName"]   [scope="varScope"]   [charEncoding
="charset"]>
    [<c:param />]
    </c:import>
```

其中：

- url：要导入资源的 URL 地址。
- context：当导入的资源是同一服务器中的不同应用时，用于指明该应用的上下文。
- var：将导入资源内容保存到变量的变量名。若指定了此属性，导入内容将不被显示到当前位置，否则显示到标签所在位置。
- scope：指定变量的范围。
- charEncoding：被导入资源所采用的编码。

【例 6-9】 将 Google 和 Baidu 整合到一个页面中。

```
<table width="100%" border="1">
    <tr>
    <td>
        <c:import url="http://www.google.cn/" charEncoding="UTF-8"/>
    </td>
    <td>
        <c:import url="http://www.baidu.com" charEncoding="UTF-8"/>
    </td>
    </tr>
</table>
```

（3）<c:url>标签

与<c:param>结合使用构造一个 URL 地址。格式：

```
<c:url value="URL" [var="varName"] [scope="varScope"] [context="context"] >
[<c:param />]
</c:url>
```

其中：

- value：指定要处理的 URL 地址，可以是绝对地址或相对地址。若指定的相对地址以“/”开始且没有指定 context，<c:url>会将当前的上下文路径添加到路径之前。

【例 6-10】

```
<c:url value="http://localhost:8080/index.jsp" var="purl">
    <c:param name="name">Tom</c:param>
    <c:param name="passwd">123456</c:param>
</c:url>
<a href="${purl}">首页</a>
```

其中，“首页”执行的 URL 为 http://localhost:8080/index.jsp?name=Tom&passwd=123456。

【例 6-11】

```
<c:url value="/index.jsp"/>
```

若当前应用的上下文路径是/chap07，那么上面代码所产生的 URL 为/chap07/index.jsp。

（4）<c:redirect>标签

将客户端请求转向其他资源，等价于 jsp 内置对象 response 的 sendRedirect 方法。格式：

```
<c:redirect url="url" [context="context"]>
[<c:param />]
</c:redirect>
```

通过<c:param>标签可以给目标 URL 中添加请求参数。

6．<c:catch>标签

<c:catch>用于捕获放置在其标签体内的操作引发的异常，并将异常输出的标签位置保存在变量中。格式：

```
<c:catch [var="varName"]>
标签体
</c:catch>
```

6.2.3 国际化标签库

又称为格式化标签库。在该标签库中，JSTL 定义了可以设置 JSP 页面的地区、语言以及对数字和日期进行格式化的各种标签。引入国际化标签库的 taglib 指令为：

```
<%@ taglib prefix="fmt" uri="http://java.sun.com/jsp/jstl/fmt" %>
```

1．语言地区设置——<fmt:setLocale>

该标签用于设置用户本地语言环境，格式：

```
<fmt:setLocale value="localeCode" [variant="varName"] [scope="varScope"] />
```

其中：

- value：指定语言地区代码。其中必须包含两个小写字母的语言代码，还可以包含两个大写字母的地区代码，中间使用“-”或“_”分隔，如 en_US、zh_CN 等。语言代码和国家地区代码分别可从 http://www.loc.gov/standards/iso639-2/php/code_list.php 和 http://zh.wikipedia.org/zh-cn/ISO_3166-1#.E5.8F.82.E8.80.83.E6.96.87.E7.8C.AE 中查找。
- variant：供应商或浏览器代码。
- scope：作用范围，默认为 page。

【例 6-12】

```
<fmt:setLocale value="en" />
<fmt:setLocale value="zh_CN" />
```

📖 应该在其他所有的国际化标签使用前使用<fmt:setLocale>标签，通常该标签应该放在页面的开始处。如果没有使用<fmt:setLocale>标签，国际化标签库将根据客户端浏览器的语言设置来得到 Locale。

2．设置客户请求编码——<fmt:requestEncoding>

用于设置客户端提交参数的编码，等同于 request.setCharacterEncoding()。格式：

```
<fmt:requestEncoding value="code">
```

形如：

```
<fmt:requestEncoding value="UTF-8">
```

3．消息本地化

通过消息本地化标签，可以按照页面中语言编码的设置或客户端浏览器提供的语言环境，从信息资源包中获取本地化的消息内容，按照指定的语言显示信息。共包括 4 个标签：<fmt:bundle>、<fmt:setBundle>、<fmt:message>和<fmt:param>。

（1）<fmt:bundle>和<fmt:setBundle>

用于创建国际化本地上下文环境，格式：

```
<fmt:bundle basename="fileBaseName" [prefix="prefix"]>
标签体
</fmt:bundle>
<fmt:setBundle basename="fileBaseName" var="varName" [scope="varScope"] />
```

其中：

- basename：指定资源包文件的基名。资源包的命名规则：basename_语言_地区.properties。
- prefix：指定在嵌套的<fmt:message>标签的消息键前面要加的前缀。
- var：指定保存资源上下文的变量名。
- scope：指定 var 的作用范围，默认为 page。

<fmt:bundle>与<fmt:setBundle>的区别在于，<fmt:bundle>只能影响其标签体内部的语言环境，而<fmt:setBundle>可以影响指定范围内的语言环境。

📖 信息本地化资源包存放位置为源码（src）的根目录，或/WEB-INF/classes 目录中。内容以“key=value”的形式保存，一行一条。key 必须为英文字母或数字，符合 Java 变量命名标准。value 为本地化信息，可以包含参数，形式：{n}，将由<fmt:param>标签提供的参数值替换。在建立资源文件时，一般提供一个默认的资源文件，文件名为 basename.properties，当指定语言不能找到相应资源时使用该资源文件。资源包的内容必须转换为 ASCII。

（2）<fmt:message>

从资源包中取出指定 key 的信息内容。格式：

```
<fmt:message key="keyStr" [bundle="resourceBundle"] [var="varName"] [scope="varScope"] />
```

或

```
<fmt:message key="keyStr" [bundle="resourceBundle"] [var="varName"] [scope="varScope"] >
<fmt:param>
</fmt:message>
```

其中：

- key：为资源文件中消息的键值。
- bundle：资源包的上下文，通过 setBundle 保存的资源包上下文变量，若将 message 标签嵌入到<fmt:bundle>标签中，则此属性省略。
- var：将指定键值对应的消息保存到变量中。
- scope：变量的作用域。

（3）<fmt:param>

为消息中的动态参数提供参数，格式：

```
<fmt:param value="paramValue" />
```

【例 6-13】

创建资源文件 message_zh_CN.properties 和 message.properties，内容如下：

message_zh_CN.properties

```
title=JSTL 消息本地化演示
hi={0}，欢迎你进入 JSTL 世界！！
```

message.properties

```
title=Demo of message localization
hi=hi, {0}, welcome to JSTL!!
```

创建一个 jsp 页面 index.jsp，具体程序如代码 6-1 所示。

代码 6-1　index.jsp。

```
<%@ page language="java" contentType="text/html; charset=UTF-8"
    pageEncoding="UTF-8"%>
```

```
<%@ taglib prefix="fmt" uri="http://java.sun.com/jsp/jstl/fmt" %>
<!DOCTYPE html PUBLIC "-//W3C//DTD HTML 4.01 Transitional//EN" "http://www.w3.org/TR/html4/loose.dtd">
<html>
<head>
<meta http-equiv="Content-Type" content="text/html; charset=UTF-8">
<title>JSTL 国际化</title>
</head>
<body>
    <fmt:setLocale value="zh_CN"/>
    <fmt:setBundle basename="message" var="msg"/>
    <fmt:message key="title" bundle="${msg}" var="title"/>
    <fmt:message key="hi" bundle="${msg}" var="hi">
    <fmt:param value="Tom"/>
    </fmt:message>

    <h1 align="center">${title }</h1>
    <h2>${hi}</h2>
</body>
</html>
```

运行结果，如图 6-1 所示。

修改代码 6-1 中的<fmt:setLocale>为其他非简体中文语言，运行结果如图 6-2 所示。

图 6-1　消息本地化大陆中文语言运行结果

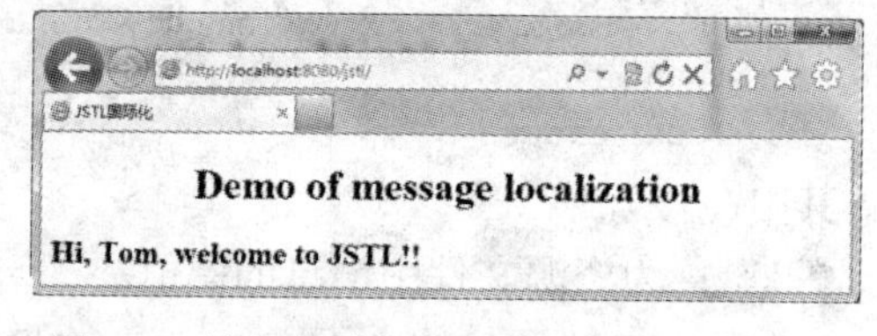

图 6-2　消息本地化非大陆中文语言运行结果

4．数字和日期格式化

JSTL 提供了一组标签来分析和格式化数字和日期为本地格式的数字和日期。这组标签共有 6 个，分别是：<fmt:formatNumber>、<fmt:parseNumber>、<fmt:formatDate>、<fmt:parseDate>、<fmt:timeZone>和<fmt:setTimeZone>。

（1）<fmt:formatNumber>和<fmt:parseNumber>

<fmt:formatNumber>是按地区语言或指定格式对指定数值进行格式化，语法格式：

```
<fmt:formatNumber value="number" [type="dataType"] [var="varName"] [scope="varScope"] [pattern="customPatter"]/>
```

其中：

- value：指定待格式的数值。
- type：指定按什么类型对数值格式化，类型有：number、currency、percent。
- var：将格式化后的结果保存的变量的变量名。
- scope：变量的作用范围。
- pattern：自定义格式化式样，若指定了此属性，type 将会被忽略。

<fmt:parseNumber>是将已经格式化的数值、货币或百分数转换为数值型，语法格式：

```
<fmt:formatNumber value="string" [type="dataType"] [var="varName"] [scope="varScope"] [pattern="customPatter"]/>
```

其中：

● value：已格式化的数值字符串。

其他同<fmt:formatNumber>。

【例 6-14】

```
<%@ page language="java" contentType="text/html; charset=UTF-8" pageEncoding="UTF-8"%>
<%@ taglib prefix="fmt" uri="http://java.sun.com/jsp/jstl/fmt" %>
<!DOCTYPE html PUBLIC "-//W3C//DTD HTML 4.01 Transitional//EN" "http://www.w3.org/TR/html4/loose.dtd">
<html>
<head>
<meta http-equiv="Content-Type" content="text/html; charset=UTF-8">
<title>JSTL 国际化——数值格式化</title>
</head>
<body>
    <fmt:setLocale value="zh_CN"/>
<fmt:formatNumber value="123.456" pattern="00000.##" />
<fmt:parseNumber type="currency" value="￥12,456.77"/>
</body>
</html>
```

（2）<fmt:formatDate>和<fmt:parseDate>

<fmt:formatDate>将日期对象按指定格式或本地地区语言进行格式化，语法格式：

```
<fmt:formatDate value="Date" [type="DateType"] [var="varName"] [scope="varScope"] [pattern="customPatter"] />
```

其中：

● value：待格式的日期对象。

● type：指定是输出日期部分、时间部分还是两种都有，取值：date、time、both。

● var：格式化后保存的变量名。

● scope：变量的作用范围。

● pattern：自定义日期格式样式。若指定了 pattern，则 type 将会被忽略。

<fmt:parseDate>将格式化后的日期字符串转换为日期类型，语法格式：

```
<fmt:parseDate value="formattedDateString" [type="DateType"] [var="varName"] [scope="varScope"] [pattern="customPatter"] />
```

其中：

● value：已经格式化的日期格式字符串。

其他属性同<fmt:formatDate>。

【例 6-15】

将一个中文格式的日期用美国英语格式显示，如代码 6-2 所示。

代码 6-2 dataFormat.jsp 日期格式化。

```
<%@ page language="java" contentType="text/html; charset=UTF-8"    pageEncoding="UTF-8"%>
<%@ taglib prefix="fmt" uri="http://java.sun.com/jsp/jstl/fmt" %>
<!DOCTYPE html PUBLIC "-//W3C//DTD HTML 4.01 Transitional//EN" "http://www.w3.org/TR/html4/loose.dtd">
<html>
<head>
<meta http-equiv="Content-Type" content="text/html; charset=UTF-8">
```

```
<title>JSTL 国际化</title>
</head>
<body>
    <fmt:setLocale value="en_US"/>
    <fmt:parseDate value="2014 年 4 月 9 日 22:33:44" pattern="yyyy 年 MM 月 dd 日 HH:mm:ss"
var="d"/>
    <fmt:formatDate value="${d}" type="both"/>
</body>
</html>
```

（3）<fmt:timeZone>和<fmt:setTimeZone>

两个标签都是用来设置默认时区。两者的区别是<fmt:timeZone>只影响其标签体中的内容，而<fmt:setTimeZone>可以将时区信息保存到变量中，以便于随时引用。格式：

```
<fmt:timeZone value="timeZone">标签体</fmt:timeZone>
<fmt:setTimeZone value="timeZone" var="varName" />
```

6.2.4 函数标签库

函数标签库是 JSTL 定义的标准的 EL 函数集。在其中共定义了 16 个函数主要用于在 JSP 页面中对字符串进行处理。要在 JSP 页面中使用此函数标签库，必须通过下面方法进行引入。

```
<%@ taglib prefix="fn" uri="http://java.sun.com/jsp/jstl/functions" %>
```

函数标签的使用格式与其他标签不一样，其格式为：

```
${fn:函数名(参数)}
```

具体函数的名称、参数及说明见表 6-4。

表 6-4 函数标签库中的函数说明

函 数 名	格 式	功 能	返 回 值
contains	contains(string,subString)	判断字符串 String 中是否包含了字符串 subString	boolean
containsIgnoreCase	containsIgnoreCase (string,subStr)	同 contains，但忽略大小写	boolean
startsWith	startsWith(string,prefix)	判断字符串 string 是否以 prefix 开始	boolean
endsWith	endsWith (string,suffix)	判断字符串 string 是否以 suffix 结尾	boolean
indexOf	indexOf(string,substr)	在 string 中查找 substr，返回第一次出现的位置，找不到返回-1	int
replace	replace(string,str1,str2)	将 string 中的 str1 替换为 str2，将替换后的字符串返回	String
substring	substring(string,begin,end)	返回 string 中从 begin 开始到 end 结束的子串	string
substringBefore	substringBefore(string,substr)	返回 string 中 stustr 之前的字符串	string
substringAfter	substringAfter(string,substr)	返回 string 中 stustr 之后的字符串	string
split	split(string,delimiter)	将 string 按指定分隔符拆分为字符数组	string[]
join	join(array,delimiter)	将数组元素按指定分隔符连接为一个字符串	string
toLowerCase	toLowerCase(string)	将 string 中的大写字母转化为小写字母	string
toUpperCase	toUpperCase(string)	将 string 中的小写字母转化为大写字母	string
trim	trim(string)	去除 string 两边的空格	string
excapeXML	excapeXML(string)	将 string 中的<、>、‘、’和&转换为对应的字符引用	string
lenght	lenght(string)	返回字符的长度（字符个数）	int

6.2.5 其他标签库

JSTL 中除了以上介绍的核心标签库、国际化标签库和函数标签库外还有 xml 标签库和 SQL 标签库。xml 标签库是用来解析、处理 xml 数据的库，通过该标签库可以很容易地对 xml 数据进行解析和查询，由于篇幅限制，在此不再赘述。至于 SQL 标签库，用于完成连接数据库、对数据库进行增删改查等操作，但在现在的 Web 开发中，要求不能把业务逻辑放在 view 层（jsp 页面）中，因此此标签库已经很少使用，在此也不再赘述。

6.3 本章小结

本章主要介绍了 JSP 2.0 规范中的 EL（表达式语言）和 JSTL（JSP 标准标签库）的使用。在 Web 开发中，结合 EL 和 JSTL 可以大大简化 Web 程序的开发，并降低开发难度，使得非 Java 程序员通过简单的学习，便可以通过 EL 和 JSTL 表达式将服务器端数据显示到 JSP 页面中，从而将 Java 程序开发人员和页面设计人员完全分离，并降低了代码的耦合度。

拓展阅读参考：

[1] JSTL 官方网站[OL]．http://tomcat.apache.org/taglibs/standard/.

[2] EL 官方文档[OL]．http://docs.oracle.com/javaee/5/api/javax/el/package-summary.html.

[3] 孙鑫．Java Web 开发详解[M]．北京：电子工业出版社，2012.

[4] 李绪成．Java EE 实用教程[M]．北京：电子工业出版社，2011.

第7章　基于MVC的开发

随着JSP/Servlet技术的广泛使用，以及程序规模的不断增长，业务逻辑变得非常复杂，若依然使用传统的开发模式，将业务逻辑和HTML、Javascript的静态内容混杂在一起，非常不利于代码的维护。在这种情况下，就出现了很多的设计模式来解决此种问题，基本的思想就是将服务器端代码与页面显示分离，即业务逻辑和视图的分离。这其中最典型的一个代表就是MVC编程模式。本章将讲述MVC的设计思想及通过实例来描述MVC在Java Web开发中的应用。

7.1　MVC概述

MVC编程模式，全名是Model View Controller，是模型（Model）－视图（View）－控制器（Controller）的缩写。MVC代表一种软件架构模式，它把软件系统强行分为三个基本部分：模型（Model）、视图（View）和控制器（Controller）。MVC的目的是实现一种动态编程方式，使后续对程序的修改、扩充简化，并且使程序的某部分的重复利用成为可能。MVC用一种业务逻辑和数据显示分离的方法组织代码，将业务逻辑聚集到一个部件里面，在界面和用户围绕数据的交互能被改进和个性化定制的同时，不需要重新编写业务逻辑。

在Java Web应用开发中，模型II：JSP+Servlet+JavaBean就是典型的MVC编程模式。

7.1.1　Model

Model（模型）又称为数据模型，是应用程序中用于处理应用程序数据逻辑的部分。模型表示企业数据和业务规则，它封装了与应用程序的业务逻辑相关的数据以及对数据的处理方法。在MVC的三个部件中，模型拥有最多的处理任务。被模型处理和返回的数据是中立的，就是说模型与数据格式无关，这样一个模型能为多个视图提供数据，由于应用于模型的代码只需写一次就可以被多个视图重用，所以减少了代码的重复性。

7.1.2　View

View（视图）是用户看到并与之交互的界面。对Web应用程序来说，视图就是由HTML元素组成的界面。作为视图来讲，它只是作为一种输出数据并允许用户操纵的方式。通常视图是依据模型数据创建的。

7.1.3　Controller

Controller（控制器）接受用户的输入并调用模型和视图去完成用户的需求。控制器本身不输出任何东西和做任何处理，它只是接收请求并决定调用哪个模型构件去处理请求，然后确定用哪个视图来显示模型处理返回的数据。

7.1.4　Java Web的MVC实现模式

在Java Web应用开发中，模型II：JSP+Servlet+JavaBean就是典型的MVC编程模式。

在 Java Web 中视图通常由 JSP 页面来充当，控制器由 Servlet 或 Filter 来承担，而模型则由 JavaBean 组件实现。MVC 在 Java Web 中的实现模式架构如图 7-1 所示。

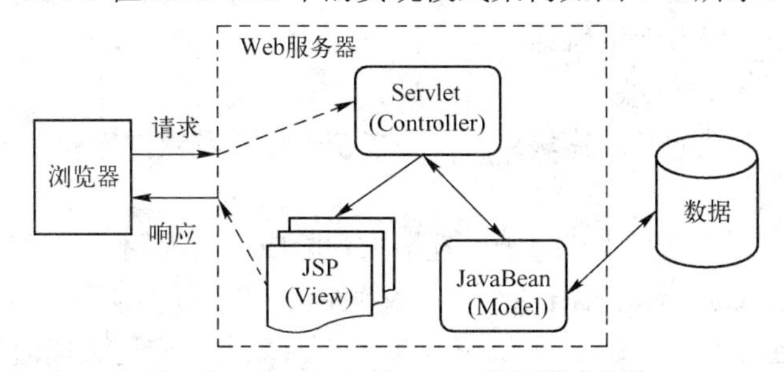

图 7-1　Java Web 的 MVC 实现模式架构

7.2　MVC 开发实例

本例使用 MVC 模式实现一个学生信息管理系统，完成学生信息的增删改查。

7.2.1　系统分析及功能设计

本系统实现学生信息的管理，根据要求初步分析系统应该包括以下几个功能模块。

- 学生信息列表：列出所有学生信息，并提供对指定学生信息的修改和删除的接口。
- 添加学生信息：向数据库中添加一条学生信息。
- 编辑学生信息：修改数据库中已有学生的信息。
- 删除学生信息：删除指定学生信息。

不论设计有多么完美、代码实现有多么稳健，程序在运行过程中出现一些异常情况是不可避免的，如数据库连接异常、输入数据转换异常等，一个完整的程序除了基本的功能之外必须包含一个良好的异常处理功能，使得在不可预料的异常出现时，程序依然可以正常运行或正常退出。本系统也不例外，应当包含一个异常处理模块。

- 异常处理：当异常出现时，转到错误页面并显示异常信息。

7.2.2　MVC 模块设计

按 MVC 框架模式设计要求将整个系统分为 3 部分：视图、控制器和模型。

1）模型：完成数据库操作部分，完成学生信息在数据库中的增删改查，这部分使用 DBProcess.java 来完成，该 Bean 只完成业务逻辑处理，不进行数据的存储；将要处理的学生信息封装到 Student.java 中。

2）控制器：本系统的控制器由 Controller.java（Servlet）来充当。为了区分客户端不同的业务请求（如编辑、保存、删除等），在向控制器发出请求时给控制器传递一个参数 action，action 取不同的值表示不同的业务请求。action 取值及其意义如下。

- list 或空：请求学生信息列表。
- edit：请求编辑指定学生信息。
- save：保存修改的学生信息，或新增的学生信息。为了区分是修改还是新增，通过提交学生信息中的 id 属性决定，若 id 为空则为新增，否则为修改。
- delete：删除指定学生信息。

3）视图：根据系统分析，该系统需要如下几个 JSP 页面充当视图。

- list.jsp：显示学生信息列表，同时提供编辑、删除指定记录的链接及添加信息的链接。
- edit.jsp：添加或编辑学生信息。
- error.jsp：显示异常信息。

除了上面 MVC 涉及的必须模块之外，为了统一编码及数据库统一管理，系统中添加一个过滤器和监听器。

- EncodeFilter.java：过滤器，用于处理请求和响应中的编码。
- DBManagerListener.java：Servlet 上下文生命周期事件监听器，当应用启动时连接数据库，创建连接对象，绑定到 Servlet 上下文对象上，应用关闭时关闭连接。

7.2.3 详细设计

1．学生信息列表模块

1）模型部分设计：信息列表显示的是所有的学生信息，为了将所有信息返回，首先将每个学生的信息存放到 Student 对象中，然后将此对象添加到一个列表（ArrayList<Student>）中，最后将此列表对象返回。返回方式是将学生信息列表绑定到 request 对象中，属性名为 stuList。此功能通过 getStudentList()方法完成。

2）控制部分设计：按 MVC 模块设计部分，当控制器接收到 action 为 list 或空时，调用 DBProcess 中的 getStudentList()方法，然后选择 list.jsp 页面将 request 对象传递过去（包括学生信息列表）。

3）视图部分设计：list.jsp 页面用于显示所有学生信息列表，同时提供对指定学生编辑和删除的链接，同时还提供添加信息链接。将模型传递过来的学生信息列表在 list.jsp 中显示并产生列表的代码 7-1。

代码 7-1 list.jsp 部分代码。

```
<c:forEach items="${stuList}" var="stu">
   <tr>
<td>${stu.stuid }</td>
<td>${stu.stuName}</td>
<td>${stu.sex}</td>
<td>${stu.className}</td>
<td>
       <a href="ctrl?action=edit&id=${stu.id}">编辑</a> |
       <a href="ctrl?action=delete&id=${stu.id}">删除</a>
</td>
   </tr>
</c:forEach>
```

2．编辑模块

编辑模块用于修改指定学生的信息。首先，要请求服务器将指定学生的信息显示到编辑框中（edit.jsp 页面），然后当用户修改好后，再提交给控制器，由模型将数据更新到数据库中，更新完成后控制器将视图跳转到 list.jsp 页面。信息修改的整个流程如图 7-2 所示。

（1）模型设计

获取指定学生信息处理：根据 list.jsp 页面提交的学生信息 id 查询到学生信息并封装到 Student 对象中，并绑定到 request 对象。该处理由 getStudentById()方法完成。

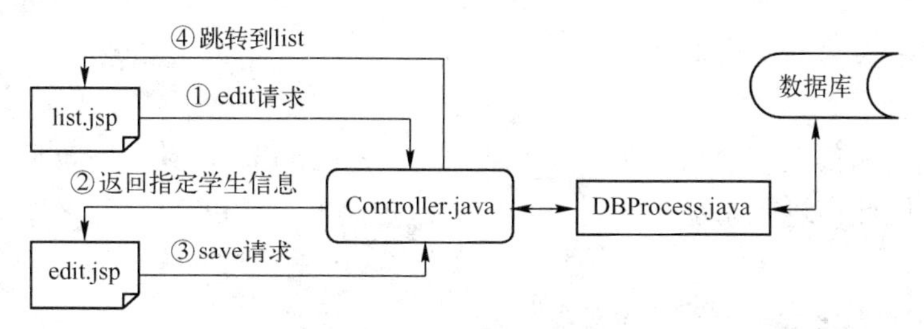

图 7-2　修改模块流程

保存修改处理：根据提交的学生信息，将新的信息更新到数据库。该处理由 save()方法完成。该方法由编辑和添加功能共享，若学生信息的 id 为空则添加，否则更新。

（2）控制部分设计

若为 edit 请求，调用 getStudentById()方法返回指定学生信息，并 forward 到 edit.jsp 页面。若为 save 请求，调用 save()方法更新数据到数据库，并跳转（redirect）指向控制器重新获取信息列表。

（3）视图设计

由图 7-2 所示流程可知，edit 请求由 list.jsp 引起。在发起 edit 请求的同时，还要提交学生信息的 id，以获取指定学生的信息，因此在 list.jsp 页面中有如下代码：

```
<a href="ctrl?action=edit&id=${stu.id}">编辑</a>
```

具体见代码 7-1。

在获取到学生信息后，显示到 edit.jsp 页面中，其代码片段见代码 7-2。

代码 7-2　edit.jsp 显示学生信息代码片段。

```
<form action="ctrl?action=save&id=${stu.id}" method="post">
    <table width="300" align="center" border="1">
    <tr>
    <td>学号：</td><td><input type="text" name="stuid" value="${stu.stuid }" /></td>
    </tr>
    <tr>
    <td>姓名：</td><td><input type="text" name="stuName"  value="${stu.stuName }" /></td>
    </tr>
    <tr>
    <td>性别：</td><td><input type="text" name="sex"  value="${stu.sex }" /></td>
    </tr>
    <tr>
    <td>班级：</td><td><input type="text" name="className" value="${stu.className }"/></td>
    </tr>
    <tr>
    <td colspan="2" align="center"><input type="submit" value="确定"/></td>
    </tr>
    </table>
</form>
```

其中：

```
<form action="ctrl?action=save&id=${stu.id}" method="post">
```

表示请求参数为 save 并同时提交被编辑学生信息的 id。

3．添加模块

（1）视图设计

添加学生信息与修改信息使用同一个 JSP 页面——edit.jsp，具体内容见代码 7-2。但不需要填充数据，因此在进入添加页面时不需要经过控制器，所以在 list.jsp 页面中的添加学生信息的链接为：

```
<p align="center"><a href="edit.jsp">添加学生信息</a></p>
```

（2）模型设计

该模块的业务处理依然同修改模块共享同一个 save()方法。

（3）控制器设计

同修改模块。

4．删除模块

该模块在删除指定信息的时候不需要显示，因此没有对应的视图。当用户单击 list.jsp 页面中的“删除”链接时，向控制器发出 delete 请求同时提交待删除学生信息的 id。控制器接收到此请求后，调用模型的 deleteStuById()方法删除指定信息，然后跳转（redirect）指向控制器重新获取信息列表。

5．异常处理

在业务处理 Bean 中的方法中对异常都不做处理（不用 try…catch 捕获）而是抛出，所有的异常处理都在控制器中处理，当异常出现时由控制器将错误信息转发到错误视图（error.jsp）显示。

7.3 系统实现

7.3.1 视图部分实现

学生信息列表 list.jsp 代码见代码 7-3。

代码 7-3 list.jsp。

```
<%@ page language="java" import="java.util.*" pageEncoding="UTF-8"%>
<%@ taglib prefix="c" uri="http://java.sun.com/jsp/jstl/core" %>
<!DOCTYPE HTML PUBLIC "-//W3C//DTD HTML 4.01 Transitional//EN">
<html>
  <head>
    <title>学生信息管理</title>
  </head>
  <body>
    <h2 align="center">学生信息管理</h2>
    <p align="center"><a href="edit.jsp">添加学生信息</a></p>
    <table align="center" width="600" border="1">
     <tr>
     <th>学号</th>
     <th>姓名</th>
     <th>性别</th>
     <th>班级</th>
     <th>操作</th>
     </tr>
     <c:forEach items="${stuList}" var="stu">
```

```
            <tr>
        <td>${stu.stuid }</td>
        <td>${stu.stuName}</td>
        <td>${stu.sex}</td>
        <td>${stu.className}</td>
        <td>
               <a href="ctrl?action=edit&id=${stu.id}">编辑</a> |
               <a href="ctrl?action=delete&id=${stu.id}">删除</a>
        </td>
            </tr>
        </c:forEach>
      </table>
    </body>
  </html>
```

编辑视图 edit.jsp 代码见代码 7-4。

代码 7-4 edit.jsp。

```
<%@ page language="java" import="java.util.*" pageEncoding="UTF-8"%>
<%@ taglib prefix="c" uri="http://java.sun.com/jsp/jstl/core" %>
<!DOCTYPE HTML PUBLIC "-//W3C//DTD HTML 4.01 Transitional//EN">
<html>
  <head>
    <title>编辑学生信息</title>
  </head>
  <body>
    <h2 align="center">添加/编辑学生信息</h2>
    <form action="ctrl?action=save&id=${stu.id}" method="post">
     <table width="300" align="center" border="1">
     <tr>
            <td>学号：</td>
            <td><input type="text" name="stuid" value="${stu.stuid }" /></td>
     </tr>
     <tr>
            <td>姓名：</td>
            <td><input type="text" name="stuName"   value="${stu.stuName }" /></td>
     </tr>
     <tr>
            <td>性别：</td>
            <td><input type="text" name="sex"   value="${stu.sex }" /></td>
     </tr>
     <tr>
            <td>班级：</td>
            <td><input type="text" name="className"   value="${stu.className }"/></td>
     </tr>
     <tr>
            <td colspan="2" align="center"><input type="submit" value="确定"/></td>
     </tr>
     </table>
    </form>
  </body>
</html>
```

异常处理视图 error.jsp 内容见代码 7-5。

代码 7-5　error.jsp。

```
<%@ page language="java" import="java.util.*" pageEncoding="UTF-8"%>
<!DOCTYPE HTML PUBLIC "-//W3C//DTD HTML 4.01 Transitional//EN">
<html>
  <head>
    <title>错误页面</title>
  </head>

  <body>
    <h2 style="color: red">出错啦！！！</h2>
    错误信息：${errMsg}
  </body>
</html>
```

7.3.2　模型部分实现

模型部分包括两个类：学生信息数据结构 Bean—Student.java；业务处理 Bean—DBProcess.java。具体内容见代码 7-6。

代码 7-6a　DBProcess.java。

```
/**
 * 业务处理 Bean
 * DBProcess.java
 */
package chap08.bean;

import java.sql.Connection;
import java.sql.PreparedStatement;
import java.sql.ResultSet;
import java.sql.SQLException;
import java.sql.Statement;
import java.util.ArrayList;
import javax.servlet.ServletContext;
import javax.servlet.http.HttpServletRequest;

public class DBProcess {
      private HttpServletRequest request;              //保存请求对象
      private Connection con;                          //数据库连接
      private Statement stat;                          //状态对象

      public DBProcess(HttpServletRequest request){
            this.request = request;
            //获取 Servlet 上下文
            ServletContext ctx = request.getSession().getServletContext();
            //获取数据库连接
            con = (Connection) ctx.getAttribute("DBCon");
      }
      //保存信息到数据
      public void save() throws Exception{
            String insertSQL = "insert into student (stuid,stuName,sex,className) value(?,?,?,?)";
            String updateSQL = "update student set stuid=?,stuName=?,sex=?,className=? where id=?";
            ArrayList<String> params = new ArrayList<String>();
```

```
		params.add(request.getParameter("stuid"));
		params.add(request.getParameter("stuName"));
		params.add(request.getParameter("sex"));
		params.add(request.getParameter("className"));
		String id = request.getParameter("id");
		if("".equals(id)){
			exePrepare(insertSQL,params);
		}else{
			params.add(id);
			exePrepare(updateSQL,params);
		}
	}

	//获取学生信息列表
	public void getStudentList() throws SQLException{
		String sql = "select * from student";
		ResultSet rs = getRS(sql);
		ArrayList<Student> stuList = new ArrayList<Student>();
		while(rs.next()){
			stuList.add(toStudent(rs));
		}
		request.setAttribute("stuList", stuList);
		closeRS(rs);
	}

	//获取指定学生信息
	public void getStuById() throws SQLException{
		String sql = "select * from student where id=";
		String id = request.getParameter("id");
		sql += id;
		ResultSet rs = getRS(sql);
		if(rs.next()){
			Student stu = toStudent(rs);
			request.setAttribute("stu", stu);
		}
		closeRS(rs);
	}

	//删除指定学生信息
	public void deleteStuById() throws SQLException{
		String sql = "delete from student where id=?";
		String id = request.getParameter("id");
		ArrayList<String> params = new ArrayList<String>();
		params.add(id);
		exePrepare(sql,params);
	}

	//将记录中的学生信息封装到 Student 对象中
	private Student toStudent(ResultSet rs) throws SQLException{
		Student stu = new Student();
		stu.setId(rs.getInt("id"));
		stu.setStuid(rs.getString("stuid"));
```

```
			stu.setStuName(rs.getString("stuName"));
			stu.setSex(rs.getString("sex"));
			stu.setClassName(rs.getString("className"));
			return stu;
		}

		//执行带参数的 SQL，不返回数据集
		private void exePrepare(String sql,ArrayList<String> params) throws SQLException{
			PreparedStatement pstat = con.prepareStatement(sql);
			int i=1;
			for(String param:params){
				pstat.setString(i++, param);
			}
			pstat.execute();
			pstat.close();
		}

		//执行无参 SQL，且返回数据集
		private ResultSet getRS(String sql) throws SQLException{
			stat = con.createStatement();
			ResultSet res = stat.executeQuery(sql);
			return res;
		}
		//关闭数据集及状态对象
		private void closeRS(ResultSet rs){
			try {
				stat.close();
				rs.close();
			} catch (SQLException e) {
				e.printStackTrace();
			}
		}
	}
```

代码 7-6b　Student.java。

```
/**
 * 学生信息数据结构 Bean
 * Student.java
 */
package chap08.bean;

public class Student {
	private int id;
	private String stuid;
	private String stuName;
	private String sex;
	private String className;
	public String getStuid() {
		return stuid;
	}
	public void setStuid(String stuid) {
		this.stuid = stuid;
	}
```

```
	public String getStuName() {
		return stuName;
	}
	public void setStuName(String stuName) {
		this.stuName = stuName;
	}
	public String getSex() {
		return sex;
	}
	public void setSex(String sex) {
		this.sex = sex;
	}
	public String getClassName() {
		return className;
	}
	public void setClassName(String className) {
		this.className = className;
	}
	public void setId(int id) {
		this.id = id;
	}
	public int getId() {
		return id;
	}
}
```

7.3.3 控制器部分实现

控制器部分具体内容见代码 7-7。

代码 7-7 Controller.java。

```
package chap08.controll;

import java.io.IOException;
import javax.servlet.ServletException;
import javax.servlet.http.HttpServlet;
import javax.servlet.http.HttpServletRequest;
import javax.servlet.http.HttpServletResponse;
import chap08.bean.DBProcess;

public class Controller extends HttpServlet {
	public void doGet(HttpServletRequest request, HttpServletResponse response)
		throws ServletException, IOException {
		doPost(request,response);
	}
	public void doPost(HttpServletRequest request, HttpServletResponse response)
		throws ServletException, IOException {
		String forward = "";				//保存 forward 的 URL
		String redirect = "";				//保存 redirect 的 URL
		try{
			DBProcess db = new DBProcess(request);
```

```
                String action = request.getParameter("action");
                if("edit".equals(action)){
                        db.getStuById();
                        forward = "edit.jsp";
                }
                else if("save".equals(action)){
                        db.save();
                        redirect = "ctrl";
                }
                else if("delete".equals(action)){
                        db.deleteStuById();
                        redirect = "ctrl";
                }else{
                        db.getStudentList();
                        forward = "list.jsp";
                }
            }
            catch(Exception e){
                //若出现异常则转向错误页面
                forward = "error.jsp";
                request.setAttribute("errMsg", e.getMessage());
                e.printStackTrace();
            }
            if("".equals(redirect)){
                request.getRequestDispatcher(forward).forward(request, response);
            }
            else{
                response.sendRedirect(redirect);
            }
        }
}
```

7.3.4 其他部分实现

系统除了 MVC 三大部分外，还包含一个过滤器 EncodeFilter.java，设置请求对象及响应对象的字符编码；一个 Servlet 上下文生命周期监听器，完成连接数据库及关闭数据库。具体内容见代码 7-8。

代码 7-8a EncodeFilter.java。

```
/**
 * 过滤器，设置请求/响应对象的字符编码
 * EncodeFilter.java
 */
package chap08.filter;

import java.io.IOException;
import javax.servlet.Filter;
```

```
import javax.servlet.FilterChain;
import javax.servlet.FilterConfig;
import javax.servlet.ServletException;
import javax.servlet.ServletRequest;
import javax.servlet.ServletResponse;

public class EncodeFilter implements Filter {
	public void destroy() { }
	public void doFilter(ServletRequest request, ServletResponse response,
		FilterChain chain) throws IOException, ServletException {
		request.setCharacterEncoding("UTF-8");
		response.setCharacterEncoding("UTF-8");
		response.setContentType("text/html;charset=UTF-8");
		chain.doFilter(request, response);
	}
	public void init(FilterConfig filterConfig) throws ServletException {}
}
```

代码 7-8b DBManagerListener .java。

```
/**
 * Servlet 上下文生命周期监听器，完成数据库连接及关闭
 * DBManagerListener.java
 */
package chap08.listener;

import java.sql.Connection;
import java.sql.DriverManager;
import java.sql.SQLException;
import javax.servlet.ServletContext;
import javax.servlet.ServletContextEvent;
import javax.servlet.ServletContextListener;

public class DBManagerListener implements ServletContextListener {
	//应用将被关闭时调用此方法
	public void contextDestroyed(ServletContextEvent sce) {
		//得到上下文对象
		ServletContext ctx = sce.getServletContext();
		//获取绑定的数据库连接对象
		Object con = ctx.getAttribute("DBCon");
		if(con != null){
			Connection conn = (Connection)con;
			try {
				if(!conn.isClosed()){
					conn.close();
				}
			} catch (SQLException e) {
				e.printStackTrace();
			}
		}
	}

	//应用被创建时调用该方法
	public void contextInitialized(ServletContextEvent sce) {
```

```
            try {
                //创建数据库连接
                Class.forName("com.mysql.jdbc.Driver");
                Connection
        con=DriverManager.getConnection("jdbc:mysql://localhost:3306/forum?characterEncoding= UTF-
8","root","");
                //得到上下文对象
                ServletContext ctx = sce.getServletContext();
                //将连接对象绑定到上下文
                ctx.setAttribute("DBCon", con);
            } catch (ClassNotFoundException e) {
                e.printStackTrace();
            } catch (SQLException e) {
                e.printStackTrace();
            }
        }
    }
```

7.4 系统部署

系统中使用了 Java Web 的 Servlet 组件、监听器组件和过滤器组件，这些组件都需要注册部署系统才能够正常运行。这些部署信息都保存在部署文件 web.xml 中。本系统 web.xml 文件内容如代码 7-9。

代码 7-9 部署文件 web.xml 内容。

```
<?xml version="1.0" encoding="UTF-8"?>
<web-app version="2.5" xmlns="http://java.sun.com/xml/ns/javaee"
 xmlns:xsi="http://www.w3.org/2001/XMLSchema-instance"
     xsi:schemaLocation="http://java.sun.com/ xml/ns/javaee
     http://java.sun.com/xml/ns/javaee/web-app_2_5.xsd">
      <!-- 过滤器注册 -->
      <filter>
       <filter-name>encode</filter-name>
       <filter-class>chap08.filter.EncodeFilter</filter-class>
      </filter>
      <filter-mapping>
       <filter-name>encode</filter-name>
       <url-pattern>/*</url-pattern>
      </filter-mapping>
      <!-- 监听器注册 -->
      <listener>
          <listener-class>chap08.listener.DBManagerListener</listener-class>
      </listener>
      <!-- 控制器注册 -->
      <servlet>
       <servlet-name>Controller</servlet-name>
       <servlet-class>chap08.controll.Controller</servlet-class>
      </servlet>
      <servlet-mapping>
       <servlet-name>Controller</servlet-name>
       <url-pattern>/ctrl</url-pattern>
      </servlet-mapping>
```

```
        <welcome-file-list>
            <welcome-file>index.jsp</welcome-file>
        </welcome-file-list>
    </web-app>
```

7.5 本章小结

本章介绍了 MVC 的概念及 Java Web 对 MVC 的实现模式，最后通过学生信息管理系统的开发示例讲述了 MVC 的设计方法和实现步骤。

拓展阅读参考：

[1] Wikipedia. MVC 维基百科[OL]. http://zh.wikipedia.org/wiki/MVC.

[2] 李绪成. Java EE 实用教程[M]. 北京：电子工业出版社，2011.

第三部分　轻量级框架 SSH

第 8 章　Struts 2

Struts 2 是一种基于 MVC（Model-View-Controller）设计模式的第 2 代 Web 应用程序框架，它是在 Struts 1 基础上发展起来的。虽然 Struts 1 已经很好地把 MVC 模式从桌面应用程序引入到 Web 应用程序中，实现了业务逻辑、视图和控制层的隔离。但是 Struts 1 支持表现层技术单一，以及与 Servlet API 的耦合紧密，严重制约了 Struts 1 的发展。

Struts 2 在 Struts 1 的基础上注入了 WebWork 的先进的设计理念，以 WebWork 为核心，统一了 Struts 1 和 WebWork 两个框架。Struts 2 引入了拦截器，拦截器在动作之前做准备操作以及动作之后做回收操作，使得核心框架比以前更简洁。Struts 2 支持一个强大和灵活的表达式语言 OGNL（Object Graph Notation Language），使用 ValueStack 技术，使 taglib 能够访问值而不需要把页面和对象绑定起来，允许通过一系列名称相同但类型不同的属性重用页面。

8.1　Struts 2 的工作原理

Struts 2 使用了 WebWork 的设计核心，而不是以 Struts 1 为设计核心，因此 Struts 2 体系与 Struts 1 体系的差别非常大。Struts 2 框架按模块分为 Servlet Filters、核心控制器、拦截器和用户逻辑实现。

Struts 2 中大量使用拦截器来处理用户的请求，从而允许用户的业务逻辑控制器（Action）与 Servlet API 分离。Struts 2 框架的处理流程如下。

- Web 浏览器发送一个请求（HttpServletRequest）。
- 核心控制器 StrutsPrepareAndExecuteFilter 根据请求查找所需的 Action。
- 拦截器自动对请求应用通用功能，如验证和文件上传等操作。
- 调用查找的 Action 的 execute 方法，该方法根据请求的参数执行一定的操作。
- 根据 Action 的 execute 方法的处理结果信息，找到 struts.xml 的配置中对应的视图结果，并在浏览器中呈现。

Struts 2 处理用户的请求过程中，数据传输的背后机制采用 ValueStack 存储动作对象，并采用 OGNL 把基于文本的视图中的字符串和 Java 端的数据属性绑定起来，将数据从请求参数移动到动作的 JavaBean 属性，同时将数据从 JavaBean 属性移动到视图页面。数据的移入和移出的过程中采用 OGNL 类型转换器，对 Java 数据类型和视图中的字符串进行数据转换。具体请求流程见图 8-1。

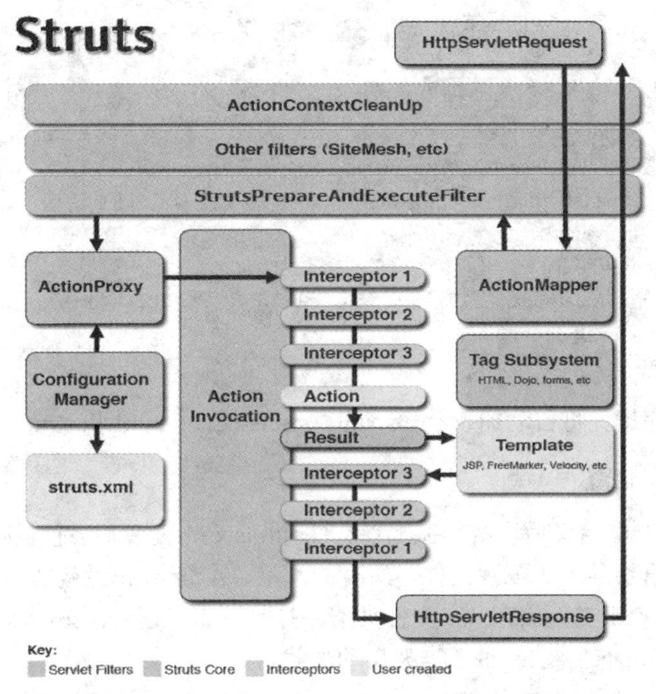

图 8-1　Struts 2 请求流程

8.2　Struts 2 配置

Struts 2 框架要很好地完成客户的请求，必须进行相关配置。与 Struts 2 相关的配置文件有 web.xml、struts.xml、struts-defalut.xml 和 struts.properties 等。本节仅介绍 web.xml 和 struts.xml 文件的配置。

8.2.1　web.xml 配置

从 Struts 2 工作原理可知，客户端通过 Web 浏览器发送请求。发送的请求首先通过核心控制器 StrutsPrepareAndExecuteFilter。核心控制器用于对 Struts 2 框架进行初始化及处理所有的请求。Struts 2 是实现 MVC 设计模式的 Web 应用程序框架，核心控制器（Controller）是 Struts 2 框架中第一个被触发的组件，把用户的请求映射为相关动作，完成相关的逻辑处理，并把结果返回到客户端。web.xml 是对整个应用程序配置的一个文件，文件代码内容如代码 8-1 所示。

web.xml 中有两个重要元素<filter>和<filter-mapping>。

代码 8-1　web.xml 配置。

```
<?xml version="1.0" encoding="UTF-8"?>
<web-app version="2.5" xmlns="http://java.sun.com/xml/ns/javaee"
      xmlns:xsi="http://www.w3.org/2001/XMLSchema-instance"
      xsi:schemaLocation="http://java.sun.com/xml/ns/javaee
     http://java.sun.com/xml/ns/javaee/web-app_2_5.xsd">
      <filter>
            <filter-name>struts2</filter-name>            <!-- 配置 Filter 的名字-->
            <filter-class>                                <!-- 配置 Filter 的实现类-->
```

```
                org.apache.struts2.dispatcher.ng.filter.StrutsPrepareAndExecuteFilter
            </filter-class>
        </filter>
        <filter-mapping>
            <filter-name>struts2</filter-name>    <!--使用配置的 Filter 名字，与前面一致-->
            <url-pattern>*.action</url-pattern>  <!-- 拦截所有的 URL 请求，请求扩展名为 action-->
        </filter-mapping>
        <welcome-file-list>
        <welcome-file>index.jsp</welcome-file> <!-- 应用程序启动时默认加载的资源文件 -->
        </welcome-file-list>
</web-app>
```

web.xml 配置完毕，将自动加载 struts.xml、struts-default.xml 和 struts-plugin.xml。

8.2.2 struts.xml 配置

Action 业务控制器定义后，必须在配置文件 struts.xml 配置后才能被使用。struts.xml 是 Struts 2 框架非常重要的一个配置文件，所有的常量、Action 和拦截器都在该文件中配置。开发工程时，struts.xml 文件放在 src 文件夹下。打包发布工程后，struts.xml 在 Web 应用的 WEB-INF/classes 目录下，被 Struts 2 框架自动加载。

struts.xml 中常用的元素如表 8-1 所示，其中 package 的配置较为复杂。package 可以配置多个 Action、拦截器等。使用<package>配置时，可以指定 4 个属性：name（包名）、extends（继承的父包）、abstract（是否为抽象包）和 namespace（命名空间）。

表 8-1 struts.xml 中常用的元素

元素名称	功　能
include	包含其他的 XML 文件
constant	配置常量
bean	配置 bean
package	定义包，每个包中定义拦截器和 Action 等。package 的名字必须是唯一的，当一个 package 扩展自另一个 package 时，该 package 会在本身配置的基础上加入扩展的 package 的配置，且父 package 必须在子 package 前配置

代码 8-2 表示一个 struts.xml 配置的示例，具体含义见代码中的注释。

代码 8-2 struts.xml 配置。

```
<!DOCTYPE struts PUBLIC
"-//Apache Software Foundation//DTD Struts Configuration 2.0//EN"
"http://struts.apache.org/dtds/struts-2.0.dtd">
<struts>
    <include file="struts-default.xml"></include>  <!-- include 包含 struts-default.xml 文件-->
    <constant name="struts.il8n.encoding" value="gb2312" />   <!--配置字符编码集-->
    <package name="default" extends="struts-default" namespace="/test">
            <!--配置包及命名空间-->
    <action name="test" class="actions.TestAction">
            <!--配置 action 名字以及该 action 所对应的实现 java 类-->
        <result name="success">/test.jsp
        </result>   <!--配置 action 的结果 success 返回视图-->
    </action>
```

```
            <interceptors>
                <!-- 定义拦截器： name:拦截器名称， class:拦截器类路径 -->
              <interceptor name="interceptor1" class="inters.Interceptor1"></interceptor>
              <interceptor name="interceptor2" class="inters.Interceptor2"></interceptor>
                <!-- 定义拦截器栈 -->
              <interceptor-stack name="mystack">
                  <interceptor-ref name="Interceptor1"></interceptor-ref>
                  <interceptor-ref name="Interceptor2"></interceptor-ref>
              </interceptor-stack>
            </interceptors>
        </package>
    </struts>
```

8.3 简单示例

本节在 MyEclipse 集成开发环境下完成一个简单的 Struts 2 应用示例，该示例完成学生信息的输入，提交后显示学生输入的信息。输入、输出页面分别见图 8-2 和图 8-3。通过该示例初步了解 Struts 2 框架的使用，以及掌握常用的配置文件在 Struts 2 框架中的配置方法。

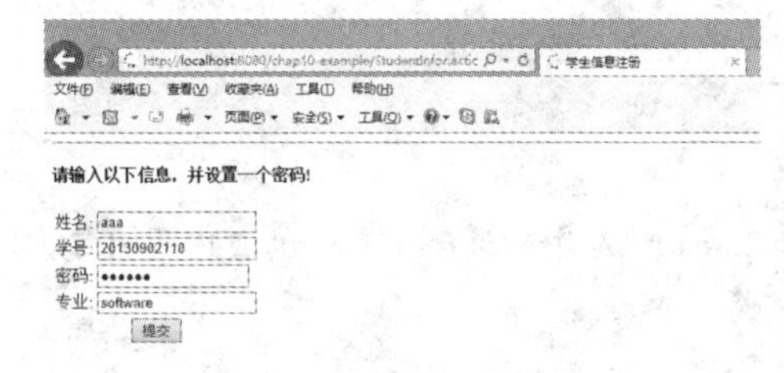

图 8-2 学生信息输入

图 8-3 学生信息输出

8.3.1 创建工程

在 MyEclipse 中创建一个 Web Project 应用，工程命名为 chap8-example。然后，选中工程名，选择菜单 MyEclipse/Project Capabilities/Add Struts Capabilities，出现如图 8-4 所示的对话框，单击“Finish”按钮后，为该工程添加 Struts 支持。Struts 支持添加后，Web Project 将自动添加表 8-2 所示的 Struts 的核心 jar 文件，在 src 文件下自动创建一个 struts.xml 文件。web.xml 中的代码自动更新为代码 8-1 所示内容。

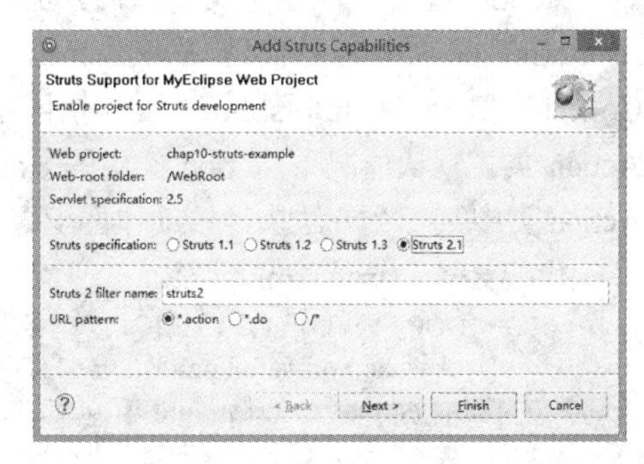

图 8-4 添加 Struts 支持

表 8-2 Struts 2 中常用 jar 文件

jar 名称	描　述
struts2-core-x.x.x.jar	Struts 2 的核心库
xwork-x.x.x.jar	WebWork 的核心库
ognl-x.x.x.jar	OGNL 表达式语言，支持 EL
freemarker-x.x.x.jar	表现层框架
commans-logging-x.x.x.jar	日志管理

8.3.2 业务控制器 Action

在 src/actions 的文件夹下，创建本应用中的业务控制器 Action 类 StudentInforAction，内容如代码 8-3 所示。作为示例，该业务控制器逻辑实现简单，目的是了解如何配置 struts.xml 文件，但不影响理解 Struts 工作的流程。后续章节将深入探讨业务控制器其他相关的知识。

代码 8-3 业务控制器：StudentInforAction.java。

```
package chapterTen.student;
public class StudentInforAction extends ActionSupport{
        private String studentName;          //定义学生的姓名属性变量
        private String studentNo;            //定义学生的学号属性变量
        private String password;             //定义变量保存学生设置的密码
        private String major;                //定义学生的专业属性变量

        public String getStudentName() {
                return studentName;
        }
        public void setStudentName(String studentName) {
                this.studentName = studentName;
        }
        // 其他属性的 set×××()和 get×××()方法省略

        public String execute(){    //Action 默认执行的方法
              return SUCCESS;    //返回逻辑视图 SUCCESS，字符串 SUCESS 是 Struts 2 内置的常量
        }
}
```

8.3.3 struts.xml 配置

Action 业务控制器定义完成后，必须在配置文件 struts.xml 中配置后才能使用。本例中 struts.xml 配置内容见代码 8-4。struts.xml 中配置 2 个 Action，名字分别是 StudentInfor Collector 和 StudentInforsShow，它们用来供别的文件引用，其中还为 StudentInforsShow 指定了 Action 类。默认情况下 Action 类中的 execute()方法执行该动作，也可以通过属性 method 指定 Action 类中某一个方法执行该动作。配置文件中<result>表示 Action 执行后的结果视图。

代码 8-4 struts.xml 配置。

```
<!DOCTYPE struts PUBLIC
"-//Apache Software Foundation//DTD Struts Configuration 2.0//EN"
"http://struts.apache.org/dtds/struts-2.0.dtd">
<struts>
        <package name="default" extends="struts-default">   <!-- 配置包-->
        <action name="StudentInforCollector">        <!-- 定义 action 名字-->
                <result> / studentInforCollector.jsp </result><!--配置视图-->
        </action>
        <action name=" StudentInforShow " class=" actions.StudentInforAction ">
                        <!-- 配置 action 名字以及该 action 所对应的实现 java 类-->
                <result name="success">/ studentInforShow.jsp
                </result>   <!--配置 action 的结果 success 返回视图-->
        </action>
        </package>
</struts>
```

8.3.4 视图文件

web.xml 中配置核心控制器处理用户的请求，并把请求映射到 struts.xml 中配置的对应的 Action 上完成相应的逻辑处理。本示例还需要用户的请求视图以及结果视图，这两个视图命名为 studentInforCollector.jsp 和 studentInforShow.jsp，在 WebRoot/student 文件夹下，分别接受学生的输入信息和显示输入的信息，内容分别见代码 8-5 和代码 8-6。

代码 8-5 中用到表单 UI 组件标签和 textfield 标签，这些标签在后续章节将详细讲解。其中，form 表单中的 Action 为“StudentInforShow”已经在 struts.xml 中配置，对应的 Java 类为 actions.StudentInforAction。每一个 textfield 属性 name 的值对应 StudentInforAction.java 中属性成员，且命名完全一致。

代码 8-5 studentInforCollector.jsp。

```
<%@ page language="java" pageEncoding="gb2312"%>
<%@ taglib uri="http://struts.apache.org/tags-html" prefix="html"%>
<%@ taglib prefix="s" uri="/struts-tags"%>
<html:html lang="true">
<head>
        <title>学生信息注册</title>
</head>
<body>
        <hr>
        <h4> 请输入个人信息!</h4>
        <s:form action="StudentInforShow">
        <s:textfield name="studentName" label="姓名" />
        <s:textfield name="studentNo" label="学号" />
        <s:password name="password" label="密码"" />
        <s:textfield name="major" label="专业" />
        <s:submit />
        </s:form>
        <hr>
</body>
</html:html>
```

代码 8-6 中用数据标签 property 输出变量值，每一个标签属性 value 的值对应 Student InforAction.java 中的属性成员，且命名完全一致，以便完成数据自动传递。

代码 8-6 studentInforShow.jsp。

```
<%@ page language="java" pageEncoding="gb2312"%>
<%@ taglib uri="http://struts.apache.org/tags-html" prefix="html"%>
<%@ taglib prefix="s" uri="/struts-tags"%>
<html:html lang="true">
<head>
        <html:base />
        <title>显示学生信息</title>
</head>
<body>
        <hr>
        <h3>
        显示学生信息
        </h3>
        <h4>
```

```
        姓名：<s:property value="studentName" /><br/>
        学号：<s:property value="studentNo" /><br/>
        专业：<s:property value="major" /><br/>
        </h4>
    </body>
    </html:html>
```

8.3.5 运行示例

在浏览器地址栏中输入 http://localhost:8080/chap8-example/StudentInforCollector.action，运行页面如图 8-2 所示，输入信息后单击 submit 按钮，进入如图 8-3 所示页面。

8.4 Action

8.4.1 Action 实现

1．可选 Action 接口

任何一个普通 java 类都可以作为一个 Action，只需要在 java 类中提供动作被执行时 Struts 2 框架调用的入口方法。默认情况下，框架调用名为 execute()的入口方法，该方法是一个无参数的方法，返回 String 类型的值。Struts 2 框架提供了一个 Action 接口，该接口只定义了一个方法：String execute() throws Exception。而且 Action 接口提供了一些 String 类型常量，这些常量可以作为方法 execute()的返回值，根据返回值选择合适的结果。这些常量为：

```
public static final String ERROR = "error"          //表示动作执行错误。
public static final String INPUT = "input"          //表示输入验证失败。
public static final String LOGIN = "login"          //表示用户未登录，动作没有执行。
public static final String NONE = "none"            //表示动作执行，但不显示任何结果视图。
public static final String SUCCESS = "success"      //表示动作执行成功，把结果视图显示给用户。
```

因此，要实现一个 Action 类，定义一个 java 类实现框架提供的 Action 接口是一种选择，该 Action 类可以直接使用 Action 接口提供的字符串常量。也可以定义一个普通 java 类，该类中定义一个 execute()方法作为 Action 默认的入口方法。

2．继承 ActionSupport 类

ActionSupport 类实现了 Action 接口，还实现了 Validateable 接口，这个接口只有一个无参数的 validate()方法，提供了数据校验功能。ActionSupport 类还实现了 ValidationAware 接口，ValidationAware 接口有 3 个方法添加错误信息，3 个方法为：

```
public void addActionError(String anErrorMessage)
public void ActionMessage(String aMessage)
public void addFieldError(String fieldName, String errorMessage)
```

ActionSupport 类中这些方法工作流程如下：Struts 2 框架在调用 execute()方法之前首先会调用 validate()进行数据验证，如果发生错误，可以根据错误的 level 选择 Field 级错误或 Action 级错误，然后分别调用 addFieldError()和 addActionError 加入相应的错误信息。如果存在 Action 错误或 Field 错误，Struts 2 会自动返回“input”，就不会再调用 execute()方法了。如果不存在错误信息，Struts 2 在最后会调用 execute()方法执行相关动作。

因此，实现一个 Action 类另一种选择为：首先定义 java 类继承 ActionSupport；然后重写 execute()方法执行 Action 动作，重写 validate()方法提供数据验证，重写 addAction Error()、ActionMessage()和 addFieldError()方法添加相关错误处理。这样可以简化 Struts 2 的

Action 开发。

【例 8-1】 假设学生信息仅包含姓名、学号、年龄，为完成学生信息注册，相关 Action 代码内容见代码 8-7。

代码 8-7 StudentRegisterAction.java。

```
package actions;
import com.opensymphony.xwork2.ActionSupport;
public class StudentRegisterAction extends ActionSupport {
        private String studentName;
        private String studentNo;
        private int age;
        //省略属性的 set×××()和 get×××()方法

        @Override
        public String execute() throws Exception {
        return SUCCESS;
        }
        @Override
        public void validate() {
        if(studentName == null||studentName.trim().length()==0){
                this.addFieldError("studentName", "用户名不能空");
        }
        if(studentNo == null||studentNo.trim().length()==0){
                this.addFieldError("studentNo", "学号不能空");
        }
        if(age<=0||age>=100){
                this.addFieldError("age", "年龄不符合规定");
        }
        }
}
```

3．模型驱动式的 Action 类

上面两种方式实现的 Action 类一般封装了用户请求参数属性和业务逻辑调度，属性×××通过 get×××()和 set×××()方法，将参数在整个生命周期内进行传递，这就是属性驱动。

如果将用户请求参数封装到一个 JavaBean 中，Action 中使用一个独立的 Model 实例（JavaBean 实例）来封装用户的请求参数和处理结果，Action 完成业务逻辑调度，使用这种方式分解 Action 的任务，这就是模型驱动式的 Action。模型驱动式的 Action 在继承 ActionSupport 类或者实现 Action 接口的基础上，还需要实现一个 ModelDriven 接口，该接口建立一个 Model 对象来代替 Action 本身将数据存入 ValueStack。

【例 8-2】 定义一个 JavaBean 属性封装学生的信息，内容见代码 8-8。对于上面的属性驱动的 Action 类 StudentRegisterAction.java，使用模型驱动式的 Action 类，代码见 8-9。

代码 8-8 JavaBean 类。

```
package beans;
public class Student {
        private String studentName;
        private String studentNo;
        private int age;
```

```
        public String getStudentName() {
            return studentName;
        }
        public void setStudentName(String studentName) {
            this.studentName = studentName;
        }
        public String getStudentNo() {
            return studentNo;
        }
        public void setStudentNo(String studentNo) {
            this.studentNo = studentNo;
        }
        public int getAge() {
            return age;
        }
        public void setAge(int age) {
            this.age = age;
        }
    }
```

代码 8-9 模型驱动式的 Action 类。

```
    package actions;
    import beans.Student;
    import com.opensymphony.xwork2.ActionSupport;
    import com.opensymphony.xwork2.ModelDriven;
    public class StudentRegisterModelDriverAction extends ActionSupport implements ModelDriven
<Student> {
        private Student student = new Student();

        public Student getModel() {
            return student;
        }
        public StudentRegisterModelDriverAction(){
            getModel().setStudentName("张三");
            getModel().setStudentNo("111111");
            getModel().setAge(18);
        }
        public String oneNewRegister(){
            getModel().setAge(20);
            getModel().setStudentName("李四");
            getModel().setStudentNo("12345");
            return SUCCESS;
        }
        @Override
        public String execute() throws Exception {
            return SUCCESS;
        }
        @Override
        public void validate() {
        if(student.getStudentName()== null||student.getStudentName().trim().length()==0){
            this.addFieldError("studentName", "用户名不能空");
        }
        if(student.getStudentNo()== null||student.getStudentNo().trim().length()==0){
```

```
                this.addFieldError("studentNo", "学号不能空");
            }

            if(student.getAge()<=0||student.getAge()>=100){
                this.addFieldError("age", "年龄不符合规定");
            }
        }
    }
```

8.4.2 Action 配置

1. 基于 Struts.xml 的 Action 配置

实现 Action 处理类后，当该 Action 处理用户请求时，Struts 2 框架如何找到该 Action?必须在 struts.xml 文件中配置该 Action，配置的目的就是让 Struts 2 知道哪个 Action 处理哪个请求，完成用户请求和 Action 之间的映射关系。每当一个 Action 类匹配一个请求的时候，这个 Action 类就会被 Struts 2 框架调用。

配置 Action 时，通过<action>元素对 Action 进行配置，<action>元素常用的属性如表 8-3 所示。

表 8-3 Action 配置常用属性

属 性	描 述
name	必选属性，指定客户端发送请求的地址映射名称
class	可选属性，指定 Action 类的完整类名
method	可选属性，指定 Action 类处理用户请求方法，默认为 execute ()方法
converter	可选属性，指定类型转换器的完整类名

<action>元素的 name 属性是必选的，指定客户端发送请求的地址映射名称，以便在其他地方引用该名称。例如，代码 8-10 配置 4 个 Action（见注释部分），4 个 Action 的 name 属性值依次为：WelcomeRegister，StudentInforShow，WelcomeRegister 和 StudentInforShow。代码 8-11 所示的 studentRegister.jsp 中 form 表单中引用的 Action 为 StudentInforShow。

class 属性是可选的，属性值指定该 Action 的实现类的完整路径。例如，代码 8-10 中第 2 个 Action 的 class 属性值为"actions.StudentRegisterAction"，指定该 Action 的实现类为 actions 包下的 StudentRegisterAction.java。

method 属性是可选的，属性值指定 Action 实现类中处理用户请求的方法名，默认为 execute()方法。例如，代码 8-10 中第 2 个 Action 没有指定 method 属性，那么默认用 Student RegisterAction.java 类中的 execute()方法处理用户请求。代码 8-10 中第 4 个 Action 指定 method 的属性值为 oneNewRegister，则用 StudentRegisterModelDriverAction.java 中的 oneNewRegister()方法处理用户请求。

如果 struts.xml 中有同名的 Action，则必须把同名的 Action 配置到不同的命名空间中。例如，代码 8-10 的第 1 个和第 3 个 Action 同名，第 1 个 Action 配置到包名为 root，命名空间为根命名空间"/"；第 3 个 Action 配置到 default 包中，命名空间为默认命名空间，默认的命名空间为空字符串""。代码 8-10 的第 2 个和第 4 个 Action 同名，第 2 个 Action 的命名空间为根空间"/"，第 4 个 Action 命名空间为"/show"。

如果一个包的 namespace 属性值指定为根命名空间"/"，那么该包下的 Action 只能处理"

根目录/Action 名.action"的 URL 请求。如果一个包的 namespace 指定为默认命名空间，那么该包下的 Action 能处理"根目录/....../Action 名.action"请求。

例如，如果浏览器地址栏中输入：http://localhost:8080/chap8-action/aaa/WelcomeRegister.action。该 URL 请求的 Action 为 WelcomeRegister，包的命名空间为 aaa。显然 struts.xml 配置文件中的第 1 个 Action 不会处理该请求，而默认命名空间中有一个名为 WelcomeRegister 的 Action，即第 3 个 Action，因此第 3 个 Action 处理该请求。如果默认命名空间中没有名为 WelcomeRegister 的 Action，那么 Struts 2 程序出现异常，找不到对应 Action。

如果浏览器地址栏中输入：http://localhost:8080/chap10-action/WelcomeRegister.action。则 Struts 2 框架调用名为 WelcomeRegister 的 Action（第 1 个 Action）处理该 URL 的请求，处理的结果视图为/student/studentRegister.jsp，如图 8-5 所示。

图 8-5 所示页面的表单中 action 为 StudentInforShow，单击提交按钮后，浏览器地址栏中 URL 请求变为：http://localhost:8080/chap10-action/StudentInforShow.action。查询 struts.xml 可知，该请求的结果视图为/student/studentInforShow.jsp，运行结果如图 8-6 所示，其中视图 studentInforShow.jsp 的内容见代码 8-12。

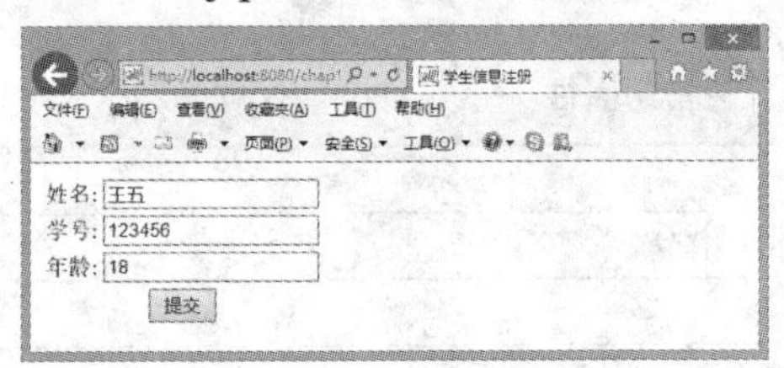

图 8-5　学生信息注册

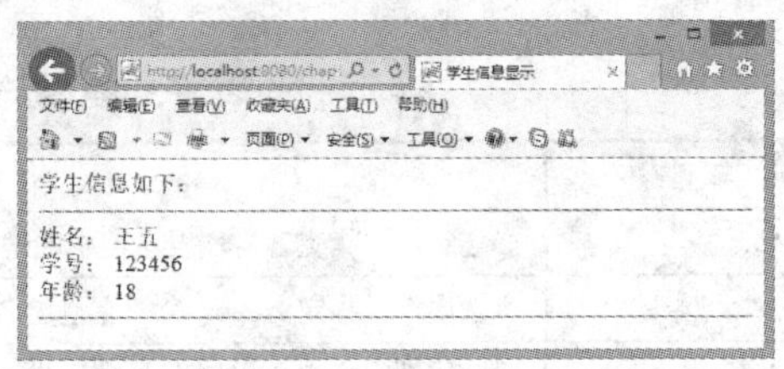

图 8-6　显示注册的学生信息

如果浏览器地址栏中输入：http://localhost:8080/chap8-action/show/StudentInforShow.action。该 URL 请求的 Action 为 StudentInforShow，包的命名空间为 show。显然 struts.xml 配置文件中的第 4 个 Action 处理该请求，处理方法为 StudentInforShow，所对应类的方法为 oneNewRegister。运行结果如图 8-7 所示。

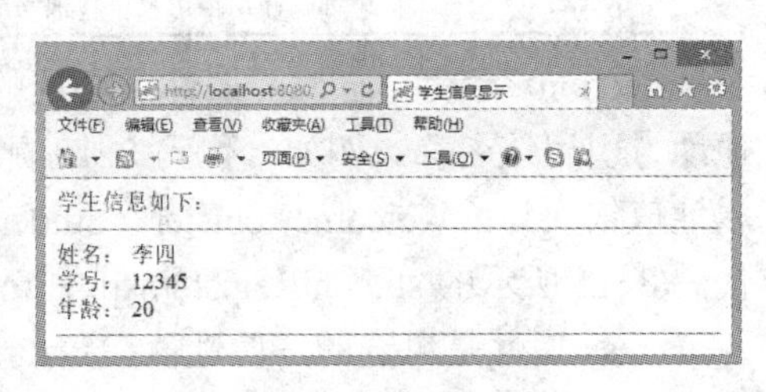

图 8-7　显示后台添加的学生信息

代码 8-10　struts.xml。

```
<struts>
    <package name="root" namespace="/" extends="struts-default">
      <action name="WelcomeRegister">                    <!--第 1 个 Action -->
            <result>/student/studentRegister.jsp</result>
      </action>
      <action name="StudentInforShow"                         <!--第 2 个 Action -->
                    class="actions.StudentRegisterAction">
            <result name="success">/student/studentInforShow.jsp</result>
            <result name="input">/student/studentRegister.jsp</result>
      </action>
    </package>

    <package name="default" extends="struts-default">
```

```
        <action name="WelcomeRegister">                               <!--第 3 个 Action -->
            <result>/student/studentRegister.jsp</result>
        </action>
    </package>

    <package name="modePack" namespace="/show" extends="struts-default">
        <action name="StudentInforShow" class="actions.StudentRegisterModelDriverAction"
            method="oneNewRegister">                                  <!--第 4 个 Action -->
            <result name="input">/student/remind.jsp</result>
            <result name="success">/student/studentInforShow.jsp</result>
        </action>
    </package>
</struts>
```

代码 8-11 studentRegister.jsp。

```
<%@ page language="java" import="java.util.*" pageEncoding="utf-8"%>
<%@ taglib prefix="s" uri="/struts-tags"%>
<html>
    <head>
    <title>学生信息注册</title>
    </head>
    <body>
    <s:form action = "StudentInforShow">
    <s:textfield label = "姓名" name = "studentName"></s:textfield>
    <s:textfield label = "学号" name = "studentNo"></s:textfield>
    <s:textfield label = "年龄" name = "age"></s:textfield>
    <s:submit value="提交" align="center"></s:submit>
    </s:form>
    </body>
</html>
```

代码 8-12 studentInforShow.jsp。

```
<%@ page language="java" import="java.util.*" pageEncoding="utf-8"%>
<%@ taglib prefix="s" uri="/struts-tags"%>
<html>
    <head>
    <title>学生信息显示</title>
    </head>

    <body>
    学生信息如下：<hr />
    姓名：<s:property value="studentName" />    <br>
    学号：      <s:property value="studentNo" />  <br>
    年龄：      <s:property value="age" />        <br>
    <hr />
    </body>
</html>
```

代码 8-13 remind.jsp。

```
<%@ page language="java" import="java.util.*" pageEncoding="utf-8"%>
```

```
<%@ taglib prefix="s" uri="/struts-tags"%>
<html>
   <head>
      <title>数据验证失败 </title>
   </head>
   <body>
      数据验证失败 <br>
   </body>
</html>
```

2．基于注解的 Action 配置

基于注解的 Action 可以实现零配置，使用方便，但是维护困难。

要使用注解方式，必须添加一个额外包：struts2-convention-plugin-2.x.x.jar。

在 Action 中提供的主要注解如下。

- Namespace：指定命名空间。
- ParentPackage：指定父包。
- Result：提供了 Action 结果的映射（一个结果的映射）。
- Results："Result"注解列表。

基于注解的 Action 类命名规则有两种方法：第一，动作类实现 Action 接口；第二，Action 类命名以 Action 结尾。如果一个类遵循这两种命名规则，且在类中进行注解后，Struts 2 框架能自动找到哪个类提供了 Action 类的实现。注解的 Action 类的动作名字解析方法如下：如果 Action 类以 Action 结尾，首先从类名中去掉 Action；然后把首字母变为小写，即为 Action 类的动作名。例如，代码 8-14 所示的注解类 WelcomeAction，则该 Action 的 URL 请求为：http://localhost:8080/chap8-action/welcome.action。代码 8-15 所示的注解类为 RegisterAction，对应的 URL 请求为：http://localhost:8080/chap8-action/register.action。

代码 8-14　注解类 WelcomeAction。

```
package actions;
import org.apache.struts2.convention.annotation.ParentPackage;
import org.apache.struts2.convention.annotation.Result;
import com.opensymphony.xwork2.ActionSupport;

@ParentPackage("struts-default")
@Result(location = "/student/ studentRegister.jsp")

public class WelcomeAction extends ActionSupport {
}
```

代码 8-15　注解类 RegisterAction。

```
package actions;
import org.apache.struts2.convention.annotation.ParentPackage;
import org.apache.struts2.convention.annotation.Result;
import org.apache.struts2.convention.annotation.Results;
import com.opensymphony.xwork2.ActionSupport;

@ParentPackage("struts-default")
@Results( { @Result(name = "success", location = "/student/studentInforShow.jsp"),
      @Result(name = "input", location = "/student/ studentRegister.jsp") })
```

```
public class RegisterAction extends ActionSupport {
        private String studentName;
        private String studentNo;
        private int age;
       //省略 set×××()和 get×××()方法
        @Override
        public String execute() throws Exception {
                return SUCCESS;
        }

        @Override
        public void validate() {
        if (studentName == null || studentName.trim().length()== 0) {
                this.addFieldError("studentName", "用户名不能空");
        }
        if (studentNo == null || studentNo.trim().length()== 0) {
                this.addFieldError("studentNo", "学号不能空");
        }

        if (age <= 0 || age >= 100) {
                this.addFieldError("age", "年龄不符合规定");
        }
        }
}
```

8.5 拦截器

8.5.1 Struts 2 拦截器原理

Struts 2 拦截器是动态拦截 Action 调用的对象。拦截器是面向切面编程（Aspect-oriented Programming，简称 AOP）的一种实现策略，提供了一种可以提取 Action 中可重用的部分的方式。它工作在 Struts 2 控制器和 Action 之间，在 Action 执行前后被执行。在 Action 执行之前做一些预处理，在 Action 执行之后做一些后续加工。

拦截器工作流程如下：

1）客户端向 Action 发送一个请求时，控制器通过 ActionMapper 获得 Action 的信息。

2）框架并不直接调用 Action，而是由控制器调用 ActionProxy。根据 struts.xml 文件中的配置，ActionProxy 获取已配置的 Action 和拦截器等相关信息。

3）ActionProxy 把 request 请求传递给 ActionInvocation，ActionInvocation 封装了与特定 Action 执行相关的所有细节、与动作相关的所有拦截器的引用，以及 Servlet 请求对象等相关信息。

4）接下来处理工作如图 8-8 所示，Action 执行前，必须经过相关的拦截器，结构如同一个栈，Action 在栈底，Action 上面是一系列的拦截器。

5）ActionInvocation 通过 invoke 调用第一个拦截器，然后依次调用后续的拦截器。任意一个拦截器的执行有如下情况。

- 中断操作，返回不同的视图，之后的拦截器就不再工作。
- 递归调用 ActionInvocation 的 invoke 方法，调用下一个拦截器。

● 拦截器栈中的所有拦截器都得到执行后，调用 Action。

6）Action 执行结束后，拦截器按照上面执行的顺序逆向依次执行。如图 8-8 所示。

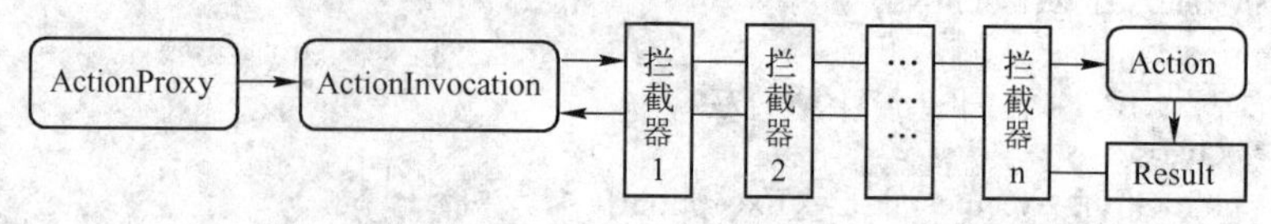

图 8-8　Struts 2 拦截器

8.5.2　Struts 2 内建拦截器

Struts 2 框架提供了一系列功能强大的内建拦截器，这些拦截器能自动化处理 Web 应用程序领域中大部分的工作。表 8-4 列举了 Struts 2 常用的内建拦截器。此外，Struts 2 利用内建拦截器组合了一系列的拦截器栈。例如，基本拦截器栈，名字为 basicStack；校验器拦截器栈，名字为 validationWorkflowStack；文件上传拦截器栈，名字为 fileUploadStack；所有通用的拦截器组成的默认拦截器栈，名字为 defaultStack 等。通常情况下，只需使用系统的默认拦截器栈 defaultStack 即可。由于内建的拦截器和拦截器栈在 struts-default 中，如果用户定义的包继承 struts-default，那么可以自由使用内建拦截器和拦截器栈。

表 8-4　Struts 2 内建拦截器

拦截器名字	功　能
timer	记录执行花费时间
logger	提供简单的日志记录机制
params	将请求中的参数映射到 ValueStack 中相应的属性上（Action 的属性）
static-params	将配置 Action 中的参数映射到 ValueStack 中相应的属性上（Action 的属性）
fileUpload	提供文件上传功能，将文件像普通参数一样映射到 Action 对应的属性上
workflow	调用 Action 的 validate 方法，一旦有错误，改变后续工作流
validation	根据校验规则文件中定义的内容，进行校验提交的数据
prepare	如果 Action 实现了 Preparable 接口，就调用实现的 prepare 方法
modelDriven	将模型放到 ValueStack 改变工作流
exception	捕获异常，根据错误类型将异常映射到用户自定义的错误页面
token	避免表单重复提交
scoped-modelDriven	增加了 modelDriven 拦截器功能，可以将模型对象在会话作用域范围内存取
execAndWait	当一个请求需要执行很长时间时，在后台执行 Action，同时将用户带到一个中间的等待页面

本小节以 timer 拦截器、token 拦截器和 defaultStack 拦截器栈为例，介绍内建拦截器的使用方法。例如，代码 8-16 定义了用户登录的 Action 类，代码 8-17 定义了用户登录页面视图 login.jsp，login.jsp 中使用了 token 标签，该标签在页面表单中增加了一个隐藏域，每次加载该页面时，隐藏域的值都不相同。如果用户重复提交，比如刷新页面再次提交，或者提交成功后返回 login.jsp 再次提交，拦截器判断出前后的隐藏域值相同，将阻止表单再次提交。代码 8-18 中为 Action 配置了 timer 拦截器和 token 拦截器，其中引用的 morePost.jsp 和 success.jsp 的内容分别见代码 8-19 和代码 8-20。用户在浏览器地址栏中输入：http://localhost:8080/chap10-interceptor/WelcomeLogin.action。登录页面视图如图 8-9 所示，输入一个用户名和密码，单击提交按钮后，timer 拦截器输出 Action 的执行时间如图 8-10 所示。

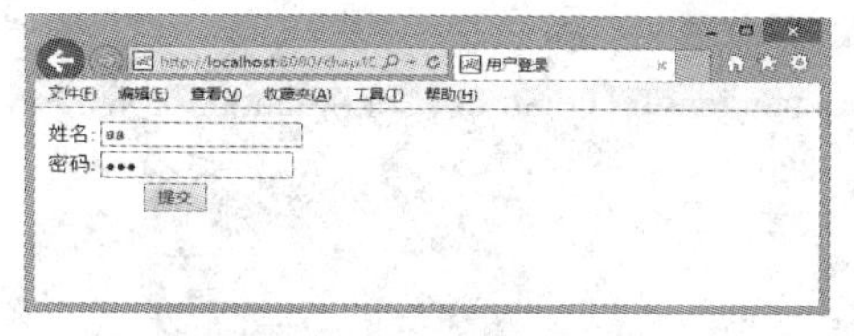

图 8-9 用户登录

```
INFO: Overriding property struts.configuration.xml.reload - old value: false new value: true
三月 05, 2014 12:10:45 上午 org.apache.catalina.core.StandardContext reload
INFO: Reloading Context with name [/chap10-interceptor] is completed
三月 05, 2014 12:11:12 上午 com.opensymphony.xwork2.util.logging.commons.CommonsLogger info
INFO: Executed action [//TimeTest!testTime] took 515 ms.
```

图 8-10 timer 拦截器

如果把 login.jsp 中的 Action 改为 TokenTest，则 token 拦截器将起作用。在登录页面试图输入用户名和密码提交后，再次刷新页面，token 拦截器拦截的结果如图 8-11 所示。

图 8-11 token 拦截器拦截重复提交表单

代码 8-16 UserLogin.java。

```
public class UserLogin extends ActionSupport {
        private static int time = 0;
        private String username;
        private String password;
       //省略属性的 set×××()和 get×××()方法
        public String execute() throws Exception {
                return super.SUCCESS;
        }
        public String testTime() throws Exception {
                Thread.sleep(500);
                return "timerTest";
        }
        public String testToken(){
                return "tokenTest";
        }
        public static void timesAdd1(){
                time++;
        }
}
```

代码 8-17 login.jsp。

```
<%@ page language="java" import="java.util.*" pageEncoding="UTF-8"%>
<%@ taglib prefix="s" uri="/struts-tags"%>
<html>
        <head>
        <title>用户登录</title>
        </head>
        <body>
        <s:actionmessage />
        <s:form action=" TimeTest ">
                <s:textfield label="姓名" name="username"></s:textfield>
                <s:password name="password" label="密码"></s:password>
                <s:submit value="提交" align="center"></s:submit>
                <s:token></s:token>
        </s:form>
        </body>
</html>
```

代码 8-18 struts.xml。

```
<?xml version="1.0" encoding="UTF-8" ?>
<!DOCTYPE struts PUBLIC "-//Apache Software Foundation//DTD Struts Configuration 2.1//EN"
"http://struts.apache.org/dtds/struts-2.1.dtd">
<struts>
    <constant name="struts.devMode" value="true" />
    <package name="default" namespace="/" extends="struts-default">
    <action name="WelcomeLogin">
        <result>/login.jsp</result>
    </action>

    <action name="TimeTest" class="actions.UserLogin" method="testTime">
        <interceptor-ref   name="defaultStack" />
        <interceptor-ref   name="timer" />
        <result name="timerTest">/executeTime.jsp</result>
    </action>

    <action name="TokenTest" class="actions.UserLogin" method="testToken">
        <interceptor-ref   name="defaultStack" />
        <interceptor-ref   name="token" />
        <result name="invalid.token">/morePost.jsp </result>
        <result name="tokenTest">/success.jsp</result>
    </action>
    </package>
</struts>
```

代码 8-19 morePost.jsp。

```
<%@ page language="java" import="java.util.*" pageEncoding="UTF-8"%>
<%@ taglib prefix="s" uri="/struts-tags"%>
<html>
    <head>
    <title>重复提交</title>
    </head>
    <body>
    不能重复提交表单
    </body>
</html>
```

代码 8-20 success.jsp。

```
<%@ page language="java" import="java.util.*" pageEncoding="UTF-8"%>
<%@ taglib prefix="s" uri="/struts-tags"%>
<html>
    <head>
    <title>欢迎登录</title>
    </head>
    <body>
    欢迎<s:property value = "username"/>登录<br>
    <%=new Date() %>
    </body>
</html>
```

8.5.3 自定义拦截器

Struts 2 框架提供的系统拦截器能完成 Action 执行之前或者执行之后的大部分工作，在特殊应用场合中，如果系统拦截器不能满足要求时，用户可以自定义拦截器。

自定义一个拦截器类时，该类必须实现 Intereptor 接口或者继承抽象拦截器类 Abstract Interceptor。Intereptor 接口中提供了一个抽象方法：

```
String intercept(ActionInvocation invocation) throws Exception
```

该方法完成具体的拦截工作，返回一个字符串作为逻辑视图。如果拦截器成功调用 Action，则 Action 相应的方法（默认为 execute()方法）返回一个字符串类型值，作为逻辑视图返回。如果在拦截过程中需要调用其他拦截器或者其他 Action，只需在 intercept（ActionInvocation invocation）方法中调用 invocation.invoke()方法。

抽象类 AbstractInterceptor 实现了 Intereptor 接口，并提供了 intercept()方法的空实现。如果自定义拦截器继承了 AbstractInterceptor，只需重写 intercept()方法完成拦截的具体工作。

例如，代码 8-21 定义了一个拦截器类 UserCheckInterceptor.java，该类继承 Abstract Interceptor。拦截工作判断用户名是否以“_cie”结尾，如果不是以“_cie”结尾，提示用户；如果用户连续输入 3 次用户名均不合法，则返回一个字符串作为错误视图，即代码 8-22 所示的页面视图。该拦截的配置见代码 8-23。如果用户在浏览器地址栏中输入：http://localhost:8080/chap10-interceptor/WelcomeLogin.action。在图 8-12 所示的页面中输入用户名 aaa，则显示错误信息。连续输入 3 次的用户名均不以“_cie”结尾后，拦截器处理的结果视图如图 8-13 所示。

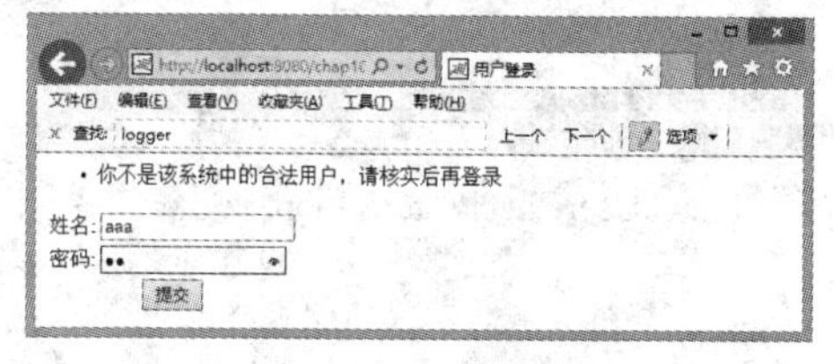

图 8-12　自定义拦截器拦截非法的用户名

图 8-13　自定义拦截器拦截非法登录处理结果

代码 8-21　UserCheckInterceptor.java。

```
public class UserCheckInterceptor extends AbstractInterceptor {
    public String intercept(ActionInvocation ai) throws Exception {
        Object obj = ai.getAction();
        if(obj!=null){
         if(obj instanceof UserLogin){
            UserLogin action = (UserLogin)obj;
            String userName = action.getUsername();
            int logTime = action.getTime();

            if(userName.endsWith("_cie")){
                return ai.invoke();
            }else{
                UserLogin.timesAdd1();
                if(logTime<3){
                    action.addActionMessage("你不是该系统中的合法用户，
                                    请核实后再登录");
                    return Action.INPUT;
                }else{
                    return Action.ERROR;
                }
```

```
                }
            }
        }
        return null;
    }
}
```

代码 8-22 error.jsp。

```
<%@ page language="java" import="java.util.*" pageEncoding="UTF-8"%>
<%@ taglib prefix="s" uri="/struts-tags"%>
<html>
    <head>
    <title>登录失败</title>
    </head>
    <body>
    您尝试登录超过 3 次，均失败！<br/>
    您肯定不是本系统的合法用户，请退出系统！    </body>
</html>
```

代码 8-23 struts.xml。

```
<?xml version="1.0" encoding="UTF-8" ?>
<!DOCTYPE struts PUBLIC "-//Apache Software Foundation//DTD Struts Configuration 2.1//EN"
"http://struts.apache.org/dtds/struts-2.1.dtd">
<struts>
    <constant name="struts.devMode" value="true" />
    <package name="default" namespace="/" extends="struts-default">
    <interceptors>
        <interceptor name="nameCheck" class="inters.UserCheckInterceptor" />
    </interceptors>
        <action name="WelcomeLogin">
        <result>/login.jsp</result>
    </action>
    <action name="MyTokenTest" class="actions.UserLogin">
        <interceptor-ref name="defaultStack" />
        <interceptor-ref name="nameCheck" />
        <result name="success">/success.jsp</result>
        <result name="input">/login.jsp</result>
        <result name="error">/error.jsp</result>
    </action>
    </package>
</struts>
```

8.6 OGNL 和类型转换

8.6.1 OGNL 概述

OGNL 的全称为 Object-Graph Navigation Language，是一种功能强大的表达式语言，以抽象的语法对 java 对象图进行导航。它提供了简单一致的表达式语法，能够任意存取对象的属性或调用对象的方法、遍历整个对象的结构图和实现字段类型转化等功能。

所谓对象图，即以任意一个对象为根，通过 OGNL 可以访问与这个对象关联的其他对象。例如：package org.apache.struts2.dispatcher. ApplicationMap。

8.6.2 OGNL 表达式

OGNL 表达式就是所谓的导航链，简单的 OGNL 表达式由属性名、方法调用和数组索引组成。

例如：有一个教师对象 teacher，teacher 有一个属性对象 stuArray，stuArray 是由 30 个学生对象组成的数组；每个学生对象有属性 sNo 和 sName，分别表示该学生的学号和姓名；假设 stuArray 中的学生对象按照 sNo 升序排序。如果使用 OGNL 表达式获取 stuArray 中学号最小的学生的姓名，则 OGNL 表达式为：teacher.stuArray[0].getsName ()。

1．访问 JavaBean 的属性及索引属性

JavaBean 是满足一定规则的普通的 java 类，一般情况下满足如下规则：

1）JavaBean 类必须有一个无参构造函数。如果提供有参构造函数，系统提供的无参构造函数失效，JavaBean 类中必须提供一个无参构造函数。

2）JavaBean 内的属性一般都定义为私有的，且为每一个属性提供 get 和 set 方法。

例如，代码 8-24 和代码 8-25 实现了 2 个 JavaBean。其中 Father.java 的没有参数的构造函数由系统自动提供。

代码 8-24 Father.java。

```
public class Father {
    private String name;
    public String getName() {
        return name;
    }
    public void setName(String name) {
        this.name = name;
    }
}
```

代码 8-25 Son.java。

```
public class Son {
    private String name;
    private Father father;
    private String[] interest;                    //爱好
    public Son() {
    }
    public Son(String name, Father father) {
        this.name = name;
        this.father = father;
    }
    public Father getFather() {
        return father;
    }
    public void setFather(Father father) {
        this.father = father;
    }
    public String[] getInterest() {
        return interest;
    }
    public void setInterest(String[] interest) {
        this.interest = interest;
```

```
        }
        public void setInterest(int i, String newInter){
            interest[i] = newInter;
        }
        public String getInter(int i){
            return interest[i];
        }
    // 省略 setName(String name)和 getName()方法
    }
```

OGNL 提供了调用 JavaBean 的任何方法的能力，通过调用 get×××()方法获取属性×××的值，调用 set×××()方法为属性×××设置值。例如，如果 OGNL 上下文的根对象是一个 Son 类的实例对象 son，则可以使用下面的 OGNL 表达式获取 Son 对象中的 father 对象的姓名：son.getFather().getName()；OGNL 表达式 interest[1]可以用来调用 getInter(1)取数组的第二个元素值，或者调用 setInter(1)设置数组 interest 的第二个元素值。

2．数组和列表

数组和列表中 OGNL 表达式语法类似，创建数组和列表及引用数组和列表中元素和方法很直观，如表 8-5 所示。

表 8-5　数组和列表中部分操作的 OGNL 表达式语法

Java 代码	OGNL 表达式
String[] namesArr = {"zhangSan", "liSi", "wangWu"}	new String[] {"zhangSan", "liSi","wangWu"}
namesArr[0]	namesArr[0]
namesArr.length	namesArr.length

List list = new ArrayList();
list.add("zhangSan");
list.add("liSi");
list.add("wangWu");
	{"zhangSan", "liSi", "wangWu"}

list.get(0)	List[0]
list.size()	list.size

3．Map

Map 是一种存储“键/值”对的数据结构，利用 OGNL 创建 Map 对象时，还需要使用#{} 操作符。语法格式如下:

```
#{"k1":"v1","k2":"v2","k3":"v3","k4":"v4"...}
```

表 8-6 表示了利用 OGNL 创建 Map 的例子。利用 OGNL 访问方式 key 为 kN 的 Map 元素时，语法格式如下：

```
#{"k1":"v1","k2":"v2","k3":"v3","k4":"v4"...} [kN],
```

表 8-6　OGNL 表达式创建 Map

Java 代码	OGNL 表达式

Map map = new HashMap();
map.put(new Integer(1), "a");
map.put(new Integer(2), "b");
map.put(new Integer(3), "c");
	#{1:"a", 2:"b",3:"c"}

Map map = new HashMap(); map.put("20140180", "李先生"); map.put("20140181", "张女士");	#{"20140180":"李先生", "20140181":"张女士")

表 8-7 表示了 OGNL 表达式引用 Map 的例子。

表 8-7　OGNL 表达式引用 Map

Java 代码	OGNL 表达式
map.get("20140180")	map["20140180"]
map.get(new Integer(1))	map[1]
map.size();	map.size

4．过滤

根据某种规则过滤集合中一系列的对象，生成一个子集。语法格式如下：

```
collectionObject.{? conditionalExpression}
```

在上述的条件表达式 conditionalExpression 中，遍历集合对象 collectionObject 过程中的当前元素采用变量#this 表示，例如，表 8-8 的表达式 scores.{?#this.score>60}中的#this 表示遍历 scores 时的当前分数。

5．投影

投影是指抽取集合中每个元素的相同属性组成新的集合，新的集合中元素个数与原集合的元素个数相同，而过滤操作后的集合元素个数小于或等于原集合的元素个数。投影操作语法如下：

```
collectionObject.{ extractionExpression}
```

例如，表 8-8 中的表达式 userGroup.{username}获取 userGroup 中所有对象的 username 列表。

表 8-8　过滤或投影的 OGNL 表达式

OGNL 表达式	描　述
scores.{?#this.score>60}	过滤，获取分数大于 60 的集合
userGroup.{username}	投影，获取 userGroup 中所有对象的 username 的列表

8.6.3　OGNL 融入 Struts 2 框架

1．ActionContext

OGNL 表达式中操作的对象的上下文是 ActionContext，即 OGNL 表达式操作对象必须在 ActionContext 包含的对象中选择。图 8-14 表示了 ActionContext 包含的对象，每个对象含义如表 8-9 所示。其中，ValueStack 作为 OGNL 访问的根对象，其他几个是 OGNL 访问的非根对象。

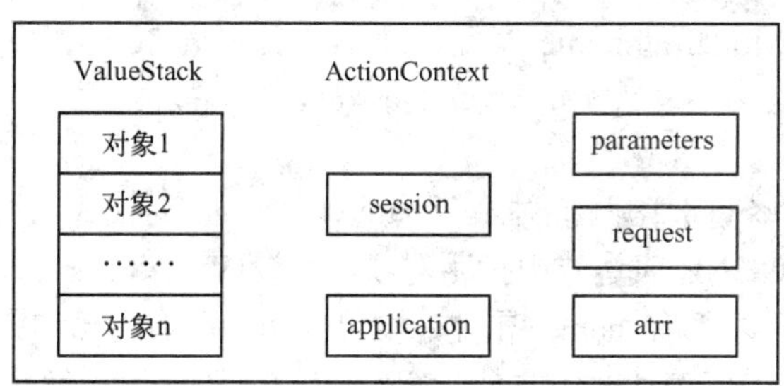

图 8-14　OGNL 表达式操作对象的上下文

表 8-9 ActionContext 中的对象

对 象	描 述
parameters	对应 HttpServletRequest 中的请求参数映射
request	对应 HttpServletRequest 中的属性的映射
session	对应 HttpSession 中的属性的映射
application	对应应用程序域中的属性的映射
attr	按照 request、session、application 三个域的顺序，查询第一个出现的属性
ValueStack	当前请求的 Action 对象和模型对象

OGNL 访问 ValueStack 中的对象时，可以直接使用对象名来访问或直接使用它的属性名访问它的属性值。例如，以下 OGNL 表达式：

```
son.father.name
```

表示访问 son 对象中 father 对象的 name 属性，son 对象放在 ValueStack 中。

OGNL 访问 ActionContext 中的非根对象时，OGNL 表达式以#操作符为前缀，表明以 OGNL 的非根对象作为初始对象解析表达式的剩余部分。例如，以下 OGNL 表达式：

```
#parameters.username, #request.msg, #session.login
```

2．ValueStack

ActionContext 的 ValueStack 作为 OGNL 表达式访问的根对象，它不是一个对象，而是一组对象，是一个栈结构，提供了压栈和弹栈等方法。

当 Struts 2 接受一个请求时，立即创建一个 ActionContext、一个 ValueStack 和一个 Action，并把 Action 放到 ValueStack 中。不同请求的 ValueStack 是不一样的，请求和 ValueStack 是一一对应的。如果 Action 实现了 ModelDriven 接口，那么把模型对象放到 ValueStack 中。此外，也可以通过 push 标签把其他对象放到 ValueStack 中。ValueStack 内部的数据：Action 对象、模型对象（ModelDriven）和其他对象；其中，模型对象和其他对象是否存在与具体的应用有关。

ValueStack 是一种先进后出的栈数据结构，如果 ValueStack 中有多个对象，且访问的属性在多个对象中同时出现，则 ValueStack 会按照从栈顶到栈底的顺序，寻找第一个匹配的对象，一旦找到匹配对象，立即返回。例如，如图 8-15 所示的 ValueStack 中有 3 个对象：studentModel、studentAction 和 myBean，studentModel 和 studentAction 有共同的属性 name，如果通过如下 OGNL 表达式访问 ValueStack。

```
name
```

则访问的是对象 studentModel 的 name 属性，而不是 studentAction 的 name。通过如下的 OGNL 表达式访问 studentAction 的 name。

```
studentAction.name
```

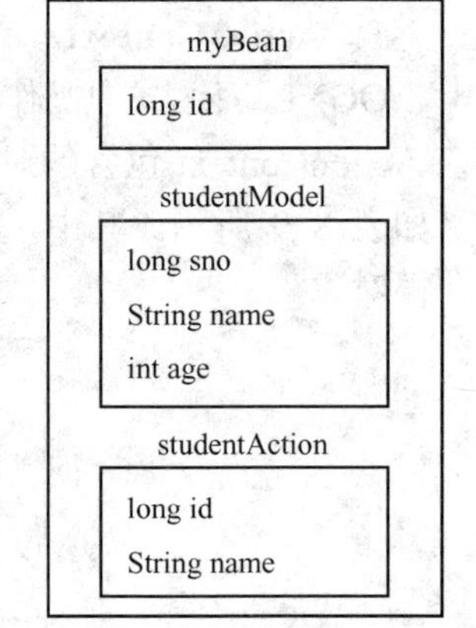

图 8-15 ValueStack 中对象

图 8-15 所示的 ValueStack 中两个对象有 name 属性，访问栈底对象的 name 时需要在 OGNL 表达式中指明对象。假设 ValueStack 有多个对象，而且每个对象都有 name 属性，如果需访问所有对象的 name 属性，这时 OGNL 表达式不方便指明对象。[N]语法可以解决此问题，在访问属性时不需要指明对象，N 取值范围为[0, objNum]，objNum 表示 ValueStack 中对象的个数。[N]语法

用来截取从下标 N 位置开始到栈底的一个子栈，例如[3]表示 ValueStack 的一个子栈，该子栈从位置 3 开始到栈底。因此要访问从栈顶开始的 n 个位置的 name 属性，可以使用如下的 OGNL 表达式：

```
[n].name
```

top 语法用来获取栈顶的对象，则[N].top 表示[N]语法截取的子栈的栈顶对象。例如[1].top，[2].top 分别表示 ValueStack 中从栈顶开始的第 2 个对象和第 3 个对象。

Struts 2 中有很多标签都支持 OGNL 表达式，使用<s:property>标签可以执行 OGNL 表达式，当 OGNL 访问的是根对象时，Struts 2 会从 ValueStack 的栈顶依次向下查找，直到找到 OGNL 表达式中引用的值为止。

8.6.4 Struts 2 内建类型转换器

Struts 提供了一些内置的类型转换器，将用户输入或者请求参数中的字符串自动转换成相应的类型，内置类型转换支持的类型见表 8-10。

表 8-10 Struts 2 内建的转换器

后台的类型	转 换
String	用户输入的字符串与后台字符串之间转换
boolean/Boolean	true 和 false 字符串与 boolean 类型或者 Boolean 对象之间相互转换
char/Character	字符串和字符或者字符对象之间进行转换
int/Integer、float/Float、long/Long、double/Double	数值型字符串和数值类型或者其对象类型相互转换
Date	字符串和 Date 类型之间相互转换
数组类型	每一个字符串转换为数组元素的类型
Collection、Set、List	将字符串转换为集合类型

下面以学生成绩输入与显示为例，理解 Struts 2 内建的转换器的使用。示例中使用 List 集合类型，转换器能实现把用户输入的学生姓名、学号及考试成绩转换为 List 的实例对象。

创建一个类 Score.java，把课程的成绩及平均成绩作为该类的属性成员，内容见代码 8-26。创建一个类 Student.java，把学生的姓名、学号及 Score 类对象作为属性成员，内容见代码 8-27。创建一个 Action 类 ScoreAction.java，该 Action 将 Student 类封装在一个 List 对象 students 中，Action 中的方法 execute()根据用户输入的成绩计算每个学生的平均成绩，内容见代码 8-28。

创建 JSP 文件 scores.jsp，完成录入学生信息及考试成绩，内容见代码 8-29。该页面的 form 表单中使用 iterator 标签循环控制输出 4 行、5 列的文本输入框，每行表示一个 student 类对象的信息，文本输入框的 name 属性值由 OGNL 表达式定义，关联到 List 的封装对象的对应属性上。

创建 JSP 文件 showScores.jsp，显示已录入学生成绩及平均成绩。内容见代码 8-30。然后在 struts.xml 中配置 Action，内容见代码 8-31。

在浏览器中输入下面的 URL 地址：http://localhost:8080/chap10-converter/scores.action。该请求运行的结果如图 8-16 所示，录入如图 8-16 所示的数据后，单击提交按钮，成绩的显示如图 8-17 所示。

姓名	学号	Java成绩	C语言成绩	J2EE成绩
aaa	111	98	99	97
bbb	222	89	88	90
ccc	333	92	91	93
ddd	444	90	90	92

提交

图 8-16　学生成绩录入

姓名	学号	Java成绩	C语言成绩	J2EE成绩	平均成绩
aaa	111	98	99	97	98.0
bbb	222	89	88	90	89.0
ccc	333	92	91	93	92.0
ddd	444	90	90	92	90.7

图 8-17　学生成绩显示

代码 8-26　Score.java。

```
public class Score {
    private int javaScore;
    private int j2eeScore;
    private int ccScore;
    private double aveScore;
    //省略属性的 Set×××()和 get×××()方法
}
```

代码 8-27　Student.java。

```
public class Student {
    private String name;
    private long number;
    private Score score;
    //省略属性的 Set×××()和 get×××()方法
}
```

代码 8-28　ScoreAction.java。

```
public class ScoreAction extends ActionSupport {
    private List<Student> students;
    public List<Student> getStudents() {
        return students;
    }
    public void setStudents(List<Student> students) {
        this.students = students;
    }
    public String execute() throws Exception {
      int size = students.size();
      for(int i = 0; i<size; i++){
          Student st = students.get(i);
          Score score = st.getScore();
          double aveScore =
                    (score.getCcScore()+score.getJ2eeScore()+score.getJavaScore())/3.0;
          BigDecimal   b   =   new   BigDecimal(aveScore);
          aveScore   =   b.setScale(1,   BigDecimal.ROUND_HALF_UP).doubleValue();
          score.setAveScore(aveScore);
      }
     return super.SUCCESS;
    }
}
```

代码 8-29　scores.jsp。

```
<%@ page language="java" import="java.util.*" pageEncoding="UTF-8"%>
<%@ taglib prefix="s" uri="/struts-tags"%>
<%@ taglib uri="/struts-dojo-tags" prefix="ss"%>
<html>
    <head>
```

```
        <title>输入学生成绩</title>
        <s:head theme="xhtml" />
        <ss:head parseContent="true" />
        <style type="text/css">
                table {
                        border-collapse: collapse;
                        border: 1px solid #000;
                }
                th,td {    border: 1px solid #000; }
          </style>
        </head>
      <body>
          <s:form theme="simple" action="showscores">
            <table>
          <thead>
                <tr>
                        <th align="center">姓名</th>
                        <th align="center">学号</th>
                        <th align="center">Java 成绩</th>
                        <th align="center">C 语言成绩</th>
                        <th align="center">J2EE 成绩      </th>
                </tr>
        </thead>
    <tbody>
        <s:iterator value="new int[4]" status="st">
            <tr>
                <td><s:textfield name="%{'students['+#st.index+'].name'}"></s:textfield>
                </td>
                <td> <s:textfield name="%{'students['+#st.index+'].number'}"> </s:textfield>
                </td>
                <td><s:textfield name="%{'students['+#st.index+'].score.javaScore'}"></s:textfield>
                </td>
                <td><s:textfield name="%{'students['+#st.index+'].score.ccScore'}"></s:textfield>
                </td>
                <td><s:textfield name="%{'students['+#st.index+'].score.j2eeScore'}"></s:textfield>
                 </td>
              </tr>
        </s:iterator>
        </tbody>
      </table>
            <s:submit value="提交"></s:submit>
    </s:form>
</body>
</html>
```

代码 8-30 showScores.jsp。

```
<%@ page language="java" import="java.util.*" pageEncoding="UTF-8"%>
<%@ taglib prefix="s" uri="/struts-tags"%>
<%@ taglib uri="/struts-dojo-tags" prefix="ss"%>
<html>
        <head>
        <title>显示学生成绩</title>
        <s:head theme="xhtml" />
```

```
<ss:head parseContent="true" />
<style type="text/css">
        table {
            border-collapse: collapse;
            border: 1px solid #000;
        }
        th,td {   border: 1px solid #000; }
    </style>
  </head>
<tbody>
    <table>
   <thead>
       <tr>
            <th align="center">姓名</th>
            <th align="center">学号</th>
            <th align="center">Java 成绩</th>
            <th align="center">C 语言成绩</th>
            <th align="center">J2EE 成绩    </th>
                <th align="center"> 平均成绩</th>
       </tr>
  </thead>
    <tbody>
  <s:iterator value="students" status="st">
    <tr>
      <td align="center"><s:property value="name" />
      </td>
       <td align="center"><s:property value="number" />
      </td>
            <td align="center"><s:property value="score.javaScore" />
      </td>
            <td align="center"><s:property value="score.ccScore" />
      </td>
           <td align="center"><s:property value="score.j2eeScore" />
      </td>
           <td align="center"><s:property value="score.aveScore" />
      </td>
     </tr>
  </s:iterator>
   </tbody>
 </table>
</body>
</html>
```

代码 8-31 struts.xml。

```
<struts>
      <package name="default" extends="struts-default">
      <action name="scores">
            <result>/scores.jsp</result>
      </action>
      <action name="showscores" class="actions.ScoreAction">
            <result name="success">/showScores.jsp</result>
      </action>
      </package>
</struts>
```

8.6.5 自定义类型转换器

Struts 2 允许用户根据自己需要自定义类型转换器，Struts 2 框架中提供了一个抽象类 StrutsTypeConverter，该抽象类是 Struts 2 框架类型转换的基础。StrutsTypeConverter 中提供以下两个方法：

1）public Object convertFromString（Map arg0, String[] values, Class arg2）该方法将字符串数组 values 转换为复合类型，返回复合类型对象。

2）public String convertToString（Map arg0, Object obj）该方法将复合类型对象 obj 转换为字符串类型，返回转换后的字符串。

因此，用户自定义类型转换器类只需继承 StrutsTypeConverter，并重写以上两个方法完成字符串和复合对象之间的相互转换。

例如，开发一个 Web 应用，要求能够完成电话号码字符串（格式：国家代码-手机号码）和自定义对象之间的相互转换。定义一个类 CellPhoneNumber，类的两个成员分别为国家代码和手机号码，内容见代码 8-32；定义一个 Action 类 CellPhoneAction，成员变量为 CellPhoneNumber 类的对象，内容见代码 8-33。为了完成 CellPhoneNumber 对象和字符串之间的相互转换，定义一个转换器类 CellPhoneNumberConverter，内容见代码 8-34。

代码 8-32 CellPhoneNumber.java。

```
public class CellPhoneNumber {
        private int countryCode;
        private long number;
}
```

代码 8-33 CellPhoneAction.java。

```
public class CellPhoneAction extends ActionSupport {
        CellPhoneNumber cellNumber;
        public CellPhoneNumber getCellNumber() {
                return cellNumber;
        }
        public void setCellNumber(CellPhoneNumber cellNumber) {
                this.cellNumber = cellNumber;
        }
        public String execute() throws Exception {
                return super.SUCCESS;
        }
}
```

代码 8-34 CellPhoneNumberConverter.java。

```
public class CellPhoneNumberConverter extends StrutsTypeConverter {
        public Object convertFromString(Map arg0, String[] values, Class arg2) {
                CellPhoneNumber cellNumber = new CellPhoneNumber();
                String[] cellnumber = values[0].split("-");

                String countryCode = cellnumber[0];
                String number = cellnumber[1];

                cellNumber.setCountryCode(Integer.parseInt(countryCode.trim()));
                cellNumber.setNumber(Long.parseLong(number.trim()));
                return cellNumber;
```

```
        }

        public String convertToString(Map arg0, Object obj) {
                CellPhoneNumber cellNumber = (CellPhoneNumber)obj;
                String numberStr = cellNumber.getCountryCode()+ "_" + cellNumber.getNumber();
                return numberStr;
        }
    }
```

实现自定义类型转换器之后，需要注册类型转换器才能完成转换工作。注册类型转换器方式有两种。

（1）注册局部类型转换器

局部类型转换器注册方式只作用于单个 Action 类，注册文件的命名规则为 ActionName-conversion.properties，其中 ActionName 表示需要转换器的 Action 类名，该文件与对应的 Action 类放置在同一个目录下。例如，本示例中的 CellPhoneAction 对应的局部类型转换器文件为 CellPhoneAction- conversion.properties。

类型转换器注册文件中内容以 key-value 形式书写，形式为：propertyName = 类型转换器类。例如，本示例的 CellPhoneAction- conversion.properties 文件中的内容为：

```
cellNumber=converter.CellPhoneNumberConverter
```

（2）注册全局类型转换器

注册一个全局的类型转换器，需要在 src 文件夹下，创建一个全局类型转换器文件，文件名为 xwork-conversion.properties。文件中内容也是以 key-value 形式书写，格式为：复合类型=对应的类型转换器。

例如，本示例中的 CellPhoneNumber 类的对应转换器为 CellPhoneNumberConverter，因此 xwork-conversion.properties 文件中的内容为：

```
beans.CellPhoneNumber=converter.CellPhoneNumberConverter
```

为了测试已注册的类型转换器。创建 JSP 文件 cellPhone.jsp，完成电话号码的输入，内容见代码 8-35。创建 JSP 文件 showCellPhone.jsp，完成电话号码的显示，内容见代码 8-36。

代码 8-35　cellPhone.jsp。

```
<%@ page language="java" import="java.util.*" pageEncoding="UTF-8"%>
<%@ taglib prefix="s" uri="/struts-tags"%>
<%@ taglib uri="/struts-dojo-tags" prefix="ss"%>
<html>
        <head>
        <title>输入电话号码</title>
        </head>
        <body>
            <s:form action="showscellphone">
        <s:textfield label = "请输入电话号码" name="cellNumber"></s:textfield>
                <s:label value="格式为：国家代码-手机号码" cssStyle="font- size:9px;color:red">
                </s:label>
        <s:submit value="提交" align="center"></s:submit>
        </s:form>
        </body>
</html>
```

代码 8-36　showCellPhone.jsp。

```
<%@ page language="java" import="java.util.*" pageEncoding="UTF-8"%>
<%@ taglib prefix="s" uri="/struts-tags"%>
<%@ taglib uri="/struts-dojo-tags" prefix="ss"%>
<html>
        <head>
        <title>输入电话号码</title>
        </head>
        <body>
            <s:label value="您已输入的号码：" ></s:label><s:property value="cellNumber" />
        </body>
</html>
```

运行程序，请求 cellPhone.jsp，在页面中输入电话号码，如图 8-18 所示。单击提交按钮后，页面转到 showCellPhone.jsp，对提交的电话号码字符串进行类型转换后，显示的结果如图 8-19 所示。

图 8-18　自定义类型转换器

您已输入的号码：86_12345678901

图 8-19　转换成功

8.7　Struts 2 的标签库

8.7.1　数据标签

Struts 2 的数据标签主要用于提供各种数据访问相关功能。表 8-11 列举了常用的数据标签，本书仅详解表 8-11 中的部分标签。

表 8-11　数据标签

标　　签	描　　述
property	用来在页面中输出指定的属性值，如果没有指定获取的属性，默认 ValueStack 的顶部
action	用来指明在 jsp 页面中调用哪个 Action 完成相关请求
set	定义一个变量，并设置变量的值
bean	创建一个 JavaBean 的实例
param	主要用于为其他标签提供参数，例如，给 bean 标签提供参数
date	用于格式化输出日期值，也可用于输出当前日期值与指定日期值之间的时差
push	将某个值放到 ValueStack 的栈顶
debug	用于查看 ValueStack 和 Stack Context 中的信息
include	用于将一个 jsp 页面或者一个 Servlet 包含到本页面中
url	用于生成一个 URL 地址，例如，通过指定 Action，根据 Action 执行的结果生成 URL
text	用于访问国际化信息
i18n	从指定 basename 的国际化资源文件中加载信息

1．property 标签

property 标签的主要属性见表 8-12。为了深入理解 property 标签，举例如下：首先在 src/beans 文件夹下，创建一个 JavaBean 类 BankAccount.java 封装用户的请求参数和处理结果，内容见代码 8-37；然后在 src/action 文件夹下，创建一个 Action 类 BankAccountInfor

Action.java 处理用户的请求，内容见代码 8-38；最后在 WebRoot/data 文件夹下创建 propertyTag.jsp，该页面通过 property 标签显示 BankAccount.java 和 BankAccountInfor Action.java 中的成员属性值，具体内容见代码 8-39。为了显示页面 propertyTag.jsp，struts. xml 配置内容见代码 8-40。

运行程序，在浏览器地址栏输入 http://localhost:8080/struts2_tag/PropertyTag.action，页面显示如图 8-20 所示。

图 8-20　property 标签的使用

表 8-12　property 标签的属性

属　性	类　型	描　述
value	Object	需要输出的值，如果没有指定，则输出 ValueStack 栈顶的值
escape	Boolean	是否转义输出内容中的 HTML，默认值为 true
default	String	输出的属性值为 null 时，输出该属性指定的值

代码 8-37　BankAccount.java。

```
public class BankAccount {
        private String username;
        private String account;
        private double balance;
        private Date createDate;
        public BankAccount(){}
        public BankAccount(String username, String account, double balance， Date  d) {
                this.username = username;
                this.account = account;
                this.balance = balance;
                this. createDate = d;
        }
        public String getUsername() {
              return username;
        }
        public void setUsername(String username) {
              this.username = username;
        }
        //省略其他属性的 set×××()和 get×××()方法
}
```

代码 8-38　BankAccountInforAction.java。

```
public class BankAccountInforAction extends ActionSupport implements ModelDriven<BankAccount>{
        private String bankName;
        private BankAccount bAccount=new BankAccount();;
        public String creatOneAccount(){
            bankName = "中国银行";
            getModel().setUsername("张三");
            getModel().setAccount("12345");
            getModel().setBalance(2000.0);
            return "useProperty";
        }
        public String setOneAccount(){
```

```
            bankName = "中国银行";
            getModel().setUsername("李四");
            getModel().setAccount("45678");
            getModel().setBalance(10000.0);
            return "useSet";
        }
        public String putOneAccount(){
            bankName = "招商银行";
            getModel().setUsername("王五");
            getModel().setAccount("666666");
            getModel().setBalance(28000.0);
            return "usePush";
        }
        public String execute()
        {
            return "success";
        }
        public BankAccount getModel() {
            return bAccount;
        }
        //省略其他属性的 set×××()和 get×××()方法
}
```

代码 8-39　propertyTag.jsp。

```
<head>
    <title>property 用法</title>
</head>
<body>
    <hr/>
        开户行名: <s:property value="bankName"   default = "unknown"/> <br>
        用户名: <s:property value="username" /> <br>
        账号: <s:property value="account" /> <br>
        余额: <s:property value="balance" /> <br>
    <hr/>
</body>
```

代码 8-40　struts.xml。

```
<package name="dataTag" namespace="/" extends="struts-default">
    <action name="PropertyTag" class="actions.BankAccountInforAction"
    method="creatOneAccount">
    <result name="useProperty">/data/propertyTag.jsp</result>
    </action>
</package>
```

2．action 标签

action 标签的主要属性见表 8-13。例如，在 WebRoot/data 文件夹下创建 action.jsp, 具体内容见代码 8-41，struts.xml 配置内容见代码 8-42。

表 8-13　action 标签的属性

属　性	类　型	描　述
name	String	指定 Action 名字，该属性必须指定
namespace	String	指定 Action 的命名空间，默认为当前页面的 namespace

（续）

属　性	类　型	描　述
var	String	Action 对象的引用，在后面可以使用 var 所指定的对象引用
executeResult	Boolean	Action 处理的结果是否包含到本页面中，默认为 false 不包含到本页面中
ignoreContextParams	Boolean	Action 被调用时是否包含请求参数，默认为 false 即包含

代码 8-41　action.jsp。

```
<body>
        调用名为 showAccount 的 Action，执行 BankAccountInforAction 中的 execute()方法，将执行的结果包含到页面中，并接受请求参数
        <s:action name="showAccount" executeResult="true" ignoreContextParams="false">
        </s:action><br/><br/>

        调用名为 showAccount 的 Action，执行 BankAccountInforAction 中的 execute()方法，将执行的结果包含到页面中，并不接受请求参数
        <s:action name="showAccount" executeResult="true" ignoreContextParams="true">
        </s:action><br/><br/>

        调用名为 showAccount 的 Action，执行 BankAccountInforAction 中的 execute()方法，将执行的结果不包含到页面中
        <s:action name="showAccount" executeResult="false"></s:action><br/><br/>
</body>
```

代码 8-42　struts.xml。

```
<package name="dataTag" namespace="/" extends="struts-default">
    <action name="ActionTag">
    <param name="bankName">农业银行</param>
    <param name="username">比尔盖茨</param>
    <param name="account">123456</param>
    <param name="balance">9999999</param>
    <result>/data/action.jsp</result>
    </action>

    <action name="showAccount" class="actions.BankAccountInforAction">
    <result name="success">/data/propertyTag.jsp</result>
    </action>
</package>
```

在浏览器的地址栏中输入 http://localhost:8080/struts2_tag/ActionTag.action，运行结果如图 8-21 所示。

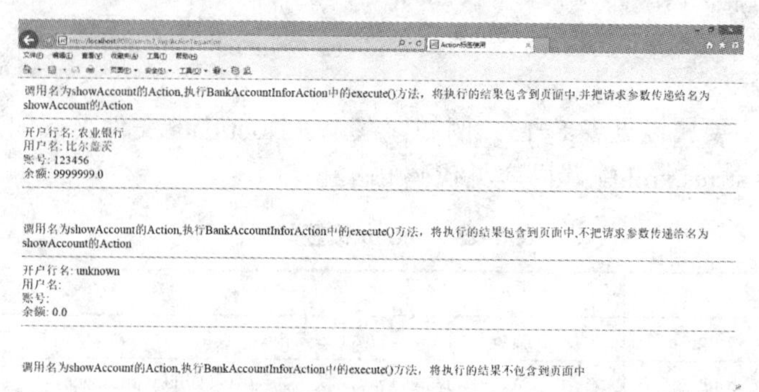

图 8-21　action 标签的使用

3．set 标签

set 标签用于定义一个变量，并设置变量的值，该标签的属性见表 8-14。例如，在 WebRoot/data 文件夹下创建 setTag.jsp，具体内容见代码 8-43，struts.xml 配置内容见代码 8-44。

表 8-14 set 标签的属性

属 性	类 型	描 述
name	String	指定新创建的变量的名称
value	String	指定赋给新变量的值，缺省时把 ValueStack 栈顶的值赋值给新变量
scope	Object	指变量存储的范围，例如，application、session、request、page

代码 8-43 setTag.jsp。

```
<s:set name="bName" value="bankName" scope="session" ></s:set>
<s:set name="uName" value="username" scope = "request" ></s:set>
<s:set name="accountNumber" value="account" scope = "application" ></s:set>
<s:set name="remainingSum" value="balance"></s:set>
<hr />
    开户行名: <s:property value="# session ['bName']" /> <br>
    用户名: <s:property value="# request ['uName']" /> <br>
    账号: <s:property value="# application ['accountNumber']" /> <br>
    余额: <s:property value="#remainingSum" /><br>
<hr />
```

代码 8-44 struts.xml。

```
<package name="dataTag" namespace="/" extends="struts-default">
        <action name="SetTag" class="actions.BankAccountInforAction"
    method="setOneAccount">
    <result name="useSet">/data/setTag.jsp</result>
        </action>
</package>
```

在浏览器地址栏中输入 http://localhost:8080/struts2_tag/SetTag.action，运行结果如图 8-22 所示。

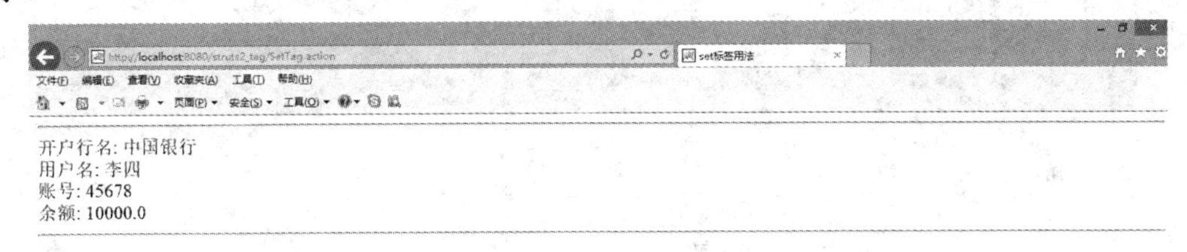

图 8-22 set 标签的使用

4．bean、param 和 date 标签

bean 标签用来创建一个 JavaBean 实例，一个不可或缺的属性 name 用以指定 JavaBean。

param 标签用于为其他标签提供参数，该标签有两个属性：name 和 value，这两个属性分别指定参数名和参数值。param 标签的使用有两种语法格式：

```
<s: param name = "参数名”  value="参数值"></s:param>
```

或者

```
<s: param name = "参数名”>参数值</s:param>
```

date 标签用于格式化输出一个日期，常用属性见表 8-15。

表 8-15　set 标签的属性

属　性	类　型	描　述
name	Object	指定要格式化的日期，必须指定该属性
format	String	如指定该属性，将根据该属性指定的格式来格式化日期
nice	Boolean	用于指定是否输出指定日期和当前时刻的时差。默认为 false，即不输出

例如，在 WebRoot/data 文件夹下创建 beanParamDate.jsp，该页面使用了 bean、param 和 date 标签，具体内容见代码 8-45。请求处理的 action 配置内容见代码 8-46。

在浏览器地址栏中输入 http://localhost:8080/struts2_tag/BeanParamDateTag.action，运行结果如图 8-23 所示。

代码 8-45　beanParamDate.jsp。

```
<s:bean name="beans.BankAccount">
    <s:param name="username" value="'王五'"></s:param>
    <s:param name="account">111111</s:param>
    <s:param name="balance" value="30000"></s:param>
     显示 bean 信息如下: <hr />
     用户名：<s:property value="username" /><br />
     账号：<s:property value="account" /><br />
     余额：<s:property value="balance" /><br />        <hr />
     显示开户时间：<br />
    <s:date name = "createDate" format = "yyyy-MM-dd HH:mm:ss"/><hr />
</s:bean>
```

代码 8-46　struts.xml。

```
<package name="dataTag" namespace="/" extends="struts-default">
        <action name="BeanParamDateTag">
    <result>/data/beanParamDate.jsp</result>
      </action>
</package>
```

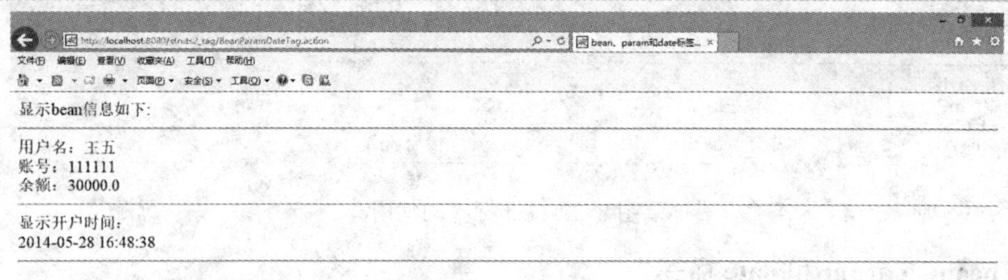

图 8-23　bean、parame 和 set 标签的使用

5．push 和 debug 标签

push 标签用于将某个值放到 ValueStack 的栈顶，该标签一个必不可少的属性 value，用于指定需要放到 ValueStack 栈顶的值。

注意：push 标签放入 ValueStack 中的对象只存在于 push 标签内；一旦遇到 push 结束标签，则 push 放入的对象将会立即被移出 ValueStack。

debug 标签主要用于辅助测试，该标签在页面上生成一个[Debug]超链接，单击[Debug]超链接可以查看 ValueStack 和 Stack Context 中的所有信息。

例如，在 WebRoot/data 文件夹下创建 pushTag.jsp，该页面使用了 push 和 debug 两个标签，具体内容见代码 8-47。请求处理的 Action 配置内容见代码 8-48。

在浏览器地址栏中输入 http://localhost:8080/struts2_tag/PushTag.action，运行结果如图 8-24 所示，单击[Debug]超链后显示 ValueStack 的内容如图 8-25 所示。

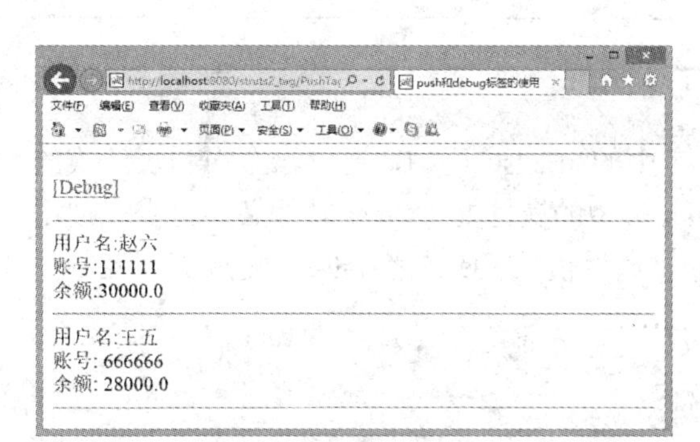

图 8-24　push 和 debug 标签的使用

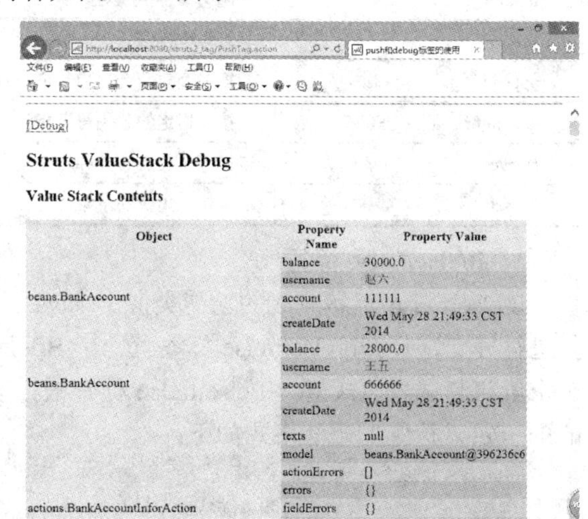

图 8-25　debug 显示 ValueStack 中内容

代码 8-47　pushTag.jsp。

```
<s:bean name="beans.BankAccount" var="oneNewAccount">
    <s:param name="username" value="'赵六'"></s:param>
    <s:param name="account">111111</s:param>
    <s:param name="balance" value="30000"></s:param>
</s:bean><hr />
<s:push value="oneNewAccount">
<s:debug>显示 valueStack 中的信息</s:debug><hr />
    用户名:<s:property value="username" /><br>
    账号:<s:property value="account" /><br>
    余额:<s:property value="balance" /><br>
</s:push> <hr/>
    用户名:<s:property value="username" /><br>
    账号: <s:property value="account" /><br>
    余额: <s:property value="balance" /> <br><hr/>
```

代码 8-48　struts.xml。

```
<package name="dataTag" namespace="/" extends="struts-default">
    <action name="PushTag" class="actions.BankAccountInforAction" method = " putOneAccount " >
        <result>/data/ pushTag.jsp</result>
    </action>
</package>
```

8.7.2　控制标签

Struts 2 的控制标签主要完成流程控制，表 8-16 列举了常用的控制标签。本书仅详解

表 8-16 中的部分标签。

表 8-16　控制标签

标　签	描　述
if	用于控制选择输出
elseif/else	与 if 标签结合使用，用于控制输出
iterator	遍历集合中的对象
sort	对集合排序
append	把多个集合合并为一个集合
generator	按照指定的分隔符把指定的字符串解析成一个集合
merge	把多个集合合并为一个集合
subset	求指定集合的子集

1．if/elseif/else 标签

if/elseif/else 标签完成的功能类似于 Java 语言中的 if..else 语句，通过一个布尔表达式的值进行分支选择。if/elseif/else 标签有一个 Boolean 类型的属性 test，test 属性必不可少，被用来求值和测试表达式值，if/elseif/else 标签根据 test 属性值（true 或者 false）完成流程控制。if/elseif/else 标签的语法格式如下：

```
<s:if test = "布尔表达式 1">
    内容 1    <!--布尔表达式 1 的值为 true 时-->
</s:if>
<s:elseif test = "布尔表达式 2">
    内容 2    <!--布尔表达式 2 的值为 true 时-->
</s:elseif>
    ......
<s:elseif test = "布尔表达式 i">
    内容 i      <!--布尔表达式 i 的值为 true 时-->
</s:elseif>
    ......
<s:else>
   标签内容        <!--以上的表达式值均为 false 时-->
</s:else>
```

代码 8-49 判断一个人的体质状况，首先使用标签 set 定义了一个变量 bmi（体质指数 bmi = 体重(kg)/身高$(m)^2$），并赋值 bmi 为 30，然后使用 if/elseif/else 标签根据 bmi 的值输出不同的内容。

代码 8-49　if/elseif/else 标签使用。

```
<s:set name="bmi" value="30"></s:set>
<s:if test="#bmi < 20">
            体重过轻，须增加营养
</s:if>
<s:elseif test="#bmi < 25">
            体重适中，须保持
</s:elseif>
<s:elseif test="#bmi < 30">
            体重过重，须控制饮食
</s:elseif>
<s:elseif test="#bmi < 35">
```

```
            过胖，必须减肥，控制饮食
    </s:elseif>
    <s:else>
            非常肥胖，再不减肥，要出问题了
    </s:else>
```

2．iterator

iterator 标签用于遍历集合、数组或枚举值，该标签常用的属性见表 8-17。iterator 标签如果指定了 status 属性，每次的迭代都产生一个 IteratorStatus 的实例，该实例可以用来判断当前迭代的状态，例如，当前迭代索引值、已迭代元素数、当前迭代索引值是奇数还是偶数等。IteratorStatus 中的方法见表 8-18。

表 8-17　iterator 标签属性

属　性	类　型	描　述
value	Object	该属性指定被遍历的集合对象或者数组对象。一般要设置该属性，如果不设置，则使用 ValueStack 栈顶的集合对象
id	Object/String	该属性标识集合中元素的 id，可以不设置该属性
status	String	指定迭代时的 IteratorStatus 实例。如果设置该属性，一个使用 status 指定名字的 IteratorStatus 实例被放在 ActionContext 中

表 8-18　IteratorStatus 的常用方法

方 法 名	功　能
int getCount()	返回当前已迭代元素个数
int getIndex()	返回当前迭代索引
boolean isEvern()	判断当前迭代元素的索引是否为偶数
boolean isOdd()	判断当前迭代元素索引是否为奇数
boolean isFirst()	当前迭代是否为第一个元素
boolean isLast()	当前迭代是否为最后一个元素

代码 8-50 输出一周七天的中英文对照，使用了标签 iterator 的 id、value 和 status 属性，以及 IteratorStatus 对象的部分方法，运行结果如图 8-26 所示。

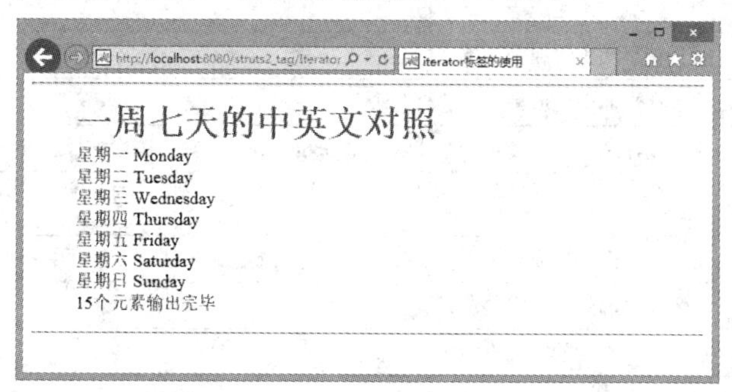

图 8-26　iterator 标签的使用

代码 8-50　一周的中英文对照。

```
        <s:iterator value="{'一周七天的中英文对照', '星期一', 'Monday', '星期二', 'Tuesday', '星期三', 'Wednesday', '星期四', 'Thursday', '星期五', 'Friday', '星期六', 'Saturday', '星期日', 'Sunday'}" id="week" status="st">
            <s:if test = "#st.isFirst()">
```

```
            <font size = "6" color = "green"> <B> <s:property value = "week"/></B></font>
            <br/>
        </s:if>
        <s:else>
            <s:property value = "week"/>
            <s:if test="#st.isOdd()">
                <br/>
            </s:if>
            <s:if test="#st.isLast()">
                <s:property value = "#st.getCount()"/>个元素输出完毕
            </s:if>
        </s:else>
    </s:iterator>
```

8.7.3 表单UI标签

用户界面标签（UI 标签）包括表单标签和非表单标签。表单标签主要包括用于生成HTML 页面的 form 标签和表单元素的标签，表单的主要作用是输入数据并提交数据。常用的表单标签见表 8-19，本书仅详解表 8-19 中的部分标签。

表 8-19 表单标签

标　签	描　述
form	用于在页面中生成一个 form 表单
textfield	用于在页面中生成一个单行文本输入框
password	用于在页面中生成一个密码输入框
textarea	用于在页面中生成一个文本输入域
checkbox	用于在页面中生成一个复选框
combobox	用于在页面中生成一个文本输入框和一个下拉列表框组成的控件，可以从下拉列表框中选择一项填充文本框，也可在文本输入框输入内容
file	用于在页面中生成一个文件选择框
submit	用于在页面中生成一个提交按钮
select	用于在页面中生成一个下拉框
radio	用于在页面中生成一个单选框
checkboxlist	用于在页面中生成多个复选框列表
optgroup	用于创建选项组，使用一个或者多个 optgroup 标签，对选项进行逻辑分组
optiontransferselect	用于在页面中生成一个选项移动下拉框控件，主要包括两个下拉框和用于在两个下拉框之间移动选项的按钮
updownselect	用于在页面中生成一个下拉选择框，带有上下按钮来移动下拉框中的元素
label	用于在页面的表单中显示只读数据
token	通过一个隐藏的字段来防止多次提交表单
hidden	用于在页面中生成一个隐藏的文本框
doubleselect	用于在页面中生成一个级联下拉框，第二个下拉框依赖第一个下拉框

表单标签的模板相关属性包括：templateDir、theme 和 template，分别用来指定模板目录、标签使用的主题和标签使用的模板。其中主题有 simple 主题、xhml 主题（默认）、css_xhtml 主题和 ajax 主题。表单标签的通用属性见表 8-20。

表 8-20　表单标签通用属性

属　　性	描　　述
cssClass	设置表单的 html class 属性
cssStyle	设置表单的 html style 属性
title	设置表单的 html title 属性
disabled	设置表单元素是否可用
label	设置表单元素的 label 属性
labelPosition	设置表单元素的 label 显示的位置（top/left），默认为 left
requiredposition	设置 required 标识相对 label 元素的位置（left/right），默认为 right
name	表单元素的 name 映射，映射值与 Action 类的属性名一致
value	设置表单元素的 value
required	设置该表单元素必填，在 label 中添加*
tabIndex	设置表单元素的 tabindex 属性

1．form 标签

form 标签生成一个 html 输入表单，默认主题情况下，form 标签额外生成表格元素 tr，td。form 表单属性包括：action、method 和 namespace 等可选择的属性，其中 action 指定提交的 action，namespace 指定提交的命名空间，method 指定为 get 或者 post。

2．textfield、password、textarea、checkbox、select 和 radio 标签

textfield 标签的功能是生成一个单行文本输入框。password 标签的功能是生成一个密码输入的文本框，它输入的文字用“●”回显到输入框中。textfield 和 password 标签有 3 个共同的可选属性 maxlength、readonly 和 size，maxlength 指定可输入字符最大长度；readonly 指定是否允许用户在文本框中输入数据，readonly 指定为 true 时，不允许用户输入；size 指定输入框的可视尺寸。

textarea 标签的功能是显示一个文本输入框。主要属性有 readonly、rows 和 cols，readonly 功能与在 textfield 和 password 中一样，rows 和 cols 分别表示该文本输入框的行数和每行允许显示字符个数。

checkboxlist 标签生成多个复选框，select 生成一个下拉列表框，radio 标签生成一个单选框。这三个标签共同的属性是 list、listKey 和 listValue，其中 list 是必选的，表示迭代集合，集合中的元素设置各个选项；listKey 和 listValue 分别表示指定集合中元素的某个属性作为复选框的 key 和 value。

3．combobox 和 file 标签

combobox 标签用于在页面中生成一个文本输入框和一个下拉列表框组成的控件。需要指定 list 属性，用于生成下拉列表框的选项。

file 标签用于生成一个上传文件元素，使用方法：<s:file></s:file>。

4．datetimepicker 和 submit 标签

datetimepicker 标签用于在页面中生成一个日期、时间下拉框。type 属性指定日期选择框的类型，可选值有：date（日期选择框）、time（时间选择框）；value 值指定当前日期时间，例如 today 指定为今天，displayFormat 指定日期显示格式。

submit 标签用于在页面中生成一个提交按钮。可选属性 action 和 method 分别指定提交请求的 Action 及提交请求的 Action 方法。

例如，在 src/actions 包下创建类 RegisterAction.java，内容见代码 8-51。在 WebRoot/form 文件夹下创建 formTag.jsp，代码见 8-52。配置文件 struts.xml 见代码 8-53。

代码 8-51 RegisterAction.java。

```
public class RegisterAction implements Action {
    private String name;
    private String password;
    private String sex;
    private String about;
    private String community;
    private Date birthday;
    private List<String> amusementList;
    private List<String>   majorList;
    private List<String>   sexList;
    private List<String>   provinceList;

    public String execute() throws Exception {
        majorList=new ArrayList<String>();
        majorList.add("计算机");
        majorList.add("软件工程");
        majorList.add("电子商务");

        amusementList = new ArrayList<String>();
        amusementList.add("游泳");
        amusementList.add("看书");
        amusementList.add("打篮球");
        amusementList.add("唱歌");

        birthday = new Date(111,11,16);

        sexList=new ArrayList<String>();
        sexList.add("男");
        sexList.add("女");

        provinceList = new ArrayList<String>();
        provinceList.add("陕西");
        provinceList.add("河南");
        provinceList.add("浙江");
        provinceList.add("西藏");

        return SUCCESS;
    }
   //省略属性 set×××()和 get×××()方法
}
```

代码 8-52 formTag.jsp。

```
<%@ page language="java" import="java.util.*" pageEncoding="UTF-8"%>
<%@ taglib prefix="s" uri="/struts-tags"%>
<%@ taglib uri="/struts-dojo-tags" prefix="ss"%>
<html>
    <head>
```

```
            <title>学生信息注册</title>
            <s:head theme="xhtml" />
            <ss:head parseContent="true" />
            <style type="text/css">
                table{border-collapse: collapse; border:1px solid #000;}
                th,td {border: 1px solid #000;}
            </style>
        </head>
        <body>
          <s:form >
          <th colspan="2" align="center">学生信息注册</th>
          <s:textfield    label = "姓名" name="username"></s:textfield>
                <s:password    name = "password" label = "密码"></s:password>
          <s:radio name="sex" label = "性别" list="sexList"></s:radio>
                <ss:datetimepicker label ="生日" name="birthday" type="date" />
          <s:checkboxlist list="amusementList" label = "爱好"
                            name="amusement"></s:checkboxlist>
          <s:combobox name="province" label = "省份" list="provinceList"/>
                <s:select label = "专业" name="major" list="majorList" headerValue="
                  --请选择--"></s:select>
                <s:file label = "上传照片"></s:file>
           <s:textarea label = "自我介绍" name="about"></s:textarea>
                <s:submit value="提交" align="center"></s:submit>
        </s:form>
        </body>
    </html>
```

代码 8-53 struts.xml。

```
    <package name="formTag" namespace="/" extends="struts-default">
    <action name="FormTag" class = "actions.RegisterAction">
        <result name = "success" >/form/formTag.jsp</result>
    </action>
    </package>
```

在浏览器的地址栏输入 http://localhost:8080/struts2_tag/FormTag.action，运行结果如图 8-27 所示。

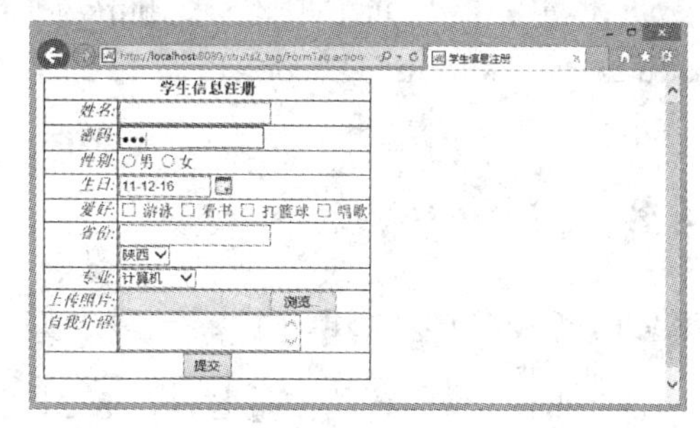

图 8-27 表单标签的使用

8.7.4 非表单 UI 标签

非表单标签主要用于在页面中生成一些非表单的可视化元素。主要包括：actionerror 标签、actionmessage 标签、component 标签、tree 标签和 treenode 标签。其中 tree 和 treenode 标签用于在页面中生成一个树形结构，其中 tree 标签生成树形结构，treenode 标签生成树形结构中的节点。tree 标签的可选属性 showRootGrid 设置根节点打开标志，默认为 true，即表示页面加载后根节点不被打开；tree 标签的可选属性 showGrid 设置节点之间是否存在连线，默认为 true，即存在连线。

例如，创建页面 tree.jsp，内容见代码 8-54，配置文件 struts.xml 见代码 8-55。

代码 8-54 tree.jsp。

```
    <%@ page language="java" contentType="text/html; UTF-8"    import="java.util.*" pageEncoding=
```

```
"UTF-8"%>
        <%@ taglib prefix="s" uri="/struts-tags"%>
        <%@ taglib prefix="sx" uri="/struts-dojo-tags"%>

        <html>
            <head>
            <title>tree 标签使用</title>
            <sx:head/>
            <body>
            <sx:tree label="专业课程设置" id="lessons"    showGrid="true" showRootGrid="false" >
                <sx:treenode    label="软件工程" id="software">
                    <sx:treenode    label="J2EE" id = "j2ee"/>
                    <sx:treenode    label="编译原理" id = "compiler"/>
                    <sx:treenode    label="算法分析" id = "algorithm"/>
                </sx:treenode>
                <sx:treenode    label="计算机科学与技术" id="computer">
                    <sx:treenode    label="图形学" id = "graph"/>
                    <sx:treenode    label="c++" id = "c++"/>
                </sx:treenode>
                <sx:treenode    label="电子商务" id="e-business">
                    <sx:treenode    label="电子支付" id = "pay"/>
                    <sx:treenode    label="信息安全" id = "inforSafe"/>
                </sx:treenode>
            </sx:tree>
            </body>
        </html>
```

代码 8-55　struts.xml。

```
        <package name="noFormTag" namespace="/" extends="struts-default">
            <action name="NoformTag">
                <result name = "success" >/noform/tree.jsp</result>
            </action>
        </package>
```

在浏览器地址栏中输入 http://localhost:8080/struts2_tag/NoformTag.action，运行结果如图 8-28 所示。

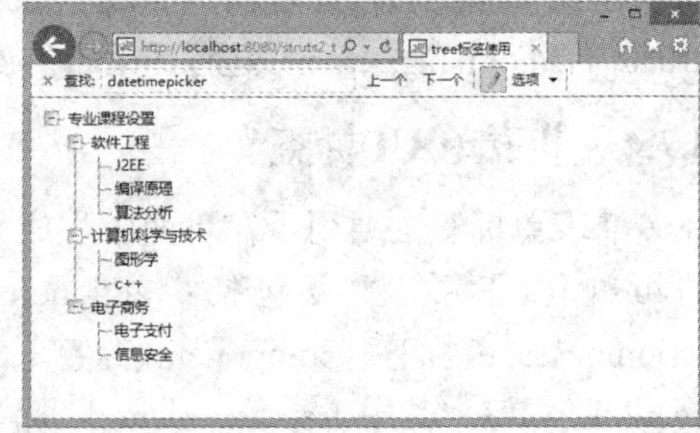

图 8-28　非表单标签的使用

8.8　输入校验

8.8.1　Struts 2 内建校验器

Struts 2 中内建的校验器如表 8-21 所示，通过使用这些校验器，可以完成应用中大部分校验。本书仅详解表 8-21 中的部分校验器，其他校验器使用方法类似。

表 8-21　Struts 2 内建的校验器

校 验 器 名	功　　能
required	必填校验器，用于指定字段非空
requiredstring	必填字符串校验器，用于指定字段必须是非空字符串
stringlength	字符串长度校验器，用于要求字段必须满足指定的长度范围

（续）

校验器名	功　　能
int	整数校验器，用于要求的字符必须在指定的整数范围内
double	浮点校验器，用于要求字段必须在指定的浮点数范围内
date	日期校验器，用于要求字段值必须在指定的日期范围内
expression	表达式校验器，要求基于 OGNL 表达式验证，如果表达式返回 false，则校验失败
fieldexpression	字段表达式校验器，用于要求字段必须满足一个逻辑表达式
email	电子邮件校验器，用于要求字段必须满足邮件地址规则
url	网址校验器，用于要求字段必须为合法的 URL 地址
visitor	visitor 校验器，用于复合类型校验
conversion	类型转换校验器，用于检测指定字段是否存在转换错误
regx	正则表达式校验器，用于指定字段使用正则表达式进行校验

1．必填字符串校验器、字符串长度校验器、整数校验器和类型转换校验器

必填字符串校验器的名称为 requiredstring，用于指定字段中输入的字符串必须为非空字符串。该校验器常用的参数为：fieldName 和 trim。fieldName 用于指定需校验字段的名称，如果使用非字段校验器配置风格，则必须设置参数 fieldName；trim 是可选参数，指在校验之前对校验字段中的字符串删除前后空格，默认为 true，即删除前后空格。

字符串长度校验器的名称为 stringlength，要求校验字段中输入字符串必须满足指定的长度范围。该校验器常用的参数为：fieldName、trim、maxLength 和 minLength。其中 fieldName 和 trim 含义与 requiredstring 校验器中对应的两个参数一致；可选参数 maxLength 和 minLength 分别指定输入的字符串的最大长度和最小长度。

整数校验器的名称为 int，要求字段中整数值必须在指定范围内。该校验器常用的参数为 fieldName、max 和 min。其中 fileName 含义与 requiredstring 校验器中的 fileName 一致；可选参数 max 和 min 分别用来指定被校验字段中整数的最大值和最小值。

类型转换校验器名称为 conversion，用于检测某个字段是否存在转换错误。常用的参数为：fieldName 和 repopulatedField。其中 fileName 含义与 requiredstring 校验器中的 fileName 一致；repopulatedField 用来指定类型转换错误时，是否保留字段的原始值，默认值为 true，即保留字段的原始值。

例如，代码 8-56 所示的 Actionl 类 StudentRegisterAction.java 所对应的字段校验器配置文件见代码 8-57，该配置中对属性 studentName 采用 requiredstring 校验器进行非空校验，对属性 studentNo 采用 stringlength 校验器进行字符串长度校验，对属性 age 采用 int 校验器进行输入范围校验，采用 conversion 校验器对属性 age 进行输入必须是数字型字符串校验。Action 的配置见代码 8-58，用户登录的视图页面见代码 8-59，校验成功后的视图页面见代码 8-60。在浏览器的地址栏中输入：http://localhost:8080/chap10-validator/WelcomeRegister.action。非空字符串校验、字符串长度校验和整数校验结果如图 8-29 所示，类型转换校验结果如图 8-30 所示。

代码 8-56　StudentRegisterAction.java。

```
public class StudentRegisterAction extends ActionSupport {
```

```
        private String studentName;
        private String studentNo;
        private int age;
        //省略属性的 set×××()和 get×××()方法
        public String execute() throws Exception {
            return SUCCESS;
        }
    }
```

代码 **8-57**　StudentRegisterAction-validation.xml。

```
<?xml version="1.0" encoding="UTF-8"?>
<!DOCTYPE validators PUBLIC" -//Apache Struts//XWork Validator 1.0.2//EN"
"http://struts.apache.org/dtds/xwork-validator-1.0.2.dtd">
<validators>
    <field name="studentName">
    <field-validator type="requiredstring">
        <message>姓名不能为空</message>
    </field-validator>
    </field>
    <field name="studentNo">
    <field-validator type="stringlength">
        <param name="maxLength">10</param>
        <param name="minLength">10</param>
        <message>学号必须是 10 位</message>
    </field-validator>
    </field>
    <field name="age">
    <field-validator type="int">
    <param name="min">15</param>
    <param name="max">100</param>
        <message>年龄必须在${min}到${max}之间</message>
    </field-validator>
    </field>
    <field name="age">
    <field-validator type="conversion">
    <param name="repopulateField">true</param>
        <message>年龄必须为整数</message>
    </field-validator>
    </field>
</validators>
```

代码 **8-58**　struts.xml。

```
<package name="default" namespace="/" extends="struts-default">
<action name="WelcomeRegister">
    <result>/studentRegister.jsp</result>
</action>
<action name="Register" class = "actions.StudentRegisterAction">
    <result name="success">/success.jsp</result>
    <result name="input">/studentRegister.jsp</result>
</action>
</package>
```

代码 **8-59**　studentRegister.jsp。

```
<%@ page language="java" import="java.util.*" pageEncoding="utf-8"%>
```

```
<%@ taglib prefix="s" uri="/struts-tags"%>
<html>
        <head>
        <title>学生信息注册</title>
        </head>
        <body>
        <s:form action = "Register">
                <s:textfield label="姓名" name="studentName"></s:textfield>
                <s:textfield label="学号" name="studentNo"></s:textfield>
                <s:textfield label="年龄" name="age"></s:textfield>
                <s:submit value="提交" align="center"></s:submit>
        </s:form>
        </body>
</html>
```

代码 8-60　success.jsp。

```
<%@ page language="java" import="java.util.*" pageEncoding="utf-8"%>
<%@ taglib prefix="s" uri="/struts-tags"%>
<html>
  <head>
    <title>成功注册</title>
  </head>
     <body>
        欢迎你${studentName}
     </body>
</html>
```

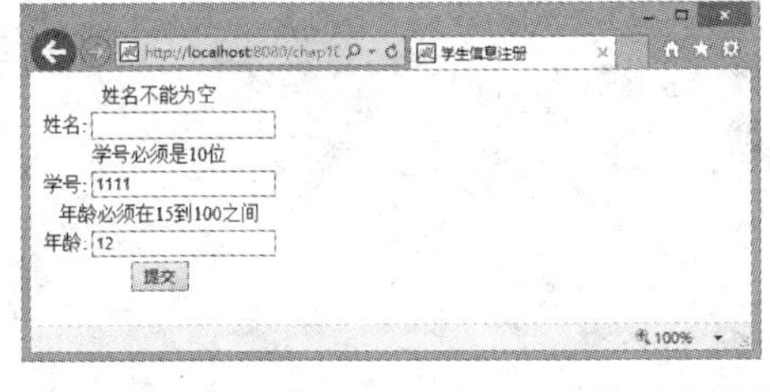

图 8-29　非空字符串校验、字符串长度校验和整数校验

图 8-30　转换校验

2．复合类型校验器

复合类型校验器的名称为 visitor，用于校验 Action 中定义的复合类型属性。visitor 校验器常用的参数为：fieldName、context 和 appendPrefix。其中 fieldName 用于指定需校验字段的名称，如果使用非字段校验器配置风格，则必须设置参数 fieldName；可选参数 context 用于指定校验器引用的上下文名称；可选参数 appendPrefix 用于为字段校验信息添加前缀内容。

例如，定义一个复合属性类 Student.java，代码见 8-61。代码 8-62 所示的 Action 类 VisitorRegisterAction.java 的复合属性 student 是 Student.java 的一个实例对象。对 VisitorRegisterAction.java 的复合属性 student 校验文件见代码 8-63，该检验器的参数 context 的值为 VisitorContext；由于 student 校验器 visitor 的参数 context 的值为 VisitorContext，则另一个校验文件命名为 student-VisitorContext-validation.xml，配置该文件目的是校验复合属性 student 的字段，student-VisitorContext-validation.xml 的配置内容与代码 8-57 内容完全一致。Action 的配置文件 struts.xml 内容见代码 8-64，校验的视图文件见代码 8-65。在浏览器的地址栏中

输入：http://localhost:8080/chap10-validator/WelcomeVisitorRegister.action。数据校验结果如 图 8-31 所示。

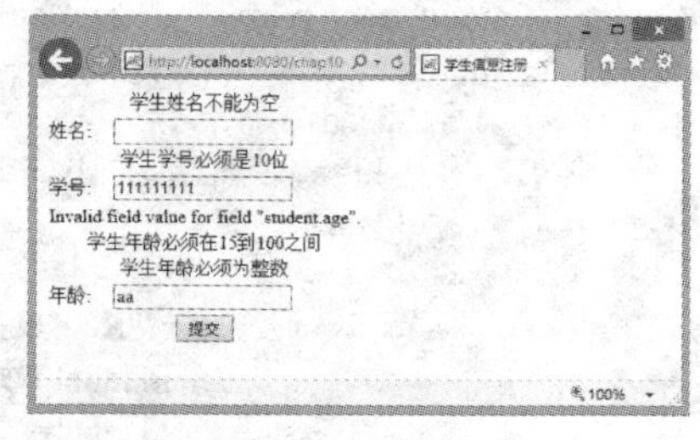

图 8-31　visitor 校验

代码 8-61　student.java。

```
public class Student {
        private String studentName;
        private String studentNo;
        private int age;
        //省略属性的 set×××()和 get×××()方法
}
```

代码 8-62　VisitorRegisterAction.java。

```
public class VisitorRegisterAction extends ActionSupport{
        private Student student;

        public Student getStudent() {
        return student;
        }
       public void setStudent(Student student) {
        this.student = student;
        }
        public String execute() throws Exception {
        return SUCCESS;
        }
}
```

代码 8-63　VisitorRegisterAction-validation.xml。

```
<?xml version="1.0" encoding="UTF-8"?>
<!DOCTYPE validators PUBLIC" -//Apache Struts//XWork Validator 1.0.2//EN"
"http://struts.apache.org/dtds/xwork-validator-1.0.2.dtd">
<validators>
       <field name="student">
       <field-validator type="visitor">
              <param name="context">VisitorContext</param>
              <param name="appendPrefix">true</param>
              <message>学生</message>
       </field-validator>
       </field>
</validators>
```

代码 8-64　struts.xml。

```
<?xml version="1.0" encoding="UTF-8" ?>
<!DOCTYPE struts PUBLIC "-//Apache Software Foundation//DTD Struts Configuration 2.1//EN"
       "http://struts.apache.org/dtds/struts-2.1.dtd">
<struts>
       <package name="default" namespace="/" extends="struts-default">
       <action name="WelcomeVisitorRegister">
              <result>/visitor/studentVisitorRegister.jsp</result>
       </action>
       <action name="VisitorRegister" class = "actions.VisitorRegisterAction">
              <result name="success">/success.jsp</result>
              <result name="input">/visitor/studentVisitorRegister.jsp</result>
       </action>
       </package>
```

```
</struts>
```

代码 8-65　studentVisitorRegister.jsp。

```
<%@ page language="java" import="java.util.*" pageEncoding="utf-8"%>
<%@ taglib prefix="s" uri="/struts-tags"%>
<html>
    <head>
    <base href="<%=basePath%>">
    <title>学生信息注册</title>
    </head>
    <body>
    <s:form action = "VisitorRegister">
        <s:textfield label="姓名" name="student.studentName"></s:textfield>
        <s:textfield label="学号" name="student.studentNo"></s:textfield>
        <s:textfield label="年龄" name="student.age"></s:textfield>
        <s:submit value="提交" align="center"></s:submit>
    </s:form>
    </body>
</html>
```

8.8.2　自定义校验器

如果 struts 2 内建的校验器不能满足校验需求时，可以自定义校验器。与内建校验器一样，自定义校验器需要一个校验类，校验类需要满足以下两个规则之一：

1）实现 com.opensymphony.xwork2.validator 接口或者继承其子类。

2）继承 com.opensymphony.xwork2.validator.validators.FieldValidatorSupport 类，重写 validate 方法。

例如，代码 8-66 所示的 MyValidator.java 通过继承 FieldValidatorSupport.java 实现一个自定义校验器，该校验器功能是判断校验字段的值与参数 school 是否相等，如果不等则校验失败。框架要知道用户自定义的校验器，必须注册该校验器，注册方法在 src 文件夹下新建 validators.xml 文件，该文件内容见代码 8-67。定义一个 Action 类 MyValidatorAction.java 见代码 8-68，该 action 的校验器配置文件引用自定义的校验器，指定校验器的参数 school 值为“西北农林科技大学”，内容见代码 8-69。Action 的配置文件见代码 8-70，测试视图页面见代码 8-71。在浏览器的地址栏中输入：http://localhost:8080/chap10-validator/WelcomeMy VisitorRegister.action。自定义校验的结果如图 8-32 所示。

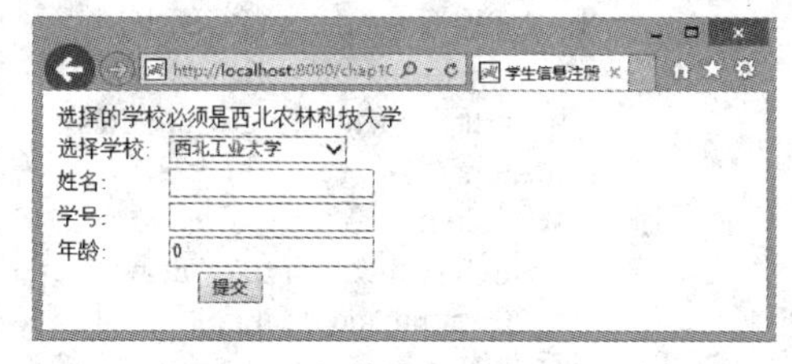

图 8-32　自定义校验

代码 8-66　MyValidator.java。

```
public class MyValidator extends FieldValidatorSupport {
    private String school;

    public String getSchool() {
    return school;
    }
    public void setSchool(String school) {
    this.school = school;
```

```
        }
        public void validate(Object arg0) throws ValidationException {
                String sch = super.getFieldName();
                System.out.println("filedName = " +sch);
                String value = (String)super.getFieldValue(sch, arg0);
                System.out.println("filedValue = " +value);

                if(!school.equals(value)){
                  super.addFieldError(super.getFieldName(), arg0);
                }
        }
}
```

代码 8-67 validators.xml。

```
<?xml version="1.0" encoding="UTF-8"?>
<!DOCTYPE validators PUBLIC
"-//OpenSymphony Group//XWork Validator Config 1.0//EN"
        "http://www.opensymphony.com/xwork/xwork-validator-config-1.0.dtd">
<validators>
    <validator name="myvalidator" class="actions.MyValidator"/>
</validators>
```

代码 8-68 MyValidatorAction.java。

```
public class MyValidatorAction extends ActionSupport{
        private String schoolName;
        private String studentName;
        private String studentNo;
        private int age;
      //省略属性的 set×××()和 get×××()方法
        public String execute() throws Exception {
        return super.SUCCESS;
        }
}
```

代码 8-69 MyValidatorAction-validation.xml。

```
<?xml version="1.0" encoding="UTF-8"?>
<!DOCTYPE validators PUBLIC
"-//Apache Struts//XWork Validator 1.0.2//EN"
"http://struts.apache.org/dtds/xwork-validator-1.0.2.dtd">
<validators>
        <field name="schoolName">
        <field-validator type="myvalidator">
        <param name="school">西北农林科技大学</param>
              <message>选择的学校必须是西北农林科技大学</message>
        </field-validator>
        </field>
</validators>
```

代码 8-70 struts.xml。

```
<?xml version="1.0" encoding="UTF-8" ?>
<!DOCTYPE struts PUBLIC "-//Apache Software Foundation//DTD Struts Configuration 2.1//EN"
      "http://struts.apache.org/dtds/struts-2.1.dtd">
<struts>
        <package name="default" namespace="/" extends="struts-default">
```

```
            <action name="WelcomeMyVisitorRegister">
                <result>/visitor/studentMyVisitorRegister.jsp</result>
            </action>
            <action name="MyVisitorRegister" class="actions.MyValidatorAction">
                <result name="success">/success.jsp</result>
                <result name="input">/visitor/studentMyVisitorRegister.jsp</result>
            </action>
            </package>
        </struts>
```

代码 8-71　studentMyVisitorRegister.jsp。

```
        <%@ page language="java" import="java.util.*" pageEncoding="utf-8"%>
        <%@ taglib prefix="s" uri="/struts-tags"%>
        <html>
            <head>
            <title>学生信息注册</title>
            </head>
            <body>
            <s:form action = "MyVisitorRegister">
                <s:select name = "schoolName" label ="选择学校" list="{'西安交通大学','西北工业大学','西
北农林科技大学','西北大学'}" emptyOption = "false" headerValue="--请选择--"></s:select>
                <s:textfield label="姓名" name="studentName"></s:textfield>
                <s:textfield label="学号" name="studentNo"></s:textfield>
                <s:textfield label="年龄" name = "age"></s:textfield>
                <s:submit value="提交" align="center"></s:submit>
            </s:form>
            </body>
        </html>
```

本章小结

本章首先概述了 Struts 2 工作原理及常用配置文件，并给出简单示例。探讨了 Struts 2 中 Action 实现的两种方式，以及 Action 配置的方法。讨论了 Struts 2 拦截器基本原理，Struts 2 中内建拦截器的使用方法，以及实现自定义拦截器的方法。接下来，介绍 OGNL 表达式在 Struts 2 框架中的使用，以及 Struts 2 中内建类型转换器和自定义类型转换器。Struts 2 标签库具有 4 大类标签，分别是数据标签、控制标签、表单标签和非表单标签，介绍了每一类标签使用方法，并给出相关的实例。输入校验是系统开发中必不可少的，因而本章还介绍了 Struts 2 中内建校验器及自定义校验器的实现方法。

本章未涉及国际化、Ajax、文件上传与下载等相关知识，相关知识请参考书籍[1][2]。

拓展阅读参考：

[1] 王伟平，等．Struts 2 完全学习手册[M]．北京：清华大学出版社，2011．

[2] 李刚．Struts 2 权威指南[M]．北京：电子工业出版社，2008．

第 9 章　Hibernate

大多数应用都需要对业务数据进行持久化（Persistence）处理，这样就允许一个数据的寿命可以超过创建它的应用程序。在面向对象应用中对应为对象序列化（Serialization）。当前，面向对象应用已成为主流，而业务数据仍采用关系型数据库进行持久保存。面向对象和关系这两种范型之间存在不匹配的情形，ORM （Object Relation Mapping，对象关系映射）可以从设计时和运行时两个方面缓解这种失配，而 Hibernate 正是实现 ORM 的众多技术框架之一。

9.1　数据持久化与 ORM

9.1.1　数据持久化

在面向对象应用中，业务数据都体现为系统中存在的对象，数据持久化也就对应为对象序列化，以便能在应用系统当机后继续操作和管理之前所产生或修改的业务数据。对象序列化就是将对象的状态信息转换为可以存储或传输的形式的过程。在序列化期间，对象将其当前状态写入到临时或持久性存储区。以后，可以通过从存储区中读取或反序列化对象的状态，重新创建该对象。为了使一个 Java 对象可以被序列化，其对应的类一般需要实现 Serializable 接口，也可以实现 Externalizable 接口以达到对序列化过程的定制。

为了防止程序运行过程中的信息丢失，就需将这些信息保存于文件（数据量小时）或数据库（数据量大时）中。将数据持久化到数据库有多种可选的技术方案。首先，可以在应用程序中直接调用数据库系统所提供的 API 来存取数据库中的业务数据，但这种方式对编程人员来说技术门槛有些高。相比较而言，使用 JDBC API 来完成数据持久化操作则非常简便，基于标准的 JDBC API 就可以完成对数据库的基本存取操作。但是，使用 JDBC 完成数据持久化操作的过程中会编写很多重复的代码。例如，不管进行什么样的操作都需要先连接数据库，建立语句对象，在执行完对数据库的操作之后需要关闭这些对象。而且，基于 JDBC API 存取数据库的应用中，直接硬编码了 SQL 语句，移植性不好。另外，在产生 SQL 语句时需要将对象的状态数据手工转换为 SQL 语句中相应的部分，而在处理 SQL 语句返回结果时又需要将记录集中的数据组装为相应对象。这样就存在很多冗余工作量，且损失了面向对象的很多优势。

鉴于 JDBC 所存在的缺陷，出现了通过封装 JDBC 操作以简化数据库访问并实现 ORM 的持久框架，如 TopLink、EclipseLink、OpenJPA、iBatis 等，而 Hibernate 就是其中使用非常广泛的一种。

9.1.2　ORM

面向对象的开发方法是当今企业级应用开发环境中的主流开发方法，关系数据库是企业级应用环境中永久存放数据的主流数据存储系统。对象和关系数据是业务实体的两种表现形式，业务实体在内存中表现为对象，在数据库中表现为关系数据。面向对象程序和关系型数据库这两种范型之间存在不匹配之处[1, p30-39]，包括如下。

- 粒度的问题。粒度是指使用对象的相对大小。对于对象和数据库表，粒度的问题意味着持久对象可以以不同的粒度来使用表和列，而表和列本身在粒度上存在固有的限制。比如，领域对象模型中从像“用户”这样的粗粒度的实体类到一个像“地址”这样的细粒度类，直到一个像“邮政编码”这样的简单的字符串属性值。相比之下，在数据库的级别中只有两种粒度的级别是可见的，即用户表和邮政编码列。
- 子类型的问题。在 Java 中，使用超类与子类实现业务类之间的继承关系，运行时也就存在多态性的可能。因此，子类型不匹配是指 Java 模型中的继承结构必须被持久化到关系型数据库中，而关系型数据库并没有提供一个支持继承和多态的策略。
- 同一性的问题。该问题当需要考虑两个对象并且检查它们是否是同一个对象时会遇到。Java 对象存在两种不同的相等概念：完全相等和值相等。而数据库行的同一性则使用主键值表示。主键通常是指不相同的几个对象同时表示了数据库中相同的行，既不必然等同于对象的完全相等，也不等同于对象之间的值相等。而且在持久化环境中，同一性与系统如何处理缓存和事务密切相关。
- 与关联有关的问题。面向对象的语言使用对象引用和对象引用的集合表示关联。在关系世界里，关联被表示为外键列。这两种表示之间存在细微的差异。对象引用具有固有的方向性，关联是指从一个对象到另一个对象的引用。外键并不通过固有的方向性进行关联。事实上，对关系数据模型来说导航没有任何意义，因为可以通过表连接和投射创建任意的数据关联。除了静态结构上的问题之外，关联还存在动态性的问题。
- 对象图导航的问题。使用 aObj1.getObj2().getObj3().getAttrb1()可以实现对象的嵌套访问，这也是最自然的面向对象数据的访问方式，通常亦被称为遍历对象图。根据实例间的关联，可以从一个对象导航到另一个对象。使用 SQL 有效访问关系数据通常需要在有关的表之间使用连接，在连接中包含的表的数量决定了可导航的对象图的深度，这种逐步的数据访问风格效率是比较低的，也就是所谓的 n+1 次连接问题。在 Java 与关系数据库中访问对象方式的不匹配，可能是基于 Java 的数据库应用中性能问题的一个最普遍的根源。

要解决上述的不匹配问题可能需要花费大量的时间和努力。据统计，在 Java 应用中编写的可能达到 30%的代码，主要的目的是为了处理对象—关系范型的不匹配。一个主要的代价在模型化方面。关系与对象模型必须包含相同的业务实体。通常的解决方案是扭曲对象模型直至与其对应的关系模型匹配为止，但代价是损失了许多对象方向的优点。为了解决这种不匹配的现象，对象关系映射（ORM）应运而生。

ORM 概念示意如图 9-1 所示。一方面，ORM 是一种规范，完成实体类结构到关系模式的映射（设计时）；另一方面，ORM 又是一种技术，完成数据库中关系记录和内存中实体对象之间的映射（运行时）。利用 ORM，可以在应用程序中既利用面向对象程序语言的现实业务直观性，又利用关系数据库管理复杂关系的优势。

一个 ORM 应用示例如图 9-2 所示。从该图中可清楚地看出，应用程序设计时，Book 实体类对应到数据表 th_book，实体类中的属性也映射为数据表中的相应字段。而在运行时，id 取值为 3 的一个 Book 对象实例则对应为表 th_book 中字段 id 同样取值为 3 的一条记录。

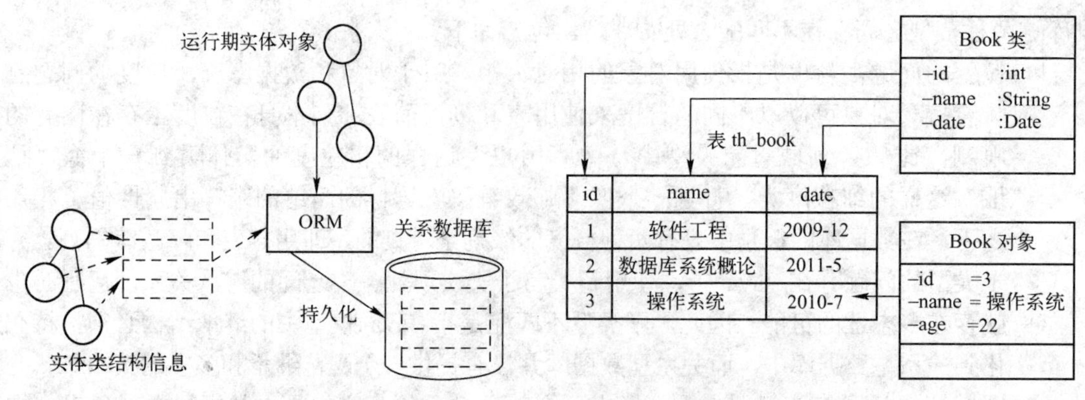

图 9-1 ORM 概念　　　　图 9-2 ORM 应用示例

ORM 框架有一个明显的好处就是使得 Java 开发人员可以避免使用杂乱的 SQL。ORM 框架的主要优点如下。

- 生产率：基于 ORM 框架，与持久化相关的冗长的 Java 代码可以省略掉，使得开发人员可以集中精力在关键业务问题上，从而极大提高开发效率。
- 可维护性：ORM 为面向对象模型和关系模型之间建立了一个缓冲，这样既允许充分利用面向对象特性表达业务领域模型，而又不至于太影响关系模型在持久层的使用。
- 可移植性：基于对应用程序的抽象，ORM 可以支持多种 SQL 方言和不同数据库，ORM 框架本身也独立于技术提供商，这给应用程序带来一定程度的可移植性。

9.2 Hibernate 简介

9.2.1 简介

Hibernate 是 JBoss 社区一个开放源代码的 ORM 框架，对 JDBC 进行了轻量级的对象封装，简化了 JDBC 和 SQL 编码，支持便利地使用 OO 思想对关系型数据库进行操作。Hibernate 可以应用在任何使用 JDBC 的场合，既可以在 Java 客户端程序使用，也可以在基于 Java 的 Web 应用中使用。

鉴于 EJB 实体 Bean 在 Java EE 持久层的不佳表现，于是 2001 年正式发布的第一个 Hibernate 版本就成为了焦点。最具革命意义的是，Hibernate 可取代 CMP（Container-Managed Persistence，容器管理存储）完成数据持久化的重任。2003 年发布的 Hibernate 2 支持大多主流数据库，提供了完善的数据关联、事务管理、缓存管理、延迟加载机制等，为 Hibernate 的成功奠定了基石。2005 年发布的 Hibernate 3 对 Hibernate 2 做了完善，在灵活性和可扩展性上进一步增强。Hibernate 现已成为 Java EE 持久化规范 JPA 的一种具体实现。

现如今，Hibernate 已经发展成为一个相关项目的集合，这些项目使得开发者可以在其应用中使用提供包括 ORM 在内的多种支持（如全文检索、基于注解的约束验证、数据水平分区、实体版本监控、NoSQL 数据存储等）的 POJO 风格的域模型。另外，需要指出的是 Hibernate 还支持.NET。Hibernate 项目体系如图 9-3 所示。

位于应用和数据库之间的 Hibernate 如图 9-4 所示。从该图中可看出，应用程序以持久对象实例维护程序的状态，而持久数据则以记录的形式保存在关系型数据库中。Hibernate 则作为面向对象应用程序和关系型数据库之间的桥梁，维护着对象和关系之间的映射。这种映射可以从两个角度来理解：在设计时，Hibernate 作为 ORM 框架实现，将应用程序业务持久类及类属性映射为关系数据库中的关系表和字段；在运行时，Hibernate 则维护着持久对象实例和关系数据库中关系记录之间的映射。

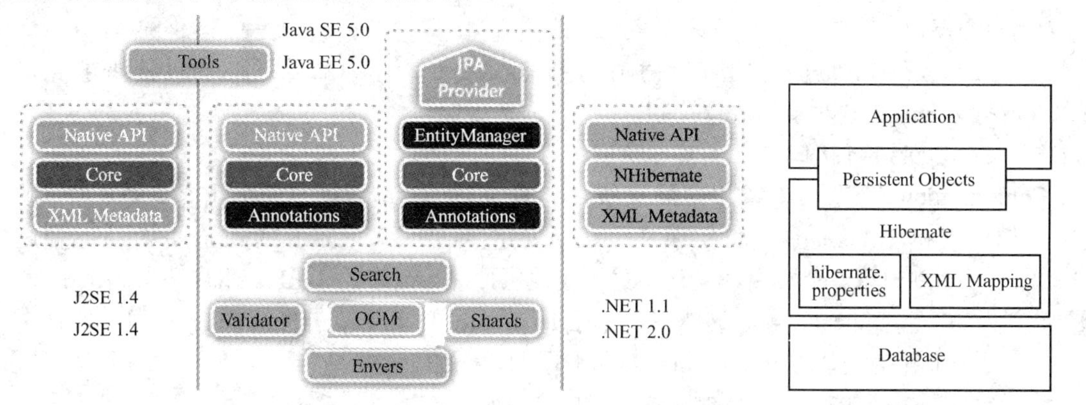

图 9-3　Hibernate 项目体系　　　　图 9-4　处于应用和数据库之间的 Hibernate

9.2.2 Hibernate 框架与接口

处于分层架构中的 Hibernate 接口 API 如图 9-5 所示。Hibernate 接口大致可以分为如下几类：核心接口、回调接口、类型接口和扩展接口。

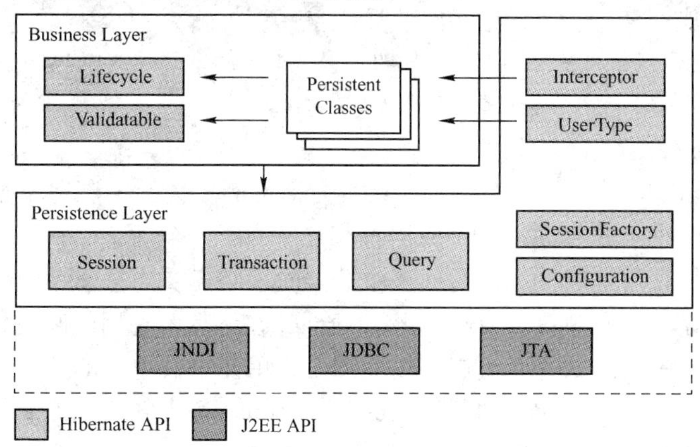

图 9-5　处于分层架构中的 Hibernate 接口 API

其中，核心接口又可以分为由应用调用以完成基本的增查改删（即 CRUD, Create –新增、Retrieve –检索、Update –修改、Delete –删除）、查询操作的接口（如 Session、Transaction 和 Query）和由应用的底层代码调用的接口（如 Configuration 和 SessionFactory）；回调接口允许应用对 Hibernate 内部出现的事件进行处理（如 Interceptor、Lifecycle 和 Validatable）；类型接口允许用户增加定制的数据类型（如 UserType 和 CompositeUserType）；扩展接口对 Hibernate 强大的映射功能进行扩展，扩展点包括主键生成（如 IdentifierGenerator）、SQL 方言（如 Dialect）、缓存策略（如 Cache 和 CacheProvider）、JDBC 连接管理（如 ConnectionProvider）、事务管理（如 TransactionFactory、Transaction 和 TransactionManagerLookup）、ORM 策略（如 ClassPersister）、属性访问策略（如 Property Accessor）和代理创建（如 ProxyFactory）。

Hibernate 使用了许多现有的 Java API，包括 JDBC、Java 事务 API（JTA）、Java 命名和目录接口（JNDI）。JDBC 为关系数据库的共同功能提供了一个基本级别的抽象，允许几乎所有具有 JDBC 驱动的数据库被 Hibernate 支持。JNDI 和 JTA 允许 Hibernate 与 J2EE 应用服务器进行集成。Hibernate API 方法的详细语义可参考 net.sf.hibernate 包或者相关 API 指南。

1．核心接口

Hibernate 提供的 5 个核心接口几乎在每个 Hibernate 应用中都会用到。使用这些接口，可以存取持久对象或者对事务进行控制。

（1）Configuration 接口

Configuration（配置）对象用来配置和引导 Hibernate。应用使用一个配置实例来指定映射文件的位置和 Hibernate 的特定属性，然后创建会话工厂。Configuration 是在开始使用 Hibernate 时遇到的第一个对象，其几个关键属性包括：数据库的 URL、用户和密码、JDBC 驱动类以及方言（Dialect）等，这些属性可在 hibernate.cfg.xml 或 hibernate.properties 文件中设定。基于默认配置得到 Configuration 对象的示例代码如下：

```
Configuration config = new Configuration().config();
```

基于指定的 XML 配置文件得到 Configuration 对象的示例代码如下：

```
File confFile = new File("configs\\myhibernate.cfg.xml");
Configuration config = new Configuration().config(confFile);
```

基于 hibernate.properties 文件得到 Configuration 对象的示例代码如下：

```
Configuration config = new Configuration();
config.add(Member.class);   //Member.class 为需要导入的实体类 POJO
```

🕮 hibernate.properties 文件是默认读取的。hibernate 启动时会先查找 hibernate.properties，然后再读取 hibernate.cfg.xml。当存在冲突时，后者会覆盖前者的设定。

（2）SessionFactory 接口

应用从 SessionFactory（会话工厂）里获得会话实例。会话工厂并不是轻量级的，可以在多个应用线程间共享。典型的，整个应用只有唯一的一个会话工厂——例如在应用初始化时被创建。如果应用使用 Hibernate 访问多个数据库，则需要为每一个数据库使用一个会话工厂。会话工厂缓存了生成的 SQL 语句和 Hibernate 在运行时使用的映射元数据，同时也保存了在一个工作单元中读入的并且可能在以后的工作单元中被重用的数据（只有类和集合映射指定了需要这种二级缓存时才会如此）。SessionFactory 负责创建 Session 实例，可以通过 Configuration 实例来创建 SessionFactory 如下：

```
SessionFactory sessionFactory = config.buildSessionFactory();
```

（3）Session 接口

Session（会话）接口是 Hibernate 应用使用的主要接口。会话接口的实例是轻量级的并且创建与销毁的代价也不高。Hibernate 会话是一个介于连接和事务之间的概念，可以简单地认为会话是对于一个单独的工作单元已装载对象的缓存或集合。Hibernate 可以检测到这个工作单元中对象的改变，因为 Hibernate 会话也是与持久性有关的操作。例如，存储和取出对象的接口，有时也将其称为持久性管理器。Hibernate 会话并不是线程安全的，因此应该被设计为每次只能在一个线程中使用。

🕮 注意 Hibernate 会话与 Web 层的 HttpSession 会话的区别。有时，将 HttpSession 称为用户会话。如不特别说明，本章中的会话为 Hibernate 会话。

由 SessionFactory 创建 Session 实体的代码如下：

```
Session session = sessionFactory.opernSession();
```

通过调用 Session 接口提供如 save()、get()、update()、delete()等方法，可以透明地完成实体对象的 CRUD。调用 Session 接口对象的 save()方法新增实体对象如下：

```
//新增实体对象 member
Member member = new Member("Zhangsan", "123456");
session.save(member);
```

调用 Session 接口对象的 get()方法检索实体对象如下：

```
//检索 id 为 1 的 Member 实体对象
Member member = session.get(Member.class, new Integer(1));
```

调用 Session 接口对象的 update()方法更新实体对象如下：

```
//修改实体对象 member，将其 username 属性更新为“Lisi”
member.setUsername("Lisi");
session.update(member);
```

调用 Session 接口对象的 delete()方法删除实体对象如下：

```
//删除 id 为 1 的 Member 实体对象
Member member = session.get(Member.class, new Integer(1));
session.delete(member);
```

（4）Query 接口

Query（查询）接口允许在数据库上执行查询并控制查询如何执行。查询使用 HQL 或者本地数据库的 SQL 方言编写。查询实例用来绑定查询参数、限定查询返回的结果数，并且最终执行查询。查询实例是轻量级的并且不能在创建它的会话之外使用。由 Session 创建 Query 实例如下：

```
String hql = "from Customer c where c.username = 'Zhangsan'"
Query query = session.createQuery(hql);
```

Query 接口提供的一些主要方法及其用法将在 10.5.1 节中阐述。

📖 Session 接口中所支持的实体 CRUD 操作，Query 接口同样都可以支持。只是 Query 接口所提供的方法支持更为复杂的数据查询、批量更新和删除等实体操作。

（5）Transaction 接口

Transaction（事务）接口是一个可选的 API，Hibernate 应用可以在自己的底层代码中管理事务。事务将应用代码从下层的事务实现中抽象出来，这样有助于保持 Hibernate 应用的可移植性。Hibernate 支持两种事务处理机制：JDBC 事务和 JTA 事务，默认为 JDBC 事务。通过配置文件设定 Hibernate 事务处理类型为 JTA 事务，代码如下：

```
<session-factory>
<property name = "hibernate.transaction.factory_class">
  net.sf.hibernate.transaction.JTATransactionFactory
        <!-- net.sf.hibernate.transaction.JDBCTransactionFactory -->
    </property>
</session-factory>
```

关于 JDBC 事务和 JTA 事务的区别，以及在 Hibernate 中如何具体使用这两种事务处理类型，可以参考 Hibernate 高级特性。

2．回调接口

当一个对象被装载、保存、更新或删除时，回调接口允许应用可以接收到相应事件通知。

Hibernate 应用并不必须实现这些回调，但是在实现特定类型的功能（如创建审计记录）时却非常有用。接口 Lifecycle 和 Validatable 允许持久对象对与其有关的生命周期事件做出响应。引入接口 Interceptor 是为了允许应用处理回调而又不用强制持久类实现 Hibernate 特定的 API。

3．类型接口

一个基础的并且非常强大的体系结构元素是 Hibernate 类型的概念，Hibernate 的类型对象将一个 Java 类型映射到数据库字段的类型。持久类所有的持久属性（包括关联）都有一个对应的 Hibernate 类型，这种设计使 Hibernate 变得极端灵活并易于扩展。内建类型的范围非常广泛，覆盖了所有的 Java 基础类型和许多 JDK 类，包括 java.util.Currency，java.util.Calendar，byte[]和 java.io.Serializable。另外，Hibernate 还支持用户自定义类型，这也是 Hibernate 的重要特征。其提供的 UserType 和 CompositeUserType 接口允许增加定制类型。使用该特征，应用使用的公共类如 Address、Name 或 MonetaryAmount 就可以方便地进行处理了。

4. 扩展接口

Hibernate 提供的大多数功能都是可配置的，允许在一些内置的策略中进行选择。当内置策略不能满足需要时，Hibernate 通常会允许通过实现一个接口来插入定制实现。

9.3　第一个 Hibernate 应用

本节以一个简单的 Hibernate 程序为例，初步说明 Hibernate 应用的开发步骤。该程序比较简单，仅仅实现用户注册功能。程序使用 Hibernate 添加一个用户，并利用 Hibernate 保存和查询数据，即保存提交的用户名和密码，然后基于用户名从数据库中查询用户名和密码信息并显示在页面上。该 Hibernate 应用程序的工作流程如图 9-6 所示。

Hiberante 启动初始化，读取 hibernate.cfg.xml（文件名默认是 hiberante.cfg.xml，可以更改，且该配置文件名在 HibernateSessionFactory 中表现为一个常量即 CONFIG_FILE_ LOCATION)。通过全局静态变量，运行于单例模式状态下。需要进行数据库操作时，通过 HibernateSession Factory 取得单例的 SessionFactory，工厂的建立是通过读取 CONFIG_FILE_ LOCATION 常量的配置文件来确定运行状态以及与数据源的连接参数，进而产生 sessionFactory。当需要通过 hibernate 与数据库进行交互时，sessionFactory 生产一个 session 与数据源进行会话。Hibernate 对 DBMS 的操作不是线程安全的，所以 Hibernate 中对数据源的每次操作都需要申请一个 session。至此，数据源连接已经完成，那么后续需要将内存中的数据写入数据库系统，开启一个事务，然后进行数据库操作，成功执行，事务结束，同时关闭 session。

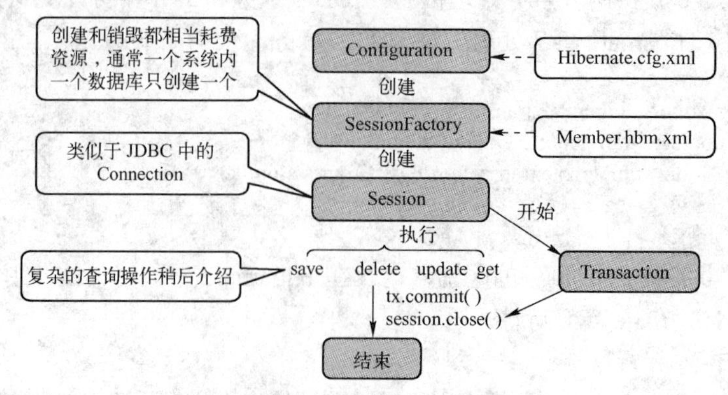

图 9-6　Hibernate 应用程序的工作流程

9.3.1 创建数据库

在 MySQL 6.0 数据库中创建名为 acc 的数据库，并在其下创建表 member。数据表 member 的结构如表 9-1。

表 9-1 表 member 的结构

字段	类型	说明
id	int(3)	主键，自动增长
username	varchar(20)	字符类型，用户名
password	varchar(20)	字符类型，用户密码
resume	text	TEXT 类型，简介
photo	blob	BLOB 类型，照片
createdDate	datetime	日期时间类型，创建日期

在 MySQL 6.0 中创建 member 表的语句如下：

```
create table member (
        id int(3) unsigned NOT NULL auto_increment,
        username varchar(20),
        password varchar(20),
        resume text,
        photo blob,
        createdDate date,
        primary key(id)
);
```

9.3.2 创建 Hibernate 项目

在 MyEclipse 中创建一个名为 FirstHibernateWebApp 的 Web 工程项目，然后在该项目中添加对 Hibernate 的支持（单击“Add Hibernate Capabilities…”），如图 9-7 所示，这主要是为该项目导入 Hibernate 相关 JAR 包，并在集成开发环境 MyEclipse 中提供一些便利的开发支持。

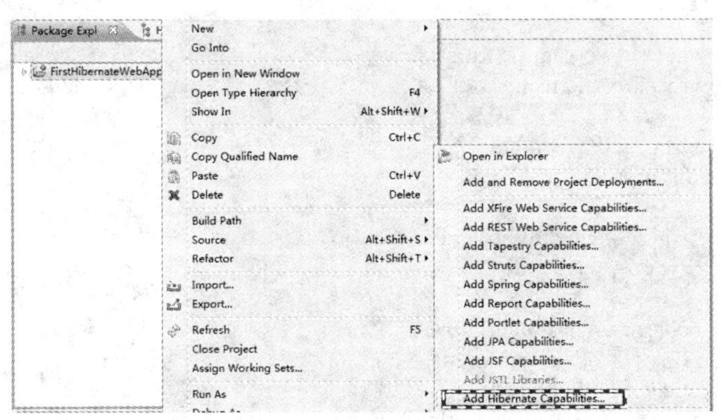

图 9-7 在 MyEclipse 中为应用程序添加 Hibernate 支持

MyEclipse 为项目添加 Hibernate 支持时，将会导入 Hibernate 的相关 JAR 包。不同版本的 Hibernate 导入的包会稍有区别。如采用 Hibernate 3.3，则至少应包括的 JAR 包如表 9-2 所示。如未采用 MyEclipse 的添加 Hibernate 支持，则需要手工导入这些 JAR 包。另外，对于所有基于 JDBC 的应用来说，需要导入相应数据库的 JDBC 驱动包。MYSQL 的 JDBC 驱动包为 mysql-connector-java-5.1.22-bin.jar。

表 9-2　Hibernate 3.3 的基本 JAR 包

库 模 块	JAR 包
Hibernate 3.3 Core Libraries	cglib-2.2.jar, javassist-3.9.0.GA.jar, antlr-2.7.6.jar, commons-collections-3.1.jar, hibernate3.jar, jta-1.1.jar, ehcache-1.2.3.jar, slf4j-api-1.5.8.jar, slf4j-log4j12-1.5.8.jar, log4j-1.2.14.jar, dom4j-1.6.1.jar
Hibernate 3.3 Annotations & Entity Manager	hibernate-annotations.jar, hibernate-commons-annotations.jar, hibernate-entitymanager. jar, hibernate-validator.jar, ejb3-persistence.jar

9.3.3　创建持久化类

持久化类的实例会被 Hibernate 持久化到数据库中，因而要求持久化类符合 JavaBean 规范。通常，可持久化类是一最简单的 POJO（Plain Ordinary Java Object，普通 Java 对象），要求每个类必须提供一个无参构造方法，最好实现 Serializable 接口以及重载 hashCode()和 equals()方法。定义一个名为 Member 的持久化类的代码如代码 9-1 所示。

代码 9-1　Member.java-Hibernate 实体类 Member。

```
//Member.java
package vo;
public class Member implements java.io.Serializable {
      private Integer id;                //属性 id
      private String username;           //属性 username
      private String password;           //属性 password
      public Member() {                  //无参构造方法
      }
      public Integer getId() {
      return this.id;
      }
      public void setId(Integer id) {
      this.id = id;
      }
      public String getUsername () {
      return this.username;
      }
      public void setUsername (String username) {
      this.username = username;
      }
      public String getPassword() {
      return this.password;
      }
      public void setPassword(String password) {
      this.password = password;
      }
      public boolean equals(Object other) {
            if (this == other) return true;
            if (id == null) return false;
            if (!(other instanceof Member)) return false;
            return this.id.intValue() == other.getId().intValue();
      }
      public int hashCode() {
            return this.id == null ? System.identityHashCode(this) : this.id.hashCode();
      }
}
```

这里，持久化类 Member 中的属性 id 为对象标识符，用于唯一标识 Member 类的每个对象实例。关于以 annotation 创建 Hibernate 实体的方式，可以参考后续 JPA 部分的 13.2.2 节。

9.3.4 编写 Hibernate 映射文件

Hibernate 采用 XML 文件来指定对象和关系数据之间的映射关系。在运行时，Hibernate 基于该映射文件来生成各种 SQL 语句。持久化类 Member 的映射文件如代码 9-2 所示。

代码 9-2 member.hbm.xml-Hibernate 实体类 Member 的映射文件。

```
<?xml version="1.0" encoding="utf-8"?>
<!DOCTYPE hibernate-mapping PUBLIC "-//Hibernate/Hibernate Mapping DTD 3.0//EN"
"http://hibernate.sourceforge.net/hibernate-mapping-3.0.dtd">
<hibernate-mapping>
    <class name="vo.Member" table="member" catalog="acc">
        <id name="id" type="java.lang.Integer">
            <column name="id" />
            <generator class="native" />
        </id>
        <property name="username" type="java.lang.String">
            <column name="username" length="20" />
        </property>
        <property name="password" type="java.lang.String">
            <column name="password" length="20" />
        </property>
    </class>
</hibernate-mapping>
```

上面的 Hibernate 映射文件中，第一行为 XML 的版本和编码的声明。第二、三行是 DTD 的声明。<class>元素用来指定类和表的映射，其 name 属性指定全路径类名，table 属性指定表名（如未指定，Hibernate 将直接以类名为数据表名），catalog 属性则指定数据库名。子元素<id>为类的主键属性和列之间的映射，而<property>为类的一般属性和列之间的映射。

9.3.5 编写 Hibernate 配置文件

连接数据库的信息（如数据库的用户名、密码等）以及 Hibernate 属性、待映射的实体等在 Hibernate 配置文件中进行设定。本例的 Hibernate 配置文件如代码 9-3 所示。

代码 9-3 hibernate.cfg.xml-Hibernate 配置文件。

```
<?xml version='1.0' encoding='UTF-8'?>
<!DOCTYPE hibernate-configuration PUBLIC
          "-//Hibernate/Hibernate Configuration DTD 3.0//EN"
          "http://hibernate.sourceforge.net/hibernate-configuration-3.0.dtd">
<!-- Generated by MyEclipse Hibernate Tools. -->
<hibernate-configuration>
    <session-factory>
    <property name="dialect">
        org.hibernate.dialect.MySQLDialect
    </property>
    <property name="connection.url">
        jdbc:mysql://localhost:3306/acc
    </property>
    <property name="connection.username">root</property>
    <property name="connection.driver_class">
        com.mysql.jdbc.Driver
```

```
        </property>
        <property name="myeclipse.connection.profile">
            SSH_Test
        </property>
        <property name="show_sql">true</property>
            <mapping resource="vo/member.hbm.xml" />
        </session-factory>
</hibernate-configuration>
```

其中，<hibernate-configuration>声明的是一个 Hibernate 配置，而<session-factory>则是关联于特定数据库全局的会话工厂。<session-factory>中的子元素内容依次声明如下：登录数据库的用户名和密码、连接数据库的 URL、数据库方言、JDBC 驱动类相关 Hibernate 设定（这里设定为在运行时显示 Hibernate 操作所对应的 SQL 语句，以供查看和跟踪程序的运行情况）以及 ORM 信息文件等。

9.3.6 编写 SessionFactory 和 DAO 文件

Session (org.hibernate.Session)是 Hibernate 中面向开发人员的最主要和最常用的接口之一，负责对象的存取。通过 Configuration(org.hibernate.Configuration)和 SessionFactory (org.hibernate.SessionFactory)对象，可以创建新的 Session 对象。而有了 Session 对象，就可以以面向对象的方式保存、获取、更新和删除对象了。定义一个名为 HibernateSessionFactory 的 SessionFactory 类，如代码 9-4 所示。

代码 9-4 HibernateSessionFactory.java-Hibernate 会话工厂。

```
//HibernateSessionFactory.java
package hs;
import org.hibernate.*;
import org.hibernate.cfg.Configuration;
public class HibernateSessionFactory {
    private static String CONFIG_FILE_LOCATION = "/myHibernate.cfg.xml";
    private static final ThreadLocal<Session> threadLocal = new ThreadLocal<Session>();
    private static Configuration configuration = new Configuration();
    private static org.hibernate.SessionFactory sessionFactory;
    private static String configFile = CONFIG_FILE_LOCATION;
    static {
    try {
        configuration.configure(configFile);
        sessionFactory = configuration.buildSessionFactory();
    } catch (Exception e) {
        System.err.println("%%%% Error Creating SessionFactory %%%%");
        e.printStackTrace();
    }
    }
    private HibernateSessionFactory() {
    }
    public static Session getSession() throws HibernateException {          //获取 Session
    Session session = (Session) threadLocal.get();
    if (session == null || !session.isOpen()) {
        if (sessionFactory == null) {
            rebuildSessionFactory();
        }
        session = (sessionFactory != null) ? sessionFactory.openSession()
```

```
                    : null;
            threadLocal.set(session);
        }
        return session;
        }
        public static void rebuildSessionFactory() {                    //重建 sessionFactory
        try {
            configuration.configure(configFile);
            sessionFactory = configuration.buildSessionFactory();
        } catch (Exception e) {
            System.err.println("%%%% Error Creating SessionFactory %%%%");
            e.printStackTrace();
        }
        }
        public static void closeSession() throws HibernateException {   //关闭 Session
        Session session = (Session) threadLocal.get();
        threadLocal.set(null);
        if (session != null) {
            session.close();
        }
        }
        public static org.hibernate.SessionFactory getSessionFactory() {  //获取 sessionFactory
        return sessionFactory;
        }
        public static void setConfigFile(String configFile) {           //设定 Hibernate 配置文件
        HibernateSessionFactory.configFile = configFile;
        sessionFactory = null;
        }
        public static Configuration getConfiguration() {                //获取 Hibernate 配置
        return configuration;
        }
}
```

该段代码用来根据配置文件 myHibernate.cfg.xml 创建 SessionFactory 类，如配置文件为位于缺省位置的 hibernate.cfg.xml，则无需调用 Configuration 的 configure()方法。接下来，由 SessionFactory 对象创建 Session 对象。DAO 类 MemberDAO 如代码 9-5 所示。

代码 9-5 MemberDAO.java-Hibernate 实体 Member 的 DAO。

```
//MemberDAO.java
package dao;
import vo.*;
import hs.*;
import java.util.List;
import org.hibernate.*;
public class MemberDAO {
    public void save(Member transientInstance) {                 //保存对象
    try {
        getSession().save(transientInstance);
    } catch (RuntimeException re) {
        throw re;
    }
    }
    //由属性获取对象
    public List<Member> findByProperty(String propertyName, Object value) {
```

```
        try {
                String queryString = "from Member as model where model."
                                + propertyName + "= ?";
                Query queryObject = getSession().createQuery(queryString);
                queryObject.setParameter(0, value);
                return queryObject.list();
        } catch (RuntimeException re) {
                throw re;
        }
        }
        public Session getSession() {
                return HibernateSessionFactory.getSession();
        }
}
```

基于 MVC 模式，DAO 和 VO（这里是指持久化类）为模型层。DAO 用于数据库的存取。其中，save()方法用来保存一个 Member 对象，而 findByProperty()则用于根据 Member 属性及属性值查询所有符合条件的 Member 对象。

9.3.7 编写 HTML 页面和 jsp 文件

一个简单表单 hmtl 页面 index.html 如代码 9-6 所示。

代码 9-6 index.html-含有简单表单的 HTML 页面。

```
<html>
<head><title>index.html</title></head>
<body>
<form id = "form1" name = "form1" method = "post" action = "submit.jsp">
<br>用户名：<input name = "username" type = "text" id = "username">
<br>密码：<input name = "password" type = "password" id = "password">
<br><input name = "Submit" type = "submit"value = "提交">
</form>
</body>
</html>
```

submit.jsp（如代码 9-7 所示）接收 index.html 提交过来的用户名和密码，并将其封装为 Member 对象，然后调用 MemberDAO 对象的 save()方法保存该 Member 对象。随后再调用 MemberDAO 对象的 findByProperty()方法，根据 username 属性查询符合条件的所有 Member 对象。

代码 9-7 submit.jsp-表单页面处理 JSP 文件。

```
<%@ page language = "java" import = "java.util.*, hi.*, vo.* " pageEncoding = "gb2312" %>
<%!
        public static String codeString(String s) {                 //乱码处理
                String str = s;
                try {
                        byte b[] = str.getBytes("iso-8859-1");
                        str = new String(b, "utf-8");
                        return str;
                } catch(Exception e) {
                        e.printStackTrace();
                        return null;
                }
        }
%>
<%
```

```
        String username = codeString(request.getParameter("username"));        //获取用户名
        String password = codeString(request.getParameter(" password"));       //获取密码
        MemberDAO memberDAO = new MemberDAO();
        Member member = new Member();                                           //封装
        member.setUsername(username);
        member.setPassword(password);
        memberDAO.save(member);                                                 //调用方法保存对象
        out.print("注册成功<br>");
        List l = memberDAO.findByProperty("username", username);                //从数据库中加载对象
        Iterator it = l.iterator();
        if(it.hasNext()) {
            Member m = (Member)it.next();
            out.print("用户名：" + m.getUsername() + "<br>");
            out.print("密码：" + m.getPassword() + "<br>");
        } else {
            out.print("数据库中不存在该用户！");
        }
%>
```

9.3.8 构建、部署并运行程序

构建基于 Hibernate 的 Web 工程，并将其部署到 JBoss（或 Tomcat）服务器上。在浏览器的 URL 栏中输入 http://localhost:8080/FirstHibernateWebApp/index.html，得到页面如图 9-8 所示。输入用户名和密码并提交后，得到结果页面如图 9-9 所示。

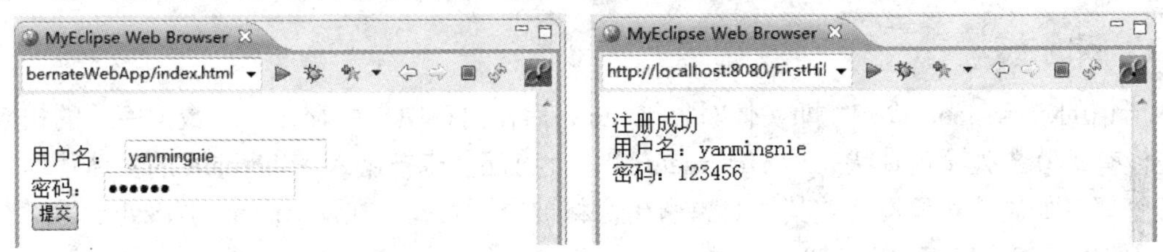

图 9-8　应用程序的数据输入页面　　　　图 9-9　应用程序的运行结果页面

9.3.9 基于 MyEclipse 的 Hibernate 反向工程

MyEclipse 还提供了基于 Hibernate 的反向工程功能，如图 9-10 所示，亦即由数据表反向自动生成 Hibernate 的 SessionFactory、DAO、实体类及配置，以及 Hibernate 配置文件。具体步骤可以参考“Hibernate Reverse Engineering …”功能的操作向导。

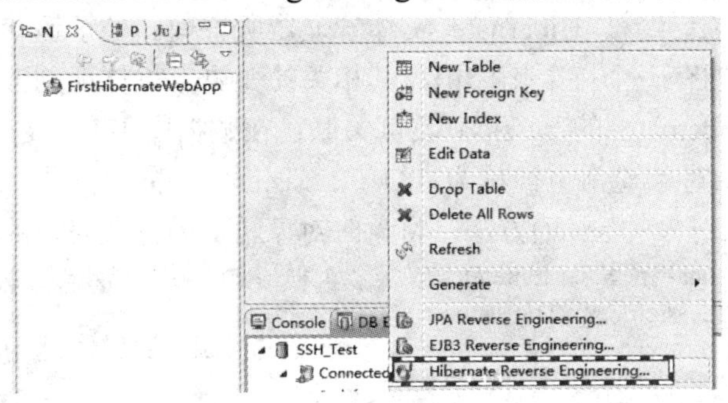

图 9-10　MyEclipse 中对 Hibernate 反向工程的支持

9.4 实体状态及持久化操作

在 Hibernate 应用中，持久化实体对象的生命周期是一个很关键的概念，而所谓的 Hibernate 实体对象的生命周期就是指 Hibernate 实体对象由被创建到被 JVM 的垃圾回收器（Garbage Collection，GC）回收所经历的一段过程。Hibernate 实体对象在其生命周期内具有四种状态：瞬时态（Transient）、持久态（Persistent）、脱管态（Detached）和移除态（Removed）。Hibernate 实体对象的状态变迁则由 Hibernate 实体管理操作（即 CRUD）等触发。Hibernate 实体对象的状态以及触发状态变迁的实体管理操作如图 9-11 所示。

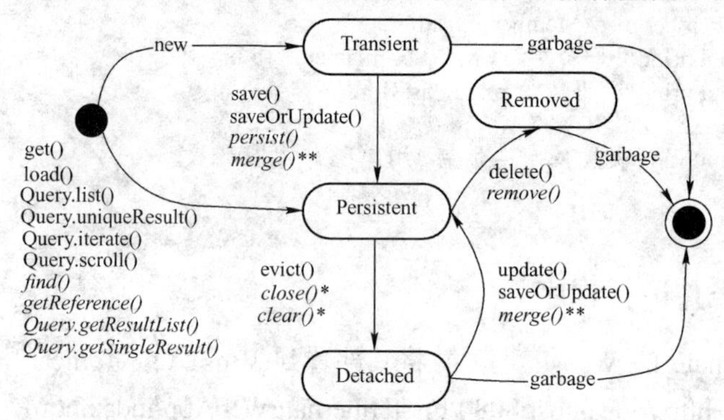

图 9-11　Hibernate 实体对象的状态以及触发状态变迁的实体管理操作

9.4.1 瞬时态

所谓的 Transient 状态，即实体对象被 new 后在内存中自由存在，与数据库中的相应记录还没有关联。处于这种状态的 Hibernate 实体此时还并未被纳入 Hibernate 的实体管理容器进行管理。如果该对象没有被其他对象引用，将被垃圾回收。在 Java EE 中，处于瞬时态的对象被称为 VO（Value Object）。形如：

```
Customer customer = new Customer();          //此时的 customer 为瞬时态的对象
Customer.setName("Zhangsan");
```

在 Hibernate 中，可以通过 Session 接口对象的 save()或 saveOrUpdate()等方法将瞬态的对象与数据库进行关联，并将数据对应插入数据库中，这样该瞬时对象就转变成持久态的对象。

9.4.2 持久态

持久态的实体对象已经被 Hibernate 实体管理器所管理。处于该状态的对象在数据库中具有对应的记录，并拥有一个持久化标识，其相关的变更也将体现到数据库中。持久态对象具有两个特点：和 Hibernate 的 session 实例关联；在数据库中有与之关联的记录。在 Java EE 中，处于持久态的对象通常也被称为 PO（Persistent Object），与一个持久化上下文相关联。通过 Session 接口对象的 save()方法，将瞬时对象转变为持久对象的示例代码如下：

```
Customer customer = new Customer();          //此时的 customer 对象处于瞬时态
Transaction tr = session.beginTransaction();
session.save(customer);                      //customer 转变为持久态的对象
tr.commit();
Transaction tr2 = session.beginTransaction();
customer.setName("Lisi");                    //对 customer 对象的修改将体现到数据库的相应记录中
```

```
tr2.commit();                                   //提交修改
```

除此之外，通过 load()等 Session 接口对象的方法和 list()、getResultList()等 Query 接口对象的方法，也可以基于数据库中的相关记录创建纳入 Hibernate 实体管理器所管理的处于持久态的实体对象，形如：

```
Customer c = session.load(Customer.class, new Long(1));          //此时 customer 为持久对象
```

调用 Session 接口对象的 delete()方法，对应的持久对象就会变成瞬时对象。相应的事务提交后，数据库中的对应数据也将被删除，该对象不再与数据库的记录关联。调用 Session 接口对象的 close()、clear()或 evict()方法，持久对象转变成脱管对象。此时，该对象虽然具有数据库识别值，但已不在 Hibernate 的管理之下。

9.4.3 脱管态

持久实体对象在其对应的 Session 关闭后，就处于脱管态。这里，脱管态中的“脱管”与“托管（Managed）”相对，而持久态就对应为“托管”态，亦即实体对象被 Hibernate 实体管理器所管理。Session 接口对象类似于持久态对象的一个宿主，一旦宿主 Session 失效，该实体对象就处于托管态。脱管对象具有两个特点：

1）本质上与瞬时对象相同，在没有任何变量引用它时，JVM 会在适当的时候将其回收。

2）比瞬时对象多了一个数据库记录标识值。脱管对象的属性不与数据库中相关记录同步。在 Java EE 中，处于脱管态的对象亦被称为 VO（Value Object）。

当处于脱管态的实体对象被重新关联到 Session 接口对象上时，将再次转变成持久态的对象。脱管对象拥有数据库的识别值，可通过调用 Session 接口的 update()、saveOrUpdate()或 merge()方法转变为持久对象。形如：

```
session.close();                    //与 customer 对象关联的 session 被关闭，此时该对象进入脱管态
session2 = HibernateSessionFactory.getSession();
Transaction tr2 = session2.beginTransaction();
test.setName("Wangwu");
session2.update(test);              //此时处于脱管态的 customer 对象恢复到持久态
tr2.commit();                       //提交修改
```

处于瞬时态的实体对象与处于脱管态的实体对象都与 Hibernate 实体管理容器失去关联，但两者还是存在差别。差异在于：瞬时态对象缺乏与数据表记录之间的关联，仅仅为一个 Java VO 对象；而脱管态对象与数据库表中拥有相同 id 的记录仍维持关联，比瞬时对象多了一个数据库记录标识符，并脱离了 Hibernate Session 的管理。

9.4.4 移除态

如果调用 Session 接口对象的 delete()或 remove()方法删除处于持久态的实体对象，则该实体对象将处于移除态。通常情形下，处于移除态的实体对象不应该被继续使用，因为其对应的数据表中的记录将在事务提交时被删除。而且，实体对象在适当的时候将会被 GC 回收。代码如下：

```
Transaction tx = session.beginTransaction();
Customer c = session.load(Customer.class, new Long(1));   //customer 实体对象处于持久态
session.delete(c);                                         //c 实体对象被删除后将转变为移除态
tx.commit();                                               //提交修改
```

基于回调接口 LifeCycle 可以捕获实体的状态变迁，代码如下：

```
//Member.java
package vo;
public class Member implements java.io.Serializable, Lifecycle {
        public boolean onSave(Session s) throws CallbackException {
        … … …
        return false;                         //insert 操作将正常执行
                … … …
        }
        public boolean onUpdate(Session s) throws CallbackException {
        … … …
        return true;                          //update 操作将被中止
                … … …
        }
        public boolean onDelete(Session s) throws CallbackException {
        … … …
        return false;                         //delete 操作正常执行
                … … …
        }
        public void onLoad(Session s, Serializable id) throws CallbackException {
        … … …
        }
}
```

9.5 Hibernate 实体映射

9.5.1 Hibernate 实体映射概述

实体映射就是将面向对象应用中的实体对象映射到关系数据库的记录中。作为实体与表之间的联系纽带，是 ORM 框架中最为关键部分之一。由此，在 Hibernate 中对数据库的操作就直接转换为对相应实体的操作。Hibernate 中的映射可基于映射配置文件（默认为 hibernate.cfg.xml）来设定（在 10.2.3 节中将涉及），也可以通过 annotation 来实现。按照由浅入深的顺序，可以将实体映射分为两个部分。

- 基础实体映射：是指 Hibernate 中实体类/数据表映射，包括实体类属性/数据表字段映射，这里属性包括主键属性和一般属性。
- 高级实体映射：是指复合主键、特殊字段（Blob/Clob）等的相关映射。

9.5.2 Hibernate 实体类/数据表映射

为了获得一个全面的印象，回到 9.3 节中第一个 Hibernate 应用示例。在配置文件 hibernate.cfg.xml 中指定 member.hbm.xml 为实体 Member 的映射配置代码如下：

```
<mapping resource="vo/member.hbm.xml" />
```

实体 Member 的映射配置文件如代码 9-8 所示。

代码 9-8　member.hbm.xml-Hibernate 实体 Member 的映射文件。

```
<!-- XML 头文件 -->
<?xml version="1.0" encoding="utf-8"?>
<!DOCTYPE hibernate-mapping PUBLIC "-//Hibernate/Hibernate Mapping DTD 3.0//EN"
"http://hibernate.sourceforge.net/hibernate-mapping-3.0.dtd">
<!-- 映射配置文件的根节点 -->
```

```
<hibernate-mapping>
    <!-- 实体类/表映射 -->
        <class name = "vo.Member" table = "member" catalog = "acc">
        <!-- 主键属性/字段映射 -->
        <id name = "id" type = "java.lang.Integer">
            <column name = "id" />
            <generator class = "native" />
        </id>
        <!-- 一般属性/字段映射 -->
        <property name = "username" type = "java.lang.String">
            <column name = "username" />
        </property>
        <property name = "password" type = "java.lang.String">
            <column name = "password" />
        </property>
    </class>
</hibernate-mapping>
```

Hibernate 中，也可以在实体类的 Java 代码中使用 annotation 配置实体映射，从而取代上述的 XML 映射配置文件。如代码 9-9 所示。

代码 9-9　Member.java-Hibernate 实体 Member。

```
//Member.java
package vo;
//实体类/表映射
@Entity
@Table(name = "classes" catalog = "acc")
public class Member implements java.io.Serializable {
    private Integer id;                             //属性 id
    private String username;                        //属性 username
    private String password;                        //属性 password
    <!-- 主键属性/字段映射 -->
    @Id
    @GeneratedValue(strategy=GenerationType.NATIVE)
    @Column(name = "id")
    public Integer getId() {
      return this.id;
    }
    public void setId(Integer id) {
      this.id = id;
    }
    <!-- 一般属性/字段映射 -->
    @Basic
    @Column(name = "username")
    public String getUsername () {
      return this.username;
    }
    public void setUsername (String username) {
      this.username = username;
    }
    @Basic
    @Column(name = "password")
```

```
        public String getPassword() {
            return this.password;
        }
        public void setPassword(String password) {
            this.password = password;
        }
    }
```

上述代码中，@Entity 和@Table 配置实体类/数据表映射。其中，@Entity 指明该类为Hibernate 实体，@Table 则指明该实体所映射的数据表（参数 name 设定表名）。@Id 配置主键属性/字段映射。@Basic 配置一般属性/字段映射，且该属性为基本类型，此为缺省配置，通常可以省略。@Transient 表示对应属性不进行持久化处理，为暂态变量。@Column 配置实体类属性所对应的数据表中的字段名。对于实体属性/数据表字段映射，一般将 annotation 写在属性对应的 getter 方法前，也可以在属性定义前面配置。

注意：XML 映射文件和 annotation 两种方式配置实体映射及实体关系映射具有各自优势。使用 XML 的方式，配置与代码分离，易于维护；使用 annotaion 的方式，简练而直接，可提高开发效率。建议在开发阶段使用 annotation 配置方式，在测试及运行阶段使用 XML 配置方式。可同时使用以上两种映射配置方式，当存在冲突时，将根据 Hibernate 配置文件 hibernate.cfg.xml 或 hibernate.properties 中 hibernate.mapping.precedence 设定的优先级别：hbm, class（默认）为 XML 配置优先，class, hbm 为 annotation 配置优先。

1．实体类/数据表映射配置

```
<class name="vo.Member" table="member" catalog="acc">
```

参数 name 指定待映射的实体类名为 vo.Member，参数 table 指定实体类对应的数据表为 member，参数 catalog 指定数据库为 acc。基于以上映射配置，Hibernate 即可获知实体类 Member 与数据表 member 的映射关系，而每个 Member 实体对象实例对应到数据表 member 中的一条记录。基于 annotation 的配置代码如下：

```
@Entity
@Table(name = "classes" catalog = "acc")
public class Member implements java.io.Serializable { }
```

2．主键属性/字段映射配置

```
<id name="id" type="java.lang.Integer">
    <column name="id" />
    <generator class="native" />
</id>
```

<id>中的参数 name 指定待映射的主键属性名为 id，参数 type 指定主键属性的类型为 Integer，子元素<column>中的参数 name 指定该类的主键属性对应到数据表 member 的字段 id，子元素<generator>中的参数 class 指定主键生成方式为 native（Hibernate 将根据底层数据库定义，采用不同数据库特定的主键生成方式，如 SQLServer 和 MySQL 自动采用自增字段，Oracle 则自动采用 sequence 生成主键）。基于 annotation 的配置代码如下：

```
@Id
@GeneratedValue(strategy=GenerationType.NATIVE)
@Column(name = "id")
public Integer getId() {
    return this.id;
```

```
    }
    public void setId(Integer id) {
        this.id = id;
    }
```

Hibernate 支持的主键生成方式如表 9-3 所示。

表 9-3　Hibernate 支持的主键生成方式

生成器名	参　数	说　明
assigned		主键生成由外部程序负责，与 Hibernate 和底层数据库无关。在调用 save()方法存储对象前，必须使用主键属性的 setter()方法先给主键赋值。这种 assigned 主键生成方式可以跨 ORM 实现框架和数据库，但在实际应用中应尽量避免使用
increment		increment 主键生成方式由 Hibernate 从实体所对应的数据表中取出主键的当前最大值（如 select max(id) from member），以该值为基础，每次增量为 1 生成主键。该 increment 主键生成方式不依赖于底层数据库，因此可以跨数据库。在一个独立的 JVM 内使用 increment 主键生成方式是没有问题的，在多个 JVM 同时并发访问数据库时就可能取出相同的值，进而在新增时会出现主键重复错误。所以只适合单一进程访问数据库的应用场合，不能用于群集环境
sequence	sequence, parameters	采用数据库提供的 sequence 机制生成主键，前提是需要数据库支持 sequence（如 Oralce、DB、PostgerSQL 等），而 MySQL 不支持 sequence。采用 sequence 主键生成方式，首先需要在数据库中创建该 sequence，并通过查找数据库中对应的 sequence 生成主键
indentity		由底层数据库生成主键。使用该主键生成方式的前提条件是数据库（如 DB2、SQL Server、MySQL 等）支持自增字段，而 Oracle 不支持自增字段，因此也就不支持 identity 主键生成方式
hilo	table, column, max_lo	hilo（High Low，高地位方式）通过 hi/lo 算法实现主键的生成，是 hibernate 中最常用的一种主键生成方式。需要一张额外的表保存 hi 的值，而且表中至少有一条记录（只与第一条记录有关），否则会出现错误。可以跨 ORM 实现框架和数据库
seqhilo	sequence, parameters, max_lo	与 hilo 类似，只是将 hilo 中的数据表换成了序列 sequence，需要先在数据库中创建 sequence 以保存主键的历史状态，适用于支持 sequence 的数据库如 Oracle
uuid.hex	separator	该主键生成方式为产生一个 32 位字符串的 UUID（Universally Unique Identifier，通用唯一识别码）作为实体对象的主键，保证了唯一性，但其并无任何业务逻辑意义。唯一缺点是长度较大因而占用存储空间。有两个很重要的优点：维护主键时无须查询数据库，从而效率较高；是跨数据库的，数据库移植极其方便
guid		该主键生成方式提供一个由数据库创建的唯一标识字符串，只有 MySQL 和 SQL Server 支持
select	key	使用触发器生成主键，主要用于早期的数据库主键生成机制，目前用得非常少
forign	property	使用关联表的主键作为自己的主键。通常和@OneToOne 联合起来使用
native		根据数据库适配器中的设定，由底层数据库自行判断采用 identity、hilo、sequence 其中的一种作为主键生成方式

🕮 关于主键生成策略的选择：1）一般来说推荐 UUID，因为所生成主键唯一且独立于数据库，可移植性强。2）常用数据库（如 Oracle、DB2、SQL Server、MySQL 等）都提供了易用的主键生成机制（auto-Increase 或 sequence），可以在数据库提供的主键生成机制上采用 native、sequence 或者 identity 的主键生成方式。3）需特别注意的是，一些数据库提供的主键生成机制在效率上未必最佳，大量并发 insert 数据时可能会引起表间的互锁，此时推荐采用 UUID 作为主键生成机制。总之，Hibernate 主键生成器选择，还要具体情况具体分析。一般而言，利用 UUID 方式生成的主键将提供最好的性能和数据库平台适应性。

3. 一般属性/字段映射配置

```
<property name="username" type="java.lang.String">
    <column name="username" />
</property
```

<property>中，参数 name 指定待映射的属性名为 username，参数 type 指定属性的类型为 String，子元素<column>中的参数 name 指定该属性对应到数据表 member 的字段

username，参数 length 设定属性 username 的长度。基于 annotation 的配置代码如下：

```
@Basic
@Column(name = "username")
public String getUsername () {
    return this.username;
}
public void setUsername (String username) {
    this.username = username;
}
```

@Column 除了具有参数 name 之外，还包含其他参数。@Column 参数如表 9-4 所示。

表 9-4 @Column 的参数及其含义

名 称	可 选 否	默 认 值	含 义
name	属性和列同名时可选		指定属性所对应的列名
unique	可选	false	表示是否在该列上设置唯一性约束
nullable	可选	false	表示该列的值是否可以为空
insertable	可选	true	表示在插入实体时是否插入该列的值
updatable	可选	true	表示在更新时是否作为生成 update 语句的一个列
columnDefinition	可选		设定该列定义以覆盖 DDL，可能会导致移植性问题
table	可选	主表	定义对应的表
length	可选	255	定义列的长度
precision	可选	0	表示浮点数的精度
scale	可选	0	表示浮点数的数值范围

下面为一个针对@Column 参数设定的简单例子：

```
@Id
@Column(name = "username", unique= true, nullable = false,
        insertable = true, updatable = true, length = 20)
public String getUsername () {
    return this.username;
}
```

9.5.3 Hibernate 复合主键及嵌入式主键

前面论述的简单主键只包含一个属性，复合（Composite）主键和嵌入式（Embedded）主键则包含两个或两个以上的属性。从设计角度而言，应尽量确保业务逻辑与底层数据库的表结构分离，以提高系统应对业务变化的弹性。复合主键和嵌入式主键的引入，很大程度上意味着数据逻辑已和业务逻辑耦合。但对于遗留系统，支持复合主键和嵌入式主键有时又非常必要。为了更好地说明复合主键和嵌入式主键的定义和使用，这里先引入两个实体 OrderMain（订单）和 OrderDetail（订单明细），其对应的表结构 ordermain 和 orderdetail 分别如表 9-5 和表 9-6 所示。实体 OrderDetail 以属性 detailId 和 orderId 作为复合主键或嵌入式主键。

表 9-5 表 ordermain 的结构

字　段	类　型	说　明
order_id	int(10)	主键，自动增长
order_name	varchar(50)	字符类型，订单名
order_status	int(10)	整型，订单状态
created_date	Date	日期类型，创建日期
buyer_name	varchar(50)	字符类型，买家（顾客）姓名

表 9-6 表 orderdetail 的结构

字　段	类　型	说　明
orderdetail_id	int(10)	主键，自动增长
order_id	int(10)	主键，订单 id
book_name	varchar(50)	字符类型，书名
quantity	int(10)	整型，数量
unitprice	int(10)	整型，单价

这里需要说明的是：复合主键仅仅能用于 Session 接口的 get()和 getReference()等简单方法，因而作用有限；而嵌入式主键除了可以用于 Session 接口的 get()和 getReference()等方法之外，还可以用于 Query 接口的相关方法，因而更为通用。

1．复合主键

使用复合主键需要完成两项工作：首先定义主键类，需包含复合主键所涉及的多个属性；然后在实体类上声明主键类，并在相应的主键属性上使用@Id 标注。

（1）定义复合主键类

首先定义一个复合主键的类。作为复合主键类，要满足以下几点：1）必须实现 Serializable 接口。2）必须有默认的 public 无参构造方法。3）必须覆盖 equals()和 hashCode()方法。具体如代码 9-10 所示。

代码 9-10 OrderDetailPkC.java-复合主键类。

```
public class OrderDetailPkC implements Serializable {
    private Integer orderId;                                      //订单号
    private Integer orderDetailId;                                //订单明细号

    public OrderDetailPkC() {                                     //无参构造
        super();
    }
    public OrderDetailPkC(Integer orderId, Integer orderDetailId) {   //全参构造
        super();
        this.orderId = orderId;
        this.orderDetailId = orderDetailId;
    }

    public Integer getOrderId() {
        return this.orderId;
    }
    public void setOrderId(Integer orderId) {
```

```
            this.orderId = orderId;
        }

        public Integer getOrderDetailId(){
            return this.orderDetailId;
        }
        public void setOrderDetailId(Integer orderDetailId) {
            this.orderDetailId = orderDetailId;
        }

        public int hashCode() {
            int result;
            return result = orderId.hashCode() + orderDetailId.hashCode();
        }

        public boolean equals(Object obj) {
            if (this == obj) {
                return true;
            }
            if (null == obj) {
                return false;
            }
            if (!(obj instanceof OrderDetailPkC)) {
                return false;
            }
            final OrderDetailPkC pko = (OrderDetailPkC) obj;
            if (!orderId.equals(pko. orderId)) {
                return false;
            }
            if (null == orderDetailId || orderDetailId.intValue() != pko. orderDetailId) {
                return false;
            }
            return true;
        }
    }
```

（2）声明主键类

声明主键类时需要注意：1）@IdClass 标注用于标注实体所使用主键规则的类。2）使用@Id 标注实体中主键的属性，表示复合主键使用这个属性，如代码 9-11 所示。

代码 9-11　OrderDetailC.java-使用复合主键类的 Hibernate 实体 OrderDetailC。

```
@Entity
@Table(name = "orderdetail")
@IdClass(OrderDetailPkC.class)
public class OrderDetailC implements Serializable {
    private Integer orderId;            //订单号
    private Integer orderDetailId;      //订单明细号
    private String detailName;          //订单明细名称
    private Integer status;             //订单状态
    private String bookName;            //书名

    @Id
    @Column(name = "order_id", nullable = false)
```

```
    public Integer getOrderId() {
        return this.orderId;
    }
    public void setOrderId(Integer orderId) {
        this.orderId = orderId;
    }

    @Id
    @Column(name = "orderdetail_id", nullable = false)
    public Integer getOrderDetailId(){
        return this.orderDetailId;
    }
    public void setOrderDetailId(Integer orderDetailId) {
        this.orderDetailId = orderDetailId;
    }

    @Column(name = "orderdetail_name")
    public String getDetailName() {
        return this.detailName;
    }
    public void setDetailName (String detailName) {
        this.detailName = detailName;
    }
    //其他一般属性的 getter 和 setter 与该 detailName 属性相同
}
```

2．嵌入式主键

复合主键也可以采用嵌入式主键替代。使用嵌入式主键需要完成两项工作：首先，定义主键类，需包含并使用@Column 标注嵌入式主键所涉及的多个属性；然后，在实体类上声明主键类，并使用@EmbeddedId 指明主键属性为嵌入式主键。

（1）定义嵌入式主键类

首先定义一个嵌入式主键的主键类，类似于上面的复合主键的主键类，但需要注意代码中加@Column 注释的地方。具体如代码 9-12 所示。

代码 9-12　OrderDetailPkE.java-嵌入式主键类。

```
public class OrderDetailPkE implements Serializable {          //订单明细表的嵌入式主键
    private Integer orderId;                                    //订单号
    private Integer orderDetailId;                              //订单明细号

    public OrderDetailPkE() {                                   //无参构造
        super();
    }
    public OrderDetailPkE(Integer orderId, Integer orderDetailId) {   //全参构造
        super();
        this.orderId = orderId;
        this.orderDetailId = orderDetailId;
    }

    @Column(name = "order_id", nullable = false)
    public Integer getOrderId() {
        return this.orderId;
```

```
    }

    @Column(name = "orderdetail_id", nullable = false)
    public Integer getOrderDetailId() {
        return this.orderDetailId;
    }
    //其他和上面的复合主键一样
}
```

（2）声明主键类

声明嵌入式主键实体类时，需要使用@EmbeddedId 标注复合主键类属性，如代码 9-13 所示。

代码 9-13 OrderDetailE.java-使用嵌入式主键类的 Hibernate 实体 OrderDetailE。

```
//OrderDetail.java
@Entity
@Table(name = "orderdetail")
public class OrderDetailE implements Serializable {
    @EmbeddedId
    private OrderDetailPkE pkod;              //嵌入式主键的主键类属性
    private String detailName;                //订单明细名称
    private Integer status;                   //订单状态
    private String bookName;                  //书名

    @EmbeddedId
    public OrderDetailPkE getPkod() {
        return this.pkod;
    }
    public void setPk(OrderDetailPkE pkod) {
        this.pkod = pkod;
    }

    @Column(name = "orderdetail_name")
    public String getDetailName() {
        return this.detailName;
    }
    public void setDetailName (String detailName) {
        this.detailName = detailName;
    }
    //其他一般属性的 getter 和 setter 与该 detailName 属性相同
}
```

9.5.4 Hibernate 特殊属性映射

1．瞬态属性的映射

Hibernate 实体持久化时，实体属性会被默认处理（即将属性值写入到数据库中），@Basic 用于标注该种类型的属性，可以略去不写。如果不希望在处理实体的时候处理某个属性，可以使用@Transient 标注该属性。@Transient 与@Basic 的用法相同。如代码 9-14 所示。

代码 9-14 OrderDetailE.java-@Transient 属性示例。

```
//OrderDetail.java
@Entity
```

```
    @Table(name = "orderdetail")
    public class OrderDetail implements Serializable {
        @EmbeddedId
        private OrderDetailPK pkod;                        //嵌入式主键的主键类属性
        private Integer orderId;                           //订单编号
        private Integer orderDetailId;                     //订单明细编号
        //其他属性
        @EmbeddedId
        public OrderDetailPK getPkod() {
            return this.pkod;
        }
        public void setPk(OrderDetailPK pkod) {
            this.pkod = pkod;
        }

        @Transient
        public Integer getOrderId() {
            return this.orderId;
        }
        public void setOrderId(Integer orderId) {
            this.orderId = orderId;
            this.pkod.orderId = orderId;
        }

        @Transient
        public Integer getOrderDetailId() {
            return this.orderDetailId;
        }
        public void setOrderDetailId(Integer orderDetailId) {
            this.orderDetailId = orderDetailId;
            this.pkod.orderDetailId = orderDetailId;
        }
         //其他一般属性的 getter 和 setter
    }
```

在处理实体 OrderDetail 时，被@Transient 标注的属性 orderId 和 orderDetailId 将不被持久化处理。

2．日期/时间属性的映射

除了@column 和@Basic 之外，还可使用@Temporal 配置日期类型，日期属性也是普通属性。java.sql.Date, java.sql.Time 和 java.sql.Timestamp 都是 java.util.Date 的子类，实体类中声明成 java.util.Date 即可。日期类型字段映射的代码片段如下：

```
    private Date createdDate;

    @Temporal(TemporalType.TIMESTAMP)              //为日期时间类型
    @Column(name = "createdDate")
    private Date getCreatedDate() {
        return this.createdDate;
    }
    private void setCreatedDate(Date createdDate) {
        this.createdDate = createdDate;
    }
```

3．具有大型数据类型属性的映射

有时可能需要在数据库表中保存大型字符串或二进制数据（如图片、文件等），Hibernate 中也提供了对 Blob、Clob 类型的内置支持。Blob 和 Clob 字段的区别在于：Blob 字段采用单字节存储，适合保存二进制数据；而 Clob 采用多字节存储，适合保存大型文本数据。MySQL 中的 Blob 类型对应 Blob，Text 类型对应 Clob。之前的 member 表中，字段 resume 的类型为 Clob，字段 photo 的类型为 Blob。采用@Lob 配置 Blob/Clob 类型字段映射的代码片段如下：

```
private String resume;                    //属性 resume，对应 Clob 字段
private Byte[] photo;                     //属性 photo，对应 Blob 字段

@Lob
@Basic(fetch = FetchType.LAZY)
@Column(name = "resume", columnDefinition = "CLOB", nullable = true)
public String getResume() {
      return this.resume;
}
public void setResume(String photo) {
      this.resume = resume;
}

@Lob
@Basic(fetch = FetchType.LAZY)
@Column(name = "photo", columnDefinition = "BLOB", nullable = true)
public byte[] getPhoto() {
      return this.photo;
}
public void setPhoto(byte[] photo) {
      this.photo = photo;
}
```

其中，@Basic 参数 fetch 设定实体对象的加载类型，FetchType.LAZY 为延迟加载，也就是说直到属性 resume 第一次被使用才从数据库中取出相应字段的数据，以提高存储空间的使用效率。@Column 的参数 columnDefinition 定义字段类型，这里字段 resume 和 photo 分别为 Clob 和 Blob。参数 nullable 设定对应的字段是否允许为空。

9.6 Hibernate 实体关系映射

采用关联操作，能够使有关联关系的表之间保持数据同步；同时，关联操作能够使程序员在编程过程中减少编写多表操作的代码量，并且优化了程序和提高了程序的运行效率。Hibernate 将表之间的关联关系反映到实体映射当中，Hibernate 实体关系映射的种类有：一对一、一对多/多对一和多对多。而各种实体关联中又存在单向和双向之分。对于单向关联，只需在一方维护对另一方的引用，通过该引用可以访问对方；对于双向关联，双方都维护一个到对方的引用，通过任何一方都可以访问到对方。另外，Hibernate 还支持实体之间继承关系的映射。

本节示例实体包括 Customer（客户）、Passport（通行证）、Buyer（买家）、Seller（卖家）、OrderMain（订单）、OrderDetail（订单明细）、Book（图书）及 Category（分类）。其中，Customer 与 Passport 为一对一关联，OrderMain 与 OrderDetail 为一对多关联，Book 与

Category 为多对多关联，Buyer 和 Seller 与 Customer 之间则为继承关系关联。以上实体所对应表的结构部分如表 9-7 到表 9-12 所示。为了简化起见，在这里把一些表中存在的其他关联关系省略掉了。

表 9-7　customer 表的结构

字　段	类　型	说　明
customer_id	int(10)	主键，自动增长
customer_name	varchar(50)	字符类型，顾客姓名
customer_account	varchar(50)	字符类型，顾客账号
customer_password	varchar(50)	字符类型，顾客登录密码
created_date	Date	日期类型，创建日期
passport_id	int(10)	外键，通行证 id

表 9-8　seller 表的结构

字　段	类　型	说　明
seller_id	int(10)	主键，自动增长
seller_name	varchar(50)	字符类型，卖家姓名
seller_account	varchar(50)	字符类型，卖家账号
seller_password	varchar(50)	字符类型，卖家登录密码
created_date	Date	日期类型，创建日期
credit_amount	float(10, 2)	浮点型，卖家信用额度
passport_id	int(10)	外键，通行证 id

表 9-9　buyer 表的结构

字　段	类　型	说　明
buyer_id	int(10)	主键，自动增长
buyer_name	varchar(50)	字符类型，买家姓名
buyer_account	varchar(50)	字符类型，买家账号
buyer_password	varchar(50)	字符类型，买家登录密码
created_date	Date	日期类型，创建日期
buy_frequency	int(10)	整型，买家活跃度
passport_id	int(10)	外键，通行证 id

表 9-10　passport 表的结构

字　段	类　型	说　明
passport_id	int(10)	主键，自动增长
passport_no	varchar(50)	字符类型，通行证账号
passport_type	int(10)	整型，通行证类型
expired_date	Date	日期类型，失效日期

表 9-11　book 表的结构

字　段	类　型	说　明
book_id	int(10)	主键，自动增长
book_name	varchar(50)	字符类型，书名
book_price	float(10, 2)	浮点型，价格
publisher	varchar(50)	字符类型，出版社名
published_date	Date	日期类型，出版日期

表 9-12　category 表的结构

字　段	类　型	说　明
category_id	int(10)	主键，自动增长
category_name	varchar(50)	字符类型，分类目录名
notes	varchar(50)	字符类型，备注

9.6.1 Hibernate 一对一关联

实体 Customer 与 Passport 之间存在一对一关联关系。一对一关联有三种情况：1）关联的实体都共享同样的主键。2）其中一个实体通过外键关联到另一个实体的主键（一对一关联必须在外键列上添加唯一约束）。3）通过关联表来保存两个实体之间的连接关系（一对一关联必须在每一个外键上添加唯一约束）。关联表方法在一对一关联中用得不多，一般用于多值关联，这个问题留到本节后面的多对多关联中讲解。

使用@OneToOne 可以建立实体之间的一对一关联，其参数如表 9-13 所示。

表 9-13　@OneToOne 的参数及其含义

生成器名	描　述	取　值	含　义
cascade	关联对象的操作级联（cascade）	CascadeType.NO	不进行任何级联操作，为缺省
		CascadeType.PERSIST	执行持久操作时级联
		CascadeType.REMOVE	执行删除操作时级联
		CascadeType.REFRESH	执行刷新操作时级联
		CascadeType.MERGE	执行合并操作时级联
		CascadeType.ALL	执行所有操作时都级联
fetch	关联对象的加载	FetchType.EAGER	立即加载关联对象
		FetchType.LAZY	延迟加载关联对象，为缺省
mappedBy	在被拥有方中指定拥有方		
optional	该关联实体是否必须存在	true	该关联实体必须存在，为缺省
		false	该关联实体可以为 null
targetEntity	声明关联实体的类型		缺省为关联属性的类型

1．共享主键关联

该关联中，两张表中的记录行通过具有相同值的主键进行关联，如图 9-12 所示。这种关联方法的主要困难在于保存实体对象时如何确保为关联实体赋予相同的主键值，这里就需要一个特别的主键生成方式——foreign。

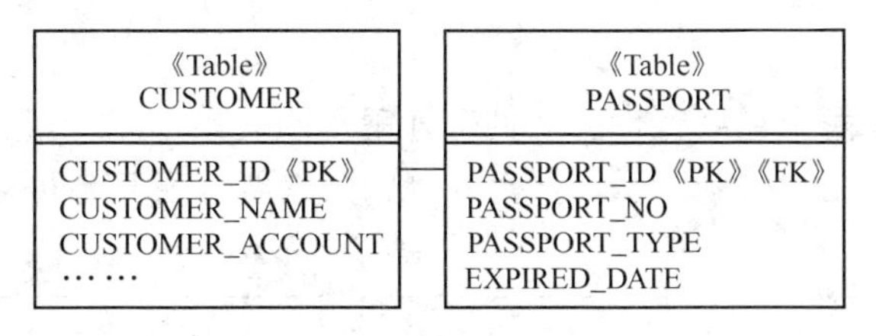

图 9-12　两张表具有相同的主键

Hibernate 支持使用@OneToOne 实现一对一的实体关联，当然这种共享主键关联还需要组合使用@PrimaryKeyJoinColumn。拥有实体 Customer 的相关代码片段如下：

```
@OneToOne(cascade = CascadeType.ALL)
@PrimaryKeyJoinColumn
private Passport passport;
```

其中，@OneToOne 指定该关联为一对一关联，参数 cascade 设定关联实体操作级联，这里的 CascadeType.ALL 是指实体 Customer 对象的所有持久操作都将级联到关联实体对象 passport。@PrimaryKeyJoinColumn 指定该一对一关联类型为共享主键关联。

等价的映射配置 XML 代码片段如下：

```
<entity-mappings>
    <entity class="vo.Customer" access="FIELD">
        ...
        <one-to-one name="passport">
            <primary-key-join-column />
        </one-to-one>
    </entity>
</entity-mappings>
```

拥有实体 Passport 的相关代码片段如下：

```
@Entity
@Table(name = "passport")
public class Passport {
   @Id
   @GeneratedValue(generator = "myForeignGenerator")
   @org.hibernate.annotations.GenericGenerator(
       name = "myForeignGenerator",
       strategy = "foreign",
       parameters = @Parameter(name = "property", value = "customer")
   )
   @Column(name = "passport_id")
   private Integer id;
   ... … …
   private Customer customer;
}
```

其中，@org.hibernate.annotations.GenericGenerator 指定 Passport 实体主键生成方式为 foreign，值来自于关联对象 customer 的对应属性，主键生成器名为 myForeignGenerator，并通过@GeneratedValue 的参数 generator 设定。

此例中，实体 Customer 和 Passport 之间的一对一关联为双向的，既可以在 Customer 对象中访问 Passport 对象，也可以在 Passport 对象中访问 Customer 对象。

2．唯一外键关联

除了共享主键外，两个记录行也可以拥有外键参照关系，即一张表中存在一个引用其关联表主键的外键列，如图 9-13 所示。拥有外键约束的两张表甚至可以为同一张表，通常被称为自参照关系。

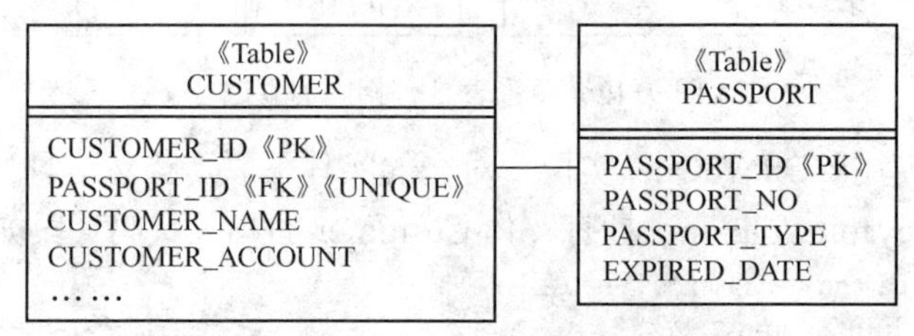

图 9-13　两张表之间的外键关联

通过外键关联实现一对一关系，需要组合使用@OneToOne 和@JoinColumn。实体 Customer 的相关代码片段如下：

```
public class Customer {
    ... … …
    @OneToOne(cascade = CascadeType.ALL)
    @JoinColumn(name = "passport_id")
    private Passport passport;
    ... … …
}
```

其中，@JoinColumn 指定 Customer 实体对应数据表中的外键列，参数 name 设定外键列的名字。

实体 Passport 的相关代码片段如下：

```
public class Passport {
    ... … …
    @OneToOne(mappedBy = "passport")
    private Customer customer;
    ... … …
}
```

其中，@OneToOne 参数 mappedBy 设定拥有实体中的关联属性，这里设为 passport（即实体 Customer 中的属性 passport）。

等价的映射配置 XML 代码片段如下：

```
<entity-mappings>
    <entity class = "vo.Customer" access="FIELD">
        ... … …
        <one-to-one name="passport">
            <join-column name="passport_id" />
        </one-to-one>
    </entity>
    <entity class = "vo.Passport" access="FIELD">
        ... … …
        <one-to-one name="customer" mapped-by="passport" />
    </entity>
</entity-mappings>
```

9.6.2 Hibernate 一对多关联和多对一关联

9.5.3 节的示例中，实体 OrderMain（订单）与 OrderDetail（订单明细）之间存在一对多关联，两者之间的反向关联即为多对一关联。使用@OneToMany 和@ManyToOne 可以建立实体之间的一对多/多对一关联，其中“Many（多）”的一端在 Java 中通常使用集合。

1．基于 bags 的关联

使用 bag 可实现双向的一对多映射。与 list 等不同，bag 中元素允许重复且无序，无需维护元素的索引。当向 bag 中添加元素时不会触发装载操作，因而具有性能优势。标准 Java API 中没有提供 bag，Hibernate 提供了自己的 bag 实现。

基于 Annotation 配置的代码片段如下：

```
public class OrderMain {
    ... ... ...
    @OneToMany(mappedBy = "ordermain")
    private Collection<OrderDetail> orderdetails = new ArrayList<OrderDetail>();
    ... ... ...
}
public class OrderDetail {
    ... ... ...
    @ManyToOne
    private OrderMain orderMain;
    ... ... ...
}
```

实体 OrderMain 与 OrderDetail 之间一对多/多对一关联的等价配置 XML 代码如下：

```
<class name = "OrderDetail" table = "orderdetail">
    ... ... ...
    <many-to-one name = "ordermain" column = "order_id"
                    class = "OrderMain" not-null = "true" />
</class>
<class name = "OrderMain" table = "ordermain">
    ... ... ...
    <bag name = "orderdetails" inverse = "true">
        <key column = "order_id" />
        <one-to-many class = "OrderDetail" />
    </bag>
</class>
```

其中，表 orderdetail 中具有参照关联表 ordermain 的外键为 order_id。元素<bag>表示采用 bags 来实现实体间一对多关联，参数 name 设定对应的实体属性，inverse 设定由哪一方来维护一对多/多对一关联。当 inverse = "false"时，关联关系交由“One（一）”方来管理，Java 代码当中涉及关联关系操作是使用 parent.getChildren().add()才会使关联关系生效；当 inverse = "true"时，关联关系交由“One（一）”方来管理，Java 代码当中需要利用 Child.setParent 来控制关联关系。

2．基于 lists 的关联

可采用 list 来维护元素在集合中的位置，这时需新增一列（索引列）用于保存元素位置。对于 OrderMain 和 OrderDetail 之间为一对多/多对一关联，需要在 OrderDetail 对应的数据表 orderdetail 中新增一列即 detail_position，如表 9-14 所示。

表 9-14　在 list 中为每条 orderdetail 记录保存位置

ORDERDETAIL_ID	ORDER_ID	ORDETAIL_POSITION	BOOK_NAME	QUANTITY	UNITPRICE
1	1	0	Java	2	20
2	1	1	Java EE	5	45
3	2	0	C#	3	35

基于 Annotation 配置的代码片段如下：

```
public class Item {
    ... … …
    @OneToMany
    @JoinColumn(name = "ITEM_ID", nullable = false)
    @org.hibernate.annotations.IndexColumn(name = "BID_POSITION")
    private List<Bid> bids = new ArrayList<Bid>();
    ... … …
}
public class Bid {
    ... … …
    @ManyToOne
    @JoinColumn(name = "ITEM_ID", nullable = false, updatable = false, insertable = false)
    private Item item;
    ... … …
}
```

其中，@JoinColumn 与@Column 都用于标注实体属性所对应表中的字段，参数有很多相同之处，参数 name 是表示实体属性在表中所对应字段的名称，参数 nullable、updatable 和 insertable 的含义相同。@JoinColumn 与@Column 的区别是：@JoinColumn 用于标注存在实体关联关系的实体属性，而@Column 标注的是不包含存在实体关联的实体属性。与@Column 标记一样，参数 name 是表示实体属性在表中所对应的字段名。@org.hibernate.annotations.IndexColumn 标注实体属性所对应表中的索引列。

等价的 XML 映射配置代码如下：

```
<class name = "Item" table = "ITEM">
    ... … …
    <list name = "bids">
        <key column = "ITEM_ID" not-null = "true"/>
        <list-index column = "BID_POSITION"/>
        <one-to-many class = "Bid"/>
    </list>
</class>
<class name = "Bid" table = "BID">
    ... … …
    <many-to-one name = "item" column = "ITEM_ID" class = "Item"
                 not-null = "true" insert = "false" update = "false"/>
</class>
```

其中，元素<list>表示采用 lists 来实现实体间一对多关联，参数与子元素与<list>的类同。但新增了子元素<list-index>，用于设定保存集合中元素位置的索引列。

9.6.3 Hibernate 多对多关联

对于实体之间的一对一、一对多/多对一、多对多关联都可以采用数据库中的关联表（Join Table）实现，相对来说多对多关联采用关联表更为合适些。实体 Book 与 Category 之间存在多对多关联，采用关联表（category_book）实现示例如图 9-14 所示，关联表结构简单，只有分别参照表 Book 和 Category 的两个外键列，即 book_id 和 category_id。

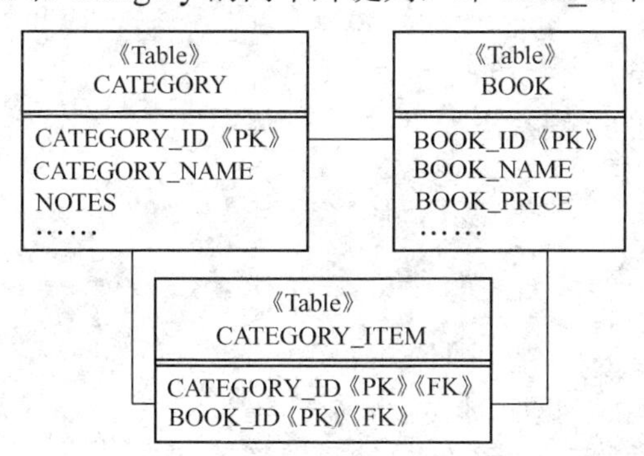

图 9-14　两张表之间的多对多关联通过关联表(join table)实现

1．单向关联

如果仅需要单向导航，采用之前所采用的集合就可以实现实体之间的多对多关联。实体 Category 与 Book 之间单向多对多关联如图 9-15 所示。

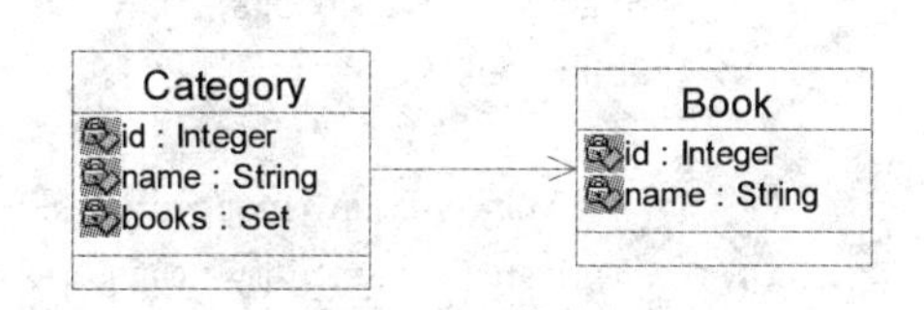

图 9-15　实体之间单向的多对多关联

基于 Annotation 配置的代码片段如下：

```
public Category {
    ………
    @ManyToMany
    @JoinTable(
        name = "category_book",
        joinColumns = {@JoinColumn(name = "category_id")},
        inverseJoinColumns = {@JoinColumn(name = "book_id")}
    )
}
private Set<Book> books = new HashSet<Book>();
```

其中，@JoinTable 设定用于多对多的关联表，参数 name 指定关联表名，参数 joinColumnsinverseJoinColumn 设定连接列和反向连接列，两者都使用@JoinColumn 设定对应的列，这里分别为 category_id 和 book_id。采用 set 实现多对多关联的属性。

等价的 XML 映射配置代码如下：

```
<set name = "books" table = "category_book" cascade = "save-update">
    <key column = "category_id" />
    <many-to-many class = "Book" column = "book_id" />
</set>
```

其中，元素<set>实现关联属性的设定，用法与之前的 bag 类同。

当然，也可以采用 Hibernate 的<idbag>支持在关联表中拥有一个独立的主键列（如

category_book_id），还可以采用之前提到的支持索引的集合（即使用@org.hibernate.annotations.IndexColumn 来标注），这里将不做深入阐述。

2．双向关联

双向多对多关联就是在单向多对多关联的基础上加上反向关联，并使用 Java 集合在两个实体中添加到对方的映射属性。实体 Category 与 Book 之间单向多对多关联如图 9-16 所示。

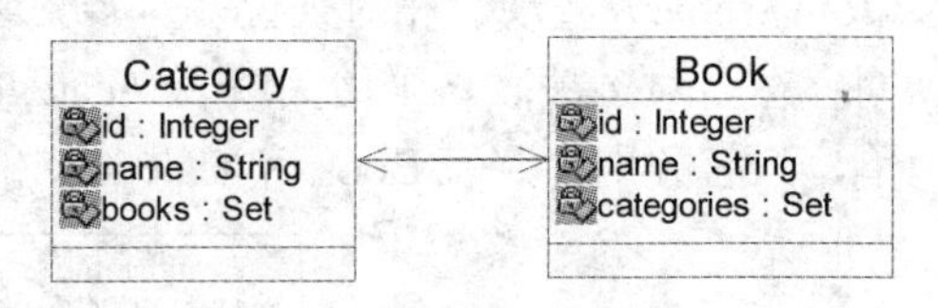

图 9-16 实体之间双向的多对多关联

基于 Annotation 配置的代码片段如下：

```
public Category {
    … … …
    @ManyToMany
    @JoinTable(
        name = "category_book",
        joinColumns = {@JoinColumn(name = "category_id")},
        inverseJoinColumns = {@JoinColumn(name = "book_id")}
)
private Set<Item> books = new HashSet<Item>();
public Book {
    … … …
    @ManyToMany(mappedBy = "books")
    private Set<Category> categories = new HashSet<Category>();
}
```

其中，实体 Book 使用@ManyToMany 增加到实体 Category 的反向关联，并增加 set 类型的关联属性 categories。这样就实现了实体 Category 和 Book 的双向多对多关联。

需要注意的是，用于创建实体关联的代码也需要做相应修改：

```
aCategory.getBooks().add(aBook);
aBook.getCategories().add(aCategory);
```

等价的 XML 映射配置代码如下：

```
<class name = "Category" table = "category">
    ... … …
    <set name = "books" table = "category_book" cascade = "save-update">
    <key column = "category_id" />
    <many-to-many class = "Book" column = "book_id" />
</set>
<class name = "Book" table = "book">
    ... … …
    <set name = "categories" table = "category_book" inverse = "true" cascade = "save-update">
        <key column = "book_id" />
        <many-to-many class = "Category" column = "category_id" />
    </set>
</class>
```

9.6.4 Hibernate继承关联

继承是面向对象世界与关系型世界所存在的一种结构失配，面向对象系统模型具有 is-a 和 has-a 关系，而关系模型中实体之间只存在 has-a 关系。作为 ORM 的一种实现，Hibernate 支持对实体之间继承关系的映射。继承结构表达方式有三种。

- 每个具体实体类对应一张表（TPC, Table Per Concrete class）。基于 union（合并），完全抛弃多态与继承。
- 每个类层次结构对应一张表（TPH, Table Per Hierarchy）。通过关系的逆规范化（denormalizing）操作实现多态，同时利用一个类型分辨列来保存类型信息。
- 每个子类对应一张表（TPS, Table Per Subclass）。基于外键将 has-a 关系作为 is-a（继承）关系处理。

1．每个具体实体类对应一张表（TPC）

该方法将每个具体（非抽象）的持久实体类映射为一张独立的数据表，将具体实体类的每个属性（包括从超类继承来的属性）都映射为数据表的一个字段。是一种处理继承关系最简单的方法。实体 Seller 和 Buyer 都继承于 Customer，其继承关系及映射方式如图 9-17 所示。

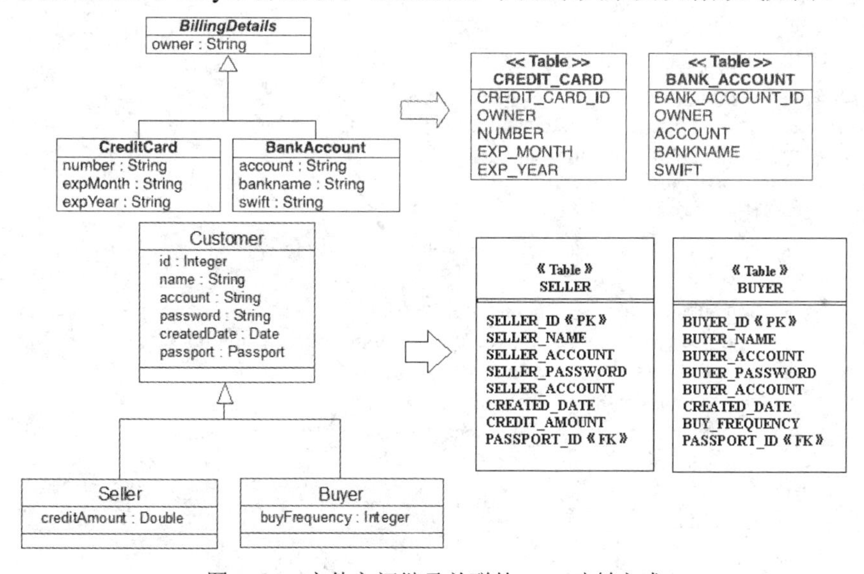

图 9-17　实体之间继承关联的 TPC 映射方式

采用合并子类映射，并将超类作为抽象类（或接口）。这时每个子类对应一张表，且每张表中都包含了超类列。本例中，实体 Seller 和 Buyer 所对应的表 seller 和 buyer 分别包含了超类列（即 seller_id 和 buyer_id）。

基于 Annotation 配置的实体 Customer 代码片段如下：

```
@Entity
@Inheritance(strategy = InheritanceType.TABLE_PER_CLASS)
public abstract class Customer {
    @Id @GeneratedValue
    @Column(name = "customer_id")
    private Integer id = null;
    @Column(name = "customer_name", nullable = false)
    private String customerName;
```

```
    ... … …
}
```

其中，@Inheritance 对继承映射进行设定，参数 strategy 指定继承映射的类型，即每个具体实体类对应一张表（TPC）。

基于 Annotation 配置的实体 Seller 和 Buyer 代码片段如下：

```
@Entity
@Table(name = "seller")
public class Seller extends Customer {
    @Column(name = "credit_mount", nullable = false)
    private Float creditAmount;
    ... … …
}
@Entity
@Table(name = "buyer")
public class Buyer extends Customer {
    @Column(name = "buy_frequency", nullable = false)
    private Integer buyFrequency;
    ... … …
}
```

等价的 XML 映射配置代码如下：

```
<hibernate-mapping>
    <class name = "customer" abstract = "true">
        <id name = "id" column = "customer_id" type = "int">
            <generator class = "native" />
        </id>
        <property name = "customerName" column = "customer_name" type = "string" />
        … … ...
        <union-subclass name = "Seller" table = "seller">
            <property name = "creditAmount" column = "credit_amount" />
        </union-subclass>
        <union-subclass name = "Buyer" table = "buyer">
            <property name = "buyFrequency" column = "buy_frequency" />
        </union-subclass>
    </class>
</hibernate-mapping>
```

其中，子元素<union-subclass>是对 TPC 映射方式中两个具体子类映射的说明，参数 name 指定子类名，table 指定对应的表名。子元素<property>则设定类属性与表列之间的映射，参数 name 指定属性名，column 指定对应的列名。

查询实体 Customer 时，执行的 SQL 语句如下：

```
select
    customer_id, customer_name, …,
    credit_amount, buy_frequency,
    clazz_
from
    ( select
        customer_id, customer_name, …,
        credt_amount, null as buy_frequency,
        1 as clazz_
    from seller
```

```
        union
        select
            customer_id, customer_name, ...,
            null as credt_amount, buy_frequency,
            1 as clazz_
        from buyer
    )
```

该 Select 语句采用子查询合并（union）的方式，从所有具体实体类所对应的数据表中检索实体类 Customer 及其子类的所有实例。由于合并操作要求子查询具有相同的列，对于不存在的列，需要以 null 予以填充。

该继承映射方式最为简单，但所得到的关系数据模型完全不支持面向对象模型中的继承和多态，因而为最差策略。

2．每个类层次结构对应一张表（TPH）

这种继承关系映射方法将整个类层次结构映射为单独的一张数据表，该表包括了该类层次中所有类的所有属性对应的列。表中不同具体子类所对应的记录行通过一个类型分辨列的不同值区分，如图 9-18 所示。该映射方式的优势体现在性能和简洁性上，特别适合用于表示多态。对于多态查询和非多态查询都适用，对于即时查询也无需复杂的连接或合并操作。

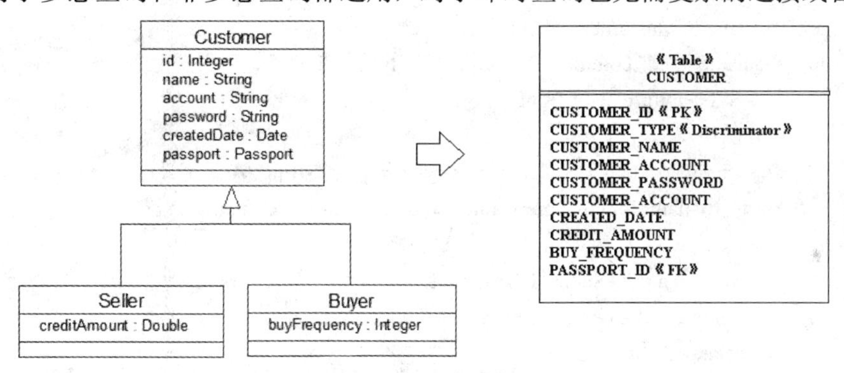

图 9-18　实体之间继承关联的 TPH 映射方式

基于 Annotation 配置的实体 Customer 代码片段如下：

```
@Entity
@Inheritance(strategy = InheritanceType.SINGLE_TABLE)
@DiscriminatorColumn(
    name = "customer_type",
    discriminatorType = DiscriminatorType.STRING
)
public abstract class Customer {
    @Id @GeneratedValue
    @Column(name = "customer_id")
    private Integer id = null;
    @Column(name = "customer_name", nullable = false)
    private String customerName;
    ... ... ...
}
```

其中，@Inheritance 设定继承映射的类型为每个具体实体类对应一张表（TPC）。@DiscriminatorColumn 设置分辨列，参数 name 设定分辨列名，discriminatorType 则设定分辨列的数据类型。需要注意的是，在这种继承映射类型中，有些字段（子类特有属性所对应的字段）需要将 nullable 设置为 true。

基于 Annotation 配置的实体 Seller 和 Buyer 代码片段如下：

```
@Entity
@DiscriminatorValue("S")
public class Seller extends Customer {
    @Column(name = "credit_amount")
    private Float creditAmount;
    ... … …
}
@Entity
@DiscriminatorValue("B")
    public class Buyer extends Customer {
    @Column(name = "buy_frequency")
    private Integer buyFrequency;
    ... … …
}
```

等价的 XML 映射配置代码如下：

```
<hibernate-mapping>
    <class name = "Customer" tabl e= "customer">
        <id name = "id" column = "customer_id" type = "int">
            <generator class = "native"/>
        </id>
        <discriminator column = "customer_type" type = "string" />
        <property name = "customerName" column = "customer_name" type = "string" />
        ... … …
        <subclass name = "Seller" discriminator-value = "S">
            <property name = "creditAmount" column = "credit_amount" />
        </subclass>
        <subclass name = "Buyer" discriminator-value="B">
            <property name = "buyFrequency" column = "buy_frequency" />
        </subclass>
  </class>
</hibernate-mapping>
```

查询超类实体 Customer 时，执行的 SQL 语句如下：

```
select
    customer_id, customer_type, customer_name, …,
    credit_amount, buy_frequency
from BILLING_DETAILS
```

查询子类实体 Seller 时，执行的 SQL 语句如下：

```
select customer_id, customer_type, customer_name, ..., credit_amount
from customer
where customer_type = 'S'
```

该继承映射方式为最佳策略。但由于采用单表策略，需要允许子类特有属性所对应的列允许为 null，存在数据完整性问题。

3. 每个子类对应一张表（TPS）

每个持久化实体类（包括抽象类和接口）都拥有自身对应的数据表，采用外键关联表达继承关系。与 TPC 策略不同，这里子类表中仅包含非继承属性所对应的列，同时还包括一个参照到超类所对应数据表的外键，如图 9-19 所示。当持久化子类的实例（这里如 Buyer 的实例）时，需要在超类（如 Customer）所对应的数据表中插入包含超类中定义属性所对应列的一条记录，同时在子类表中插入仅包含其特有属性对应列的一条记录，这两条记录基于共享主键进行关联。可能需要连接子类表和超类表来检索子类实例。

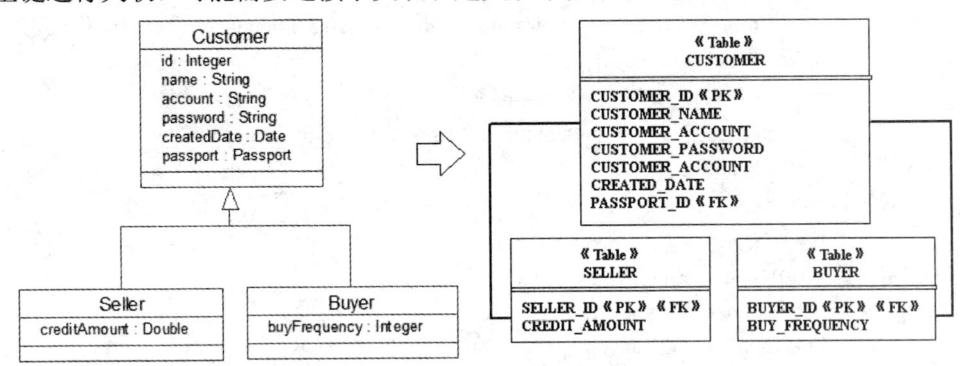

图 9-19　实体之间继承关联的 TPS 映射方式

基于 Annotation 配置的实体 Customer 代码片段如下：

```
@Entity
@Inheritance(strategy = InheritanceType.JOINED)
public abstract class Customer {
    @Id @GeneratedValue
    @Column(name = "customer_id")
    private Integer id = null;
    ... ... ...
}
```

其中，@Inheritance 设定继承映射的类型为每个子类对应一张表（TPS）。

基于 Annotation 配置的实体 Seller 和 Buyer 代码片段如下：

```
@Entity
@PrimaryKeyJoinColumn(name = "seller_id")
public class Seller {
    ... ... ...
}
@Entity
@PrimaryKeyJoinColumn(name = "buyer_id")
public class Buyer {
    ... ... ...
}
```

其中，@PrimaryKeyJoinColum 设定一对一的主键关联，参数 name 指定参与关联的主键列，该主键列同时也是参照超类表的外键。

等价的 XML 映射配置代码如下：

```
<hibernate-mapping>
```

```
        <class name = "Customer" table = "customer">
            <id name = "id" column = "customer_id" type = "int">
                <generator class = "native" />
            </id>
            <property name = "customerName" column = "customer_name" type = "string" />
            ... ... ...
            <joined-subclass ame = "Seller" table = "seller">
                <key column = "seller_id" />
                <property name = "creditAmount" column="credit_amount" />
            </joined-subclass>
            <joined-subclass name = "Buyer" table = "buyer">
                <property name = "buyFrequency" column="buy_frequency" />
            </joined-subclass>
        </class>
    </hibernate-mapping>
```

查询实体 Customer 时，执行的 SQL 语句如下：

```
select c.customer_id, c.customerName, ...,
    s.creditAmout, b.buyFrequency
case
    when s.seller_id is not null then 1
    when b.buyer_id is not null then 2
    when c.customer_id is not null then 0
    end as clazz_
from customer c
    left join seller s
        on c.customer_id = s.seller_id
    left join buyer b
        on c.customer_id = s.buyer_id
```

查询实体 Seller 时，执行的 SQL 语句如下：

```
select c.customer_id, c.customerName, ...,
    s.creditAmout
from customer c
    inner join seller s
        on c.customer_id = s.seller_id
```

这种继承关联映射方法与面向对象概念最为一致，最大好处就是实现了关系模型和面向对象领域模型的完全一致，对多态的支持最好。但由于在查询时需连接多个表，因而性能会稍差一些。

9.7 Hibernate 基本数据查询

9.7.1 Hibernate 数据检索

Hibernate 的几种主要检索方式包括：QBC（Query By Criteria）检索方式、SQL 检索方式、HQL（Hibernate Query Language）检索方式。其中，QBC 基于 Hibernate 的 Criteria 接口实现查询；Hibernate 是一个轻量级框架，允许使用原始 SQL 语句查询数据库；HQL 则是 Hiberante 推荐的检索方式，使用类似 SQL 的查询语言，以面向对象方式查询数据库，支持继承和多态。在检索数据时应优先考虑使用 HQL 方式。

📖 作为 Hibernate 数据查询接口，Query 与 Criteria 提供了对查询的封装机制。两者的不同之处在于：Query 面向 HQL 和一般 SQL，Criteria 则支持面向对象的查询模式。Criteria 的相关技术细节以及所提供的方法请参考相关文献，本书将不做过多介绍。

9.7.2 Query 接口

首先，通过 Session 接口方法 createQuery()创建一个 Query 对象，该对象包含一个 HQL 查询语句。另外也可以通过另一个 Session 接口方法 createSQLQuery()创建一个 Query 对象，该对象同样也包含一个 HQL 查询语句。在 Hibernate 4 以前，还可以通过 Session 接口方法 connection()获取 Connection 对象后，创建 Statement 语句或 PreparedStatement 语句来执行各种 SQL 查询。具体请参考 Hibernate 指南，这里将不做进一步介绍。Query 接口所提供的常用方法如表 9-15 所示，主要为取查询结果、设定查询参数、执行更新等。

表 9-15　Query 接口所提供常用方法的列表

方　法	说　明
public List list();	返回查询结果集
public Object uniqueResult();	返回查询一个唯一结果
public Iterator iterate();	返回的集合是对象的主键集合。在使用 iterate 迭代的过程中需要先到缓存中查找，如果找不到就要执行 select 语句。只有在缓存中存在查询的持久对象，这种访问才能优化，否则不应使用
public ScrollableResults scroll();	利用数据库游标滚动访问结果集
public Query setFirstResult(int startRow);	设定起始结果编号，从零开始编号。注意，这与数据库中的记录的 id 没有关系
public Query setMaxResults(int maxResult);	设定所要读取的结果条数
public Query setFetchSize(int fetchSize);	设定一次从结果集中取的记录条数
public Query setParameter(int index, Object value, Type type); public Query setParameter(String name, Object value, Type type);	设定查询参数的值，前者基于参数 index，后者基于参数名称，两者都指定参数值的类型
public Query set×××(int paramIndex, ××× value); public Query set×××(String paramName, ××× value);	根据查询参数的类型（如类型为 String，则将×××替换为 String 即可，其他类型类推）设定参数的值，前者基于参数 index，后者基于参数名称
public int executeUpdate();	用于执行 INSERT、UPDATE 或 DELETE 语句以及 SQL DDL（数据定义语言）语句

HQL 查询依赖于 Query 接口，每个 Query 实例对应一个查询对象，使用 HQL 查询按如下步骤进行：

- 获取 Hibernate Session 对象。
- 编写 HQL 语句。
- 以 HQL 语句作为参数，调用 Session 的 createQuery()方法创建查询对象。
- 如果 HQL 语句包含参数，调用 Query 的 set×××()方法为查询参数赋值。
- 调用 Query 对象的 list()等方法返回查询的结果集。

9.7.3 HQL 基本语法

HQL 看上去很像 SQL，但 HQL 是完全面向对象的，可以理解为诸如继承、多态和关联之类的概念。HQL 本身并不区分大小写，亦即 HQL 语句的关键字以及函数都不区分大小写，但 HQL 语句中所使用的 Java 包名、类名、实例名及属性名都区分大小写。所以，SeLeCT 与 SELECT 是相同的，但是 org.hibernate.eg.FOO 不等价于 org.hibernate.eg.Foo。

1．from 子句

Hibernate 中最简单的查询语句的形式如下：

```
from vo.Customer as customer
```

该子句简单地返回 vo.Customer 类的所有实例。大多数情况下，需指定一个别名，该 HQL 语句把别名 customer 指定给持久化类 Customer 的实例，这样就可以在随后的查询中使用此别名了。这里关键字 as 可以省略。from 子句可以包含多个实体，产生的结果集为相应的笛卡尔积。形如：

```
from vo.ordermain ordermain, vo.Customer customer
```

HQL 还支持多态查询。在 select 子句中指定任何 Java 类或接口，不仅会查出 select 子句中指定的持久化类的全部实例，还会查询出该类的子类的全部实例。形如：

```
from vo.Customer customer
```

该 HQL 查询语句不仅返回持久化类 Customer 的全部实例，而且还返回其子类 Buyer 和 Seller 的全部实例。如下 HQL 查询语句将返回系统中全部持久化类的实例：

```
from java.lang.Object object
```

另外，如果接口 MyNamed 被多个不同的持久化类实现，则基于如下 HQL 查询语句对实现了 MyNamed 接口的持久化类的实例进行连接操作：

```
from MyNamed n1, MyNamed n2 where n1.name = n2.name
```

最后的两种 HQL 语句已经超越了 SQL 的范畴。where 子句将在后面进行讲解。

2．select 子句

select 子句选择将哪些对象与属性返回到查询结果集中，需要注意的是 select 选择的属性必须是 from 后面的持久化类所包含的属性。形如：

```
select customer.name from vo.Customer customer
```

HQL 查询甚至可以返回作用于属性之上的聚集函数的计算结果，HQL 支持的聚集函数与 SQL 的完全相同，即包括 5 种：avg，count，max，min 以及 sum。形如：

```
select count(*) from vo.Customer
```

另外，select 子句也支持关键字 distinct 与 all，效果与 SQL 中的完全相同。

3．where 子句

where 子句允许缩小返回结果集的范围。如未指定别名，则可以使用属性名来直接引用属性：

```
from vo.Customer where name='ZhangSan'
```

如果指派了别名，需要使用完整的属性名：

```
from vo.Customer customer where customer.name='ZhangSan'
```

基于对象属性的组合路径表达式使得 where 子句非常强大，考虑如下情况：

```
from vo.Ordermain ordermain where ordermain.customer.passport is not null
```

该 HQL 查询语句将被翻译成为一个含有内连接的 SQL 查询。

一个“任意”类型有两个特殊的属性 id 和 class。特殊属性（小写）id 可以用来表示一个对象的唯一的标识符。形如：

```
from vo.Customer customer where customer.id = 1314
```

同样的，特殊属性 class 在进行多态持久化的情况下被用来存取一个实例的鉴别值，对应的 HQL 语句如下：

```
from vo.Customer customer where customer.class = BuyerCustomer
```

4．连接（join）查询

HQL 支持的连接类型包括：inner join（内连接）、left outer join（左外连接）、right outer join（右外连接）、full join（全连接，并不常用）。语句 inner join、left outer join 和 right outer join 可以分别简写为 join、left join 和 right join。另外，一个“fetch”连接允许仅仅使用一个选择语句就将相关联的对象或一组值的集合随着其关联对象的初始化而被初始化，可以有效地代替映射文件中的外连接与延迟声明，与“抓取策略（Fetching strategies）”有关。形如：

```
from vo.Ordermain ordermain left join fetch ordermain.orderdetails
```

如果使用属性级别的延迟获取，该子句中的 fetch 强制 Hibernate 立即取得那些需要延迟加载的属性（这里为 Ordermain 的属性 orderdetails）。

5．更新与删除

通过 update 子句和 delete 子句，可以实现对持久化实体实例的更新和删除。形如：

```
String hqlUpdate = "update Customer c set c.name = :newName where c.name=oldName";
int iUpdateEntityCount = session.createQuery(hqlUpdate).setString("newName", sNewName).
    setString("oldName", sOldName).executeUpdate();
```

以上为基于 update 子句对持久化实体实例进行更新。基于 delete 子句的删除操作，同理。

6．其他

（1）表达式

在 where 子句中允许使用的运算符也很多，不仅包括 SQL 运算符、关键字和函数，也包括 EJB-QL 的运算符、关键字和函数等。where 子句中允许使用的表达式包括大多数可以在 SQL 中使用的表达式。与 SQL 的 where 子句的表达式相比较，最大的区别是表达式中的变量为返回结果的实例集合、实例或实例的属性。具体细节可以参考 HQL 相关指南。

（2）子查询

对于支持子查询的数据库，HQL 也支持在查询中使用子查询。形如：

```
from vo.Book book
where book.price > (select avg(book2.price) from vo.Book book2)
```

对于其他的如 some、exists/not exists、in/not in 等关键字所对应的子查询类同。

（3）order by 子句

如同 SQL 查询，HQL 查询返回的结果列表也可以按照一个返回的持久化类的任何属性进行排序。形如：

```
from Book book
order by book.name asc, book.price desc, book.publisher
```

可选的 asc 或 desc 关键字指明按照升序或降序进行排序，默认为 asc（即升序）。

（4）group by 子句

如同 SQL 查询，HQL 查询返回聚集值的查询也可以按照一个返回的持久化类中的任何属性进行分组。形如：

```
select count(book.name), sum(book.price), book.publisher
from Book book
group by book.publisher
```

having 子句在这里也允许使用。形如：

```
select count(book.name), sum(book.price), book.publisher
```

```
from Book book
group by book.publisher
having book.name like '%Java%'
```

如果底层的数据库支持的话（如 MySQL 就不支持使用 group by 子句），HQL 如同 SQL 一样也允许在 having 与 order by 子句中出现一般函数与聚集函数。形如：

```
select count(book.name), sum(book.price), book.publisher
from Book book
group by book.publisher
having avg(book.price) > 50
order by count(book.name) asc
```

注意，group by 子句与 order by 子句中都不能包含算术表达式。

9.7.4 HQL 返回结果

1. 返回单个对象

```
Query query = session.createQuery("select count(b) from Book b");
Integer num = (Integer)query.uniqueResult();                    //返回单个实例
int count = num.intValue();                                      //返回数值
```

查询总数时，HQL 格式必须为以上语句格式，返回值可能为 ShortInteger、Long、BigInteger，具体根据主键的类型而定。

2. 返回 Object[]数组

```
List<Object[]> list = session.createQuery("select b.name, b.publisher from Book b").list();
for(Object[] row : list) {
        for(Object obj : row) {
                System.out.println(obj);
        }
}
```

3. 返回 List 类型

```
String hql = "select new List(b.name, b.publisher) from Book b"
List<List> list = session.cresteQuery(hql).list();              //获取
for(List row : list) {
        for(Object obj : row) {
                System.out.println(obj);
        }
}
```

4. 返回 Map 类型

```
String hql = "sesect new map(b.name as name, b.publisher as publisher)" + "from Book b";
List listMap = session.creatgQuery(hql).list();                 //获取
for(Map map : (List<Map> listMap) {
        System.out.println("Name: " + map.get("name"));
        System.out.println("Publisher: " + map.get("publisher"));
}
```

5. 返回实体对象

```
String hql = "select new Book2(b.name, b.publisher) from Book b";
List< Book2> bookList = session.createQuery(hql).list();
```

📖 注意：这样使用时，Book2 类中必须存在一个 public Book2(String name, String publisher)的构造方法。因为 Hibernate 是通过调用该构造方法完成返回值从 Object[]数组转化到 Book2 类实体类的。

6．返回结果的分页

```
String hql = "select count(b) from Book b";
Long count = (Long)session.createQuery(hql).uniqueResult();              //查询记录总数
//从第 0 条开始，取 10 条数据
List<Book> bookList
      = session.createQuery("from Cat").setFirstResult(0).setMaxResults(10).list();
```

9.7.5 HQL 中的参数绑定

在 SQL 语句中妥善使用命名参数绑定将在一定程度上提高可读性，利用 SQL 语句还可以有效防止 SQL Injection 安全漏洞。HQL 中的参数绑定，类同。

1．按照参数名称绑定

类似于 SQL 语句，在 HQL 语句中定义命名参数要用“:”开头，形如：

```
// : bName 定义了命名参数，相当于 b.name = ?
Query query = session.createQuery("from Book b where b.name = :bName");
//调用 Query 的 setString()方法（这里参数为 String 类型）设置?的值
query.setString("bName", "Java EE 开发技术与实践教程");
```

2．按照参数位置绑定

类似于 SQL 语句，在 HQL 查询语句中用“?”来定义命名参数的位置，形如：

```
Query query = session.createQuery("from Book b where b.name = ? and b.price <= ?");
String sBookName = "Java EE 开发技术与实践教程";
float fBookPrice = 55;
query.setString(0, sBookName);
query.setInteger(1, fBookPrice);
```

3．setParameter()方法

基于 Query 接口的 setParameter()方法，可以在 HQL 语句中绑定任意类型的命名参数。由于该方法较为通用，为 HQL 命名参数绑定的推荐方法。形如：

```
String hql = "from Book b where b.name = :bName";
Query query = session.createQuery(hql);
String sBookName = "Java EE 开发技术与实践教程";
query.setParameter("bName", sBookName, Hibernate.STRING);
```

Query 接口的 setParameter()方法中的 bName 为命名参数的名称，sBookName 赋给命名参数的实际值，第三个参数为命名参数的映射类型。Hibernate 可以猜测出一些基本的参数映射类型，但无法猜测 Date 类型。因为 Date 类型对应 Hibernate 的多种映射类型，如 Hibernate.DATE 和 Hibernate.TIMESTAMP，所以需要特别指定。

4．setProperties()方法

基于 Query 接口的 setParameter()方法，在 HQL 语句中可以将命名参数与一个对象的属性值绑定在一起。形如：

```
String sBookName = "Java EE 开发技术与实践教程";
Book book = new Book();
book.setName(sBookName);
book.setPrice(55);
Query query=session.createQuery("from Book b where b.name = :name and c.age = :price");
query.setProperties(book);
```

setProperties()方法会自动将 book 对象实例的属性值匹配到命名参数上，但是要求命名参数名称必须要与实体对象相应的属性同名。

setEntity()方法则较为特殊，将命名参数与一个持久化对象相关联，形如：

```
Customer customer = (Customer)session.load(Customer.class, "1");
Query query=session.createQuery("from Book book where book.customer = :customer");
query.setEntity("customer", customer);
```

上面的代码会生成类似的 SQL 语句如下：

```
Select * from book where customer_id = '1';
```

9.7.6 实现一般 SQL 查询

Hibernate 还支持使用 SQL 查询，使用 SQL 查询可以利用数据库的某些特性，或者用于将原有的 JDBC 应用移植到 Hibernate 应用上。SQL 查询是通过 Hibernate 的 SQLQuery 接口来表示的。由于 SQLQuery 接口为 Query 接口的子接口，因此完全可以调用 Query 接口的方法。类同 HQL 查询的执行步骤，执行 SQL 查询的步骤如下：

- 获取 Hibernate Session 对象。
- 编写 SQL 语句。
- 以 SQL 语句作为参数，调用 Session 接口的 createSQLQuery()方法创建 SQL 查询对象。
- 如果 SQL 语句包含参数，调用 Query 的 set×××()方法为查询参数赋值。
- 调用 SQLQuery 接口对象的 addEntity()或 addScalar()方法将查询结果与 Hibernate 持久化实体类或实体类的标量属性进行关联。
- 调用 Query 对象的 list()等方法返回查询的结果集。

利用 addEntity()方法实现查询结果与实体的关联，示例如下：

```
String sql = "select {b.*} from Book as b";
Query query = session.createSQLQuery(sql);
List<Book> lstBooks = query.addEntity("b", Book.class).list();
```

利用 addScalar()方法实现查询结果与实体的关联，示例如下：

```
String sql = "select b.name as n, b.publishedDate as d from Book as b";
Query query = session.createSQLQuery(sql);
List<Book> lstBooks = null;
lstBooks = query.addScalar("n", Hibernate.String).add Scalar("d", Hibernate.Date).
    setResultTransformer(Transformers.aliasToBean(NewBook.class)).list();
```

其中，SQLQuery 接口对象的 setResultTransformer()方法将查询结果中的属性组合为指定的实体 NewBook 而返回。需要注意的是，这里的 NewBook 可以为任意的 Java Bean，而 addEntity()方法要求实体必须是 Hibernate 持久化类。

9.7.7 命名查询

除非万不得已，应该尽量避免在 Java 代码中嵌入过多的 HQL 或 SQL 语句字符串，以提高程序的可维护性。Hibernate 提供一种命名查询（Name Queries）技术，允许将查询字符串外化为映射元数据。可以将某个特定的持久化类（或一组持久化类）相关的查询字符串以及其他元数据一同封装在 XML 映射文件中。当然，也可以基于 annotation 为特定的持久化类创建命名查询。

1．调用命名查询

Hibernate 中，可以利用 Session 接口对象的 getNameQuery()方法获取命名 HQL 查询的

一个实例，形如：

```
session.getNamedQuery("findItemsByName").setString("name", sName);
```

可以利用 getNameSQLQuery()方法获取命名 SQL 查询的一个实例，形如：

```
session.getNamedSQLQuery("findItemsByName").setString("name", sName);
```

2．在 XML 元数据中定义命名查询

可以在 XML 映射文件的<hibernate-mapping>元素中放置命名 HQL 查询，形如：

```
<query name = "findItemsByName">
    <![CDATA[from Book book where book.name like :name]]>
</query>
```

对于命名 SQL 查询类同，只是对应的查询字符串语法不同。

3．利用 annotation 在 Java 代码中定义命名查询

可以利用 annotation 在持久化类的代码中定义命名查询，形如：

```
package vo;
import …;
@NamedQueries({
    @NameQuery(
        name = "findItemsByName",
        query = " from Book book where book.name like :name"
    ),
})
@Entity
@Table(name = "BOOK"
public class Book {…}
```

对于命名 SQL 查询类同，只是对应的查询字符串语法不同。

9.8 本章小结

本章介绍了一种 ORM 框架 Hibernate 的基础，包括 Hibernate 框架和接口简介、Hibernate 实体状态及持久化操作、Hibernate 实体映射与实体关系映射，以及 Hibernate 基本数据查询和 HQL 等。关于 Hibernate 的数据缓存、Session 管理、回调和拦截机制等高级特性可以参考 Hibernate 开发文档等。

拓展阅读参考：

[1] Red Hat. Hibernate[OL]. http://hibernate.org/ .

[2] CHRISTIAN BAUER, GAVIN KING. Hibernate in Action[M]. MANNING, 2005.

[3] James Elliott、Hibernate 程序高手秘笈[M]. O' Reilly Taiwan，2007.

第10章 Spring

本章将主要介绍 Spring 中的控制反转（Inversion of Control，IoC）、面向方面编程（Aspected Oriented Programming，AOP）等概念，详细介绍如何在 Spring 实现中控制反转、组件的依赖注入，以及 Spring AOP 的应用。

10.1 Spring 简介

10.1.1 Spring 的发展及特点

Spring 开源框架的第一个版本由 Rod Johnson 于 2003 年开发并发布，目的是解决企业应用开发的复杂性问题。经过多年的发展，Spring 成为 Java EE 开发中的重要框架之一。Spring 使用基本的 JavaBean 来完成以前只可能由 EJB 完成的功能。而它不仅仅针对某一特定层，而是贯穿于表现层、业务层及持久层，与已有框架进行友好的整合。从简洁性、可测试性、松耦合的角度讲，任何 Java 应用都或多或少受到 Spring 影响。

控制反转不直接创建对象，但是描述创建它们的方式。在代码中也不直接与对象和服务交互，但在配置文件中描述哪一个组件需要哪一项服务。容器（在 Spring 框架中是 IoC 容器）负责将这些联系在一起。

Spring AOP 是一种编程技术，它允许程序员对横切关注点或横切典型的职责分界线的行为（例如日志和事务管理）进行模块化。AOP 的核心构造是方面，它将那些影响多个类的行为封装到可重用的模块中。

AOP 和 IOC 是补充性的技术，它们都运用模块化方式解决企业应用程序开发中的复杂问题。在典型的面向对象开发方式中，可能要将日志记录语句放在所有方法和 Java 类中才能实现日志功能。在 AOP 方式中，可以反过来将日志服务模块化，并以声明的方式将它们应用到需要日志的组件上。当然，优势就是 Java 类不需要知道日志服务的存在，也不需要考虑相关的代码。所以，用 Spring AOP 编写的应用程序代码是松散耦合的，AOP 的功能完全集成到了 Spring 事务管理、日志和其他各种特性的上下文中。

综合上述，Spring 特点如下。

- Spring 简化了开发：String 中的 IoC 容器，可以将对象的实例化及对象间的依赖关系移交给 Spring 进行处理，用户不必再把精力放在最底层代码的编写上，提高了代码编写的效率。
- Spring 中 AOP 技术简洁、易用：基于注解，Spring 中 AOP 的实现更加简洁、易用，较好地实现了将多个公共服务整合到业务逻辑中以更好地完成业务操作。
- Spring 中事务管理简单易用：通过声明式的事务管理降低了代码的复杂性，提高了开发的效率。
- Spring 可以较好地与其他框架进行整合：Spring 较好地与当前流行框架（如 Struts、Hibernate 等）进行整合，以实现复杂的业务逻辑。

10.1.2 Spring 的体系结构

Spring 框架是一个分层架构，由 7 个定义良好的模块组成。Spring 模块构建在核心容器之上，核心容器定义了创建、配置和管理 bean 的方式，如图 10-1 所示。

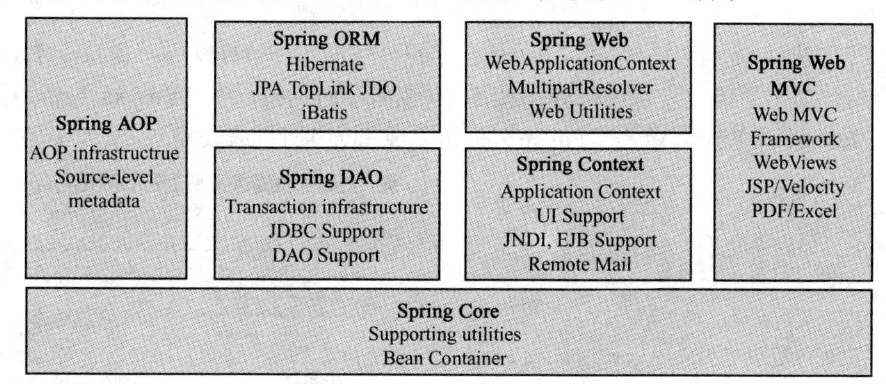

图 10-1 Spring 框架结构图

组成 Spring 框架的每个模块（或组件）都可以单独存在，或者与其他一个或多个模块联合实现。每个模块的功能如下。

- 核心容器：核心容器提供 Spring 框架的基本功能。核心容器的主要组件是 BeanFactory，它是工厂模式的实现。BeanFactory 使用控制反转（IOC）模式将应用程序的配置和依赖性规范与实际的应用程序代码分开。
- Spring 上下文：Spring 上下文是一个配置文件，向 Spring 框架提供上下文信息。Spring 上下文包括企业服务，例如 JNDI、EJB、电子邮件、国际化、校验和调度功能。
- Spring AOP：通过配置管理特性，Spring AOP 模块直接将面向方面的编程功能集成到了 Spring 框架中。所以，可以很容易地使 Spring 框架管理的任何对象支持 AOP。Spring AOP 模块为基于 Spring 的应用程序中的对象提供了事务管理服务。通过使用 Spring AOP，不用依赖 EJB 组件，就可以将声明性事务管理集成到应用程序中。
- Spring DAO：JDBC DAO 抽象层提供了有意义的异常层次结构，可用该结构来管理异常处理和不同数据库供应商抛出的错误消息。异常层次结构简化了错误处理，并且极大地降低了需要编写的异常代码数量（例如打开和关闭连接）。Spring DAO 的面向 JDBC 的异常遵从通用的 DAO 异常层次结构。
- Spring ORM：Spring 框架插入了若干个 ORM 框架，从而提供了 ORM 的对象关系工具，其中包括 JDO、Hibernate 和 iBatis SQL Map。所有这些都遵从 Spring 的通用事务和 DAO 异常层次结构。

Spring Web：Web 上下文模块建立在应用程序上下文模块之上，为基于 Web 的应用程序提供了上下文。所以，Spring 框架支持与 Jakarta Struts 集成。Web 模块还简化了处理大部分请求以及将请求参数绑定到域对象的工作。

- Spring MVC：MVC 框架是一个全功能的构建 Web 应用程序的 MVC 实现。通过策略接口，MVC 框架成为高度可配置的，MVC 容纳了大量视图技术，其中包括 JSP、Velocity、Tiles、iText 和 POI。

10.2 Spring 第一个实例

本节介绍怎样在 MyEclipse 下开发基于 Spring 一个简单 Java 应用。

步骤如下。

1）选择创建 Java 工程，在主菜单中依次选择“File”→“New”→“Java Project”，如图 10-2 所示，单击“确定”按钮，弹出如图 10-3 所示对话框，在“Project Name：”中输入项目名称：lecture01_First，单击“Finish”按钮完成 Java 项目创建。

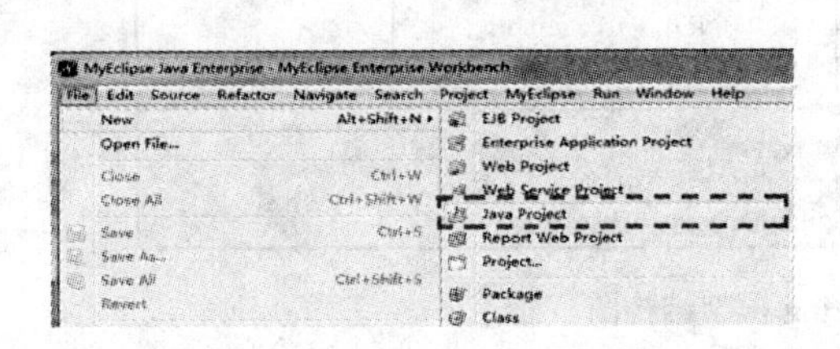

图 10-2　新建项目界面

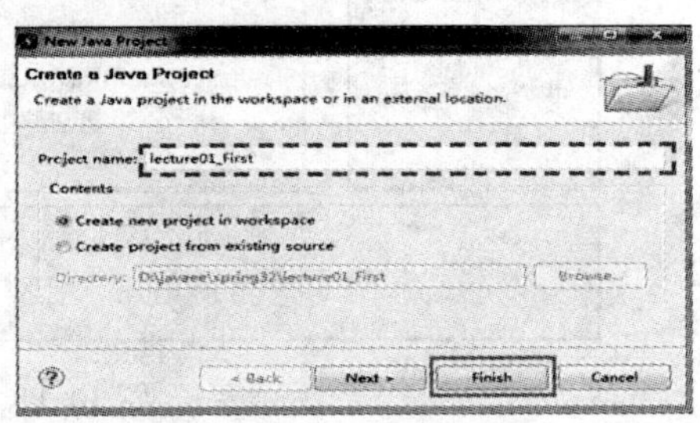

图 10-3　项目名称

2）右键单击项目名称，依此选择“MyEclipse”→“Add Spring Capabilities”，弹出如图 10-4 所示对话框，在对话框中的“Spring version”中选择 Spring 3.0，在复选框中选择“Spring 3.0 Core Libraries”然后单击“确定”按钮。项目结构如图 10-5 所示，为符合文件命名习惯，将类路径下的 applicationContext.xml 改名为 beans.xml。

图 10-4　添加 Spring 支持

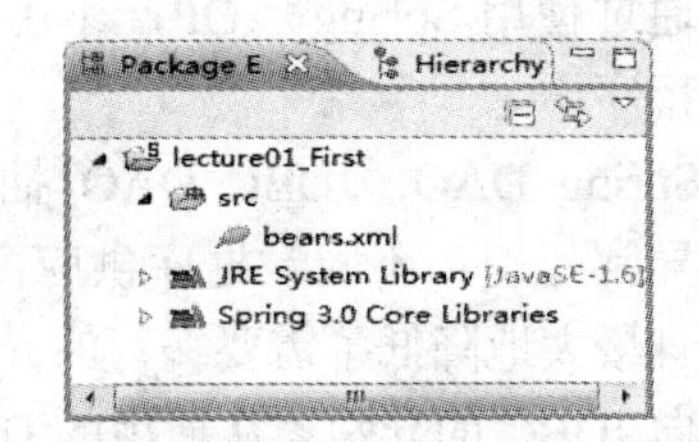

图 10-5　项目结构

3）相关类及配置文件如代码 10-1 到代码 10-6 所示。

代码 10-1　StudentDAO.java。

```
package cn.edu.dao;
import cn.edu.model.Student;
public interface StudentDAO {
    public void save(Student student);
}
```

代码 10-2　StudentDAOImpl.java.

```
package cn.edu.dao.impl;
```

```java
import cn.edu.dao.StudentDAO;
import cn.edu.model.Student;
public class StudentDAOImpl implements StudentDAO {
        public void save(Student student) {
          System.out.println(student);
          System.out.println("student is saved!");
        }
}
```

代码 10-3 Student.java。

```java
package cn.edu.model;
public class Student {
        private Integer studentid;
        private String name;
        private String gender;
        public Integer getStudentid() {
          return studentid;
        }
        public void setStudentid(Integer studentid) {
              this.studentid = studentid;
        }
        public String getName() {
              return name;
        }
        public void setName(String name) {
              this.name = name;
        }
        public String getGender() {
              return gender;
        }
        public void setGender(String gender) {
              this.gender = gender;
        }
        @Override
        public String toString() {
        return "Student [studentid=" + studentid + ", name=" + name + ", gender="
                    + gender + "]";
        }
}
```

代码 10-4 StudentService .java。

```java
package cn.edu.service;
import cn.edu.dao.StudentDAO;
import cn.edu.model.Student;
public class StudentService {
        private StudentDAO studentDAO;
              public StudentService() {
        }
        public void add(Student student) {
              studentDAO.save(student);
        }
```

```
		public StudentDAO getStudentDAO() {
			return studentDAO;
		}
		public void setStudentDAO(StudentDAO studentDAO) {
			this.studentDAO = studentDAO;
		}
}
```

代码 10-5 beans.xml。

```
<?xml version="1.0" encoding="UTF-8"?>
<beans
	xmlns="http://www.springframework.org/schema/beans"
	xmlns:xsi="http://www.w3.org/2001/XMLSchema-instance"
	xmlns:p="http://www.springframework.org/schema/p"
	xsi:schemaLocation="http://www.springframework.org/schema/beans
    http://www.springframework.org/schema/beans/spring-beans-3.0.xsd">
    <bean id="studentDAO" class="cn.edu.dao.impl.StudentDAOImpl" />
    <bean id="studentService" class="cn.edu.service.StudentService">
    	<property name="studentDAO" ref="studentDAO" />
    </bean>
</beans>
```

代码 10-6 StudentServiceTest.java。

```
package test;
import org.springframework.context.ApplicationContext;
import org.springframework.context.support.ClassPathXmlApplicationContext;
import cn.edu.model.Student;
import cn.edu.service.StudentService;
public class StudentServiceTest {
	public static void main(String[] args)throws Exception {
		ApplicationContext ctx = new ClassPathXmlApplicationContext("beans.xml");
		StudentService service = (StudentService)ctx.getBean("studentService");
		Student student = new Student();
		student.setStudentid(201201001);
		student.setName("zhangsan");
		student.setGender("male");
		service.add(student);
	}
}
```

代码编写完成后项目结构如图 10-6 所示。

运行代码 10-6，结果如图 10-7 所示。

图 10-6 新的项目结构

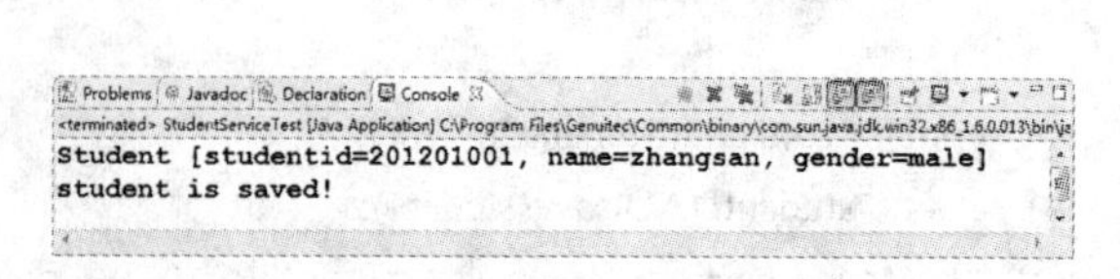

图 10-7 运行结果

10.3 Spring IoC 容器与 Beans

控制反转（IoC）是 Spring 的核心，也称作依赖性注入。它不创建对象，但是描述创建它们的方式。在代码中不直接与对象和服务交互，但在配置文件中描述哪一个组件需要哪一项服务。容器（在 Spring 框架中是 IoC 容器）负责将这些联系在一起。

在 Spring 容器中有所有类的注册信息，标明类要完成的功能及在运行时需要什么。Spring 会在系统运行时根据需要及时把需要的内容主动发送给当前类。所有类的创建、销毁都由 Spring 来完成，即 Spring 决定对象的生命周期而不是引用它的对象。

IoC 动态地向某个对象的属性提供它需要的实例，而不是直接通过实例化一个对象来完成其属性的初始化。如有两个类 Order 及 OrderItem，Order 中有一个属性 orderItem，它的类型为 OrderItem，orderItem 的值由 Spring 容器根据配置文件提供，提供值的这个过程称为依赖注入。

Spring 就像一个调度中心，负责管理所有的 Bean 实例的创建、使用（包括类属性的初始化）及销毁。

10.3.1 BeanFactory 和 ApplicationContext

Spring 容器是 Spring 的核心，容器通过 IoC 控制管理系统中的组件。Spring 通过两种类型方法实现 Spring 容器：BeanFactory 和 ApplicationContext。

1．BeanFactory

Spring 中的两个包是 org.springframework.beans 和 org.springframework.contex，包中的代码为 Spring 的控制反转特性的基础。BeanFactory 提供了一种管理 bean（对象）的配置方法，这种配置方法考虑到多种可能的存储方式。ApplicationContext 建立在 BeanFactory 之上，扩展了它的功能，如更容易同 Spring AOP 特性整合、消息资源处理（用于国际化）、事件传递等。

综合上述可知，BeanFactory 提供了框架的基本的功能，而 ApplicationContext 为它进行了功能扩展。可以认为 ApplicationContext 是 BeanFactory 的扩展集，任何 BeanFactory 功能也同样适用于 ApplicationContext。

用户有时不能确定 BeanFactory 和 ApplicationContext 中哪一个在特定场合下更适合。通常大部分在 Java EE 环境中的应用，最好选择使用 ApplicationContext，因为它不仅提供了 BeanFactory 所有的特性以及它自己的特性，而且还提供以声明的方式使用的功能，使用起来更加灵活。BeanFactory 与 ApplicationContext 相比较，前者占用内存更小（当不需要使用 ApplicationContext 所有特性时）。

代码 10-7 为 Spring 配置文件，文件中提供了 User 配置信息。

代码 10-7 beans.xml。

```
<?xml version="1.0" encoding="UTF-8" ?>
<beans xmlns="http://www.springframework.org/schema/beans"
        xmlns:xsi="http://www.w3.org/2001/XMLSchema-instance"
        xmlns:p="http://www.springframework.org/schema/p"
        xsi:schemaLocation="http://www.springframework.org/schema/beans
          http://www.springframework.org/schema/beans/spring-beans-3.1.xsd">
```

```
        <bean id="user" class="cn.edu.User"
          p:username="han" p:type="administrator"
        />
</beans>
```

代码 10-8 通过 BeanFactory 的实现类 XmlBeanFactory 启动 Spring IoC 容器。

代码 10-8 BeanFactoryDemo.java。

```
package cn.edu.factory;
import org.springframework.beans.factory.BeanFactory;
import org.springframework.beans.factory.xml.XmlBeanFactory;
import org.springframework.core.io.Resource;
import org.springframework.core.io.support.PathMatchingResourcePatternResolver;
import org.springframework.core.io.support.ResourcePatternResolver;
import cn.edu.User;
public class BeanFactoryDemo {
    public static void main(String[] args) throws Throwable{
        ResourcePatternResolver resolver = new PathMatchingResourcePatternResolver();
        Resource res = resolver.getResource("classpath:cn/edu/factory/beans.xml");
        BeanFactory factory= new XmlBeanFactory(res);
        User user = factory.getBean("user",User.class);
        System.out.println("user bean is called successfully!");
        user.userInfo();
    }
}
```

XmlBeanFactory 是接口 BeanFactory 的实现类，Resource 加载配置文件 beans.xml 然后通过 BeanFactory 启动 IoC 容器，但 Bean 实例的创建是在第一次使用 Bean 时进行。

2．ApplicationContext

ApplicationContext 基于 BeanFactory 基础构建，提供了面向应用的服务。对大多数用户来讲，使用 ApplicationContext 更方便。表 10-1 为 Spring 常用上下文类型。

表 10-1 Spring 常用上下文类型

方　法	说　明
ClassPathXmlApplicationContex	从类路径下加载应用上下文配置文件
FileSystemXmlApplicationContext	从文件系统下读 xml 配置文件
XmlWebApplicationContext	用于执行从 Web 应用下读取 xml 配置文件。 INSERT、UPDATE 或 DELETE 语句以及 SQL DDL（数据定义语言）语句

下面代码显示加载一个 FileSystemXmlApplicationContext。

```
ApplicationContext   context = new FileSystemXmlApplicationContext("d:/beans.xml");
```

使用 ClassPathXmlApplicationContext 从类路径加载应用上下文方法代码如下：

```
ApplicationContext context = new ClassPathXmlApplicationContext("bean01.xml");
```

FileSystemXmlApplicationContext 从指定的文件系统路径下查找所需配置文件。而 ClassPathXmlApplicationContext 从类路径下查找所需配置文件。其配置文件可以是多个，Spring 会把它们组合为一个配置文件，定义格式代码如下：

```
ApplicationContext context = new ClassPathXmlApplicationContext(
                                        new String[]{"bean01.xml","bean02.xml"});
```

代码 10-9 显示 ClassPathXmlApplicationContext 的用法。

代码 10-9 XmlApplicationContextDemo.java。

```
package cn.edu.context;
import org.springframework.context.ApplicationContext;
import org.springframework.context.support.ClassPathXmlApplicationContext;
import cn.edu.User;
public class XmlApplicationContextTest {
    public static void main(String[] args) {
    ApplicationContext ctx = new
                        ClassPathXmlApplicationContext("cn/edu/context/*.xml");
    User user = ctx.getBean("user",User.class);
        user.userInfo();
    }
}
```

3．AnnotationApplicationContext

Spring3.0 支持注解配置方式。从代码 10-10 可看到使用@Configuration 注解一个类可实现所需配置信息。通过注解@Bean 实现定义 Bean。

代码 10-10 Annotation.java。

```
package cn.edu.annotation;
import org.springframework.context.annotation.Bean;
import org.springframework.context.annotation.Configuration;
import cn.edu.User;
@Configuration
public class Annotation {
  @Bean(name="user")
  User getUser(){
     User user = new User();
     user.setUsername("李四");
     user.setType("admin");
     return user;
  }
}
```

AnnotationConfigApplicationContext 的用法如代码 10-11 所示。

代码 10-11 AnnotationApplicationContextDemo.java。

```
package cn.edu.annotation;
import org.springframework.context.ApplicationContext;
import org.springframework.context.annotation.AnnotationConfigApplicationContext;
import cn.edu.User;
public class AnnotationApplicationContextDemo {
    public static void main(String[] args) {
        ApplicationContext ctx =
                new AnnotationConfigApplicationContext(Annotation.class);
      User user =ctx.getBean("user",User.class);
      user.userInfo();
    }
}
```

AnnotationConfigApplicationContext 加载 Annotation.class 中的 Bean 并调用其中方法实例

化 Bean，启动容器装配 Bean。

10.3.2 Bean 基本装配

1．Bean 的命名

一个 Bean 在容器内要有标识符标识。在 xml 配置文件中，使用 id 和 name 属性指定 Bean 标识符。

- id 命名必须满足 xml 命名规范，可以认为 id 相当于一个 Java 变量的命名：不能以数字、符号打头，不能有空格，如“123”，“?ad”，“ab”等都是不规范的，Spring 在初始化时就会报错；在配置文件中，不能有两个相同 id 的<bean>。
- name 命名则没有 id 命名的诸多限定，可以使用几乎任何的名称。在 Spring 同一个上下文中 id、name 只能有一个，但是同一个 id 可以用多个别名，如<bean id="a" name="a1,a2,a3" class="ExampleClass"/>、a1、a2、a3 指向的是同一个对象（单例的）。如果不是单例则创建了和 name 数量相等的 bean 实体。在配置文件中，可以有 name 命名相同的两个<bean>，用 getBean()方法获取的将是最后一个声明的 bean，为了避免这种情况，推荐使用 id 命名。
- 如果<bean>中 id 和 name 两个属性都没有指定，则用类的全限定名称作为 name 的值。
- id 和 name 指定名称个数：id 和 name 都可以指定多个名称，它们之间用逗号、分号或空格隔开。

2．实例化 Bean

一般情况下，配置文件中的<bean>对应 Spring 容器中一个 bean，id 为名称，通过容器的 getBean()方法可以获取对应 bean 实例。class 属性指定 bean 的实现类。在代码 10-12 中，指定了 id 为 personDAO 和 id 为 personService 的 bean，它们的实现类分别为 PersonDAOImpl 和 PersonService。

代码 10-12 配置文件 beans.xml。

```
<?xml version="1.0" encoding="UTF-8" ?>
<beans xmlns="http://www.springframework.org/schema/beans"
       xmlns:xsi="http://www.w3.org/2001/XMLSchema-instance"
       xmlns:p="http://www.springframework.org/schema/p"
       xsi:schemaLocation="http://www.springframework.org/schema/beans
          http://www.springframework.org/schema/beans/spring-beans-3.1.xsd">
   <bean id="personDAO" class="cn.edu.dao.impl.PersonDAOImpl">
   </bean>
   <bean id="personService" class="cn.edu.service.PersonService">
          <property name="personDAO" ref="personDAO" />
   </bean>
</beans>
```

代码 10-13 中通过 getBean（"personService"）方法获取代码 10-11 配置文件中 id 为 personService 的 bean。

代码 10-13 PersonServiceTest.java。

```
package cn.edu.test;
import org.springframework.context.ApplicationContext;
import org.springframework.context.support.ClassPathXmlApplicationContext;
```

```java
import cn.edu.model.Person;
import cn.edu.service.PersonService;
public class PersonServiceTest {
    public static void main(String[] args)throws Exception {
            ApplicationContext ctx = new ClassPathXmlApplicationContext("beans.xml");
            PersonService service = (PersonService)ctx.getBean("personService");
            Person person = new Person();
            person.setName("zhangsan");
            person.setPassword("123");
            service.add(person);
    }
}
```

10.3.3 依赖注入

依赖注入（DI）的基本原理是对象之间的依赖关系（即一起工作的其他对象），通过以下几种方式来实现：构造方法的参数、工厂方法的参数，由构造方法或者工厂方法创建的对象来设置属性。因此，容器的工作就是创建 bean 时注入哪些依赖关系。相对于由 bean 自己来控制其实例化、直接在构造方法中指定依赖关系等自主控制依赖关系注入的方法来说，控制从根本上发生了倒转，这也正是控制反转名字的由来。

采用依赖注入后，应用的逻辑关系更加清晰，而且 bean 对象之间的依赖关系将由容器维护，增加了程序的灵活性。DI 主要有两种注入方式，即属性注入（也叫 Setter()方法注入）和构造器注入。

1．属性注入

属性注入具有可操作性好、灵活性高等优点，是一种常用的注入方式。

Bean 必须满足如下条件：

- Bean 必须具有一个不带参数的构造方法。
- 需要注入的属性必须有对应的 Setter()方法。

代码 10-14 有 Setter()方法及不带参数的构造方法，满足上述要求。

代码 10-14　Person.java。

```java
public class Person implements Serializable{
        private Integer personid;
        private String name;
        private boolean gender;
        public Integer getPersonid() {
            return personid;
        }
        public void setPersonid(Integer personid) {
            this.personid = personid;
        }
        public String getName() {
            return name;
        }
        public void setName(String name) {
            this.name = name;
        }
        public boolean getGender() {
            return gender;
```

```
        }
        public void setGender(boolean gender) {
            this.gender = gender;
        }
        public void setAge(Short age) {
            this.age = age;
        }
        @Override
        public String toString() {
    return "Person name=" + name + ", age=" + age + ", gender="+ gender + "]";
        }
}
```

代码 10-15 为访问 PersonDAO 接口，其中有一个方法 insertPerson()，代码 10-16 为其实现类。

代码 10-15 PersonDAO.java。

```
package cn.edu.dao;
import java.util.List;
import cn.edu.model.Person;
public interface PersonDAO {
    public void insertPerson(Person person);
}
```

代码 10-16 PersonDAOImpl.java。

```
package cn.edu.dao.impl;
import java.util.List;
import cn.edu.dao.PersonDAO;
import cn.edu.model.Person;
public class PersonDAOImpl implements PersonDAO {
        public void insertPerson(Person person) {
            System.out.println(person);
            System.out.println("object is saved!");
        }
}
```

代码 10-17 beans.xml。

```
<?xml version="1.0" encoding="UTF-8" ?>
<beans xmlns="http://www.springframework.org/schema/beans"
      xmlns:xsi="http://www.w3.org/2001/XMLSchema-instance"
      xmlns:p="http://www.springframework.org/schema/p"
      xsi:schemaLocation="http://www.springframework.org/schema/beans
        http://www.springframework.org/schema/beans/spring-beans-3.0.xsd">
  <bean id="personDAO" class="cn.edu.dao.impl.PersonDAOImpl" />
  <bean id="p" class="cn.edu.model.Person" >
      <property name="personid" value="1" />
      <property name="name" value="zhangsan" />
      <property name="gender" value="true" />
      <property name="age" value="20" />
  </bean>
  <bean id="personService" class="cn.edu.service.PersonService">
      <property name="personDAO" ref="personDAO" />
      <property name="person" ref="p" />
  </bean>
```

```
</beans>
```

代码 10-17 中配置了 Person，其名称为 p，并为其属性提供了值。id 为 personService 的 Bean 中有属性 personDAO，通过<property>为其提供初始值，其值为属性 ref 应用的另外一个 id 为 personDAO 的 Bean，即为 personDAO 属性注入了另外一个 Bean。

📖 属性 age 在代码 10-14 中并没有定义，但有 setAge()方法，Spring 只检查对应 Setter()方法，有没有对应属性已不重要了。

代码 10-18 为测试类。

代码 10-18　PersonServiceTest.java。

```
package cn.edu.test;
import org.springframework.context.ApplicationContext;
import org.springframework.context.support.ClassPathXmlApplicationContext;
import cn.edu.service.PersonService;
public class PersonServiceTest {
        public static void main(String[] args)throws Exception {
                ApplicationContext ctx = new ClassPathXmlApplicationContext("beans.xml");
                PersonService service = (PersonService)ctx.getBean("personService");
                        service.add();
        }
}
```

2．构造方法注入

构造方法注入就是在调用 Bean 的构造方法时对其属性进行设置。

（1）按照类型匹配

一个 Bean 如果其存在一个带参数的构造方法，则只需要指定 ref 属性即可，但是如果带多个参数，则存在参数的匹配问题，可以通过<constructor-arg　type="cn.edu.model.Person" ref="p"/>中 type 属性指定参数类型进行参数的匹配，如代码 10-19 所示。

代码 10-19　beans.xml。

```
<?xml version="1.0" encoding="UTF-8" ?>
<beans xmlns="http://www.springframework.org/schema/beans"
      xmlns:xsi="http://www.w3.org/2001/XMLSchema-instance"
      xmlns:p="http://www.springframework.org/schema/p"
      xsi:schemaLocation="http://www.springframework.org/schema/beans
         http://www.springframework.org/schema/beans/spring-beans-3.0.xsd">
   <bean id="personDAO" class="cn.edu.dao.impl.PersonDAOImpl" />
   <bean id="p" class="cn.edu.model.Person" >
        <property name="personid" value="1" />
        <property name="name" value="zhangsan" />
        <property name="gender" value="true" />
        <property name="age" value="20" />
   </bean>
   <bean id="personService" class="cn.edu.service.PersonService">
        <constructor-arg    type="cn.edu.model.Person" ref="p"/>
        <constructor-arg index="0" type="cn.edu.dao.PersonDAO" ref="personDAO"/>
   </bean>
</beans>
```

（2）按照索引匹配

如果构造方法的入参中有类型相同的，则通过参数类型匹配会存在问题，所以 Spring 提供了另外一种匹配方式：通过索引匹配。如代码 10-20 所示，通过<constructor-arg>中的属性 index 来实现。构造方法的第一个参数索引为 0，第二个为 1，其他依此类推。

代码 10-20 beans.xml。

```
<?xml version="1.0" encoding="UTF-8" ?>
<beans xmlns="http://www.springframework.org/schema/beans"
      xmlns:xsi="http://www.w3.org/2001/XMLSchema-instance"
      xmlns:p="http://www.springframework.org/schema/p"
      xsi:schemaLocation="http://www.springframework.org/schema/beans
        http://www.springframework.org/schema/beans/spring-beans-3.0.xsd">
   <bean id="personDAO" class="cn.edu.dao.impl.PersonDAOImpl" />
   <bean id="p" class="cn.edu.model.Person" >
        <property name="personid" value="1" />
        <property name="name" value="zhangsan" />
        <property name="gender" value="true" />
        <property name="age" value="20" />
   </bean>
   <bean id="personService" class="cn.edu.service.PersonService">
        <constructor-arg index="0" type="cn.edu.dao.PersonDAO" ref="personDAO"/>
        <constructor-arg index="1" ref="p" />
   </bean>
</beans>
```

3．Bean 属性常见配置方式

（1）使用命名空间装配属性

Spring 提供了一种比<propery>更方便的注入方式：使用命名空间装配。如命名空间 p 的 schema 的 URI 为：xmlns:p="http://www.springframework.org/schema/p"。修改代码 10-20，结果如代码 10-21 所示。

代码 10-21 beans.xml。

```
<?xml version="1.0" encoding="UTF-8" ?>
<beans xmlns="http://www.springframework.org/schema/beans"
      xmlns:xsi="http://www.w3.org/2001/XMLSchema-instance"
      xmlns:p="http://www.springframework.org/schema/p"
      xsi:schemaLocation="http://www.springframework.org/schema/beans
      http://www.springframework.org/schema/beans/spring-beans-3.0.xsd">
    <bean id="personDAO" class="cn.edu.dao.impl.PersonDAOImpl" />
    <bean id="p" class="cn.edu.model.Person" >
      <property name="personid" value="1" />
      <property name="name" value="zhangsan" />
      <property name="gender" value="true" />
      <property name="age" value="20" />
    </bean>
    <bean id="personService" class="cn.edu.service.PersonService"
        p:personDAO-ref="personDAO"
        p:person-ref="p"/>
</beans>
```

（2）集合类型属性的配置

Java 中的集合类主要包括：Set、List、Properties、Map，Spring 中也支持这些集合类。代码 10-22 为有关集合类型的配置文件。

代码 10-22 beans.xml。

```
<?xml version="1.0" encoding="UTF-8" ?>
<beans xmlns="http://www.springframework.org/schema/beans"
      xmlns:xsi="http://www.w3.org/2001/XMLSchema-instance"
      xmlns:p="http://www.springframework.org/schema/p"
      xsi:schemaLocation="http://www.springframework.org/schema/beans
         http://www.springframework.org/schema/beans/spring-beans-3.0.xsd">
   <bean id="personDAO" class="cn.edu.dao.impl.PersonDAOImpl" >
        <property name="sets">
           <set>
                 <value>set01</value>
                 <value>set02</value>
                 <value>set03</value>
           </set>
        </property>
      <property name="lists">
           <list>
                 <value>list01</value>
                 <value>list02</value>
                 <value>list03</value>
           </list>
      </property>
      <property name="properties">
           <props>
                 <prop key="key01">value01</prop>
                 <prop key="key02">value02</prop>
                 <prop key="key03">value03</prop>
           </props>
      </property>
      <property name="maps">
           <map>
                 <entry key="key01" value="value-1"/>
                 <entry key="key02" value="value-2"/>
                 <entry key="key03" value="value-3"/>
           </map>
      </property>
   </bean>
   <bean id="p" class="cn.edu.model.Person" >
        <property name="personid" value="1" />
        <property name="name" value="zhangsan" />
        <property name="gender" value="true" />
        <property name="age" value="20" />
   </bean>
   <bean id="personService" class="cn.edu.service.PersonService">
      <property name="personDAO" ref="personDAO" />
        <property name="person" ref="p" />
   </bean>
</beans>
```

代码 10-23 为 DAO 实现类，通过 beans.xml 实现集合类型属性的装配，其中 setter()方法是不可缺少的。

代码 10-23 PersonDAOImpl.java。

```
package cn.edu.dao.impl;
import java.util.ArrayList;
import java.util.HashMap;
import java.util.HashSet;
import java.util.List;
import java.util.Map;
import java.util.Properties;
import java.util.Set;
import cn.edu.dao.PersonDAO;
import cn.edu.model.Person;
public class PersonDAOImpl implements PersonDAO {
        private Set<String> sets = new HashSet<String>();
        private List<String> lists = new ArrayList<String>();
        private Properties properties = new Properties();
        private Map<String,String> maps = new HashMap<String,String>();
        public void insertPerson(Person person) {
                System.out.println(person);
                System.out.println("object is saved!");
        }
        public List<String> getLists() {
           return lists;
        }
        public Map<String, String> getMaps() {
           return maps;
        }
        public Properties getProperties() {
           return properties;
        }
        public Set<String> getSets() {
           return sets;
        }
        public Map<String, String> getMap() {
           return maps;
        }
        public void setMaps(Map<String, String> maps) {
           this.maps = maps;
        }
        public void setSets(Set<String> sets) {
           this.sets = sets;
        }
        public void setLists(List<String> lists) {
           this.lists = lists;
        }
        public void setProperties(Properties properties) {
           this.properties = properties;
        }
}
```

代码 10-24 完成 personDAO 对象的注入并调用有关集合类型属性的方法，输出集合中的元素进行测试。

代码 10-24　PersonService.java。

```
package cn.edu.service;
import cn.edu.dao.PersonDAO;
import cn.edu.model.Person;
public class PersonService {
	private PersonDAO personDAO;
	private Person person;
	public void add() {
		personDAO.insertPerson(person);
		System.out.println("******list*********");
		for(String str:personDAO.getLists())
			System.out.println(str);
		System.out.println("******set*********");
		for(String str:personDAO.getSets())
			System.out.println(str);
		System.out.println("******properties*********");
		for(Object key:personDAO.getProperties().keySet())
			System.out.println(key+"="+personDAO.getProperties().getProperty((String)key));
		System.out.println("******maps*********");
		for(String key:personDAO.getMaps().keySet())
			System.out.println(key+"="+personDAO.getMaps().get(key));
	}
	public PersonDAO getPersonDAO() {
	   return personDAO;
	}
	public void setPersonDAO(PersonDAO personDAO) {
	   this.personDAO = personDAO;
	}
	public Person getPerson() {
	   return person;
	}
	public void setPerson(Person person) {
	   this.person = person;
	}
	public PersonService() {
	   super();
	}
	public PersonService(PersonDAO personDAO) {
	   this.personDAO = personDAO;
	}
	public PersonService(PersonDAO personDAO,Person person) {
	   this.personDAO = personDAO;
	   this.person = person;
	}
}
```

（3）自动装配

Spring 的 IoC 容器通过 Java 反射机制获取容器中所存在 Bean 的配置信息（包括构造方法的结构、属性等信息），然后通过某种规则对 Bean 进行自动装配。表 10-2 为 Spring 自动装配类型。

表 10-2　Spring 提供的自动装配类型

描　述	含　义
byName	根据属性名自动装配。检查容器并根据名字查找与属性完全一致的 bean，并将其与属性自动装配
byType	根据类型名自动装配。检查容器并根据名字查找与类型完全一致的 bean，并将其与属性自动装配
constructor	与 byType 方式类似，不同之处在于它应用于构造器参数。如果容器中没有找到与构造器参数类型一致的 bean，那么就抛出异常
autodetect	通过 bean 类的自省机制（Introspection）来决定是使用 constructor 还是 byType 方式进行自动装配。如果发现默认的构造器，那么将使用 byType 方式，否则采用 constructor

如果使用自动装配，需要设置<bean>的 autowire 属性，格式为：

```
<bean id="×××" class="××××" autowire="自动装配类型" >
    <property  name="属性名"  value="">
</bean>
```

<beans>标签的 default-autowire 属性可以实现全局自动配置，格式如下：

```
<?xml version="1.0" encoding="UTF-8" ?>
<beans xmlns="http://www.springframework.org/schema/beans"
      xmlns:xsi="http://www.w3.org/2001/XMLSchema-instance"
      xmlns:p="http://www.springframework.org/schema/p"
      xsi:schemaLocation="http://www.springframework.org/schema/beans
         http://www.springframework.org/schema/beans/spring-beans-3.0.xsd"
         default-autowire="byType"
>
```

代码 10-25 中有两个属性：personDAO 和 person，在代码 10-26 中可看到它们的值由<bean id="personService" class="cn.edu.service.PersonService" scope="prototype" autowire="byType"/> 自动装配，装配方式为 byType。

代码 10-25　PersonService.java。

```
package cn.edu.service;
import cn.edu.dao.PersonDAO;
import cn.edu.model.Person;
public class PersonService {
      private PersonDAO personDAO;
      private Person person;
      public void add() {
         personDAO.insertPerson(person);
      }
      public PersonDAO getPersonDAO() {
        return personDAO;
      }
      public void setPersonDAO(PersonDAO personDAO) {
         this.personDAO = personDAO;
      }
      public Person getPerson() {
         return person;
      }
      public void setPerson(Person person) {
         this.person = person;
      }
      public PersonService() {
         super();
      }
```

```
        public PersonService(PersonDAO personDAO) {
            this.personDAO = personDAO;
        }
        public PersonService(PersonDAO personDAO,Person person) {
            this.personDAO = personDAO;
            this.person = person;
        }
    }
```

代码 10-26　beans.xml。

```
<?xml version="1.0" encoding="UTF-8"?>
<beans
    xmlns="http://www.springframework.org/schema/beans"
    xmlns:xsi="http://www.w3.org/2001/XMLSchema-instance"
    xmlns:p="http://www.springframework.org/schema/p"
    xsi:schemaLocation="http://www.springframework.org/schema/beans
    http://www.springframework.org/schema/beans/spring-beans-3.0.xsd">

    <bean name="personDAO" class="cn.edu.dao.impl.PersonDAOImpl">
        <property name="personId" value="302"></property>
    </bean>
    <bean name="personDAO2" class="cn.edu.dao.impl.PersonDAOImpl">
        <property name="personId" value="303"></property>
    </bean>
    <bean id="p" class="cn.edu.model.Person" >
        <property name="personid" value="1" />
        <property name="name" value="zhangsan" />
        <property name="gender" value="true" />
        <property name="age" value="20" />
    </bean>
    <bean id="personService" class="cn.edu.service.PersonService"
                    scope="prototype" autowire="byType"/>
</beans>
```

自动装配在实际项目中很少应用，虽然它的优点很突出，但配置文件逻辑不是很清晰，增加了维护的难度。

4．Bean 作用范围

Spring2.0 以前版本只有两个作用域：singleton 和 prototype。Spring2.0 以后增加了 request、session 及 gobalSession 三个作用域。

代码 10-26 所示<bean id="personService" class="cn.edu.service.PersonService"scope= "prototype" />中通过属性 scope 指定 Bean 作用域。

表 10-3 为 Spring 支持的作用域及其类型。

表 10-3　Spring 支持的作用域类型及其含义

描　述	含　义
singleton	Spring 容器中只含有一个 Bean 实例，为 Spring 默认作用域
prototype	每次从容器中获取 Bean 实例都是一个新的实例
request	当请求类型为 http 时会创建一个新实例，仅在基于 Web 的 Spring 上下文中有效
session	针对每一次 HTTP 请求都会产生一个新的 bean，同时该 bean 仅在当前 HTTP Session 内有效
globalSession	在全局 Http Session 中，共享一个 Bean，该作用域仅在 Portlet 上下文中有效

10.3.4 基于注解的 Bean 配置

Spring 3.0 以前，基本上使用 XML 进行依赖配置。从 Spring 3.0 开始，提供了一系列针对依赖注入的注解，这使得 Spring IoC 在基于 XML 文件的配置之外多了一种可行的选择。下面将详细介绍如何使用这些注解进行依赖配置的管理。

1．自动装配注解

Spring 中默认是通过配置文件装配组件，如果要使用注解装配，必须在配置文件中启动它，方式是在 Spring 配置文件的 context 命名空间中添加<context:annotation-config>即可。配置文件组成代码如下：

```
<?xml version="1.0" encoding="UTF-8"?>
<beans xmlns="http://www.springframework.org/schema/beans"
        xmlns:xsi="http://www.w3.org/2001/XMLSchema-instance"
        xmlns:context="http://www.springframework.org/schema/context"
        xsi:schemaLocation="http://www.springframework.org/schema/beans
            http://www.springframework.org/schema/beans/spring-beans-3.0.xsd
            http://www.springframework.org/schema/context
            http://www.springframework.org/schema/context/spring-context-3.0.xsd">
    <context:annotation-config />
</beans>
```

（1）使用 Autowired 装配

代码 10-27 中属性 personDAO 及 person 上面使用了注解@Autowired 标注，在代码 10-28 中可以看到，使用@Autowired 注解后可以去掉<bean id="personService">中的属性<property>。@Autowired 注解默认按类型装配。

代码 10-27 PersonService.java。

```
package cn.edu.service;
import org.springframework.beans.factory.annotation.Autowired;
import cn.edu.dao.PersonDAO;
import cn.edu.model.Person;
public class PersonService {
    @Autowired
    private PersonDAO personDAO;
    @Autowired
    private Person person;
    ...
}
```

代码 10-28 beans.xml。

```
<?xml version="1.0" encoding="UTF-8"?>
<beans xmlns="http://www.springframework.org/schema/beans"
        xmlns:xsi="http://www.w3.org/2001/XMLSchema-instance"
        xmlns:context="http://www.springframework.org/schema/context"
        xsi:schemaLocation="http://www.springframework.org/schema/beans
            http://www.springframework.org/schema/beans/spring-beans-3.0.xsd
            http://www.springframework.org/schema/context
            http://www.springframework.org/schema/context/spring-context-3.0.xsd">
    <context:annotation-config />
      <bean id="personDAO" class="cn.edu.dao.impl.PersonDAOImpl" />
     <bean id="p" class="cn.edu.model.Person" >
```

```
            <property name="personid" value="1" />
            <property name="name" value="zhangsan" />
            <property name="gender" value="true" />
            <property name="age" value="20" />
        </bean>
        <bean id="personService" class="cn.edu.service.PersonService">
            <!--  <property name="personDAO" ref="personDAO" />
              <property name="person" ref="p" /> -->
        </bean>
    </beans>
```

📖 如果容器没有找到与@Autowired 标注的变量类型匹配的 Bean，则会有异常抛出。如果不想抛出异常，则可以使用 required 属性，设置@Autowired(required=false)。@Autowired 的 required 属性默认为 true，即找不到匹配 Bean 则抛出异常。

（2）从多个 Bean 中匹配

如果有多个适合装配的 Bean，可以使用注解@Qualifier 选择最需要的 Bean。代码 10-29 中定义了两个 PersonDAO 类型的 Bean，一个是 personDAO，另一个是 otherPersonDAO。在代码 10-30 中用注解@Qualifier("otherPersonDAO")具体限定。

代码 10-29 beans.xml。

```
<?xml version="1.0" encoding="UTF-8"?>
<beans xmlns="http://www.springframework.org/schema/beans"
        xmlns:xsi="http://www.w3.org/2001/XMLSchema-instance"
        xmlns:context="http://www.springframework.org/schema/context"
        xsi:schemaLocation="http://www.springframework.org/schema/beans
            http://www.springframework.org/schema/beans/spring-beans-3.0.xsd
            http://www.springframework.org/schema/context
            http://www.springframework.org/schema/context/spring-context-3.0.xsd">
    <context:annotation-config />
        <bean id="personDAO" class="cn.edu.dao.impl.PersonDAOImpl" />
        <bean id="otherPersonDAO" class="cn.edu.dao.impl.PersonDAOImpl" />
        <bean id="p" class="cn.edu.model.Person" >
            <property name="personid" value="1" />
            <property name="name" value="zhangsan" />
            <property name="gender" value="true" />
            <property name="age" value="20" />
        </bean>
        <bean id="personService" class="cn.edu.service.PersonService">
            <!--  <property name="personDAO" ref="personDAO" />
              <property name="person" ref="p" /> -->
        </bean>
</beans>
```

代码 10-30 PersonService.java。

```
package cn.edu.service;
import org.springframework.beans.factory.annotation.Autowired;
import org.springframework.beans.factory.annotation.Qualifier;
import cn.edu.dao.PersonDAO;
import cn.edu.model.Person;
public class PersonService {
```

```
        @Autowired
        @Qualifier("otherPersonDAO")//如果有多个同类型 Bean，则应该用注解具体指定注入的 Bean
        private PersonDAO personDAO;
        @Autowired
        private Person person;
        public void add() {
            personDAO.insertPerson(person);
        }
        public PersonDAO getPersonDAO() {
            return personDAO;
        }
        public void setPersonDAO(PersonDAO personDAO) {
                this.personDAO = personDAO;
        }
        public Person getPerson() {
            return person;
        }
        public void setPerson(Person person) {
            this.person = person;
        }
        public PersonService() {
            super();
        }
        public PersonService(PersonDAO personDAO) {
            this.personDAO = personDAO;
        }
        public PersonService(PersonDAO personDAO,Person person) {
            this.personDAO = personDAO;
            this.person = person;
        }
    }
```

2．@Resource 装配

@Resource 注解是 SR-250 标准的注解，@Resource 的作用相当于@Autowired，只不过@Autowired 按 byType 自动注入，而@Resource 默认按 byName 自动注入。

@Resource 有两个常用的属性，分别是 name 和 type，@Resource 注解的 name 属性是 Bean 的名字，而 type 属性则可以解析为 Bean 的类型。所以，如果使用 name 属性，则使用 byName 自动注入策略；使用 type 属性时，则使用 byType 自动注入策略。如果 name 属性和 type 属性都没有指定，Spring 容器将通过反射机制使用 byName 自动注入策略。

@Resource 装配顺序如下。

- 如果同时指定了 name 和 type，则从 Spring 上下文中找到唯一匹配的 Bean 进行装配，找不到则抛出异常。
- 如果指定了 name，则从上下文中查找名称（id）匹配的 bean 进行装配，找不到则抛出异常。

● 如果指定了 type，则从上下文中找到类型匹配的唯一 bean 进行装配，找不到或者找到多个，都会抛出异常。

● 如果既没有指定 name，又没有指定 type，则自动按照 byName 方式进行装配。如果没有匹配，则回退为一个原始类型（UserDao）进行匹配，如匹配则自动装配。

3．自动检测装配中 Bean 的标注

虽然配置中增加<context:annotation-config>有助于消除配置文件中的<property>及<constructor-arg>元素，但用户还得在配置文件中使用<bean>元素。Spring 还有一种方法就是用<context:component-scan>元素代替<context:annotation-config>，从而进一步简化配置文件，具体见代码 10-31。表 10-4 为 Bean 的常用注解。

代码 10-31 beans.xml。

```
<?xml version="1.0" encoding="UTF-8"?>
<beans xmlns="http://www.springframework.org/schema/beans"
        xmlns:xsi="http://www.w3.org/2001/XMLSchema-instance"
        xmlns:context="http://www.springframework.org/schema/context"
        xsi:schemaLocation="http://www.springframework.org/schema/beans
            http://www.springframework.org/schema/beans/spring-beans-3.0.xsd
            http://www.springframework.org/schema/context
            http://www.springframework.org/schema/context/spring-context-3.0.xsd">
    <context:component-scan base-package="cn.edu"/>
</beans>
```

表 10-4 Bean 的常用注解

注解名	说明
@Controller 或@Controller("Bean 的名称")	注解控制层组件,如 Action
@Service 或@Service("Bean 的名称")	注解业务层组件
@Repository 或@Repository("Bean 的名称")	注解数据访问组件，即 DAO 层组件
@Component	注解不好归类的组件

代码 10-32 中用注解@Component("p")标注 PersonDAO 组件，Spring 扫描包 cn.edu 时，找到@Component("p")标注的 PersonDAO 组件，并将其注册为 Spring Bean，其默认 id 名为 personDAOImpl，也可以为其指定名称，本例为其指定名称为“p”。

代码 10-32 PersonDAOImpl.java。

```
package cn.edu.dao.impl;
import org.springframework.stereotype.Component;
import org.springframework.stereotype.Service;
import cn.edu.dao.PersonDAO;
import cn.edu.model.Person;
@Component("p")
public class PersonDAOImpl implements PersonDAO {
    private int personId;
    public void insertPerson(Person person) {
        System.out.println(person);
        System.out.println("object is saved!");
    }
    public int getPersonId() {
```

```
            return personId;
        }
        public void setPersonId(int personId) {
                this.personId = personId;
        }
        @Override
        public String toString() {
            return "personId=" + personId;
        }
}
```

10.4 Spring AOP

10.4.1 AOP 基础

AOP 是对面向对象编程的有益补充。在封装的对象内部，引入可以被多个类引用的可重用模块，并将该模块命名为“Aspect”，即方面。所谓“方面”，简单地说，就是将那些与业务无关，但可以为业务模块调用的逻辑封装起来，便于减少系统的重复代码，增加系统的可操作性和可维护性。

Spring 通常通过 AOP 来处理一些具有横切性质的系统性服务，如事务管理、安全检查、缓存、对象池管理等，AOP 已经成为一种非常常用的解决方案。

如模块 BuyerService、DeliverService、PaymentService 等都会用到登录及事务，可以通过 AOP 将登录、事务等非核心逻辑切入到上述模块中，如图 10-8 所示。

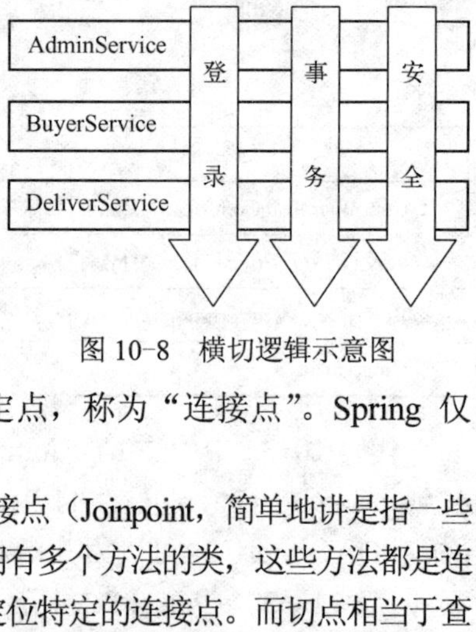

图 10-8　横切逻辑示意图

AOP 常用术语如下。

- 连接点（Joinpoint）：程序执行的某个特定位置，如类开始初始化前和类初始化后、类某个方法调用前和调用后、方法抛出异常后，这些代码中的特定点，称为“连接点”。Spring 仅支持方法的连接点。
- 切入点（Pointcut）：Spring 中 AOP 的切入点是一组连接点（Joinpoint，简单地讲是指一些方法的集合），每个程序类都拥有多个连接点，如一个拥有多个方法的类，这些方法都是连接点。但在为数众多的连接点中，AOP 通过“切点”定位特定的连接点。而切点相当于查询条件。一个切点可以匹配多个连接点。Spring 中，切点通过 Pointcut 接口进行描述。
- 通知（Advice）：在特定的 Joinpoint 处运行的代码，是 AOP 框架执行的动作，就是在指定切点上要干些什么。Spring 的通知包括 around、before 和 throws 等。
- 方面（Aspect）：是 Advice 和 Pointcut 的组合，切面由切点和通知组成，它既包括了横切逻辑的定义，也包括了连接点的定义，Spring AOP 就是负责实施切面的框架，它将切面所定义的横切逻辑织入到切面所指定的连接点中。
- 引入（Introduction）：添加方法或字段到被通知的类。Spring 允许引入新的接口到任何被通知的对象。
- 目标对象（Target Object）：包含连接点的对象，也被称作被通知或被代理对象。

- AOP 代理（AOP Proxy）：AOP 框架创建的对象，包含通知。在 Spring 中，AOP 代理可以是 JDK 动态代理或 CGLIB 代理。
- 织入（Weaving）：织入是将通知添加到目标类具体连接点上的过程。

各种通知类型如下。

- Around 通知：包围一个连接点的通知，如业务方法的调用。这是最强大的通知。Around 通知在方法调用前后完成自定义的行为，负责选择继续执行连接点或通过返回自己的返回值或抛出异常来执行。
- Before 通知：在一个连接点之前执行的通知，但这个通知不能阻止连接点前的执行（除非它抛出一个异常）。
- Throws 通知：在方法抛出异常时执行的通知。Spring 提供强制类型的 Throws 通知，因此可以书写代码捕获感兴趣的异常（和它的子类），不需要从 Throwable 或 Exception 强制类型转换。
- After Returning 通知：在连接点正常完成后执行的通知。

Around 通知是最通用的通知类型。部分基于拦截的 AOP 框架只提供 Around 通知。

Spring 提供所有类型的通知，推荐使用合适的通知类型来实现需要的行为。如果用一个方法的返回值来更新缓存，最好实现一个 After Returning 通知，而不是 Around 通知，虽然 Around 通知也能完成同样的事情。使用最合适的通知类型将使编程模型变得简单，并能减少潜在错误。

切入点的概念是 AOP 的关键，它构成了 AOP 的结构要素。

10.4.2 Spring AOP 中的 Annotation 配置

AspectJ 是 Java 语言的一种扩展，是一种动态代理的实现方式，提供了许多 Spring AOP 中没有的切点，是 Spring AOP 在功能上的扩充，目标是解决使用传统的编程方法无法很好处理的问题。

1．切点的使用

AspectJ 切入点语法定义如下。

AspectJ 通配符。

- ×　一个元素。
- ..　多个元素。
- +　类的类型，必须跟在类后面。

AspectJ 切点函数格式。

1）通过方法签名定义切点。

```
execution(public * *(..))
```

匹配所有目标类的 public 方法。第一个“*”代表返回类型，第二个“*”代表方法名，而“..”代表任意入参的方法。

```
execution(* *DAO(..))
```

匹配目标类所有以 DAO 为后缀的方法。

2）通过类定义切点。

```
execution (* cn.edu.AOP.service.impl.PersonServiceImpl.*(..))
```

匹配 PersonServiceImpl 类的参数为任意个元素的所有方法。第一个“*”代表返回任意类型，cn.edu.AOP.service.impl.PersonServiceImpl.*代表类 PersonServiceImpl 中的所有方法。

```
execution(* cn.edu.AOP.service.impl.PersonService+.*(..))
```

匹配 PersonService 接口及其所有实现类的方法。

3）通过类包定义切点。

在类名模式串中，“.*”表示包下的所有类，而“..*”表示包以及子孙包下的所有类。

```
execution(* cn.edu.*(..))
```

匹配 cn.edu 包下所有类的所有方法。

```
execution(* cn.edu..*(..))
```

匹配 cn.edu 包、子孙包下所有类的所有方法。“..”出现在类名中时，后面必须跟“*”，表示包、子孙包下的所有类。

```
execution(* cn..*.*DAO.query*(..))
```

匹配包名前缀为 cn 的任何包下类名后缀为 DAO 的方法，方法名必须以 query 为前缀。

2．注解实现 AOP

注解配置 AOP，大致分为三步：

1）使用注解@Aspect 来定义一个切面，在切面中定义切入点（@Pointcut），通知类型（@Before，@AfterReturning，@After，@AfterThrowing，@Around）。

2）开发需要被拦截的类。

3）将切面配置到 xml 中，当然，也可以使用自动扫描 Bean 的方式。这样将 Bean 的装配交由 Spring AOP 容器管理。

下面用一个例子演示一下用注解配置 Spring AOP 的方法。

代码 10-33 是配置文件，通过注解和自动扫描装配组件。注解<aop:aspectj-autoproxy/>会在 Spring 上下文类中（名称为 AnntationAwareAspectJAutoProxyCreator）自动代理 Bean，这些 Bean 的用法要与使用@Aspect 注解的 Bean 中所定义的切点匹配。

代码 10-33 beans.xml。

```
<?xml version="1.0" encoding="UTF-8"?>
<beans
    xmlns="http://www.springframework.org/schema/beans"
    xmlns:xsi="http://www.w3.org/2001/XMLSchema-instance"
    xmlns:context="http://www.springframework.org/schema/context"
    xmlns:aop="http://www.springframework.org/schema/aop"
    xmlns:p="http://www.springframework.org/schema/p"
    xsi:schemaLocation="http://www.springframework.org/schema/beans
        http://www.springframework.org/schema/beans/spring-beans-3.0.xsd
        http://www.springframework.org/schema/context
        http://www.springframework.org/schema/context/spring-context-3.0.xsd
        http://www.springframework.org/schema/aop
        http://www.springframework.org/schema/aop/spring-aop-3.0.xsd">
      <context:annotation-config />
      <context:component-scan base-package="cn.edu" />
      <aop:aspectj-autoproxy/>
</beans>
```

📖 注意加粗部分为必须添加的配置内容，否则程序无法运行。

Spring 容器按照代码 10-33 中<context:component-scan base-package="cn.edu" />扫描包 cn.edu，根据代码 10-34 中的注解@Component("personService")，将实例化一个名称为 personService 的 Bean。

代码 10-34 PersonServiceImpl.java。

```
package cn.edu.AOP.service.impl;
import org.springframework.stereotype.Component;
import cn.edu.AOP.service.PersonService;
@Component("personService")
public class PersonServiceImpl implements PersonService {
    private String person = null;
        public PersonServiceImpl(String person) {
            this.person = person;
        }
        public PersonServiceImpl() {}
        public String getPerson() {
            return person;
        }
        public void setPerson(String person) {
            this.person = person;
        }
        public String save(String person){
            System.out.println(person +   " is saved successfully.");
            return person;
        }
      public void update(String person){
            System.out.println(person + " is updated.");
        }
}
```

代码 10-35 中通过注解@Aspect 定义切面、通知以及通知所左右的切点。通过注解@Pointcut("execution(...)")定义一个切点，其名称为 pointCutMethod()，该方法只是一个标识，与其内容等无关。注解@Before("pointCutMethod()&& args(name)")标识方法 doInit(String name)为前置方法，即在业务方法调用前调用，args(name)把业务方法的参数传入本案例，参数为“administrator”。注解@AfterReturning()表示成功调用业务方法后调用 successPersist(String result)方法，其属性 result 为业务方法返回值，本案例返回值为“person”。注解@After()表示业务方法调用结束后执行方法 doResRelease()，与业务方法调用成功与否无关。注解@AfterThrowing()表示业务方法有异常时调用 doErrorPersit()方法。@Around("pointCutMethod()")表示在业务方法执行前后置入相关逻辑。

代码 10-35 PersistInteceptor .java。

```
package cn.edu.AOP.inteceptor;
import org.aspectj.lang.ProceedingJoinPoint;
import org.aspectj.lang.annotation.After;
import org.aspectj.lang.annotation.AfterReturning;
import org.aspectj.lang.annotation.AfterThrowing;
import org.aspectj.lang.annotation.Around;
```

```
import org.aspectj.lang.annotation.Aspect;
import org.aspectj.lang.annotation.Before;
import org.aspectj.lang.annotation.Pointcut;
import org.springframework.stereotype.Component;
@Aspect
@Component("persistInteceptor")
public class PersistInteceptor {
        @Pointcut("execution (* cn.edu.AOP.service.impl.PersonServiceImpl.*(..))")
        private void pointCutMethod(){};
       @Before("pointCutMethod() && args(name)")
        public void doInit(String name){
            System.out.println("before advice:"+name + "data is initiated.");
        }
       @AfterReturning(pointcut="pointCutMethod()", returning="result")
        public void successPersist(String result){
            System.out.println("after returning advice"+":"+result);
        }
       @After("pointCutMethod()")
        public void doResRelease(){
             System.out.println("after advice");
        }
        @AfterThrowing(pointcut="pointCutMethod()", throwing="e")
        public void doErrorPersit(Exception e){
             System.out.println("Exception advice");
        }
        @Around("pointCutMethod()")
        public Object doAroundMethod(ProceedingJoinPoint point)throws Throwable{
             System.out.println("around advice method start,persit start.");
             Object obj =point.proceed();
             System.out.println("exit around advice method.persit end.");
             return obj;
        }
}
```

测试类如代码 10-36 所示。

代码 10-36 Test .java。

```
package junit.test;
import cn.edu.AOP.service.*;
import org.springframework.context.ApplicationContext;
import org.springframework.context.support.ClassPathXmlApplicationContext;
public class Test {
   public static void main(String args[]){
             ApplicationContext context = new ClassPathXmlApplicationContext("beans.xml");
             PersonService personService = (PersonService)context.getBean("personService");
             personService.save("administator");
        }
}
```

运行结果如图 10-9 所示。

```
before advice:administrator'data is initiated.
around advice method start,persit start.
administrator is saved successfully.
after returning advice:administrator
after advice
exit around advice method.persit end.
```

图 10-9　运行结果示意图

10.4.3　Spring AOP 中的文件配置

XML 配置开发 AOP，分为 4 步。

（1）Service 层的开发

PersonService.java/PersonServiceBean.java 同注解方式。

（2）切面的开发（代码如代码 10-37 所示）

代码 10-37　PersistInterceptorXML。

```
package cn.edu.AOP.interceptor;
import org.aspectj.lang.ProceedingJoinPoint;
import org.aspectj.lang.annotation.Aspect;
import org.springframework.stereotype.Component;
@Component("persistInterceptorXML")
public class PersistInterceptorXML {
    public void doInit(String name){
        System.out.println("before advice:"+name + "'data is initiated.");
    }
    public void successPersist(String result){
        System.out.println("after returning advice"+":"+result);
    }
    public void doResRelease(){
        System.out.println("after advice");
    }
    public void doErrorPersit(Exception e){
        System.out.println("Exception advice");
    }
    public Object doAroundMethod(ProceedingJoinPoint point)throws Throwable{
        System.out.println("around advice method start,persit start.");
        Object obj = point.proceed();
        System.out.println("exit around advice method.persit end.");
        return obj;
    }
}
```

（3）配置文件

代码 10-38 为配置文件，用扫描加注解方式实现装配。

代码 10-38　beans.xml。

```
<?xml version="1.0" encoding="UTF-8"?>
<beans
    xmlns="http://www.springframework.org/schema/beans"
    xmlns:xsi="http://www.w3.org/2001/XMLSchema-instance"
```

```
            xmlns:context="http://www.springframework.org/schema/context"
            xmlns:aop="http://www.springframework.org/schema/aop"
            xmlns:p="http://www.springframework.org/schema/p"
            xsi:schemaLocation="http://www.springframework.org/schema/beans
                http://www.springframework.org/schema/beans/spring-beans-3.0.xsd
                http://www.springframework.org/schema/context
                http://www.springframework.org/schema/context/spring-context-3.0.xsd
                http://www.springframework.org/schema/aop
                http://www.springframework.org/schema/aop/spring-aop-3.0.xsd">
        <context:annotation-config />
        <context:component-scan base-package="cn.edu.AOP" />
        <aop:aspectj-autoproxy/>
        <!--
        <bean id="personService" class="cn.edu.AOP.service.impl.PersonServiceImpl"/>
        <bean id="persistInterceptorXML"
                            class="cn.edu.AOP.interceptor.PersistInterceptorXML"/>
        -->
        <aop:config>
            <aop:aspect id="aspect" ref="persistInterceptorXML">
                    <aop:pointcut id="pointCutMethod" expression=
                        "execution(* cn.edu.AOP.service.impl.PersonServiceImpl.*(..))" />
                    <aop:before pointcut=
                        "execution(* cn.edu.AOP.service.impl.PersonServiceImpl.*(..)) and
                            args(name)" arg-names="name" method="doInit"/>
                    <aop:after-returning pointcut-ref="pointCutMethod"
                                    method="successPersist" returning="result" />
                    <aop:after-throwing pointcut-ref="pointCutMethod"
                                    method="doErrorPersit" throwing="e"/>
                    <aop:after pointcut-ref="pointCutMethod" method="doResRelease"/>
                    <aop:around pointcut-ref= "pointCutMethod"
                                    method="doAroundMethod"/>
            </aop:aspect>
        </aop:config>
</beans>
```

（4）测试类

测试类如代码 10-36，运行结果与图 10-9 所示效果相同。

10.5 Spring 事务管理与任务调度

10.5.1 Spring 中事务基本概念

Spring 事务机制主要包括声明式事务和编程式事务，此处侧重讲解声明式事务，编程式事务在实际开发中得不到广泛使用，仅供学习参考。

Spring 声明式事务使程序员从复杂事务处理中得到解脱。使得程序员再也无需去处理获得连接、关闭连接、事务提交和回滚等操作。再也无需在与事务相关的方法中处理大量的 try…catch…finally 代码。在使用 Spring 声明式事务时，有一个非常重要的概念就是事务属性。事务属性通常由事务的传播行为、事务的隔离级别、事务的超时值和事务只读标志组成。在进行事务划分时，需要进行事务定义，也就是配置事务的属性。表 10-5 为 Spring 事务管理抽象层接口。

表 10-5　Spring 事务管理 SPI 抽象层接口

接 口 名 称	说　明
TransactionDefinition	描述了事务的隔离级别、超时时间、事务是否只读、传播规则等
TransactionStatus	描述事务的状态，该接口为 SavePointManager 的子接口可以实现回滚操作
PlatformTransactionManage	是一个事务管理器接口，只定义了 3 个方法:getTransaction()、commit()、rollback()。它的实现类需要根据具体的情况来选择。比如如果用 jdbc,则可以选择 DataSourceTransactionManager；如果用 Hibernate，可以选择 HibernateTransactionManager

下面分别详细讲解事务的 4 种属性。Spring 在 TransactionDefinition 接口中定义这些属性，以供 PlatfromTransactionManager 使用，PlatfromTransactionManager 是 Spring 事务管理的核心接口。

```
public interface TransactionDefinition {
    int getPropagationBehavior();        //返回事务的传播行为
    int getIsolationLevel();   //返回事务的隔离级别
    int getTimeout();   //返回事务必须在多少秒内完成
    boolean isReadOnly();   //事务是否只读，事务管理器根据该返回值进行优化，确保事务的只读属性
}
```

（1）事务传播

一个事务在参与到其他事务中运行时的规则，如有一事务参与到当前事务中，或挂起当前事务，或创建新事务。

在 TransactionDefinition 接口中定义了 7 个事务传播行为，具体见表 10-6。

表 10-6　事务传播行为

事务行为名称	说　明
PROPAGATION_REQUIRED	如果存在一个事务，则支持当前事务。如果没有事务则开启一个新的事务
PROPAGATION_SUPPORTS	如果存在一个事务，支持当前事务。如果没有事务，则非事务地执行。但是对于事务同步的事务管理器，PROPAGATION_SUPPORTS 与不使用事务有少许不同
PROPAGATION_MANDATORY	如果已经存在一个事务，支持当前事务。如果没有一个活动的事务，则抛出异常
PROPAGATION_REQUIRES_NEW	总是开启一个新的事务。如果一个事务已经存在，则将这个存在的事务挂起
PROPAGATION_NOT_SUPPORTED	总是非事务地执行，并挂起任何存在的事务。使用 PROPAGATION_NOT_SUPPORTED,也需要使用 JtaTransactionManager 作为事务管理器
PROPAGATION_NEVER	总是非事务地执行，如果存在一个活动事务，则抛出异常
PROPAGATION_NESTED	如果存在一个活动的事务，则当前事务运行在该嵌套的事务中。如果不存在活动事务，则按照 TransactionDefinition.PROPAGATION_REQUIRED 属性执行。这是一个嵌套事务,使用 JDBC 3.0 驱动时,仅仅支持 DataSourceTransactionManager 作为事务管理器。需要 JDBC 驱动的 java.sql.Savepoint 类。有一些 JTA 的事务管理器实现可能也提供了同样的功能。使用 PROPAGATION_NESTED，还需要把 PlatformTransactionManager 的 nestedTransactionAllowed 属性设为 true;而 nestedTransactionAllowed 属性值默认为 false

（2）事务隔离

当前事务与其他事务之间的关系，TransactionDefinition 接口中定义了 5 个隔离级别，它们与 java.sql.Connection 中有 4 个同名，含义也基本相同。此外，Spring 还定义了一个默认的隔离级别：ISOLATION_DEFAULT。具体含义如表 10-7 所示。

表 10-7　TransactionDefinition 接口中事务隔离级别

隔离级别	说明
ISOLATION_DEFAULT	这是一个 PlatfromTransactionManager 默认的隔离级别，使用数据库默认的事务隔离级别。另外四个与 JDBC 的隔离级别相对应
ISOLATION_READ_UNCOMMITTED	这是事务最低的隔离级别，它允许另外一个事务可以看到这个事务未提交的数据。这种隔离级别会产生脏读，不可重复读和幻像读
ISOLATION_READ_COMMITTED	保证一个事务修改的数据提交后才能被另外一个事务读取。另外一个事务不能读取该事务未提交的数据。这种事务隔离级别可以避免脏读出现，但是可能会出现不可重复读和幻像读
ISOLATION_REPEATABLE_READ	这种事务隔离级别可以防止脏读，不可重复读。但是可能出现幻像读
ISOLATION_SERIALIZABLE	这种事务隔离级别可以防止脏读、不可重复读、幻像读

（3）事务超时

规定事务回滚前运行时间。有的事务操作可能延续很长的时间，事务本身可能访问数据库，因而长时间的事务操作会有效率上的问题，必须限定事务的运行时间。

（4）只读状态

规定事务不能修改任何数据，只是读取数据。

10.5.2　Spring 事务的配置

1．Spring 事务管理器

Spring 的事务处理中，通用的事务处理流程框架是由抽象事务管理器 AbstractPlatform TransactionManager 来提供的，而具体的底层事务处理实现，由 PlatformTransactionManager 的具体实现类来实现，常用实现类如表 10-8 所示。

表 10-8　事务管理器实现类

类名称	说明
DataSourceTransactionManager	位于 org.springframework.jdbc.datasource 包中，数据源事务管理器，提供对单个 javax.sql.DataSource 事务管理，用于 Spring JDBC 抽象框架、iBATIS 框架的事务管理
JtaTransactionManager	位于 org.springframework.transaction.jta 包中，提供对分布式事务管理的支持，并将事务管理委托给 Java EE 应用服务器事务管理器
JdoTransaction	如果已经存在一个事务，支持当前事务。如果没有一个活动的事务，则抛出异常。位于 org.springframework.orm.jdo 包中，使用 JDO 持久化时使用该管理器
JpaTransaction	位于 org.springframework.orm.jpa 包中，使用 JPA 持久化时使用
HibernateTransactionManager	位于 org.springframework.orm.hibernate3 或者 hibernate4 包中，提供对单个 org.hibernate.SessionFactory 事务支持，用于集成 Hibernate 框架时的事务管理

实现 Spring 的事务管理时，可根据具体环境选择使用相应的事务管理器。

2．Spring 事务配置

（1）基于 XML 配置文件的事务管理

这种配置方式不需要对原有的业务方法进行任何修改，通过在 XML 文件中定义需要拦截方法的匹配即可完成配置，并要求业务处理中的方法的命名要有规律，比如 set×××和×××Update 等。下面结合案例详细介绍。

代码 10-39 中通过注解@Component("empDAO")创建组件 empDAO，在业务方法 save()中，如果工资小于 2000，则抛出异常，如果引入事务，则应回滚。

代码 10-39　EmployeeDAOImpl.java。

```
package cn.edu.dao.impl;
import java.sql.SQLException;
import javax.annotation.Resource;
import org.hibernate.Session;
import org.hibernate.SessionFactory;
import org.springframework.stereotype.Component;
import cn.edu.dao.EmployeeDAO;
import cn.edu.model.Employee;
@Component("empDAO")
public class EmployeeDAOImpl implements EmployeeDAO {
        private SessionFactory sessionFactory;
        public SessionFactory getSessionFactory() {
        return sessionFactory;
        }
        @Resource
        public void setSessionFactory(SessionFactory sessionFactory) {
                this.sessionFactory = sessionFactory;
        }
        public void save(Employee emp) {
                Session s = sessionFactory.getCurrentSession();
                s.save(emp);
                if(emp.getSalary()<2000f)
                        throw new RuntimeException("exeption!");
        }
}
```

代码 10-40 通过注解@Component（"employeeService"）创建组件 employeeService。

代码 10-40　EmployeeService.java。

```
package cn.edu.service;
import javax.annotation.Resource;
import org.springframework.stereotype.Component;
import cn.edu.dao.EmployeeDAO;
import cn.edu.model.Employee;

@Component("employeeService")
public class EmployeeService {
        private EmployeeDAO empDAO;
        public void init() {
                System.out.println("init");
        }
        public EmployeeDAO getEmpDAO() {
                return empDAO;
        }
        @Resource(name="empDAO")
        public void setEmpDAO(EmployeeDAO empDAO) {
                this.empDAO = empDAO;
        }
        public void add(Employee emp) {
                empDAO.save(emp);
        }
        public void destroy() {
```

```
			System.out.println("destroy");
		}
	}
```

Spring 提供了一个 tx 命名空间，可以使 Spring 中的声明式事务更加简洁。使用时必须将其添加到 Spring XML 配置文件开始部分，同时也要添加 aop 命名空间。代码 10-41 中<tx:advice>元素指定了声明性事务的策略，其中的<tx:attributes>包含事务的属性，该元素包含一个或多个<tx:method>，<tx:method>为一个或多个 name 指定的方法定义事务参数。本例中，name 指定以 add 开头的所有方法，需要事务，且事务传播类型为“REQUIRED”。

<bean id="sessionFactory">指定会话工厂，属性 class 指定其类型。该类中的属性 dataSource 通过 ref 注入，名称为另外一个 Bean，其名称为 dataSource，实现类可以由用户指定，本例使用的是 BasicDataSource。

代码 10-41 beans.xml。

```
<?xml version="1.0" encoding="UTF-8"?>
<beans
    xmlns="http://www.springframework.org/schema/beans"
    xmlns:xsi="http://www.w3.org/2001/XMLSchema-instance"
    xmlns:context="http://www.springframework.org/schema/context"
    xmlns:aop="http://www.springframework.org/schema/aop"
    xmlns:p="http://www.springframework.org/schema/p"
    xmlns:tx="http://www.springframework.org/schema/tx"
    xsi:schemaLocation="http://www.springframework.org/schema/beans
    http://www.springframework.org/schema/beans/spring-beans-3.0.xsd
    http://www.springframework.org/schema/context
    http://www.springframework.org/schema/context/spring-context-3.0.xsd
    http://www.springframework.org/schema/aop
    http://www.springframework.org/schema/aop/spring-aop-3.0.xsd
    http://www.springframework.org/schema/tx
    http://www.springframework.org/schema/tx/spring-tx-3.0.xsd">
    <context:annotation-config/>
        <!-- 开启 spring 自动扫描功能 -->
    <context:component-scan base-package="cn.edu" />
        <!-- 配置 dataSource  -->
    <bean id="dataSource" class="org.apache.commons.dbcp.BasicDataSource" destroy-method="close">
      <property name="driverClassName" value="com.mysql.jdbc.Driver"/>
      <property name="url"  value=
    "jdbc:mysql://localhost:3306/spring?useUnicode=true&amp;characterEncoding=UTF-8"/>
      <property name="username" value="root"/>
      <property name="password" value=""/>
       <!-- 连接池启动时的初始值 -->
       <property name="initialSize" value="1"/>
       <!-- 连接池的最大值 -->
       <property name="maxActive" value="500"/>
       <!-- 最大空闲值 -->
       <property name="maxIdle" value="2"/>
       <!--  最小空闲值 -->
       <property name="minIdle" value="1"/>
     </bean>
    <!-- 配置 sessionFactory -->
    <bean id="sessionFactory"
```

```
class="org.springframework.orm.hibernate3.annotation.AnnotationSessionFactoryBean">
        <property name="dataSource" ref="dataSource"/>
        <property name="packagesToScan">
         <list>
              <value>cn.edu.model</value>
         </list>
    </property>
    <property name="hibernateProperties">
           <value>
                hibernate.dialect=org.hibernate.dialect.MySQL5Dialect
                hibernate.hbm2ddl.auto=update
                hibernate.show_sql=false
                hibernate.format_sql=false
                hibernate.cache.use_second_level_cache=true
                hibernate.cache.use_query_cache=false
                hibernate.cache.provider_class=org.hibernate.cache.EhCacheProvider
            </value>
        </property>
    </bean>
   <bean id="txManager"
          class="org.springframework.orm.hibernate3.HibernateTransactionManager">
          <property name="sessionFactory" ref="sessionFactory"/>
   </bean>
   <tx:advice id="txAdvice" transaction-manager="txManager">
    <tx:attributes>
         <tx:method name="getEmployee" read-only="true" />
         <tx:method name="add*" propagation="REQUIRED"/>
    </tx:attributes>
    </tx:advice>
 <aop:config>
   <aop:pointcut id="empService"
         expression="execution(public * cn.edu.service..*.*(..))" />
   <aop:advisor pointcut-ref="empService"
              advice-ref="txAdvice" />
   </aop:config>
</beans>
```

代码 10-42 用来测试，其中实例化了两个 Employee 实例。第一个被持久化到数据库中；第二个 salary 小于 2000，抛出异常，所以被回滚，因而无法持久化到数据库中。

代码 10-42 EmployeeServiceTest.java。

```
package cn.edu.service;
import org.springframework.context.support.ClassPathXmlApplicationContext;
import cn.edu.model.Employee;
public class EmployeeServiceTest {
     public static void main(String args[]) throws Exception {
          ClassPathXmlApplicationContext ctx =
                              new ClassPathXmlApplicationContext("beans.xml");
           EmployeeService service = (EmployeeService)ctx.getBean("employeeService");
           System.out.println(service.getClass());
           Employee emp = new Employee();
           emp.setEmpGender("f");
           emp.setEmpName("zhangsan");
```

```
            emp.setSalary(3600f);
            service.add(emp);
            Employee emp1 = new Employee();
            emp1.setEmpGender("f");
            emp1.setEmpName("zhangsan");
            emp1.setSalary(1500f);
            service.add(emp1);
            ctx.destroy();
        }
    }
```

本例完整代码可查看本书所附代码。

（2）基于注解的事务管理

基于注解的事务管理常用的注解是@Transactional，该注解常用在需要事务管理的 Bean 接口的实现类上或相关方法上。

- 注解@Transactional 标注在业务类上时，则类的所有 public 类型方法都适用该注解指定事务。
- 注解@Transactional 标注在业务类的方法上时，则可以特殊指定相关属性。

注解@Transactional 的属性如下。

- 事务传播属性：由类 org.springframework.transaction.annotation.Propagation 指定事务的传播行为。
- 事务隔离级别：由类 org.springframework.transaction.annotation.Isolation 指定隔离级别。
- 事务的读写属性：该属性为布尔型，格式为：@Transactional(readOnly=true)。
- 回滚设置：属性 rollbackFor 指定一组异常类，如遇到该异常，则进行事务回滚，其格式为：@Transactional(rollbackFor={IOException.class})；如果有多个异常，则用逗号隔开。norollbackFor 属性指定一组异常，这组异常不触发回滚。

代码 10-43 中方法 add()上的注解@Transactional，其中属性 propagation 指定事务传播行为，本例事务传播行为是 REQUIRED。

代码 10-43　EmployeeService.java。

```
package cn.edu.service;
import javax.annotation.Resource;
import org.springframework.stereotype.Component;
import org.springframework.transaction.annotation.Propagation;
import org.springframework.transaction.annotation.Transactional;
import cn.edu.dao.EmployeeDAO;
import cn.edu.model.Employee;
@Component("employeeService")
public class EmployeeService {
    private EmployeeDAO empDAO;
    public void init() {
        System.out.println("init");
    }
    public EmployeeDAO getEmpDAO() {
        return empDAO;
    }
    @Resource(name="empDAO")
```

```
		public void setEmpDAO(EmployeeDAO empDAO) {
			this.empDAO = empDAO;
		}
		@Transactional(propagation=Propagation.REQUIRED)
		public void add(Employee emp) {
			empDAO.save(emp);
		}
		public void destroy() {
			System.out.println("destroy");
		}
	}
```

只给代码 10-43 中方法加注解@Transactional 还不够，还需在配置文件中进行配置，如代码 10-44 所示，其中元素<tx:annotation-driven>告诉 Spring 扫描上下文中所有 Bean，查找用注解@Transactional 标注的类或方法，元素<tx:annotation-driven>会为其添加事务通知，通知属性与@Transactional 的属性有关。

代码 10-44 beans.xml。

```
<?xml version="1.0" encoding="UTF-8"?>
<beans
    xmlns="http://www.springframework.org/schema/beans"
    xmlns:xsi="http://www.w3.org/2001/XMLSchema-instance"
    xmlns:context="http://www.springframework.org/schema/context"
    xmlns:tx="http://www.springframework.org/schema/tx"
    xsi:schemaLocation="http://www.springframework.org/schema/beans
    http://www.springframework.org/schema/beans/spring-beans-3.0.xsd
    http://www.springframework.org/schema/context
    http://www.springframework.org/schema/context/spring-context-3.0.xsd
    http://www.springframework.org/schema/tx
   http://www.springframework.org/schema/tx/spring-tx-3.0.xsd">
   <context:annotation-config/>
        <!-- 打开 spring 自动扫描功能,使用注解方式进行注入 -->
    <context:component-scan base-package="cn.edu" />
        <!-- 配置 dataSource 最大值 -->
    <bean id="dataSource" class="org.apache.commons.dbcp.BasicDataSource"
                destroy- method="close">
      <property name="driverClassName" value="com.mysql.jdbc.Driver"/>
       <property name="url"      value="jdbc:mysql://localhost:3306/spring?
                                    useUnicode=true&amp; characterEncoding=UTF-8"/>
       <property name="username" value="root"/>
       <property name="password" value=""/>
        <!-- 连接池启动时的初始值 -->
        <property name="initialSize" value="1"/>
        <!-- 连接池的最大值 -->
        <property name="maxActive" value="500"/>
        <!-- 最大空闲值 -->
        <property name="maxIdle" value="2"/>
        <!-- 最小空闲值 -->
        <property name="minIdle" value="1"/>
    </bean>
    <!-- 配置 sessionFactory -->
   <bean id="sessionFactory"   class=
    "org.springframework.orm.hibernate3.annotation.AnnotationSessionFactoryBean">
```

```
            <property name="dataSource" ref="dataSource"/>
            <property name="packagesToScan">
             <list>
                  <value>cn.edu.model</value>
             </list>
        </property>
        <property name="hibernateProperties">
                <value>
                    hibernate.dialect=org.hibernate.dialect.MySQL5Dialect
                    hibernate.hbm2ddl.auto=update
                    hibernate.show_sql=false
                    hibernate.format_sql=false
                    hibernate.cache.use_second_level_cache=true
                    hibernate.cache.use_query_cache=false
                    hibernate.cache.provider_class=org.hibernate.cache.EhCacheProvider
                  </value>
            </property>
        </bean>
       <bean id="txManager"
                    class="org.springframework.orm.hibernate3.HibernateTransactionManager">
             <property name="sessionFactory" ref="sessionFactory"/>
       </bean>
    <tx:annotation-driven transaction-manager="txManager"/>
</beans>
```

10.6 Spring 集成

常见的 Spring 集成包括 Spring 与 Struts2 及 Hibernate 集成，与 Spring MVC 组件比较起来，使用 Spring 整合 Struts 与 Hibernate 的方式较为普遍。因此本节介绍 Spring 与 Hibernate 整合、Spring 与 Struts2 的整合。

10.6.1 Spring 整合 Struts 2

Spring 整合 Struts2 框架可以较好地实现更高效的 Java EE 开发平台。

通过配置 web.xml 文件进行 Spring 容器的创建，这种方式通过 Web 应用的启动，Spring 容器就运行起来。代码 10-45 中<listener>标记中的 ContextLoaderListener 实现了 ServletContext 接口，该接口是一个监听器，该监听器创建时会查找 WEB-INF。下的 beans.xml 文件，进行组件的装配。<context-param>元素用来指导配置文件位置。

代码 10-45 web.xml。

```
<?xml version="1.0" encoding="UTF-8"?>
<web-app version="3.0"
   xmlns="http://java.sun.com/xml/ns/javaee"
     xmlns:xsi="http://www.w3.org/2001/XMLSchema-instance"
     xsi:schemaLocation="http://java.sun.com/xml/ns/javaee
     http://java.sun.com/xml/ns/javaee/web-app_3_0.xsd" >
     <context-param>
          <param-name>contextConfigLocation</param-name>
          <param-value>classpath:beans.xml</param-value>
     </context-param>
     <!-- 对 Spring 容器进行实例化 -->
```

```
    <listener>
        <listener-class>
            org.springframework.web.context.ContextLoaderListener
        </listener-class>
    </listener>
  <filter>
        <filter-name>struts2</filter-name>
        <filter-class>
              org.apache.struts2.dispatcher.ng.filter.StrutsPrepareAndExecuteFilter
        </filter-class>
    </filter>
    <filter-mapping>
        <filter-name>struts2</filter-name>
        <url-pattern>/*</url-pattern>
    </filter-mapping>
</web-app>
```

代码 10-46 中采用注解加扫描的方式实现组件装配。

代码 10-46　beans.xml。

```
<?xml version="1.0" encoding="UTF-8"?>
<beans
      xmlns="http://www.springframework.org/schema/beans"
      xmlns:xsi="http://www.w3.org/2001/XMLSchema-instance"
      xmlns:context="http://www.springframework.org/schema/context"
      xmlns:p="http://www.springframework.org/schema/p"
      xsi:schemaLocation="http://www.springframework.org/schema/beans
      http://www.springframework.org/schema/beans/spring-beans-3.0.xsd
      http://www.springframework.org/schema/context
      http://www.springframework.org/schema/context/spring-context-3.0.xsd">
    <context:annotation-config />
    <context:component-scan base-package="cn.edu" />
</beans>
```

代码 10-47 中加粗部分的 class 指定的 employeeManageAction 已不是单一 Struts 中的控制类，而是 Spring 容器中的一个普通 Bean。

代码 10-47　struts.xml。

```
<?xml version="1.0" encoding="UTF-8" ?>
<!DOCTYPE struts PUBLIC "-//Apache Software Foundation//DTD Struts Configuration 2.1.7//EN"
      "http://struts.apache.org/dtds/struts-2.1.7.dtd">
<struts>
      <!-- 默认的视图主题 -->
      <constant name="struts.ui.theme" value="simple" />
      <constant name="struts.objectFactory" value="spring" />
      <package name="employee" namespace="/employee" extends="struts-default">
            <action name="manage_*" class="employeeManageAction" method="{1}">
                  <result name="add">/WEB-INF/page/employeeAdd.jsp</result>
                  <result name="success">/WEB-INF/page/message.jsp</result>
            </action>
      </package>
</struts>
```

代码 10-48 为 Action，其中属性 employeeService 通过注解@Resource 注入。

代码 10-48　EmployeeManageAction.java。

```
package cn.edu.action;
import javax.annotation.Resource;
import com.opensymphony.xwork2.ActionContext;
import org.springframework.context.annotation.Scope;
import org.springframework.stereotype.Controller;
import cn.edu.model.Employee;
import cn.edu.service.EmployeeService;
@Controller @Scope("prototype")
public class EmployeeManageAction {
	@Resource EmployeeService employeeService;
	private Employee employee;
	public Employee getEmployee() {
		return employee;
	}
	public void setEmployee(Employee employee) {
	T	his.employee = employee;
	}
	public String add(){
		employeeService.add(employee);
		ActionContext.getContext().put("message", "employee 对象已被持久化！");
		return "success";
	}
}
```

代码 10-49 中通过注解@Component("employeeService")向 Spring 容器注册了一个名称为 employeeService 的 Bean，属性 empDAO 是通过注解@Resource 注入的。

代码 10-49 EmployeeService.java。

```
package cn.edu.service;
import javax.annotation.Resource;
import org.springframework.stereotype.Component;
import cn.edu.dao.EmployeeDAO;
import cn.edu.model.Employee;
@Component("employeeService")
public class EmployeeService {
	private EmployeeDAO empDAO;
	public void init() {
		System.out.println("init");
	}
	public EmployeeDAO getEmpDAO() {
		return empDAO;
	}
	@Resource(name="empDAO")
	public void setEmpDAO(EmployeeDAO empDAO) {
		this.empDAO = empDAO;
	}
	public void add(Employee emp) {
		empDAO.save(emp);
	}
	public void destroy() {
		System.out.println("destroy");
	}
}
```

通过注解@Component("empDAO")将代码 10-50 注册为名称为 empDAO 的 Bean。

代码 10-50　EmployeeDAOImpl.java。

```
package cn.edu.dao.impl;
import java.sql.SQLException;
import javax.annotation.Resource;
import org.springframework.stereotype.Component;
import cn.edu.dao.EmployeeDAO;
import cn.edu.model.Employee;
@Component("empDAO")
public class EmployeeDAOImpl implements EmployeeDAO {
        public void save(Employee emp) {
                System.out.println("emp 已被持久化！");
        }
}
```

将上述项目发布到 tomcat 上，在地址栏输入如下地址：http://localhost:8080/Lecture08_spring_struts20/employee/manage_add 运行结果如图 10-10 所示。

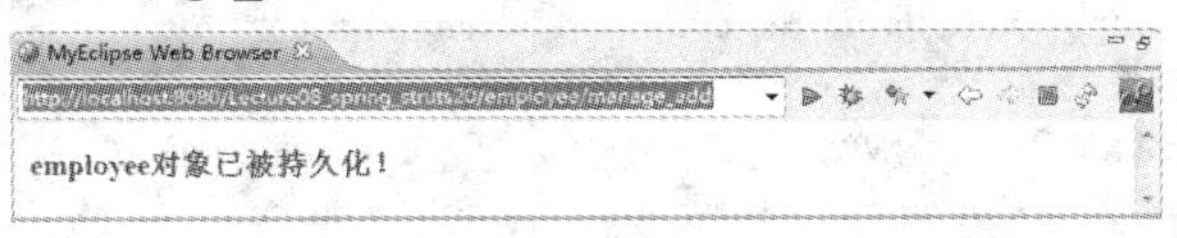

图 10-10　结果显示

完整代码可参考本书所附代码。

如果不用注解方式实现，则将代码 10-46 改为代码 10-51，同时将代码 10-48、代码 10-49 及代码 10-50 中所有注解去掉，其他部分不变。

代码 10-51　beans.xml。

```
<?xml version="1.0" encoding="UTF-8"?>
<beans
     xmlns="http://www.springframework.org/schema/beans"
     xmlns:xsi="http://www.w3.org/2001/XMLSchema-instance"
     xmlns:context="http://www.springframework.org/schema/context"
     xsi:schemaLocation="http://www.springframework.org/schema/beans
     http://www.springframework.org/schema/beans/spring-beans-3.0.xsd
     http://www.springframework.org/schema/context
     http://www.springframework.org/schema/context/spring-context-3.0.xsd">
   <bean id="empDAO" class="cn.edu.dao.impl.EmployeeDAOImpl"/>
   <bean id="employeeService" class="cn.edu.service.EmployeeService">
       <property name="empDAO" ref="empDAO" />
   </bean>
   <bean id="employeeManageAction" class="cn.edu.action.EmployeeManageAction"
               scope="prototype">
       <property name="employeeService" ref="employeeService" />
   </bean>
</beans>
```

完整代码可参考本书所附代码。

10.6.2　Spring 整合 Hibernate

1．SessionFactory 的应用

通过 Hibernate 进行持久层的访问时，SessionFactory 是一个必须有的对象，可以利用

Spring 的 IoC 容器实现 SessionFactory 对象的创建及管理，可以通过 Spring 的 IoC 容器为 SessionFactory 对象注入数据源。在 Spring 事务管理一节中已经通过 SessionFactory 对持久层进行过访问，代码 10-44 中加粗部分就是 Spring 配置文件中配置 Hibernate SessionFactory 的内容，此处就不再多讲了。

Spring IoC 容器中配置 SessionFactory Bean 后，随着应用的启动而自动加载，可以将其注入到其他 Bean 中，如 DAO 组件。一旦 DAO 组件获取 SessionFactory Bean，就可以访问数据库，进行持久化操作。

2．HibernateTemplate 的应用

HibernateTemplate 是持久化操作的一个模板，只要对其注入 SessionFactory 引用，即可进行持久化操作。

首先进行配置文件设置。代码 10-52 中加粗部分为 HibernateTemplate 的配置。

代码 10-52 beans.xml。

```
<?xml version="1.0" encoding="UTF-8"?>
<beans xmlns="http://www.springframework.org/schema/beans"
      xmlns:xsi="http://www.w3.org/2001/XMLSchema-instance"
      xmlns:context="http://www.springframework.org/schema/context"
      xmlns:aop="http://www.springframework.org/schema/aop"
      xmlns:tx="http://www.springframework.org/schema/tx"
      xsi:schemaLocation="http://www.springframework.org/schema/beans
            http://www.springframework.org/schema/beans/spring-beans-3.0.xsd
            http://www.springframework.org/schema/context
            http://www.springframework.org/schema/context/spring-context-3.0.xsd
            http://www.springframework.org/schema/aop
            http://www.springframework.org/schema/aop/spring-aop-3.0.xsd
            http://www.springframework.org/schema/tx
            http://www.springframework.org/schema/tx/spring-tx-3.0.xsd">
      <context:annotation-config />
      <context:component-scan base-package="cn.edu" />
      <bean id="dataSource" class="org.apache.commons.dbcp.BasicDataSource"
        destroy-method="close">
        <property name="driverClassName" value="com.mysql.jdbc.Driver"/>
         <property name="url"   value="jdbc:mysql://localhost:3306/spring/>
         <property name="username" value="root"/>
         <property name="password" value=""/>
          <!-- 连接池启动时的初始值 -->
          <property name="initialSize" value="1"/>
          <!-- 连接池的最大值 -->
          <property name="maxActive" value="500"/>
          <!-- 最大空闲值 -->
          <property name="maxIdle" value="2"/>
          <!-- 最小空闲值 -->
          <property name="minIdle" value="1"/>
       </bean>
     <bean id="sessionFactory"   class=
           "org.springframework.orm.hibernate3.annotation.AnnotationSessionFactoryBean">
     <property name="dataSource" ref="dataSource" />
      <property name="packagesToScan">
          <list>
```

```
                <value>cn.edu.model</value>
            </list>
        </property>
        <property name="hibernateProperties">
            <props>
                <prop key="hibernate.dialect">
                    org.hibernate.dialect.MySQL5Dialect
                </prop>
                <prop key="hbm2ddl.auto">create</prop>
                <prop key="hibernate.show_sql">false</prop>
                <prop key="hibernate.format_sql">false</prop>
                <prop key="hibernate.cache.use_second_level_cache">true</prop>
                <prop key=" hibernate.cache.use_query_cache">false</prop>
                <prop key="hibernate.cache.provider_class">
                            org.hibernate.cache.EhCacheProvider
                </prop>
            </props>
        </property>
        </bean>
        <bean id="txManager"
        class="org.springframework.orm.hibernate3.HibernateTransactionManager">
        <property name="sessionFactory" ref="sessionFactory" />
        </bean>
        <aop:config>
        <aop:pointcut id="empService"
            expression="execution(public * cn.edu.service..*.*(..))" />
        <aop:advisor pointcut-ref="empService"
            advice-ref="txAdvice" />
        </aop:config>
        <tx:advice id="txAdvice" transaction-manager="txManager">
        <tx:attributes>
            <tx:method name="getEmployee" read-only="true" />
            <tx:method name="add*" propagation="REQUIRED"/>
        </tx:attributes>
        </tx:advice>
        <bean id="hibernateTemplate"
            class="org.springframework.orm.hibernate3.HibernateTemplate">
        <property name="sessionFactory" ref="sessionFactory"></property>
        </bean>
    </beans>
```

代码 10-53 中通过注解@Resource 加注方法 setHibernateTemplate()，实现对 hibernate Template 对象的注入，从而实现调用 HibernateTemplate 模板的方法，实现对象的持久化操作。

代码 10-53 EmployeeDAOImpl.java。

```
    import org.hibernate.Session;
    import org.hibernate.SessionFactory;
    import org.springframework.orm.hibernate3.HibernateTemplate;
    import org.springframework.stereotype.Component;
    import cn.edu.dao.EmployeeDAO;
    import cn.edu.model.Employee;
    @Component("empDAO")
```

```
public class EmployeeDAOImpl implements EmployeeDAO {
    private HibernateTemplate hibernateTemplate;
    public HibernateTemplate getHibernateTemplate() {
    return hibernateTemplate;
    }
    @Resource
    public void setHibernateTemplate(HibernateTemplate hibernateTemplate) {
        this.hibernateTemplate = hibernateTemplate;
    }
    public void save(Employee emp) {
        getHibernateTemplate().save(emp);
    }
    @Override
    public void delete(Integer id) {
        getHibernateTemplate().delete(getHibernateTemplate().get(Employee.class, id));
    }
    @Override
    public void update(Employee emp) {
        getHibernateTemplate().update(emp);
    }
}
```

Spring 还支持 HibernateCallback 及 DAO 组件的应用，在此不作介绍。掌握了本节内容再学习这两个组件难度不大，有兴趣的读者可参考相关文献[2]。

10.7 本章小结

本章首先讨论了 Spring 框架的相关知识，包括 Spring 的核心：IoC 容器及 Bean 的配置方法及相互依赖关系。本章还介绍了 AOP 概念及用法，详细叙述了 Spring 事务管理，最后给出 Spring 与 Hibernate 及 Spring 与 Struts2 的整合方法。

拓展阅读参考：

[1] IBM．Spring[OL]．http://www.ibm.com/developerworks/cn/java/wa-spring1/.

[2] 李刚．轻量级 JavaEE 企业应用实战-Struts2+Spring3+Hibernate[M]．3 版．北京：电子工业出版社，2011.

[3] 陈雄华．Spring3.0 就这么简单[M]．北京：人民邮电出版社，2013.

[4] Craig Wall．Spring 实战[M]．3 版．耿渊，张卫滨，译．北京：人民邮电出版社，2013.

[5] 刘甫迎，等．JavaEE Web 编程技术[M]．北京：电子工业出版社，2010.

第四部分　经典 Java EE 框架

第 11 章　JSF

JSF 是 Java Server Faces 的缩写，是一种用于构建 Java Web 应用程序的标准框架，于 2004 年推出第一个正式版本。基于组件的 JSF 框架提供了用于构建 Web 应用程序的接口，框架中集成了事件处理、数据验证、数据转换和页面导航等相关功能。本章将介绍 JSF 框架中涉及的知识及使用的方法。

11.1　JSF 概述

JSF 是以组件为中心进行用户界面设计的，它不但将 UI 组件的概念从传统的桌面应用搬到 Web 应用上，而且还保留了原有 JSP/Servlet 的特征。

Struts 和 JSF 都属于表现层框架，JSF 优势体现以下几个方面。

- 丰富、灵活的组件：JSF 实现了大量的标准组件，且允许开发人员创建自己的组件，或者继承现有的组件，开发功能更强大的组件。此外，标准的组件支持拖放式的界面设计。
- 事件驱动型模式：JSF 是一种事件驱动的组件模型，组件可以产生事件。例如，值改变事件和动作事件。
- 请求处理具有明确的生命周期：JSF 中的请求处理的生命周期可以被规划为 6 个阶段，它们分别是恢复视图、应用请求值、处理验证、更新模型值、调用应用和呈现响应。

11.1.1　工作原理

从用户请求开始到处理结果的响应，JSF 框架处理的流程如下。

1）用户的动作触发一个事件，事件通过 HTTP 发往服务器。

用户的动作引起页面中组件触发相关事件，Web 容器里的每个 JSF 应用都有自己的 FacesServlet，FacesServlet 处理用户的请求。

2）FacesServlet 生成一个 FacesContext 的对象，该对象封装了处理请求所必需的信息。

FacesContext 对象中包含 Web 容器传给 FacesServlet 的 services()方法的 ServletContext、ServletRequest 和 ServletResponse 对象。

3）处理用户的请求，将控制权交给 Lifecycle 的对象，Lifecycle 对象分以下 6 个阶段来处理 FacesContext 对象。

- **恢复视图**（Restore View）。视图表示组成特定页面的所有组件，通常保存在会话中。该阶段的主要工作是根据请求数据创建组件树，实现构建页面视图组件。

页面提交给自己的过程称为回送（postback），如果对页面的请求是一个postback，则会话中保存了组件树的数据，FacesServlet 将读取并恢复组件树视图。如果是一个初始请求，该阶段将创建一个空视图，生命周期直接调到最后一个阶段，即呈现响应。

- **应用请求值**（Apply Request Values）。组件树被重建后，把请求中的数据进行解码，并填充到视图模型中。每个具有可编辑值的输入组件都有 immediate 属性，如果 immediate 属性值为 true，则验证、转换将在本阶段进行，而不是等到下一阶段（处理验证阶段）进行。如果转换数据或者验证失败，则将产生与组件相关的错误消息，并在最后一个阶段（呈现相应阶段）显示出来。

  该阶段执行后，将引发 valueChange 事件广播修改数据结果。任何呈现器、监听器都可以截断生命周期，直接跳到最后一个阶段（呈现相应阶段）。
- **处理验证**（Process Validations）。该阶段首先由注册到每个组件的转换器或默认的转换器对被提交的数据进行转换，然后由注册到组件的验证器或由外部配置的验证器对数据进行验证。

  如果被提交的值转换和验证都成功，则进行生命周期的下一个阶段；否则，将直接跳到最后一个阶段，进入呈现响应。
- **更新模型值**（Update Model Values）。验证通过后把新的数据值更新到视图对应的模型中，一般情况下将组件的 value 属性值更新到后台的 Bean 属性或者模型对象。
- **调用应用**（Invoke Application）。上个阶段结束后，后台的 Bean 属性和模型对象有了新值，该阶段根据得到的 Bean 属性值和模型对象进行业务处理。例如，如果 UICommand 注册了 Action 事件，则 UICommand 提交请求时，将调用 Action 事件对应的事件处理方法。
- **呈现响应**（Render Response）。根据最终的处理结果生成处理后的组件树视图，并发送响应给用户。此外，本阶段也完成保存视图的状态，以便以后用户请求是一个 postback 时，可以在第一阶段恢复视图。

11.1.2 配置文件

实现 JSF 应用开发，需要把 jsf-api.jar、jsf-impl.jar、jstl.jar 和 standard.jar 添加到自己的工程中。

JSF 的组件可以直接集成到 JSP 页面，以下面的 taglib 标签库的形式出现。

```
<%@ taglib uri="http://java.sun.com/jsf/html" prefix="h" %>
<%@ taglib uri="http://java.sun.com/jsf/core" prefix="f" %>
```

JSF 应用中常用的配置文件有 web.xml 和 faces-config.xml。

1．web.xml

JSF 的控制器可以集成到 web.xml 中，以 Servlet 的形式出现，URL 请求中的 jsp 文件扩展名都要用 faces 代替，具体内容如代码 11-1 所示。

代码 11-1　web.xml。

```
<servlet>
        <servlet-name>Faces Servlet</servlet-name>
```

```
            <servlet-class>javax.faces.webapp.FacesServlet</servlet-class>
            <load-on-startup> 1 </load-on-startup>
        </servlet>
    <servlet-mapping>
            <servlet-name>Faces Servlet</servlet-name>
            <url-pattern>*.faces</url-pattern>
     </servlet-mapping>
```

2．faces-config.xml

faces-config.xml 文件中最外层的标签为<faces-config>，里面包括很多子标签。例如，标签<managed-bean>用于配置 Bean、标签<converter>用于注册自定义转换器、标签<validator>用于注册用户自定义验证器、标签<navigation-rule>用于配置页面之间导航规则等。在 MyEclipse 集成开发环境中，faces-config.xml 中相关的配置都可以通过图形化界面的形式操作，然后生成对应的配置代码。

11.2 简单示例

本示例是在 MyEclipse 环境下开发一个学生登录系统。要求：在服务器端的根路径下有一个学生信息文件 student.txt，student.txt 保存学生的学号、密码和姓名等信息；学生从登录页面输入学号和密码，然后提交；接着读取 student.txt 文件检查用户提交的学号和密码，如果合法，则显示登录成功，并给出登录学生的姓名；否则，显示错误信息，让学生重新登录。student.txt 文件中信息格式如下，一行表示一个学生的信息。

```
    姓名     学号          密码
    张三    20100918      123456
    李四    20100919      123456
```

应用中包括 3 个 jsp 页面，第 1 个登录页面 studentLogin.jsp 如图 11-1 所示，两个文本框分别接收学生输入的学号和密码，一个登录按钮用于提交表单。第 2 个登录成功页面 success.jsp 如图 11-2 所示，用于显示登录学生的姓名，并显示“欢迎登录”。第 3 个登录失败页面 error.jsp，如图 11-3 所示，显示“您输入的学号或者密码错误”，并显示“请重新登录”超链接。

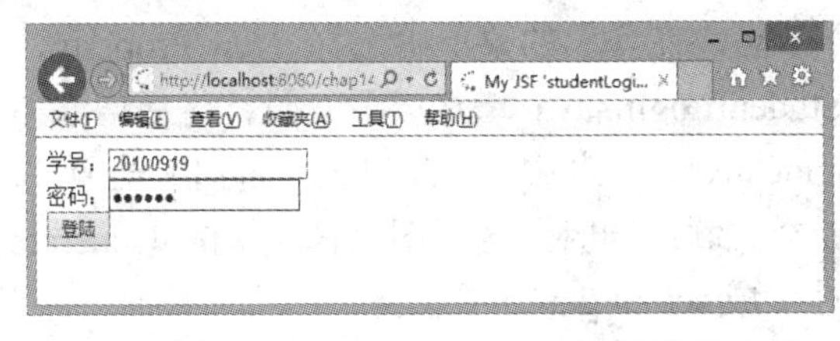

图 11-1　studentLogin.jsp 运行结果

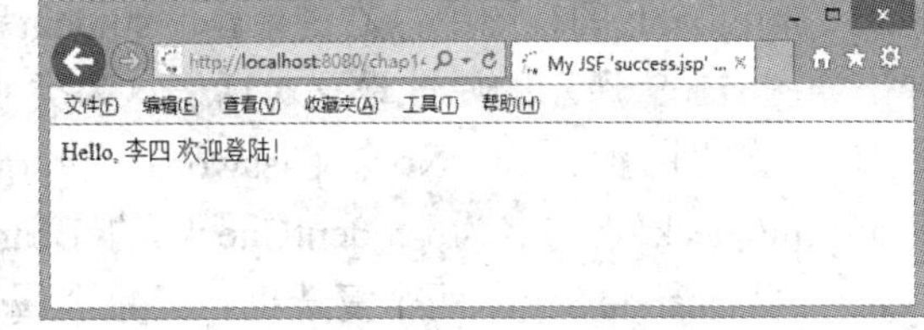

图 11-2　success.jsp 运行结果

具体开发步骤如下。

（1）创建 Web Project chap11-example

在 MyEclipse 的 File 主菜单中选择 New/Web Project，出现如图 11-4 所示的 Web Project 对话框，在对话框中的 Project Name 文本框中输入工程名 chap14-example，其他默认选择，单击“finish”按钮，完成工程的创建。

然后，选中工程名，选择菜单 MyEclipse→Project Capabilities→Add JSF Capabilities，出现如图 11-5 所示的对话框，单击“Finish”按钮后，为该工程添加 JSF 支持。

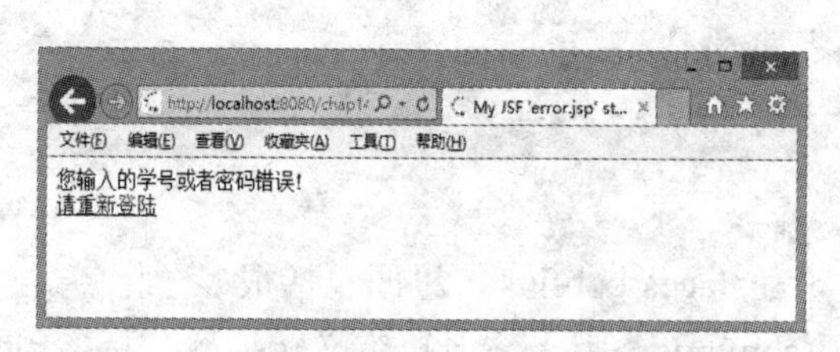

图 11-3　error.jsp 运行结果

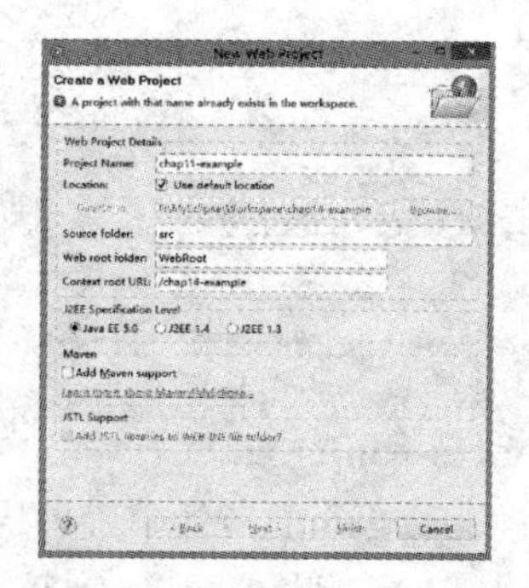

图 11-4　创建 Web Project

（2）开发管理 Bean

打开 chap11-example/WEB-INF/faces-config.xml 文件，单击 Design 进入设计视图，如图 11-6 所示，右键单击“Managed Beans”节点，在弹出的菜单中选择 New/Managed Bean，打开新建 Managed Beans 对话框，如图 11-7 所示；然后，在 Scope 对应的文本框中选择 session，Class 对应的文本框中输入 check.StudentCheck.java，Name 对应的文本框中输入 studentCheck。单击“Finish”按钮后，则在 chap11-example/src 下创建了一个名为 check 的包，check 包中生成一个名为 StudentCheck.java 类，该类的 Bean 名为 studentCheck。

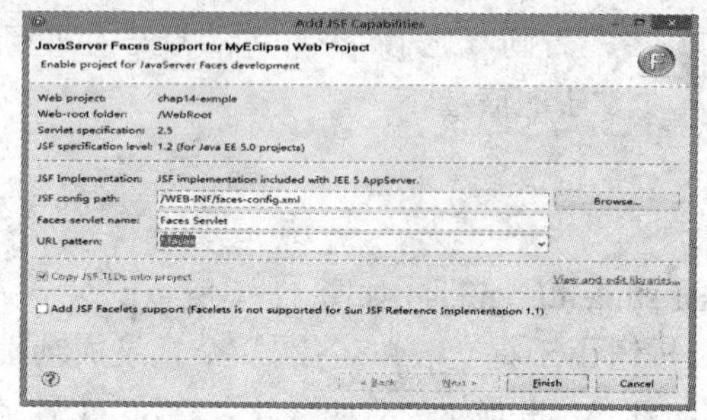

图 11-5　添加 JSF 支持

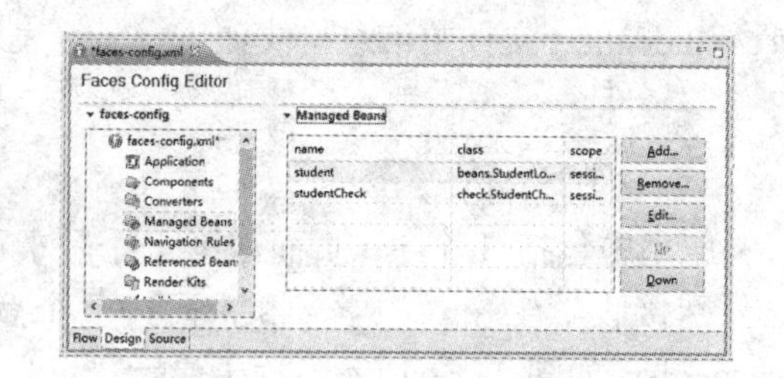

图 11-6　faces-config.xml 的设计视图

同理，在 beans 包下生成一个名为 StudentLogin.java 类，该类的 Bean 名为 student。在 faces-config.xml 的视图中，右键单击“student”节点，在弹出的菜单中选择 New/Property，弹出如图 11-8 所示的属性设置对话框，为类 StudentLogin.java 增加成员变量；然后增添 3 个属性分别为 studentNo、password 和 loginCheck，其中 loginCheck 的值设置为 #{studentCheck}，与名为 studentCheck 的 Bean 类关联；同时，选中图 11-8 中的 Generate Getter 和 Generate Setter 两个复选框，为每个属性生成 set 和 get 方法。

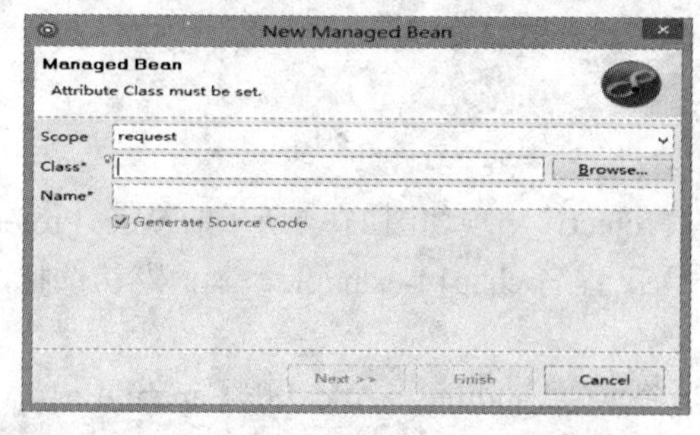

图 11-7　新建 Manage Bean 对话框

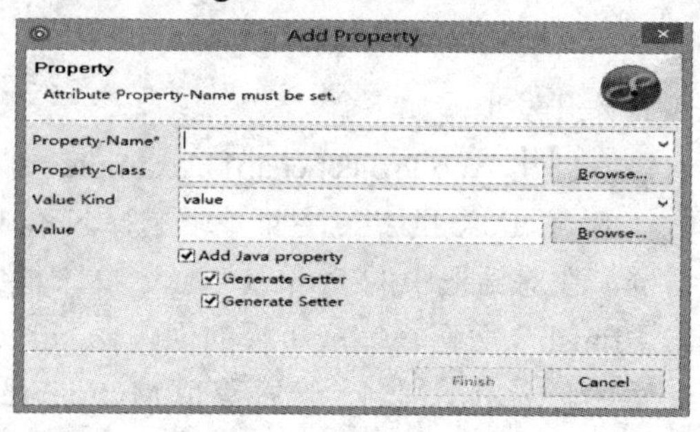

图 11-8　属性设置对话框

在类 studentCheck.java 中，增加一个名为 check（StudentLogin student）方法，该方法读取服务器端的 stu 文件夹中的 student.txt 文件，判断用户输入的学号和密码是否正确，如果正确返回字符串“success”，否则返回字符串“error”。具体内容见代码 11-2。

在类 studentCheck.java 中，增加一个名为 login()方法，该方法调用 studentCheck.java 对象的 check()方法，检查用户的合法性。具体内容见代码 11-3。

代码 11-2　studentCheck.java。

```
package check;
public class StudentCheck {
        public String check(StudentLogin student) {
        System.out.println(student);
        String sno = student.getStudentNo().trim();
        String pass = student.getPassword().trim();
        try {
                String classPath = System.getProperty("user.dir");
                int index = classPath.indexOf("bin");
                classPath = classPath.substring(0, index);

                BufferedReader reader = new BufferedReader(new FileReader(classPath
                                + "\\" + "stu\\student.txt"));
                String line = reader.readLine();

                while ((line = reader.readLine())!= null) {
                        String[] infor = line.split("\\s+");
                        String name = infor[0].trim();
                        String sNo = infor[1].trim();
                        String password = infor[2].trim();

                        if (sNo.equals(sno) && pass.equals(password)) {
                                student.setStudentName(name);
                                return "success";
                        }
                }
                reader.close();
        } catch (FileNotFoundException e) {
                e.printStackTrace();
        } catch (IOException e) {
                e.printStackTrace();
        }

        return "error";
        }
}
```

代码 11-3　StudentLogin.java。

```
package beans;
public class StudentLogin {
        public String studentNo;
        private String studentName;
        private String password;
        private check.StudentCheck loginCheck;
        //省略属性的 set()和 get()方法
```

```
        public String login(){
        String result = loginCheck.check(this);
        return result;
        }
    }
```

（3）编写 JSP 页面

打开 chap14-example/WEB-INF/faces-config.xml 文件，单击 Flow 进入设计视图，如图 11-9 所示。左键单击左侧 Palette 中的图标为“J”的按钮，然后再单击右侧的任何空白处，弹出如图 11-10 所示的对话框，在对话框的 File Name 文本框中输入 JSP 页面的文件名。运用此方法创建 3 个 jsp 页面，名字分别为 studentLogin.jsp、success.jsp 和 error.jsp，faces-config.xml 的 flow 视图中出现 3 个图标标记这 3 个页面。

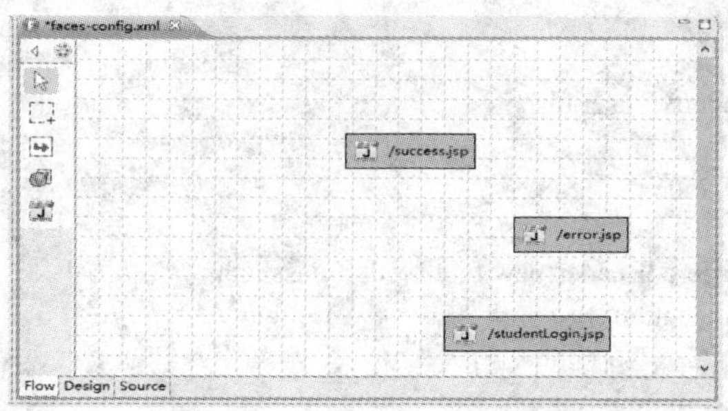

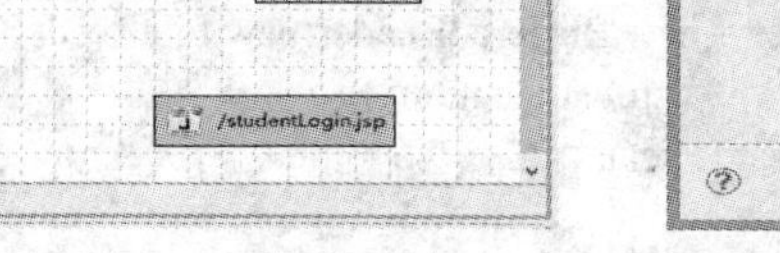

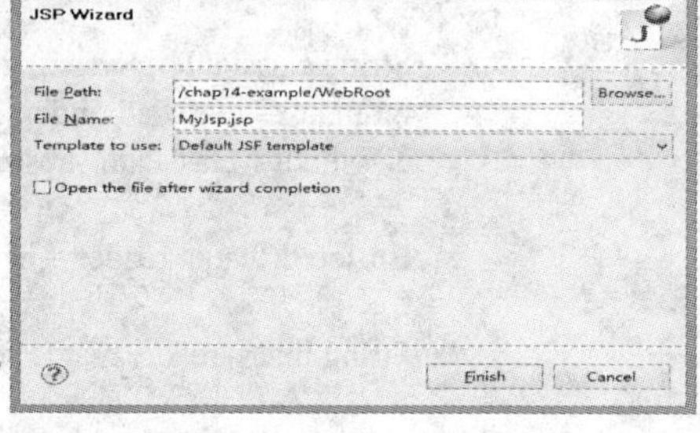

图 11-9　faces-config.xml 的 Flow 视图　　　　图 11-10　创建 JSP 页面

打开 studentLogin.jsp 文件，如图 11-11 所示，展开右侧的 Palette 中的 JSF Html 节点，分别拖放 outputLabel、inputText、inputSecret 和 commandButton 标签设计登录页面。针对每一个标签，打开它的属性设置对话框，设置相关属性。设置完毕后，内容见代码 11-4。同理，设计 success.jsp 和 error.jsp 页面，具体内容分别见代码 11-5 和代码 11-6。

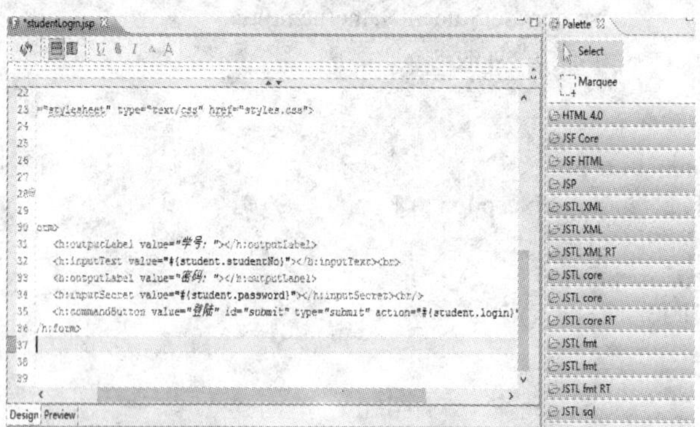

图 11-11　拖放 studentLogin.jsp 中的标签

代码 11-4　studentLogin.jsp。

```
<%@ page language="java" pageEncoding="UTF-8"%>
<%@ taglib uri="http://java.sun.com/jsf/html" prefix="h" %>
<%@ taglib uri="http://java.sun.com/jsf/core" prefix="f" %>
<html>
    <head>
        <title>登录</title>
    </head>
```

```
        <body>
          <f:view>
            <h:form>
             <h:outputLabel value="学号：  "></h:outputLabel>
             <h:inputText value="#{student.studentNo}"></h:inputText><br>
             <h:outputLabel value="密码：  "></h:outputLabel>
             <h:inputSecret
                  value="#{student.password}"></h:inputSecret><br/>
               <h:commandButton value="登录" id="submit" type="submit"
                         action="#{student.login}"></h:commandButton>
             </h:form>
          </f:view>
        </body>
      </html>
```

代码 11-5　success.jsp。

```
      <%@ page language="java" pageEncoding="UTF-8"%>
      <%@ taglib uri="http://java.sun.com/jsf/html" prefix="h" %>
      <%@ taglib uri="http://java.sun.com/jsf/core" prefix="f" %>

      <html>
        <head>
            <title>登录成功</title>
        </head>
        <body>
            <f:view>
                  Hello, <h:outputText
                    value="#{student.studentName}"></h:outputText> 欢迎登录！
                  <br>
            </f:view>
         </body>
      </html>
```

代码 11-6　error.jsp。

```
      <%@ page language="java" pageEncoding="UTF-8"%>
      <%@ taglib uri="http://java.sun.com/jsf/html" prefix="h" %>
      <%@ taglib uri="http://java.sun.com/jsf/core" prefix="f" %>

      <html>
      <head>
            <title>登录失败</title>
      </head>
      <body>
            <f:view>
            您输入的学号或者密码错误!<br>
            <a href="studentLogin.faces" >请重新登录</a>
            </f:view>
      </body>
      </html>
```

（4）定义页面导航

打开 chap14-example/WEB-INF/faces-config.xml 文件，单击 Flow 进入设计视图，如图 11-9 所示。左键单击左侧 Palette 中的“Add a Navigation Case”按钮，然后，在右侧

faces-config.xml 的 Flow 设计视图空间中，从 studentLogin.jsp 到 success.jsp 拖一条线，这时弹出如图 11-12 所示的对话框，在 From Outcome 文本框中输入 success，表明当 action 返回字符串为“success”时，页面从 studentLogin.jsp 导航到 success.jsp。

同理，当 action 返回字符串为“error”时，设置从 studentLogin.jsp 到 error.jsp 的导航，如图 11-13 所示。

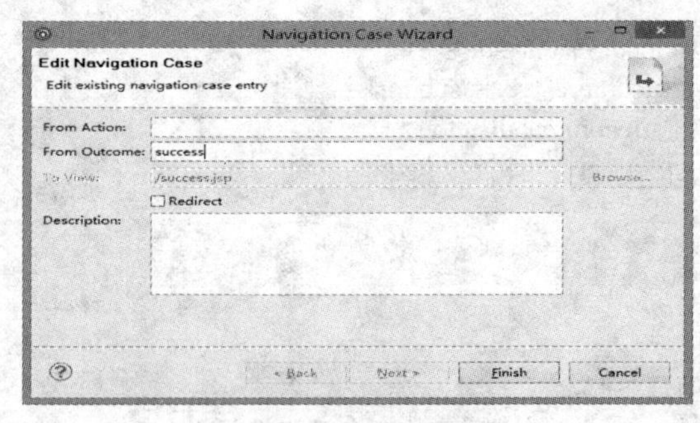

图 11-12　增加导航

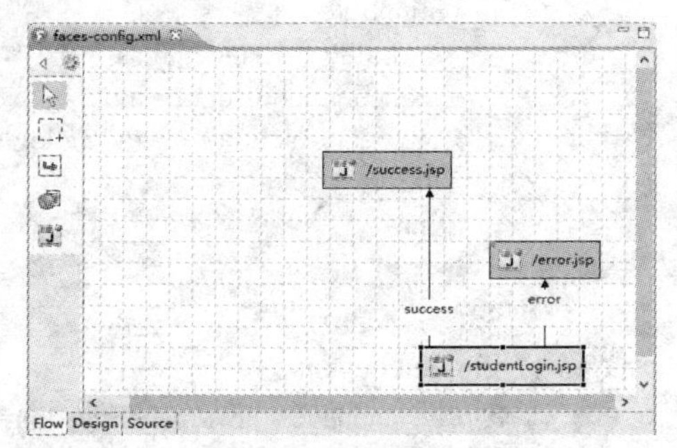

图 11-13　页面导航结果

（5）测试运行

打包部署 chap14-example 工程，启动服务器。在浏览器地址栏中输入：http://localhost:8080/chap14-exmple/studentLogin.faces。输入服务器端 student.txt 中存在的学号和密码，登录成功，否则登录失败。

11.3　UI 组件

11.3.1　概述

JSF UI 组件包括两个标准的标签库：JSF HTML 呈现工具标签库和 JSF Core 标签库。

11.3.2　HTML 组件标签

表 11-1 列举了 HTML 标签库中常用的标签以及相应的功能，标签通用的属性见表 11-2。

表 11-1　JSF HTML 标签

标　　签	功　　能
commandButton	命令组件，显示为按钮，默认情况下提交表单并触发动作事件；如果把属性 type 设置为“reset”表示重置，不发生服务
commandLink	创建动作超链接，能支持 UIParameter 子组件，以便发送参数到相关的动作方法或者监听器
dataTable	表格组件，将数据源中的数据显示在一个表格中，可以编辑数据源中的条目或者显示动态的数据
column	是 dataTable 的一个子组件，表示 dataTable 中的一列数据
form	表示一个输入表单，通常情况下作为其他接受数据输入标签的父组件；不需要拖放该组件，当拖放其他接受数据输入组件时，自动添加 form 组件。通常情况下，至少需要一个 commandButton 或者 commandLink 子组件，用于提交表单
graphicImage	显示一副图像，以只读的形式显示图像
inputHidden	表示一个隐藏字段，通常用于页面之间的变量传输。该标签对用户是不可见的，因此不接受任何用户的输入
message	通常它用来显示输入控件的验证和转换错误，并且将消息紧跟显示在组件旁。如果组件注册多个消息，该标签只显示第 1 个消息
messages	显示多个消息，每个消息用不同颜色标注，以示意消息的严重级别

（续）

标　签	功　能
outputText	显示一行普通的文本信息
outputFormat	类似于 outputText，且可以插入任意参数到显示的字符串中进行格式化输出
outputLabel	显示为一个关联到某个输入组件的 label，有个 for 属性是必需的，用于关联到输入控件的组件标识符
panelGrid	创建静态的组件布局，常用的对表单布局，显示为一个表格。与表格不同之处，不需指定行和列
panelGroup	将组件归组，以便把组成员当作一个实体单独进行处理
inputSecret	通常情况下，表示为用户密码输入的文本框，用户输入字符串后不显示实际输入的字符串。可以设置一个特殊的字符，则该组件回显该字符组成的字符串代替用户的输入
selectBooleanCheckbox	通常作为表单的一个复选框，允许用户修改选择的 boolean 值，默认情况下空选择（未选择）
selectManyCheckbox	显示为一组复选框，允许用户选择多个选项
selectManyListbox	表示为一个列表选择框，与 selectManyCheckbox 组件类似，表示每个选项值是否被选中。该组件能满足选项很多的情况，使用 selectManyCheckbox 组件实现用户多项选择，显得界面较凌乱
selectManyMenu	与 selectManyListbox 类似，不同之处是该组件允许用户一次只能看到一个选项
selectOneListbox	允许用户从一组列表框中选择一项，选择项目立刻显示
selectOneMenu	允许用户从下拉菜单的一组项目中选择一项
selectOneRadio	将所有选择的项目显示为一组单选按钮，用户每次只可以选择一个项目
inputText	允许用户输入单行的字符串
inputTextarea	与 inputText 的区别是该组件允许用户输入多行的字符串

表 11-2　组件的通用属性

属　性	默 认 值	必　需	作　用
id	无	是	标识组件的标识符
value	无	是	组件的值。可以是字面值或者绑定表达式，例如绑定到 Bean 的属性
rendered	true	否	布尔值决定是否呈现组件，默认呈现组件
styeClass	无	否	指定 CSS 样式类的名称，如果设置多个类，类之间用空格隔开
binding	无	否	将组件实例绑定到 Bean 的一个属性上

下面以学生注册系统为例，介绍 JSF HTML 标签的使用方法。设计学生注册系统尽量包括表 11-1 中更多的组件，作为示例，系统中设置的组件尽可能切合实际系统的要求，系统界面如图 11-14 所示。系统中使用的标签如下。

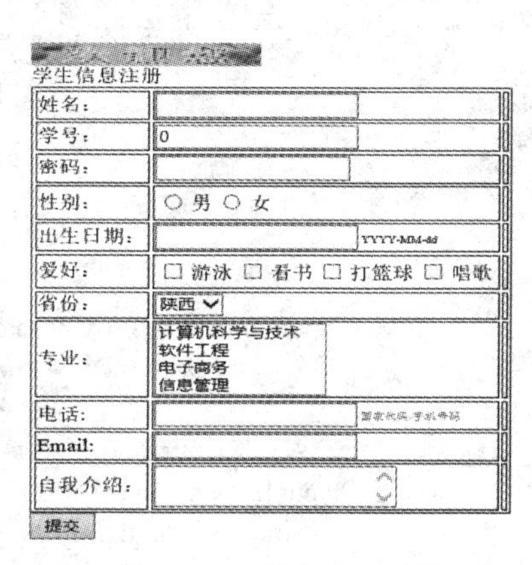

图 11-14　学生注册系统

1）使用 inputText 标签输入姓名、学号、出生日期和 Email 地址。

2）使用 panelGroup 标签对出生日期的 outputText 标签和提示信息的 outputLabel 标签进行组合。

3）使用 inputSecret 标签设置一个密码。

4）使用 selectOneRadio 标签选择自己的性别。

5）使用 selectManyCheckbox 标签选择自己的爱好。

6）使用 selectOneMenu 标签选择自己出生的省份。

7）使用 selectOneListbox 标签选择自己的专业。

8）使用 inputTextarea 标签输入文本进行自我介绍。

9）使用 commandButton 标签提交输入表单。

10）使用 graphicImage 标签显示一个图像表示欢迎。

11）使用 panelGrid 标签对以上组件以表格的方式布局。

首先创建一个 Web 工程 chap14-UI，并为该工程添加 JSF 支持。然后创建一个 Managed Bean，打开 chap14-UI /WEB-INF/faces-config.xml 文件，单击 Design 进入设计视图，右键单击“Managed Beans”节点，在弹出的菜单中选择 New/Managed Bean，打开新建 Managed Beans 对话框；对话框中 Scope 对应的文本框中选择 session，Class 对应的文本框中输 StudentInformation.java，Name 对应的文本框中输入 information。为该 bean 添加 3 个属性：provinces、majors 和 interests，分别存储出生身份、爱好和专业的信息。StudentInformation.java 的具体内容见代码 11-7。

代码 11-7 StudentInformation.java。

```
public class StudentInformation {
    private String sName;
    private long sNo;
    private String password;
    private Date birthday;
    private String email;
    private SelectItem[] provinces;
    private SelectItem[] majors;
    private SelectItem[] interests;
    //省略部分属性的 set×××()和 get×××()方法
    public SelectItem[] getProvinces() {
    if(provinces==null||provinces.length==0){
        provinces = new SelectItem[7];
        provinces[0]=new SelectItem("陕西","陕西");
        provinces[1]=new SelectItem("河南","河南");
        provinces[2]=new SelectItem("浙江","浙江");
        provinces[3]=new SelectItem("西藏","西藏");
        provinces[4]=new SelectItem("河北","河北");
        provinces[5]=new SelectItem("江苏","江苏");
        provinces[6]=new SelectItem("浙江","浙江");
    }
    return provinces;
    }

    public void setProvinces(SelectItem[] provinces) {
        this.provinces = provinces;
    }

    public SelectItem[] getMajors() {
    if(majors==null||majors.length==0){
        majors = new SelectItem[4];
        majors[0]=new SelectItem("计算机科学与技术","计算机科学与技术");
```

```
            majors[1]=new SelectItem("软件工程","软件工程");
            majors[2]=new SelectItem("电子商务","电子商务");
            majors[3]=new SelectItem("信息管理","信息管理");
        }
        return majors;
        }

        public void setMajors(SelectItem[] majors) {
            this.majors = majors;
        }

        public SelectItem[] getInterests() {
        if(interests==null||interests.length==0){
            interests = new SelectItem[4];
            interests[0]=new SelectItem("游泳", "游泳");
            interests[1]=new SelectItem("看书", "看书");
            interests[2]=new SelectItem("打篮球", "打篮球");
            interests[3]=new SelectItem("唱歌", "唱歌");

        }
        return interests;
        }

        public void setInterests(SelectItem[] interests) {
            this.interests = interests;
        }
    }
```

然后创建一个 JSP 页面，命名为 ui.jsp。打开 ui.jsp，在 MyEclipse 的 Window 主菜单中选择 Show View→Other，在弹出的对话框中选择“Palette”节点，调出 Palette 组件面板，然后展开 JSF HTML 节点，可以看到所有的 JSF HTML 标签，如图 11-15 所示。按照题目要求分别拖放相关组件，并摆放到合适位置。

最后设置组件属性。在 MyEclipse 的 Window 主菜单中选择 Show View→properties，打开属性设置对话框，如图 11-16 所示。然后在 ui.jsp 页面中，分别单击相应的组件设置其属性。ui.jsp 具体内容见代码 11-8。

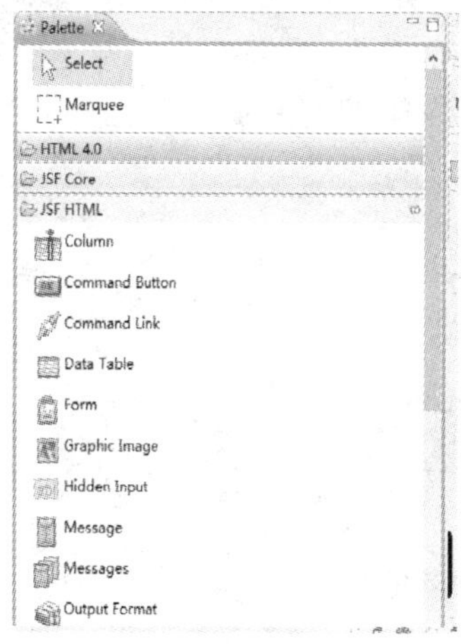

图 11-15　JSF HTML 标签 Palette

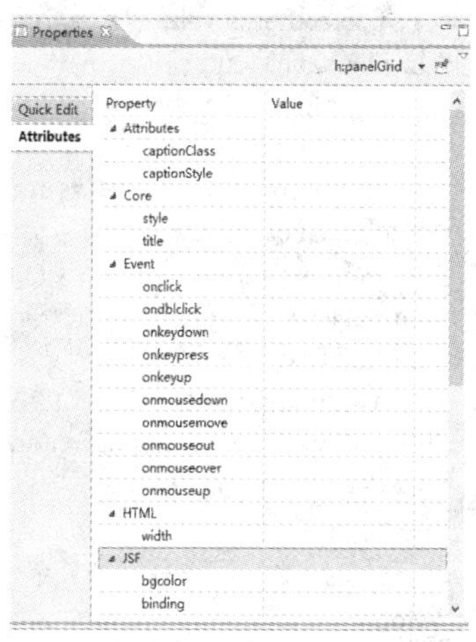

图 11-16　组件属性设置

代码 11-8 ui.jsp。

```
<%@ page language="java" pageEncoding="UTF-8"%>
<%@ taglib uri="http://java.sun.com/jsf/html" prefix="h"%>
<%@ taglib uri="http://java.sun.com/jsf/core" prefix="f"%>
<html>
    <head>
    <title>JSF UI 标签</title>
    </head>
  <body>
    <f:view>
    <h:graphicImage url="images/welcome.jpg" height="80"
                 width="355"></h:graphicImage><br/><br/>
    <h:form>
      <thead>
    <h:outputLabel value="学生信息注册"></h:outputLabel>
      </thead>
    <h:panelGrid border="1" columns="2">
    <h:outputLabel value="姓名："></h:outputLabel>
    <h:inputText></h:inputText>
        <h: outputLabel value="学号："></h: outputLabel >
    <h:inputText></h:inputText>
        <h:outputLabel value="密码："></h:outputLabel>
    <h:inputSecret></h:inputSecret>
          <h:outputLabel value="性别："></h:outputLabel>
         <h:selectOneRadio layout="lineDirection">
      <f:selectItem itemLabel="男" />
      <f:selectItem itemLabel="女" />
         </h:selectOneRadio>
    <h: outputLabel value="年龄："></h: outputLabel >
    <h:inputText></h:inputText>
          <h:outputLabel value="爱好："></h:outputLabel>
    <h:selectManyCheckbox>
         <f:selectItems value = "#{information.interests}"/>
         </h:selectManyCheckbox>
         <h:outputLabel value="省份："></h:outputLabel>
     <h:selectOneMenu>
       <f:selectItems value="#{information.provinces}" />
    </h:selectOneMenu>
          <h:outputLabel value="专业："></h:outputLabel>
    <h:selectOneListbox>
        <f:selectItems value="#{information.majors}"/>
    </h:selectOneListbox>
        <h:outputLabel value="Email:"></h:outputLabel>
    <h:inputText id="email" value="#{information.email}" >
    </h:inputText>
        <h:outputLabel value="自我介绍："></h:outputLabel>
    <h:inputTextarea></h:inputTextarea>
    </h:panelGrid>
      <tfoot>
    <h:commandButton value="提交"></h:commandButton>
    </tfoot>
    </h:form>
```

```
        </f:view>
      </body>
    </html>
```

11.3.3 核心组件标签

核心组件标签是非可视化标签，一般执行核心动作，独立于特定的呈现工具，例如，数据验证器标签、转换器标签和监听器标签等。常用的核心组件标签见表 11-3。通常情况下允许在集成开发工具的组件选用板中拖放这些标签。例如，图 11-15 所示为 MyEclipse 集成开发工具的组件选用板，展开图 11-15 中的 JSF Core 节点，能看到表 11-3 中所列的 JSF 核心标签。

表 11-3 JSF 核心标签

标　签	功　能
attribute	在父组件中设置特性（键/值）
actionListener	向组件中设置动作监听器
convertDateTime	向组件中添加日期时间转换器
convertNumber	向组件中添加数字转换器
converter	向组件中添加强制转换器
facet	向组件中添加 facet
loadBundle	加载资源包
param	向父组件添加参数子组件，提供在编码和解码处理时使用的动态变量
selectitem	为选定的一个或多个组件指定一个项
selectitems	为选定的一个或多个组件指定项
validateDoubleRange	验证组件值的双精度范围
validateLength	验证组件值的长度
validateLongRange	验证组件值的长整型范围
validator	向组件添加验证器
valueChangeListener	向组件添加值改变监听器
view	用于指定页面区域设置或者阶段监听器

11.4 验证器、转换器和事件监听器

11.4.1 验证器

用户输入数据是不可预知的，如果不对数据验证，则大量的“垃圾数据”将进入系统的后台。“垃圾数据”在后台进行处理，会导致系统后台负担过重、效率很低。如果后台处理不当，“垃圾数据”可能会导致系统错误。因此，防止用户在开始就输入垃圾数据，阻止错误输入能力非常重要。

1. 标准的验证器

JSF 技术提供了一些标准的验证器，如表 11-4 所示，这些验证器的标签都在 JSF 核心标

签库中，可以直接从组件选用板中拖放这些标签，然后根据需要设置验证器的属性，可以对相关组件中的数据进行校验。

表 11-4　标准的验证器

验证器类	标　签	属　性	功　能
DoubleRangeValidator	validateDoubleRange	manimum、maximum	首先确保组件的值为 double 型数据或者可以被转换为 double 型数据，验证该值是否在[manimum, maximum]范围内
LengthValidator	validateLength	manimum、maximum	检查组件的值的长度（字符串中字符个数）是否在[manimum, maximum]范围内
LongRangeValidator	validateLongRange	manimum、maximum	首先确保组件的值是长整型数据或者可以被转换为长整型的数值型字符串，验证该数值是否在[manimum, maximum]范围内

（1）非空验证

每个输入组件都有 required 属性，该属性是布尔型，默认值为 false；如果 required 的值设置为 true，则强制要求组件中必须有输入值。

（2）validateLongRange 与 validateDoubleRange 验证器

validateLongRange 与 validateDoubleRange 验证用户输入的数据是否在某一个范围内。例如，在学生注册系统中，学号是管理 Bean 的一个长整型的成员属性，如果规定学号必须介于 2013013001 到 2013013500，则可以对学号组件使用 validateLongRange 验证器。代码 11-9 对学号组件进行非空验证和范围验证。

（3）validateLength 验证器

validateLength 验证器验证组件中的值的长度。例如，代码 11-10 利用 validateLength 验证器确保密码长度必须大于等于 6 且小于等于 10。

图 11-17 表示对学号和密码验证的结果。

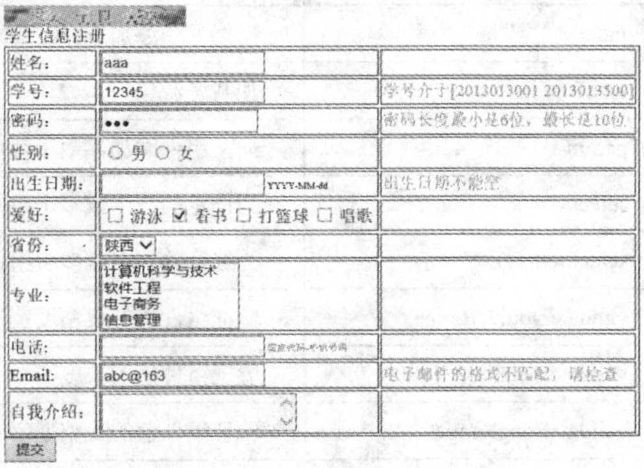

图 11-17　学号和密码验证

代码 11-9　学号非空及范围验证。

```
        <h:outputLabel value="学号："></h:outputLabel>
        <h:inputText value = "#{information.sNo}" required="true" id="inputSNo" requiredMessage="学号不能为空" validatorMessage="学号介于[2013013001 2013013500]">
                <f:validateLongRange minimum="2013013001" maximum="2013013500">
                </f:validateLongRange>
        </h:inputText>
        <h:message for="inputSNo" style="color: #FF8080"></h:message>
```

代码 11-10　密码非空及长度验证。

```
        <h:outputLabel value="密码："></h:outputLabel>
        <h:inputSecret value = "#{information.password}" required="true" id="password"    requiredMessage = "密码不能空"   validatorMessage = "密码长度最小是 6 位，最长是 10 位">
                <f:validateLength minimum="6" maximum="10"></f:validateLength>
        </h:inputSecret>
        <h:message for ="password" style="color: #FF8080"></h:message>
```

2．自定义验证器

JSF 提供的标准的验证器不能满足需要时，允许开发者自己定义验证器验证用户的输入。首先，定义一个实现 Validator 接口的类，并实现接口中的 validate()方法；然后在 faces-config.xml 中注册该验证器；最后在页面中引用用户注册的验证器。例如，代码 11-11 定义了一个验证 Email 地址的验证器类；代码 11-12 在 faces-config.xml 中注册该验证器，验证器的 ID 为 emailValidator；代码 11-13 在组件中嵌入<f:validator>标签，并通过属性 validatorId 引用该验证器 ID。Email 地址验证的结果如图 11-17 所示。

代码 11-11 验证器类 EmailValidator.java。

```
public class EmailValidator implements Validator {
    private String emailPatten = "\\w+([-+.]\\w+)*@\\w+([-.]\\w+)*\\.\\w+([-.]\\w+)*";

    public void validate(FacesContext fc, UIComponent com, Object objValue)
    throws ValidatorException {
        String email=(String)objValue;

      if(emailPatten!=null&&!email.matches(emailPatten)){
        FacesMessage message=new FacesMessage(FacesMessage.SEVERITY_ERROR,
            "电子邮件的格式不匹配","电子邮件的格式不匹配，请检查");
          throw new ValidatorException(message);
      }
    }

    public String getEmailPatten() {
    return emailPatten;
    }

    public void setEmailPatten(String emailPatten) {
    this.emailPatten = emailPatten;
    }
}
```

代码 11-12 在 faces-config.xml 中注册验证器。

```
<validator>
    <validator-id>emailValidator</validator-id>
    <validator-class>validators.EmailValidator</validator-class>
 </validator>
```

代码 11-13 引用自定义验证器。

```
<h:outputLabel value="Email:"></h:outputLabel>
<h:inputText id="email" value="#{information.email}" >
      <f:validator validatorId="emailValidator"/>
</h:inputText>
<h:message for="email" style="color: #FF8080"></h:message>
```

11.4.2 转换器

一个对象在页面上显示时，必须以用户能够理解的方式显示，即将该对象转换为文本；同样用户在组件中输入的数据需要被转换为对象格式，后台通过对象才能操作其属性及方法。页面数据和对象之间的相互转换，可以通过编写的转换器或者使用第三方提供的转换器。

在页面中注册转换器的方式有三种：

1）将组件标签的 converter 属性指定为转换器的 ID。

2）把标签<f:converter>嵌套在组件标签内，并通过标签<f:converter>的 converterId 属性引用所需转换器的 ID，或者通过 binding 属性绑定到 Bean 属性对象（转换器）上。

3）嵌套转换器定制标签到组件标签内。例如，标签为 convertDateTime 的 DateTime 转换器，标签为 convertNumber 的 Number 转换器。

1. 标准转换器

JSF 中提供了一些标准转化器，表 11-5 表示具有标签的标准转化器，这些标签在核心标签库中，在继承开发环境的组件选用板中可以拖放这些标签。表 11-6 表示无标签的标准转换器，对基本数据类型进行转换，在页面中注册转换器三种方式中，前两种方式可以引用这些转换器的 ID。

表 11-5　具有标签的标准转换器

转换器 ID	转 换 器 类	标　签	属　性	功　能
DateTime	DataTimeConverter	convertDateTime	type、dataStyle、local、timeStyle、timeZone、pattern	用来格式化日期对象，根据特定的类型（日期、时间，或者日期时间），或者根据 pattern 属性指定的格式将组件中的数据转换 java.util.Date
Number	NumberConverter	convertNumber	type、currencyCode、currencySymbol、groupingUsed、locale、minFractionDigits、maxFractionDigits、maxIntegerDigits、minIntegerDigits、pattern	将组件的数据转换为 java.lang.Number。用来对特定类型（数值、货币或百分比）的数据进行格式化

表 11-6　无标签的标准转换器

转换器 ID	转 换 器 类	功　能
javax.faces.BigDecimal	javax.faces.convert.BigDecimalConverter	用于将组件中的值转换为 java.math. BigDecimal
javax.faces.BigInteger	javax.faces.convert.BigIntegerConverter	用于将组件中的值转换为 java.math.BigInteger
javax.faces.Boolean	javax.faces.convert.BooleanConverter	用于将组件中的值转换为 java.lang.Boolean 或者 boolean 类型
javax.faces.Byte	javax.faces.convert.ByteConverter	用于将组件中的值转换为 java.lang.Byte 或者 byte 类型
javax.faces.Character	javax.faces.convert.CharacterConverter	用于将组件中的值转换为 java.lang.Character 或者 char 类型
javax.faces.Double	javax.faces.convert.DoubleConverter	用于将组件中的值转换为 java.lang.Double 或者 double 类型
javax.faces.Float	javax.faces.convert.FloatConverter	用于将组件中的值转换为 java.lang.Float 或者 float 类型
javax.faces.Integer	javax.faces.convert.IntegerConverter	用于将组件中的值转换为 java.lang.Integer 或者 int 类型
javax.faces.Long	javax.faces.convert.LongConverter	用于将组件中的值转换为 java.lang.Long 或者 long 类型
javax.faces.Short	javax.faces.convert.ShortConverter	用于将组件中的值转换为 java.lang.Short 或者 short 类型

表 11-7 和表 11-8 分别列出了 DateTime 和 Number 转换器的属性，以学生注册系统为例，用户在出生日期组件中输入的数据关联到辅助 Bean 的成员属性 birthday，birthday 是 Date 类的对象，因此可以使用 DateTime 转换器，并指定转换器的 pattern 属性，对用户输入和 Date 类对象进行相互转换。代码 11-14 中分别以 3 种方式对出生日期组件注册

DateTime 转换器进行说明。当用户输入的数据不是日期时，提示转换信息错误，如图 11-18 所示。

表 11-7　DateTime 转换器属性

属 性 名	类　型	说　明
pattern	String	指定转换数值的日期格式。该属性与 type 属性只能选其一，此模式与用于 java.util.SimpleDateFormat 类的格式模式是相同的
type	String	指定是否显示日期、时间或两者都显示，属性值只能为 date、time 或者 both
dateStyle	String	只有指定了 type 属性，该属性才生效。指定字符串日期部分的格式样式，属性值只能为：default、short、medium、long 和 full
timeStyle	String	只有指定了 type 属性，该属性才生效。指定字符串时间部分的格式样式，属性值只能为：default、short、medium、long 和 full
local	String 或 Locale	指定日期转换时使用语种格式
timeZone	String	日期转换时，指定日期的时区

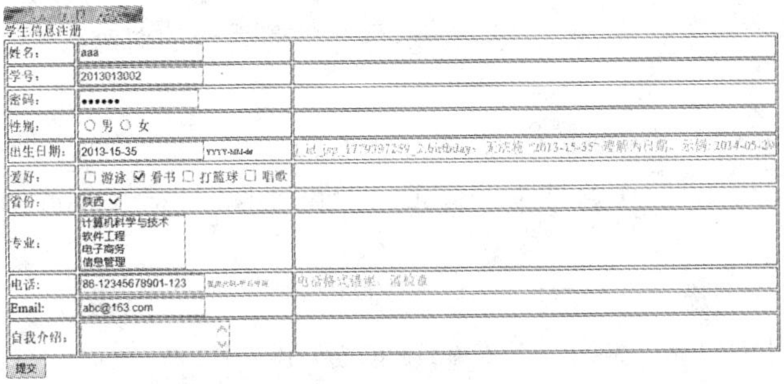

图 11-18　转换器错误

表 11-8　Number 转换器属性

属 性 名	类　型	说　明
currencyCode	String	当对货币进行转化时，即 type 属性值指定为 currency 时，指定三位字母表示的国际货币代码。例如：CNY（中国的人民币），AUD（澳大利亚，Dollars）
currencySymbol	String	当对货币进行转化时，即 type 属性值指定为 currency 时，指定货币的记号，人民币货币记号指定为¥
groupingUsed	boolean	用于指定格式化输出中是否包含分组记号（如”,”或”　”）
integerOnly	boolean	指定是否仅处理输入值的整数部分，忽略小数部分
local	String 或 Locale	指定转换数字时使用的语种格式
maxFractionDigits	int	设置要显示的小数部分的最大位数
minFractionDigits	int	设置要显示的小数部分的最小位数
maxIntegerDigits	int	设置要显示的整数部分的最大位数
minIntegerDigits	int	设置要显示的整数部分的最小位数
pattern	String	自定义转换数值的小数格式模式，该属性与 type 属性二选一
type	String	指定要转换数值的类型：属性值只能指定为 number（数字）、currency（货币）或者 percentage（百分比），其中 number 为默认指定方式

代码 11-14　出生日期对应组件注册 DataTime 转换器的 3 种方式。

```
<! 组件标签的 converter 属性指定 DataTime 转换器的 ID -->
    <h:inputText converter="javax.faces.DateTime" value = "#{information.birthday}"
```

```
            id="birthday" required="true" requiredMessage ="出生日期不能空">
        </h:inputText>
      <!--嵌套<f:converter>标签和 DataTime 转换器的 ID 到组件标签内 -->
        <h:inputText value = "#{information.birthday}" id="birthday1" required="true" requiredMessage ="出生日期不能空" >
            <f:converter converterId="javax.faces.DateTime"/>
          </h:inputText>
      <!--嵌套 DataTime 转换器的标签到组件标签内-->
            <h:inputText value = "#{information.birthday}" id="birthday" required="true" requiredMessage =" 出生日期不能空">
              <f:convertDateTime pattern="yyyy-MM-dd" locale="zh"/>
            </h:inputText>
```

2．自定义转换器

标准的转换器不能满足要求时，开发者可以自定义转化器。定义一个转换器步骤如下：

1）定义一个转化转换器类实现 Converter 接口，实现 getAsObject()方法完成把用户输入的字符串转换为所需的对象；实现 getAsString()方法把后台的对象转换为字符串，以方便用户理解。

2）在 faces-config.xml 中注册转换器。

3）在组件中嵌入<f:converter>标签，并把<f:converter>标签的 converterId 属性与注册转换器的 ID 相关联。

例如，在学生注册系统中，添加一个新的组件供用户输入电话号码，电话号码的输入格式为“国家代码-手机号码”，定义一个存储电话号码的 Bean 类，如代码 11-15 所示。在 Bean 类 StudentInformation.java 中增加一个新的属性：CellPhoneNumber 类的对象，命名为 phoneNumber，并生成 setPhoneNumber()和 getPhoneNumber()方法。由于用户输入的是字符串，因此必须定义一个转换器对字符串和 CellPhoneNumber 对象之间进行转换。定义一个电话号码转换器类 CellPhoneNumberConverter.java，内容见代码 11-16。然后在 faces-config.xml 中注册转换器，转换器的 ID 为 phoneNumberConverter。在页面组件中引用该转换器，内容见代码 11-17。当用户输入的电话号码格式有误时，出现的提示信息如图 11-18 所示。

代码 11-15　CellPhoneNumber.java。

```
public class CellPhoneNumber {
    private int countryCode;
    private long number;
   // 省略 set×××()和 get×××()方法
}
```

代码 11-16　CellPhoneNumberConverter.java。

```
import javax.faces.application.FacesMessage;
import javax.faces.component.UIComponent;
import javax.faces.context.FacesContext;
import javax.faces.convert.Converter;
import javax.faces.convert.ConverterException;

import data.CellPhoneNumber;

public class CellPhoneNumberConverter implements Converter {
    public Object getAsObject(FacesContext fc, UIComponent uiCom, String value) {
    if (value == null || (value.trim().length()== 0)) {
```

```
            return value;
        }
        CellPhoneNumber phoneNumber = new CellPhoneNumber();
        try {
            String[] numberArr = value.split("-");
            if (numberArr.length != 2) {
                FacesMessage message=new
                        FacesMessage(FacesMessage.SEVERITY_ERROR,
                            "电话格式错误","电话格式错误，请检查");
                throw new ConverterException(message);
            }
            phoneNumber.setCountryCode(Integer.parseInt(numberArr[0].trim()));
            phoneNumber.setNumber(Long.parseLong(numberArr[1].trim()));
        } catch (Exception exception) {
            FacesMessage message=new
                    FacesMessage(FacesMessage.SEVERITY_ERROR,
                        "电话格式错误","电话格式错误，请检查");
            throw new ConverterException(message);
        }
        return phoneNumber;
        }

        public String getAsString(FacesContext fc, UIComponent uiCom,
            Object objValue) {
        CellPhoneNumber phoneNumber = null;
        if (objValue instanceof CellPhoneNumber) {
            phoneNumber = (CellPhoneNumber) objValue;

            StringBuffer phoneNumberAsString = new StringBuffer();
            phoneNumberAsString.append(phoneNumber.getCountryCode() + "-");
            phoneNumberAsString.append(phoneNumber.getNumber());
            return phoneNumberAsString.toString();
        }
        return "";
        }
    }
```

代码 11-17 引用自定义的转换器。

```
    <h:outputLabel value="电话:"></h:outputLabel>
      <h:panelGroup>
        <h:inputText id="phoneNumber" value="#{information.phoneNumber}">
            <f:converter converterId="phoneNumberConverter"/>
        </h:inputText>
        <h:outputLabel value="国家代码-手机号码" style='color: #FF8040; font-size:
                9px;;'></h:outputLabel>
      </h:panelGroup>
      <h:message for="phoneNumber" style="color: #FF8080"></h:message>
```

11.4.3 事件监听器

JSF 的监听模式与 JavaBean 的事件模式类似，监听模式是由 JSF 组件产生的；用户输入组件中的值被修改时产生一个值改变事件，用户单击按钮时会触发一个动作事件。

JSF 中最重要的两个事件是值改变事件和动作事件，在 JSF 核心标签库中提供了这两个事件的标签，分别是<f:actionListener />和<f:valueChangeListener />。

事件监听器响应事件，使组件响应值改变事件和动作事件，方法如下：

1）通过组件的属性 valueChangeListener 或者 actionListener 关联到 Bean 的一个方法，在组件中注册监听器。

2）通过在组件中嵌入<f:actionListener />或者<f:valueChangeListener />标签，使用 type 属性关联到自己编写的监听器类。

以学生注册系统为例，在 StudentInformation 中增加一个方法 birthdayEvent 处理出生日期的组件中值改变事件，该方法根据学生输入的出生日期，计算其年龄，并核实年龄是否在[12,120]范围内，并增加一个属性 message 保存提示信息。代码 11-18 表示在 id 为 birthday 的组件中注册值改变事件，通过指定 onchange 属性使得值改变后提交表单。图 11-19 表示当用户输入年龄不在[12,120]范围内时，文本框中的值从无到有发生值改变，出现相应的提示信息。

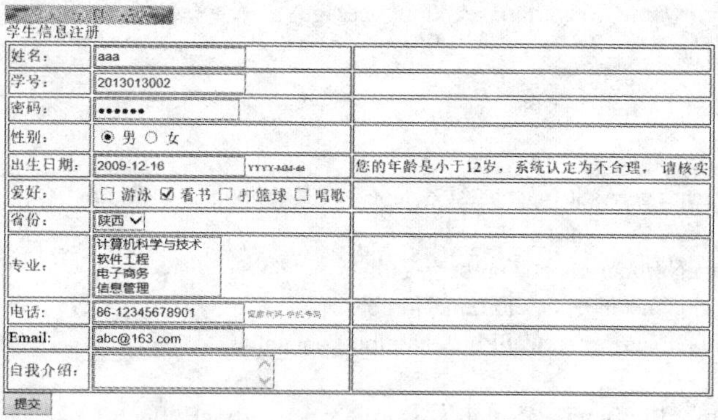

图 11-19　值改变监听事件

代码 11-18　StudentInformation 中处理值改变事件的方法。

```
public class StudentInformation {
      private String message = ""
       //省略部分属性的 set×××()和 get×××()方法
       public void birthdayEvent(ValueChangeEvent e) {
       String birthId = e.getComponent().getId();
       Date currentDate = new Date();
       int y = currentDate.getYear();
       if(birthId.equals("birthday")){
           Date newDate = (Date)e.getNewValue();
           int ny = newDate.getYear();
           int diff = Math.abs (ny - y);
           if(diff<=12){
             setMessage("您的年龄是小于 12 岁，系统认定为不合理， 请核实");
           }else if(diff>120){
             setMessage("您的年龄是大于 120 岁， 系统认定为不合理，请核实");
           }else{
                     setMessage("");
                 }
       }
}
```

代码 11-19 组件中注册值改变事件。

```
<h:panelGroup>
<h:inputText value="#{information.birthday}" id="birthday"
    required="true" requiredMessage="出生日期不能空"  onchange="this.form.submit()"
    valueChangeListener="#{information.birthdayEvent}">
    <f:convertDateTime pattern="yyyy-MM-dd" locale="zh" />
</h:inputText>

 <h:outputLabel value="YYYY-MM-dd" style='color: #0000FF; font-size: 9px; font-family: "Times
New Roman", Serif'>
 </h:outputLabel>
</h:panelGroup>
<h:panelGroup>
    <h:message for="birthday" style="color: #FF8080"></h:message>
    <h:outputLabel value="#{information.message}"></h:outputLabel>
</h:panelGroup>
```

11.5 本章小结

本章首先讨论了作为表现层框架 JSF 的优势，JSF 的工作原理以及常用配置文件。通过一个简单示例介绍了利用 JSF 开发 Web Project 的具体步骤、方法。然后分别介绍了 JSF 中两个标准的标签库：JSF HTML 呈现工具标签库和 JSF Core 标签库。其中针对 JSF Core 标签库中的验证器和转换器，不但讨论了标准的验证器、转换器的使用方法，而且还给出了自定义转换器和验证器的实现方法。事件驱动型模式是 JSF 的一个特色，体现了 JSF 的优势，本章以值改变事件为例，介绍了事件监听器使用的方法。

自定义组件、国际化等本章未涉及的知识请见参考文献[1]。

拓展阅读参考：

[1] Kito Mann. JSF 实战[M]. 铁手，等译. 北京：人民邮电出版社，2007.

第12章 EJB

EJB（Enterprise Java Bean）是 Java EE 的重要组成部分，是分布式业务应用的主要组件模型，实现了业务逻辑与系统服务的分离，使开发者可以较好地构建企业级分布组件应用。从 1998 年 EJB1.0 到 EJB3.0，EJB 克服了普通 JavaBeans 没有明显的标志性及强制性、后期维护难度大等缺点，得到了很好的发展和应用。

EJB 定义了两种企业 Bean，分别是会话 Bean（Session Bean）和消息驱动 Bean（Message Driven Bean）。

12.1 EJB 基本概念

12.1.1 EJB 发展历史及意义

EJB1.0 发布于 1998 年，规范只包含有状态和无状态两种服务器对象（后续版本的有状态的会话 Bean 和无状态的会话 Bean)，支持持久化域对象，EJB 1.0 提供了良好的分布式支持功能：它允许通过远程接口来远程调用 EJB 中的业务方法。但它强制客户机组件总以远程访问的方式来调用 EJB 的方法，对于一些不需要远程访问支持的系统来说，EJB1.0 的远程访问支持就变成了一种累赘：它会加大系统开销，影响性能。

EJB1.1 对 EJB1.0 进行了补充与改进，它支持 EntiyBean，实体 Bean 成为 EJB 的重要规范之一。EJB1.1 引入 XML 部署文件进行 EJB 部署信息管理。

EJB2.0 用本地访问方式解决了强制远程访问所引起的系统开销及性能下降问题，如果不需要远程访问，用户只需实现本地接口即可，避免远程访问所带来的开销，提高了访问效率；EJB2.0 强化了实体 Bean 的功能，允许开发者通过配置文件进行实体关联；EJB2.0 引入了消息驱动 Bean（MDB）。

EJB2.1 引入 Web Service 技术，有利于异构系统整合；EJB2.1 还增加了定时服务，使得 EJB 可以在固定时间及时间间隔调用业务方法，简化了任务调度。

EJB3.0 是与以前版本不同的规范，它用基于 ORM 的 JPA 规范，实现了真正的可移植性；保留 Session Bean 和消息驱动 Bean，简化了会话 Bean 的开发，很好地实现了与其他 Java EE 技术的集成；用依赖注入方式代替了手动的 JNDI 查找，简化了程序设计；用 Annotaion 声明代替了传统 XML 配置，从而简化了 EJB 开发的复杂度。

EJB3.1 是 Java EE 6 规范的一部分，对 EJB3.0 做了进一步的改进，EJB3.1 在无状态会话 Bean、有状态会话 Bean 的基础上引入单例会话；EJB3.1 允许用户选择使用接口或不使用接口；EJB3.1 支持实现异步函数调用的会话 Bean。

由于 EJB3.1 规范较新，是在 EJB3.0 的基础上进行的改进，所以本章以 EJB3.0 为主讲述 EJB 的工作机制。

12.1.2 EJB 运行服务器

EJB 需要运行在 EJB 容器中，Java EE 服务器通常包含 EJB 容器与 Web 容器，既可以运行 EJB 应用，也可以运行 Web 应用，目前支持 EJB 的服务器有 JBoss、WebLogic、Glassfish 等，JBoss 服务器是一款开源应用服务器，所以本章将使用 JBoss 运行 EJB 应用。

可以从 http://labs.jboss.com 上下载 JBoss 文件，直接解压就可以使用。JBoss 服务器目录及功能如表 12-1 所示。

表 12-1 JBoss 目录结构

目　录	描　述
bin	包含服务器的启动、关闭及其他系统指定脚本。基本上所有 jar 文件的入口和启动脚本都在这个目录里面
client	存放 Java 客户端应用或外部 Web 容器(在 JBoss 之外运行)运行所需的配置文件和 jar 文件
docs	包含一些 JBoss 的 XML DTD 文件，还有一些案例和文档
lib	包含 JBoss 所需的 jar 文件。不要把自己的 jar 文件放在这个目录
server	包含 JBoss 服务器实例的配置集合。这里的每个子目录就是一个不同的服务器实例配置
conf	包含了这个服务器的启动描述文件 jboss-service.xml。这个文件定义了服务器运行时间内提供哪些固定的核心服务
data	服务中需要存储内容到文件系统的都会保存到 data 目录。JBoss 内嵌的 Hypersonic database 的数据也保存到这里
deploy	deploy 中包含可热部署的服务（可以在服务器运行时动态添加和删除）。当然这里还包含有这个服务器实例下的应用程序。可以发布应用程序代码的压缩包（JAR，WAR 和 EAR 文件）到这里。这里目录会被搜索更新，所有修改的组件都会被自动重新部署
log	日志文件会被写到这里。如果要修改日志输出目录，可以通过配置 conf/log4j.xml 实现
tmp	tmp 目录被用来提供 JBoss 服务的临时存储
work	提供给 tomcat 编译 jsp 文件用

12.1.3 第一个 EJB

下面通过一个例子，了解 EJB3.0 的结构及特点。

业务接口如代码 12-1、代码 12-2 所示。

代码 12-1 Injection.java。

```
package cn.edu.ejb;
public interface Injection {
    public String print();
}
```

代码 12-2 BookRemote.java。

```
package cn.edu.ejb;
import cn.edu.ejb.entity.Book;
public interface BookRemote {
        public String printBookInfo(Book book);
}
```

🕮 客户端通过接口实现与 EJB 容器的交互。

业务 Bean 如代码 12-3、代码 12-4 所示。

代码 12-3 InjectionBeanImpl.java。

```
package cn.edu.ejb.impl;
import javax.ejb.EJB;
import javax.ejb.Remote;
import javax.ejb.Stateless;
import cn.edu.ejb.BookRemote;
import cn.edu.ejb.Injection;
import cn.edu.ejb.entity.Book;
@Stateless
@Remote (Injection.class)
public class InjectionBeanImpl implements Injection {
    @EJB (beanName="BookBeanImpl") BookRemote bookBean;
    Book book = new Book("How to programing in Java","Tom","ISBN 978-7-302-×××- 5",
"Northwest", 99.8f);
    public String print() {
    return bookBean.printBookInfo(book);
    }
}
```

代码 12-4　BookBeanImpl.java。

```
package cn.edu.ejb.impl;

import javax.ejb.Remote;
import javax.ejb.Stateless;
import cn.edu.ejb.BookRemote;
import cn.edu.ejb.entity.Book;
@Stateless
@Remote(BookRemote.class)
public class BookBeanImpl implements BookRemote{
    public String printBookInfo(Book book) {
        return book.toString();
    }
}
```

实体类如代码 12-5 所示。

代码 12-5　Book.java。

```
package cn.edu.ejb.entity;
import java.io.Serializable;
public class Book implements Serializable{
    private String name;
    private String autor;
    private String isbn;
    private String publisher;
    private float price;
    public Book(String name, String autor, String isbn, String publisher,float price) {
        super();
        this.name = name;
        this.autor = autor;
        this.isbn = isbn;
        this.publisher = publisher;
        this.price = price;
    }
    @Override
    public String toString() {
```

```
        return "Book [autor=" + autor + ", isbn=" + isbn + ", name=" + name
                + ", price=" + price + ", publisher=" + publisher + "]";
    }
}
```

客户端如代码 12-6 所示。

代码 12-6　first.jsp。

```
<%@ page contentType="text/html; charset=utf8"%>
<%@ page import="cn.edu.ejb.*,javax.naming.*"%>
<%
    try {
        InitialContext ctx = new InitialContext();
        Injection injection = (Injection)ctx.lookup("InjectionBeanImpl/remote");
        out.println(injection.print());
    } catch (NamingException e) {
        out.println(e.getMessage());
    }
%>
```

12.1.4　EJB3 运行环境以及在 JBoss 中的部署

本节介绍怎样在 MyEclipse 下整合 JBoss 服务器及怎样部署 EJB 项目。

1．创建 EJB 工程

1）选择创建 EJB 工程，在主菜单中依次选择“File”→“New”→“EJB Project”，如图 12-1 所示。

2）出现新建对话框如图 12-2 所示，在“Project Name：”输入项目名称：FirstEJB。“J2EE Specification Level”中选择“Java EE5.0-EJB3.0”，完成后单击“Finish”按钮完成 EJB 项目创建。项目结构如图 12-3 所示。

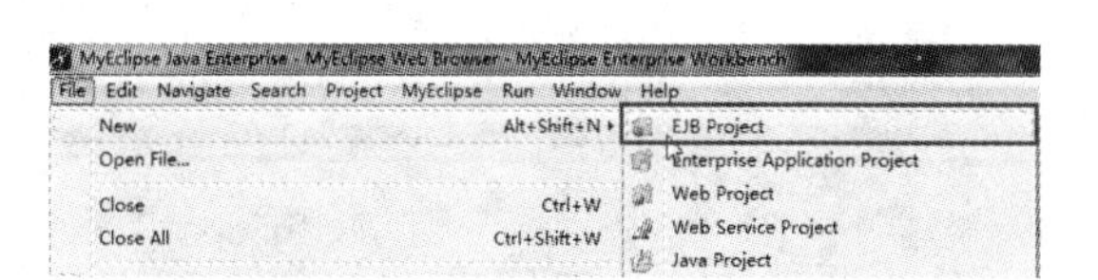

图 12-1　新建 EJB Project

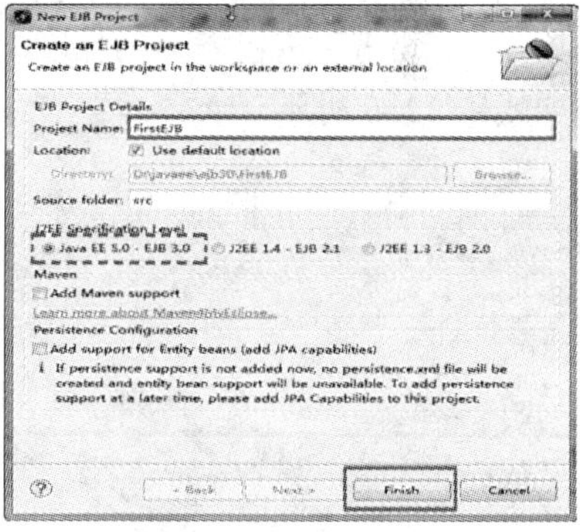

图 12-2　项目名称及 J2EE Specification Level

3）右键单击“src”，新建相关接口及类，结构图如图 12-4 所示。对应代码如代码 12-1 到代码 12-5 所示。

2．创建 EJB 客户端

1）右键单击工作区，在主菜单中依次选择“New”→“Web Project”，如图 12-5 所示。

2）出现新建对话框如图 12-6 所示，在“Project Name：”输入项目名称：FirstEJBClient。“J2EE Specification Level”中选择“Java EE5.0-EJB3.0”，完成后单击“Finish”按钮完成 EJB 项目创建。项目结构如图 12-7 所示。

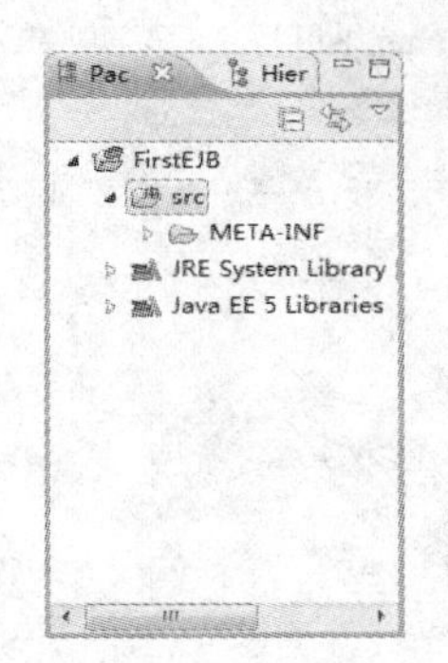

图 12-3　项目结构

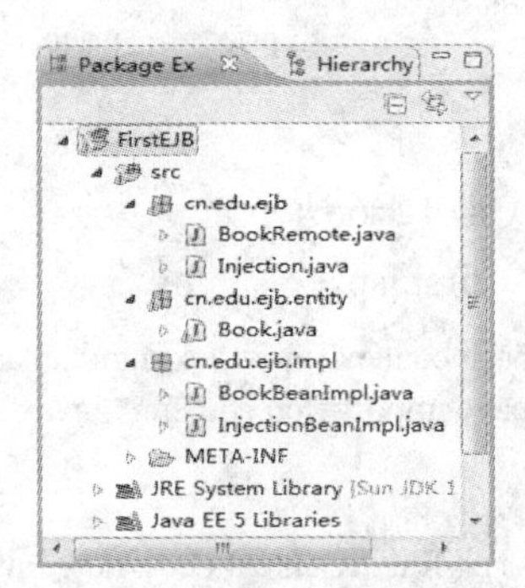

图 12-4　项目中接口及类

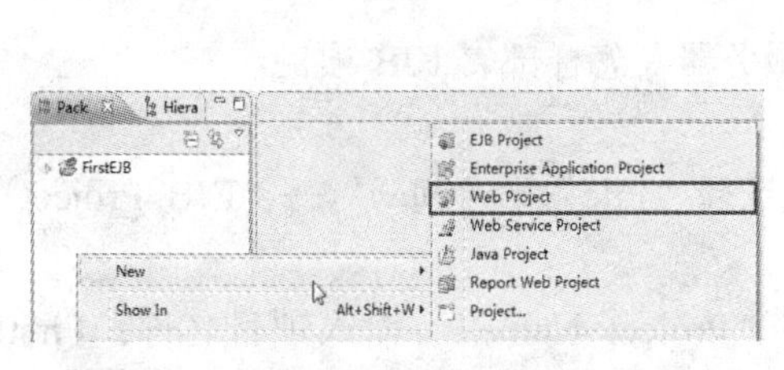

图 12-5　新建 Web 项目

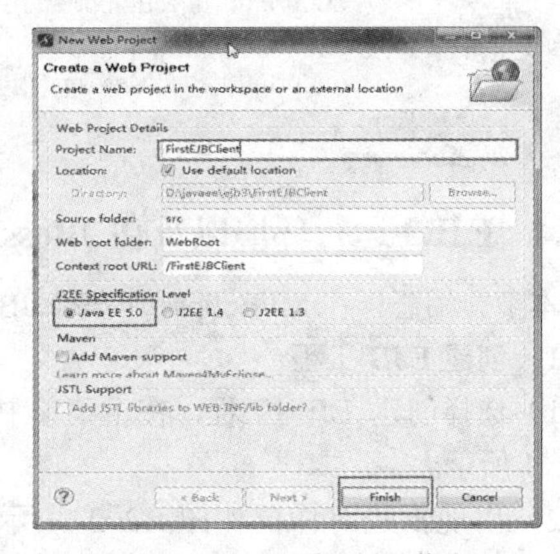

图 12-6　Web 项目相关信息

3）右键单击“WebRoot”，依次选择“New”→“JSP（Advance Templetes）”，如图 12-7 所示，单击“Finish”按钮，弹出如图 12-8 所示对话框，在“File Name”输入：first.jsp，文件内容如代码 12-6 所示。

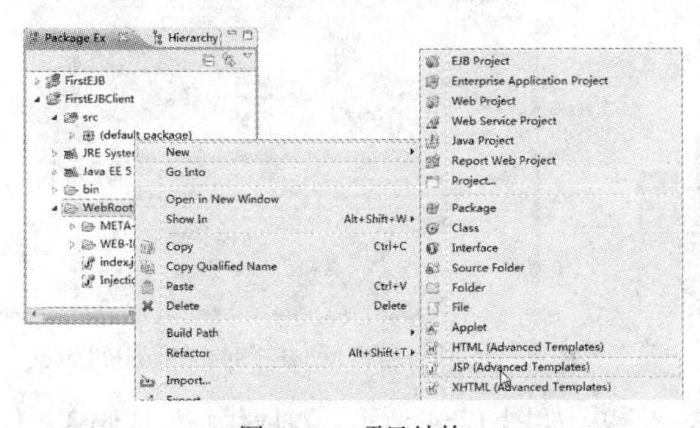

图 12-7　项目结构

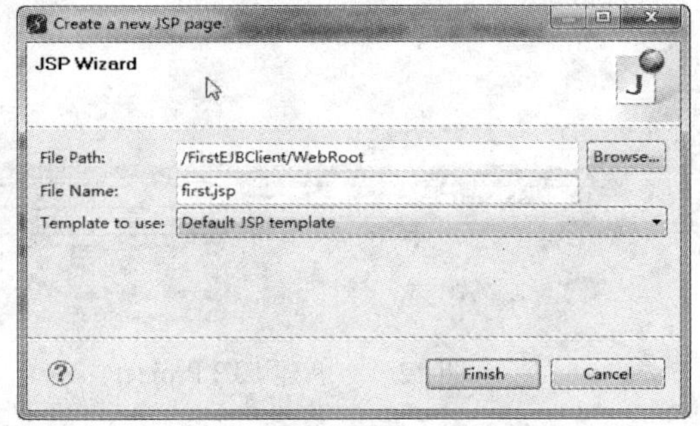

图 12-8　jsp 文件名称对话框

3．项目部署

1）单击工具栏 进行 EJB 项目及其客户端部署。

2）在 IE 地址栏中输入：http://localhost:8080/FirstEJBClient/first.jsp，运行结果如图 12-9 所示。

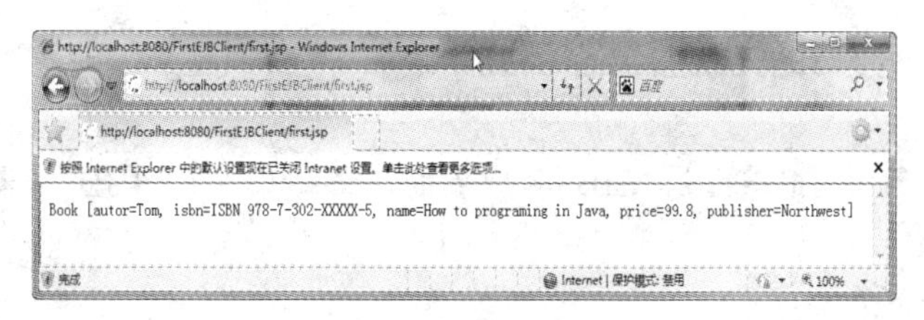

图 12-9　运行结果

12.2　会话 Bean

12.2.1　会话 Bean 概述

会话 Bean（Session Bean）执行如用户注册、订单登记、数据库操作等业务逻辑操作。客户端获得 EJB 对象，然后调用 EJB 方法（可以多次调用）到客户端生命周期结束或客户端释放 EJB 对象为止就是一次会话。对象状态由其实例变量的值组成。

📖 注意：EJB 中的会话与 HttpSession 的区别。HttpSession 是通过 Cookie 等维护会话状态的。

作为 EJB3.0 核心业务逻辑对象，会话 Bean 经常被 EJB3.0 客户端使用，有广泛的用途，通过本节可以学习如下内容。

- 会话 Bean 类型：无状态会话 Bean 和有状态会话 Bean。
- Bean 类、业务接口及业务方法。
- 会话 Bean 的工作机制。
- 会话 Bean 的生命周期。

每当客户发出一个请求的时候，容器就会选择一个 Session Bean 来为客户端服务。开发 Session Bean 需要定义业务接口和 Bean class。其中业务接口分为远程（Remote）接口和本地（Local）接口。

- 远程接口：包含了会话 Bean 的业务方法，与 EJB 对象不在同一个 JVM 进程中，客户端可以调用这些方法。
- 本地接口：包含了会话 Bean 的业务方法，EJB 容器内的应用可以访问这些方法，当客户端与其调用的 EJB 对象在同一个 JVM 进程中时，可以使用本地接口，因为实现本地接口的 Bean 可在内存中交互，避免了远程访问协议方面的开销，效率较高。

12.2.2　无状态会话 Bean

无状态 Session Bean 主要用来实现单次使用的服务，该服务能被启用多次，但是由于无状态 Session Bean 不保存状态信息，其效果是每次调用提供单独的使用。由于不需要维护会话状态，EJB 容器用实例化池技术管理无状态会话 Bean。当无状态会话 Bean 被部署到应用服务器时，EJB 容器会将其放入实例化池中。当用户访问 EJB 方法时，EJB 容器会从对象池中取出一个实例为之服务，服务结束再回到对象池中。当有其他用户访问 EJB 方法时，EJB 容器会再次把该实例取出为其服务，所以实现了少量的实例为多个用户服务。

无状态会话 Bean 支持多用户，通常在 EJB 容器中共享，所以可以为需要大量用户的应用提供更好的扩充能力。无状态会话 Bean 比有状态会话 Bean 更据性能优势。

1．实现 Remote 接口的无状态会话 Bean

其步骤如下：

1）设计包含业务方法的接口。EJB 客户端通过该接口引用 EJB 容器返回的存根。如代码 12-7 所示。

代码 12-7　FirstEjb.java。

```
package cn.edu.ejb;
public interface FirstEjb {
    public String saySomething(String name);
}
```

2）编写实现类（Bean class），如代码 12-8 所示。

代码 12-8　FirstEjbBean.java。

```
@Stateless
@Remote
public class FirstEjbBean implements FirstEjb {
    public String saySomething(String name) {
        return "你好, " + name;
    }
}
```

上述类中两个注解的含义如下。

- @Stateless：说明本类是一个无状态会话 Bean，用户可以通过 name 属性指定 bean 的名称，如@Stateless（name="LocalBean"），如果不指定 name 属性值，默认为实现类的名称。
- @Remote：说明这个 Bean class 实现的是远程接口。Bean 类可以有多个接口，之间用逗号隔开，如@Remote（{First.class,FirstEJB.class}），如果是一个接口，可以省略大括号。
- 类的命名方式：类命名方式推荐使用如下规则："接口名+Bean"。

3）编写客户端程序。

在 MyEclipse 下新建 Java 项目，如代码 12-9 所示。

代码 12-9　StatelessEjbClient.java。

```
package cn.edu.ejb;

import javax.naming.InitialContext;

public class StatelessEjbClient {
    public static void main(String[] args) throws Exception {
        InitialContext ctx = new InitialContext();
        FirstEjb ejb = (FirstEjb)ctx.lookup("FirstEjbBean/remote");
        String s = ejb.saySomething("baby");
        System.out.println(s);
    }
}
```

在客户端源代码目录下新建 jndi.properties 文件，如代码 12-10 所示。

代码 12-10　jndi.properties。

```
java.naming.factory.initial=org.jnp.interfaces.NamingContextFactory
java.naming.factory.url.pkgs=org.jboss.naming:org.jnp.interfaces
```

```
java.naming.provider.url=localhost
```

完成上述代码编写过程后，一个简单的 EJB 项目就设计成功了。下面运行客户端，运行结果如图 12-10 所示。

图 12-10　运行结果

📖 注意：必须把%JBOSS_HOME%\client\jbossall_client.jar 导入到客户端项目下，否则会报如下错误：Exception in thread "main" javax.naming.NoInitialContextException: Cannot instantiate class: org.jnp.interfaces.NamingContextFactory [Root exception is java.lang.ClassNotFoundException: org.jnp.interfaces.NamingContextFactory]

2．实现 Local 接口的无状态会话 Bean

实现 Local 接口的无状态会话 Bean 过程与实现 Remote 接口的无状态会话 Bean 基本相同，两者唯一不同之处是，前者使用@Remote 注解声明接口是远程接口，后者使用@Local 注解声明接口是本地接口。如 EJB 与客户端部署在同一个服务器上，Local 接口访问优于 Remote 接口。

业务接口如代码 12-11 所示。

代码 12-11　LocalEjb.java 及 EjbLocalBean。

```
package cn.edu.ejb;
public interface LocalEjb {
        public String saySomething(String name);
}
@Stateless
@Remote
public class EjbLocalBean implements LocalEjb {
        public String saveSomething(String    info){
                return "你好, " + info;
        }
}
```

客户端代码如代码 12-12 所示。

代码 12-12　客户端代码。

```
<%@ page language="java" contentType="text/html;
            charset=GB18030"pageEncoding="GB18030"%>
 <%@ page import="cn.edu.LocalEjb,javax.naming.*"%>
<%
     try{
            InitialContext ctx = new InitialContext();
            Ejb ejb = (EjbBean)ctx.lookup("LocalEjbBean/local");
            out.println(ejb.saveSomething("数据已存"));
     }catch(NamingException e){
            out.println(e.getMessage());
     }
%>
```

客户端程序运行结果如图 12-11 所示。

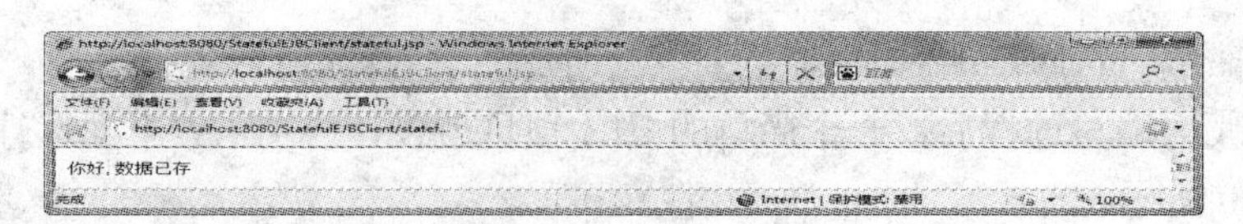

图 12-11　运行结果

📖 注意：不能在应用服务器以外调用 Local 接口，否则会有空指针异常产生。

3．不同访问方式对 Bean 的影响

不同访问方式（Remote、Local 等）会影响 Bean 方法参数及其返回值。

（1）独立性

Remote 使用的 Bean 方法的参数，是一份参数值的拷贝，即值传递。因此，对参数的修改不会影响到 Bean 的值。

Local 使用的 Bean 方法的参数是参数的一个引用，即地址传递，因此对参数的修改将会影响到 Bean 的值。

不管在何种情况下，应尽量避免修改参数值。

（2）数据访问方式

远程调用速度慢，所以在设计时，尽量使用粗粒度的接口设计，即尽量减少方法的调用，并尽可能在一次方法调用中传输完毕所需要的数据。

4．无状态会话 Bean 生命周期

无状态会话 Bean 生命周期比较简单，它只有两个状态：不存在状态和实例池中待命状态。图 12-12 描述的就是无状态会话 Bean 的生命周期及状态迁移情况。

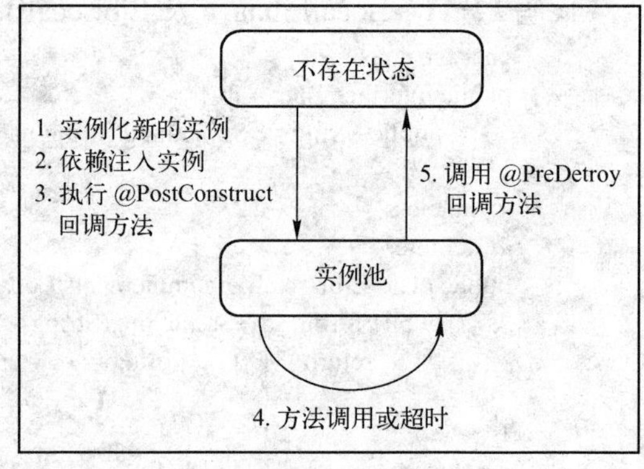

图 12-12　Stateless Session Bean 实例生命周期及其状态迁移

（1）不存在状态

系统中还没有 Bean 实例存在，即 Bean 没有被实例化。

（2）实例池

当 EJB 服务器首次启动时，它可能会创建一些 Stateless Bean 的实例（一些厂商可能没有对 Stateless 实例做池化处理），并将这些实例放入实例池中。如果 stateless 实例的数量不足，无法满足客户端请求时，服务器就会创建更多实例，并将其添加到实例池中。

（3）实例池中的 Bean 实例

当实例从不存在状态迁移到实例池时，会执行以下 3 步操作。

- 容器调用 Stateless 的 class.newInstance()方法构造一个实例。
- 容器根据注解或 XML 部署描述文件，把所需资源注入进来。
- 容器产生一个 post-consruction 事件，调用 Stateless 中标注了@PostConstruct 的回调函数。回调函数必须返回 void，不带参数，且不能抛出 checked exception，每个 Bean 只能定义一个@PostConstruct 方法。

Stateless Session Bean 在整个生命周期内维护处于打开状态的资源连接，@PeDestroy 方法负责在容器将 Stateless Session Bean 从内存中移除时关闭资源连接。

（4）实例池中的 Bean 的应用

当 Bean 实例处于实例池中时，它已经准备好为客户端请求服务；当客户端调用 EJB 对象的业务方法时，方法调用会被传给一个处于实例池中的 Bean 实例。Bean 实例完成客户端请求后，就会解除与相应的 EJB 对象的关联，并重新回到实例池中。

客户端可以通过 JNDI 查找来获得 Stateless Session Bean 的引用，也可以通过依赖注入来获取。

（5）实例池中 Bean 的释放

当 EJB 服务器不再需要 Bean 实例时，回到不存在状态，这时会触发 PreDetroy 事件。

12.2.3　有状态会话 Bean

无状态会话 Bean 创建在实例化池中，供众多用户使用，如果 Bean class 有自己的属性，这些属性会受到所有调用它的用户的影响。在很多应用中有时需要每个用户有自己的实例，该实例不受其他用户影响。而在 Bean 实例的生命周期内，Stateful Session Bean 可以保持用户的信息，故称之为有状态会话 Bean。

对于 Stateful Session Bean，用户每调用一次 lookup()都将创建一次新的 Bean 实例，如果希望一直使用某个 Bean 实例，必须在客户端缓存存根。

和无状态会话 Bean 一样，一个有状态会话 Bean 必须有一个业务接口，这个接口由会话 Bean 来实现。

1．实现 Remote 接口的有状态会话 Bean

开发 Stateful Session Bean 与 Stateless Session Bean 的开发步骤相同。业务接口如代码 12-13 所示。

代码 12-13　StatefullEjb.java。

```
package cn. edu.ejb;

public interface StatefulEjb {
        public void compute(int i);
        public int getResult();
}
```

Bean 类如代码 12-14 所示。

代码 12-14　StatefulEjbBean.java。

```
package com.bjsxt.ejb;

@Stateful
@Remote
public class StatefulEjbBean implements StatefulEjb {
        private int state;
        public void compute(int i) {
                state = state + i;
        }

        public int getResult() {
                return state;
        }
```

```
    }
```

有状态 Bean 的客户端如代码 12-15 所示。

代码 12-15　StatefullEjbClient.java。

```
package com.bjsxt.ejb;
import javax.naming.InitialContext;
public class StatefullEjbClient {

    /**
     * @param
     */
    public static void main(String[] args) throws Exception {
        InitialContext ctx = new InitialContext();
        //第一次会话
        StatefullEjb ejb = (StatefullEjb)ctx.lookup("StatefullEjbBean/remote");
        System.out.println(ejb.getResult());
        ejb.compute(1);
        System.out.println(ejb.getResult());
        ejb.compute(1);
        System.out.println(ejb.getResult());
        ejb.compute(1);
        System.out.println(ejb.getResult());

        //第二次会话
        StatefullEjb ejb2 = (StatefullEjb)ctx.lookup("StatefullEjbBean/remote");
        System.out.println(ejb2.getResult());
        ejb2.compute(1);
        System.out.println(ejb2.getResult());
        ejb2.compute(1);
        System.out.println(ejb2.getResult());
        ejb2.compute(1);
        System.out.println(ejb2.getResult());
    }
}
```

在客户端源代码目录下新建 jndi.properties 文件，内容如代码 12-16 所示。

代码 12-16　jndi.properties 文件。

```
java.naming.factory.initial=org.jnp.interfaces.NamingContextFactory
java.naming.factory.url.pkgs=org.jboss.naming:org.jnp.interfaces
java.naming.provider.url=localhost
```

运行客户端，把%JBOSS_HOME%\client\jbossall_client.jar 导入到客户端项目下。

2．激活机制

在 EJB 服务器需要节省资源时，就从内存中收回 Bean 实例，将其所保持的会话状态序列化到硬盘中，并且释放其所占有的内存，这个过程称为钝化。若此时客户端对 EJB 再次发起请求，EJB 容器会重新实例化一个 Bean 实例，并从硬盘中将之前的状态恢复，这个过程叫做激活。

3．有状态会话 Bean 生命周期

Stateful Session Bean 的生命周期包含 3 种状态：不存在状态、就绪状态和非激活状态。

Stateful Session Bean 的生命周期与 Stateless Session Bean 有很多不同的方面。对于同一个 Bean 实例，没有池的概念，因为每一个实例仅为一个客户端服务。当客户端执行了一个接口的查找（lookup）或者对一个 Bean 进行依赖注入时，Stateful Session Bean 就会从不存在状态转换为准备就绪状态。这一步是由客户端初始化的，而不是由容器来初始化的。

当一个 Stateful Session Bean 的实例处于就绪状态，客户端就可以调用它，一旦一个客户端调用了该实例，该实例就保持了该客户端与服务器端的状态数据，这些数据使得该实例只能被该客户端调用。

EJB 容器将准备就绪状态的 Stateful Session Bean 实例迁移到挂起状态之前，会调用用@PrePassive 注解的方法；将挂起状态迁移到准备就绪状态后，会调用 EJB 中以@PostActive 注解的方法。

当一个 Stateful Session Bean 的实例处于挂起状态后，在规定时间内，用户还可以再次调用该实例，EJB 容器需要将其从挂起状态恢复到准备就绪状态。

当一个 Stateful Session Bean 的实例处于挂起状态的时间超过规定时间，则会被 EJB 容器销毁，回到不存在状态。

Stateful Session Bean 实例生命周期及其状态迁移如图 12-13 所示。

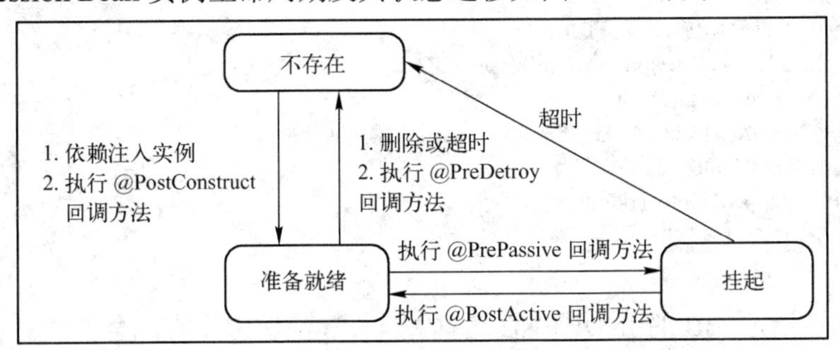

图 12-13　Stateful Session Bean 实例生命周期及其状态迁移

4．Session Bean 生命周期常用事件

Session Bean 生命周期事件及功能如表 12-2 所示。

表 12-2　Session Bean 生命周期常用事件

方 法 名	功　　能
@PostConstruct	当 Bean 对象完成实例化后，这个注释标注的方法会被立即调用，每个 Bean class 只能定义一个@PostConstruct 方法，这个注释同时适用于有状态会话和无状态会话 Bean
@PreDestroy	在容器销毁一个无用的或者过期的 Bean 实例之前，这个注释标注的方法会被调用，这个注释同时适用于有状态会话和无状态会话 Bean
@PrePassivate	当一个有状态 Bean 实例空闲时间过长，就会发生钝化（passivate）；如果仍然没有用户对 Bean 实例进行操作，容器会从硬盘中删除它，这个注释只适用于有状态会话 Bean
@PostActivate	当客户端再次使用已经被钝化的有状态 Bean 时，容器会重新实例化一个 Bean 实例，并从硬盘中将之前的状态恢复。标注了这个注释的方法会在激活完成时被调用。这个注释只适用于有状态会话 Bean
@Init	指定了有状态 Bean 的初始化方法，区别于@PostConstruct 注释的地方在于：多个@Init 注释方法可以同时存在于有状态 Session Bean 中，但每个 Bean 实例只会有一个@Init 注释的方法被调用。@PostConstruct 在@Init 之后被调用
@Remove	当客户端调用标注了@Remove 的方法时，容器会在方法执行后把 Bean 实例删除

12.3　依赖注入

12.3.1　EJB3 中的依赖注入

在 EJB 开发中，为了实现用户的各种任务或者客户端的请求，会用到各种资源，如其他会话 Bean、数据源、待检索消息、托管 Bean 等，需要通过上下文和依赖注入（Dependency Injection）把这些资源注入到当前会话 Bean 中。

在 EJB3.0 中，资源的注入是通过注入注释或者项目部署描述文件完成的。被要求的资源通过对实例变量或者 setter()方法加注释实现，如代码 12-17 所示。

代码 12-17 Data Source Injection 部分代码。

```
@Resource
DataSource myDb;
// or
@Resource
public void setMyDb(DataSource myDb) {
   this.myDb = myDb;
}
```

1．@EJB 注释含义

```
package javax.ejb;
@Target({TYPE,METHOD,FIELD})
@Retention(RUNTIME)public @interface EJB {
    String name() default "";
    Class beanInterface() default Object.class;
    String beanName() default "";
    String mappedName() default "";
}
```

各属性含义如下：

- name 属性指定 EJB 的 JNDI ENC 名称。@EJB 注解工作时，会自动引发容器在 JNDI ENC 中为被注入的元素创建一个注册项，这不仅对@EJB 注解适用，对其他的环境用注解也适用，名称由 name 决定。
- beanInterface 属性指定 Bean 接口名称。
- beanName 属性指定所引用的 EJB 名称。
- mappedName 属性指定 EJB 全局 JNDI 名称。

2．EJB 注解的应用

1）第一种方式：使用 beanName 属性指定 EJB 的类名（不带包名），如代码 12-18 和代码 12-19 所示。

代码 12-18 HelloBook.java。

```
package cn.edu.ejb.di;

public interface HelloBook {
      String say(String name);
}
```

代码 12-19 InjectionBean.java。

```
package cn.edu.di.impl;

@Stateless
@Remote( { Injection.class })
public class InjectionBean implements Injection {
      // 注入 HelloWorldBean
      @EJB(beanName = "HelloBookBean")
      HelloBook helloBook;
```

```
        // 注入数据源
        @Resource(mappedName = "java:/MySqlDS_Edu")
        DataSource dataSource;

        public String query() {
            Connection conn = null;
            Statement st = null;
            ResultSet rs = null;
            String name = "";
        try {
            conn = dataSource.getConnection();
            st = conn.createStatement();
            rs = st.executeQuery("SELECT * FROM book");
            if (rs.next())
                name = rs.getString(2);
        } catch (SQLException e) {
            e.printStackTrace();
        } finally {
            try {
                rs.close();
                st.close();
                conn.close();
            } catch (SQLException e) {
                e.printStackTrace();
            }
        }
        return helloBook.say("书名称（注入者）:" + name);

        }
    }
```

2）第二种方式：使用注入对象的 setter()方法，在第一次使用之前进行注入，修改代码 12-19，如代码 12-20 所示。

代码 12-20 实现注入的 setter()方法。

```
    @EJB(beanName = "HelloBookBean")
    public void setHelloBook(HelloBook helloBook) {
        this.helloBook = helloBook;
    }
```

3）第三种方式：使用指定 Bean 实例的 JNDI 名，如代码 12-21 所示。

代码 12-21 InjectionBean.java。

```
    @Stateless
    @Remote( { Injection.class })
    public class InjectionBean implements Injection {
        // 注入 HelloWorldBean
        //@EJB(beanName = "HelloBookBean")
        //@EJB(mappedName="HelloBookBean/remote")
        HelloBook helloBook;
        // 注入数据源
        @Resource(mappedName = "java:/MySqlDS_Edu")
        DataSource dataSource;
        ...
    }
```

📖 @EJB 注解注入的是 EJB 存根对象。mappedName()的值与开发商有关系，不利于项目跨平台运行，不推荐使用。

12.3.2 资源类型的注入

资源类型的注入一般通过@Resource()注解来存取。除@EJB 注释之外，EJB3.0 也支持@Resource 注释来注入来自 JNDI 的任何资源。

如果 JNDI 对象在本地（java:comp/env）JNDI 目录中，只需给定它的映射名称即可，不需要带前缀。

Resource 注释的声明如下：

```
@Target({TYPE, METHOD, FIELD, PARAMETER}) @Retention(RUNTIME)
public @interface Resource {
    String name() default "";
    String resourceType() default "";
    AuthenticationType authenticationType() default CONTAINER;
    boolean shareable() default true;
    String jndiName() default "";
}
```

各属性含义如下：

- Resource 的 name 指向一个在环境属性中命名的资源。
- resourceType()用来指定资源的类型。
- AuthenticationType 用来指定是容器还是 EJB 组件来进行身份验证。
- sharebale 指定是否共享。
- ndiName 用来指定 JNDI 中的名称。

代码 12-22 所示例子为注入一个消息数据源。

代码 12-22 InjectionBean.java。

```
@Stateless
@Remote( { Injection.class })
public class InjectionBean implements Injection {
    // 注入 HelloWorldBean
    @EJB(beanName = "HelloBookBean")
    //@EJB(mappedName="HelloBookBean/remote")
    HelloBook helloBook;
    // 注入数据源
    @Resource(mappedName = "java:/MySqlDS_Edu")
    DataSource dataSource;
        ...
}
```

这个是业务逻辑的具体实现。一旦这个 EJB 被容器产生，则容器将 JBOSS 的数据源注入到 dataSource 变量上，所以不要以为 cdataSource 没有被初始化，这些工作是容器做的。代码 12-23 为客户端代码。

代码 12-23 InjectionClient.java。

```
package cn.edu.ejb;

import javax.naming.InitialContext;
```

```java
import cn.edu.ejb.di.Injection;

public class InjectionClient {
        public static void main(String[] args) throws Exception {
            InitialContext ctx = new InitialContext();
            Injection ejb = (Injection)ctx.lookup("InjectionBean/remote");
            String s = ejb.query();
            System.out.println(s);
    }
}
```

12.4 消息驱动 Bean

12.4.1 消息驱动 Bean 原理

消息驱动 Bean（MDB）是以异步方式执行业务逻辑、处理基于消息请求的组件，它是一种没有接口的无状态会话 Bean，也采用实例池的方式处理消息，容器可以创建多个消息驱动 Bean 实例来处理大量并发消息，具有很高的效率。

JavaEE Server 使用 Java Message Service（JMS）支持 MDBs，JMS 的很多细节被隐藏起来，从而 MDB 使用起来更加容易。

用户通过 JMS 发送消息到 queue 或 topic，EJB 容器检测到 MDB 监听的队列有消息到达时，调用 MDB 中 onMessage()方法，将消息作为参数传入进行处理。queue 与 topic 不同之处是 queue 中消息被发送给一个单一的 MDB，而 Topic 中消息被发送给注册了这个 topic 的多个 MDB。

12.4.2 消息驱动 Bean 开发

1．MDB 类的设计

设计一个消息驱动 Bean 需要完成下面三个任务：

- 使用@MessageDriven 将一个类声明为 MDB。
- 为 JMS-driven Beans 实现 javax.jms.MessageListener 接口。
- 重写 javax.jms.MessageListener 接口中的 onMessage()方法。

MDB class 是一个带 class 级别注解@MessageDriven 的标准 Java 类，@MessageDriven 的参数指定 MDB 要监听的 queue 或 topic，具体如表 12-3 所示。

表 12-3　注解@MessageDriven 参数

参　数	描　述
ActivationConfigProperty	一组指定 destination 名称和类型的属性
description	Bean class 的描述
mappedName	queue 或 topic 的 JNDI 名称
messageListener	MDB 实现的接口名称
name	MDB 名称

消息发送到什么地方，需要有一个目标地址，因此必须配置一个目标地址。服务器不同、同一服务器的不同版本，配置方式上会有差异，目标地址的配置具体可参考 2.6 节。

代码 12-24 为一个普通 Java 类，功能是完成消息发送。

代码 12-24 QueueSender.java。

```
public class QueueSender {
    public static void main(String[] args) {
        Connection conn = null;
        Session session = null;
        try {
            Properties props = new Properties();
            props.setProperty(Context.INITIAL_CONTEXT_FACTORY,
                    "org.jnp.interfaces.NamingContextFactory");
            props.setProperty(Context.PROVIDER_URL, "localhost:1099");
            props.setProperty(Context.URL_PKG_PREFIXES,
                "org.jboss.naming:org.jnp.interfaces");
            InitialContext ctx = new InitialContext(props);

            ConnectionFactory factory = (ConnectionFactory) ctx.lookup("ConnectionFactory");
            conn = factory.createConnection();
            session = conn.createSession(false, Session.AUTO_ACKNOWLEDGE);
            Destination destination = (Queue) ctx.lookup("queue/edu");
            MessageProducer producer = session.createProducer(destination);
            //发送 StreamMessage
            StreamMessage smsg = session.createStreamMessage();
            smsg.writeString("JavaEE 很有用的。");
            producer.send(smsg);
        } catch (Exception e) {
          e.printStackTrace();
        }finally{
            try {
                session.close ();
                conn.close();
            } catch (JMSException e) {
                e.printStackTrace();
            }
        }
    }
}
```

代码 12-25 消息为消息驱动 Bean 类。

代码 12-25 MDBQBean.java。

```
package cn.edu.ejb3.impl;
@MessageDriven(activationConfig =
{
  @ActivationConfigProperty(propertyName="destinationType",
    propertyValue="javax.jms.Queue"),
  @ActivationConfigProperty(propertyName="destination",
    propertyValue="queue/edu"),
  @ActivationConfigProperty(propertyName="acknowledgeMode",
    propertyValue="Auto-acknowledge")
})
public class MDBQBean implements MessageListener {

    public void onMessage(Message msg) {
```

```
                try {
                    if(msg instanceof StreamMessage){
                        StreamMessage smsg = (StreamMessage) msg;
                        String content = smsg.readString();
                        System.out.println(content);
                    }

                } catch (Exception e){
                    e.printStackTrace();
                }

            }
        }
```

部署该项目后，运行客户端，结果如图 12-14 所示。

```
Problems  Tasks  Web Browser  Console  Servers
JBoss6Server [Remote Java Application] C:\Program Files\Genuitec\Common\binary\com.sun.java.jdk.win32.x86_1.6.0.013\b
15:35:01,935 INFO  [STDOUT] 您好，这是我的一个消息驱动Bean
15:35:01,967 INFO  [STDOUT] 张三 家住洛阳集贤坊1号
15:35:01,999 INFO  [STDOUT] 洛阳就集贤坊1号
15:35:02,030 INFO  [STDOUT] 我是一个普通人,来自人民大众
15:35:02,061 INFO  [STDOUT] JavaEE很有用的。
```

图 12-14　运行结果

📖 注解含义见表 12-1。

2．发布/订阅消息模型

在发布/订阅模型中，消息会被发布到一个名为主题（Topic）的虚拟通道中。消息生产者称为发布者（Publisher），而消息消费者则称为订阅者（Subscriber）。与点对点模型不同，使用发布/订阅模型发布到一个主题的消息，能够由多个订阅者所接收。每个订阅者都会接收到每条消息的一个副本。发布/订阅消息传送模型基本上是一个基于推送（Push）的模型，其中消息自动地向消费者广播，它们无须请求或轮询主题来获得新消息。消息发布者通常不会意识到有多少订阅者或那些订阅者如何处理这些消息。

发布/订阅消息模型实例开发与点对点消息模型开发步骤基本相同。目标地址配置方法是通过配置文件方式实现，具体参考 2.6 节。

消息发送步骤与点对点消息发送模式的基本相同，代码 12-26、代码 12-27 为一个普通 Java 类，功能是完成消息发送。

代码 12-26　TopicSender.java。

```
package cn.edu.ejb3;
public interface TopicSender {
    public void send(String msg);
}
```

代码 12-27　TopicSender.java。

```
public class TopicSender {
    public static void main(String[] args) {
        TopicConnection conn = null;
        TopicSession session = null;
        try {
```

```
            Properties props = new Properties();
            props.setProperty(Context.INITIAL_CONTEXT_FACTORY,
        "org.jnp.interfaces.NamingContextFactory");
            props.setProperty(Context.PROVIDER_URL, "localhost:1099");
            props.setProperty(Context.URL_PKG_PREFIXES,
        "org.jboss.naming:org.jnp.interfaces");
            InitialContext ctx = new InitialContext(props);
            TopicConnectionFactoryfactory=(TopicConnectionFactory)
        ctx.lookup("ConnectionFactory");
                conn = factory.createTopicConnection();
                session = conn.createTopicSession(false, TopicSession.AUTO_ACKNOWLEDGE);
                Destination destination = (Topic) ctx.lookup("topic/eduTopic");
                MessageProducer producer = session.createProducer(destination);
                //发送文本
                TextMessage msg = session.createTextMessage("\nEJB 很受大家欢迎。\n");
                producer.send(msg);
            } catch (Exception e) {
                System.out.println(e.getMessage());
            }finally{
                try {
                    session.close ();
                    conn.close();
                } catch (JMSException e) {
                    e.printStackTrace();
                }
            }
        }
    }
```

代码 12-28 消息为消息驱动 Bean 类。

代码 12-28 TopicOne.java。

```
package cn.edu.ejb3.impl;
@MessageDriven(activationConfig =
{
  @ActivationConfigProperty(propertyName="destinationType",
    propertyValue="javax.jms.Topic"),
  @ActivationConfigProperty(propertyName="destination",
    propertyValue="topic/eduTopic")
})
public class TopicOne implements MessageListener{

    public void onMessage(Message msg) {
        try {
            TextMessage tmsg = (TextMessage) msg;
            String content = tmsg.getText();
            System.out.println(this.getClass().getName()+"=="+ content);
        } catch (Exception e){
            e.printStackTrace();
        }
    }
}
```

部署该项目后，运行客户端，结果如图 12-15 所示。

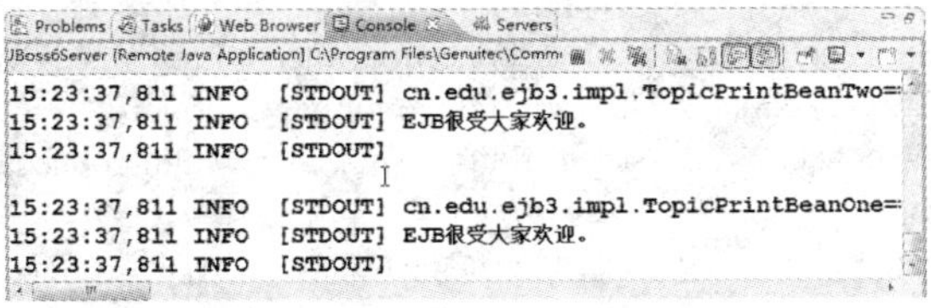

```
15:23:37,811 INFO  [STDOUT] cn.edu.ejb3.impl.TopicPrintBeanTwo=
15:23:37,811 INFO  [STDOUT] EJB很受大家欢迎。
15:23:37,811 INFO  [STDOUT]

15:23:37,811 INFO  [STDOUT] cn.edu.ejb3.impl.TopicPrintBeanOne=
15:23:37,811 INFO  [STDOUT] EJB很受大家欢迎。
15:23:37,811 INFO  [STDOUT]
```

图 12-15　运行结果

注意：必须把%JBOSS_HOME%\client\jbossall_client.jar 导入到客户端项目下。

12.5　EJB 访问其他资源

12.5.1　访问数据源

数据库连接中经常用到数据源，数据库连接对象的创建是比较消耗性能的，数据源通过减少数据库连接对象的创建数量来提升系统的运行性能。

每个数据源必须有一个唯一的 JNDI 名称，应用程序通过 JNDI 名称查找数据源。

数据源配置文件命名格式：数据库名+ -ds.xml。

配置数据源步骤如下：

1）将数据库所用的 jar 文件放到 Jboss 安装目录的 server/**/lib/下（**是 EJB 部署的位置，一般为 default）。

2）在 Jboss 安装目录下的 docs/examples/jca/下找到各数据源的配置示例，以 MySql 为例：将 mysql-ds.xml 复制后修改放到 default 下的 deploy 目录下。

3）mysql-ds.xml 配置文件如代码 12-29 所示。

代码 12-29　数据源配置文件 mysql-ds.xml。

```
<?xml version="1.0" encoding="UTF-8"?>
<!-- See http://www.jboss.org/community/wiki/Multiple1PC for information about local-tx-datasource -->
<!-- $Id: mysql-ds.xml 97536 2009-12-08 14:05:07Z jesper.pedersen $ -->
<!--  Datasource config for MySQL using 3.0.9 available from:
http://www.mysql.com/downloads/api-jdbc-stable.html
-->
<datasources>
  <local-tx-datasource>
    <jndi-name>MySqlDS_Edu</jndi-name>
    <connection-url>jdbc:mysql://mysql-hostname:3306/jbossdb</connection-url>
    <driver-class>com.mysql.jdbc.Driver</driver-class>
    <user-name>root</user-name>
    <password>12345</password>

    <exception-sorter-class-name>org.jboss.resource.adapter.jdbc.vendor.MySQLExceptionSorter</
    exception-sorter-class-name>
    <!-- should only be used on drivers after 3.22.1 with "ping" support

    <valid-connection-checker-class-name>org.jboss.resource.adapter.jdbc.vendor.
    MySQLValidConnectionChecker</valid-connection-checker-class-name>
    -->
    <!-- sql to call when connection is created
```

```
            <new-connection-sql>some arbitrary sql</new-connection-sql>
              -->
            <!-- sql to call on an existing pooled connection when it is obtained from pool -
            MySQLValidConnectionChecker is preferred for newer drivers
            <check-valid-connection-sql>some arbitrary sql</check-valid-connection-sql>
              -->
            <!-- corresponding type-mapping in the standardjbosscmp-jdbc.xml (optional) -->
            <metadata>
                <type-mapping>mySQL</type-mapping>
            </metadata>
        </local-tx-datasource>
    </datasources>
```

在浏览器地址栏输入 http://localhost:8080/，进入 JBoss 控制台，如图 12-16 所示，展开 Resources 下的 Datasources，单击“Local Tx Datasources”，查看右栏，可看到新建的数据源。

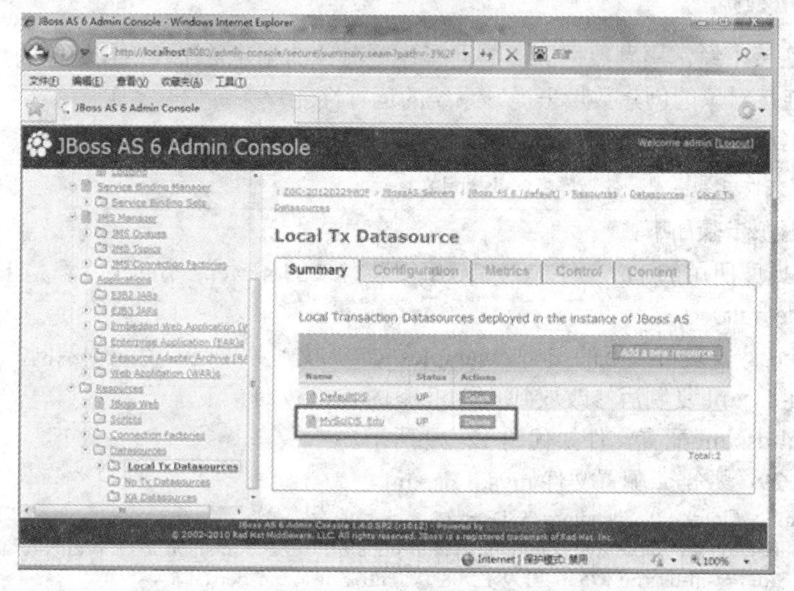

图 12-16　查看数据源

12.5.2　访问定时服务

定时服务是 EJB 容器提供的一个工具，它提供了一套管理定时事件的 API，可以使用这套 API 根据特定的日期、时间周期或时间间隔来调度定时器。定时器与设置它的 Enterprise Bean 相关联，并在自身被启动时调用 Bean 的 ejbTimeout()方法，或标注了@javax.ejb.Timeout 注解的方法。

为了使用定时服务，需要在以下两种方法中任选其一。

Enterprise Bean 必须实现 javax.ejb.TimedObject 接口，该接口定义了一个回调方法 ejbTimeout()。

在 EJB 3.0 中，还可以使用@javax.ejb.Timeout 注解来指定回调方法。此回调方法必须返回 void，并且接受一个 javax.ejb.Timer 类型的参数。

当到达了预定的时间或经过了指定的时间间隔后，容器将调用 Enterprise Bean 的 timeout 回调方法。

Enterprise Bean 使用了一个指向 TimerService 的引用，以接收调度，响应定时通知。其中，TimerService 可以从 EJBContext 获取，也可以通过@javax.annotation.Resource 注解由容器直接注入。TimerService 允许 Bean 将自身注册为定时通知的响应者。

生成定时服务的方法必须事先被调用。这样才能开始定时服务。

TimerService 接口的主要方法如下：

- public Timer createTimer(Date expiration, Serializable info)表示创建单动定时器，并指定到期的日期。
- public Timer createTimer(long duration, Serializable info)表示创建单动定时器，并指定其在一段时间之后到期，单位为毫秒。
- public Timer createTimer(Date initialExpiration, long intervalDuration, Serializable info)表示创建间隔时器，并指定启动日期。
- public Timer createTimer(long initialDuration, long intervalDuration, Serializable info)表示创建间隔时器，并指定其在一段时间之后启动。
- public Collection getTimers()取得当前 Bean 相关联的所有定时器。

代码 12-30～代码 12-32 是一个完整定时服务案例。

代码 12-30　WeatherTimer.java。

```
import javax.ejb.Remote;

@Remote
public interface WeatherTimer {
        public void flush();
}
```

代码 12-31　WeatherTimerBean.java。

```
@Stateless
public class WeatherTimerBean implements WeatherTimer {
      private @Resource TimerService timerService;
      private static int count=0;
      public void flush() {
         /*ctx.getTimerService().createTimer(
                  new Date(new Date().getTime() + 300000),
                  "Weather is flushed!");*/
         timerService.createTimer(
                  new Date(new Date().getTime() + 3000),3000,
         "天气预报数据已被刷新!");
      }

      @Timeout
      public void ejbTimeout(Timer timer) {
            System.out.println("新消息:" + timer.getInfo());
            count++;
            if(count>2)
                timer.cancel();
      }
   }
```

代码 12-32　TimerClient.java。

```
public class TimerClient {
```

```
        public static void main(String[] args) throws NamingException {
            InitialContext ctx = new InitialContext();
            WeatherTimer timer = (WeatherTimer) ctx.lookup("WeatherTimerBean/remote");
            timer.flush();
        }
    }
```

运行结果：

```
    22:35:14,616 INFO     [STDOUT] 新消息:天气预报数据已被刷新!
    22:35:17,614 INFO     [STDOUT] 新消息:天气预报数据已被刷新!
    22:35:20,615 INFO     [STDOUT] 新消息:天气预报数据已被刷新!
```

12.5.3 事务处理

企业级应用程序经常需要访问一个或多个数据库，而这些访问必须准确无误地进行，不能出现问题。

EJB 规范定义了两种类型事务：容器管理性事务（Container-Managed Transaction，CMT）和 Bean 管理型事务（Bean-Managed Transaction，BMT）。

1. 容器管理型事务

在 CMT 中，容器自动提供事务的开始、提交和回滚。总是在业务方法的开始和结束处标记事务的边界。

EJB 服务器可以根据部署其间定义的事物属性隐式地对事物进行管理，通过@TrasactionAttribute 注解或 EJB 部署描述文件，为整个 EJB 或其中的方法设置事务属性。

（1）Required

如果 EJB 组件必须总是运行在事务中，则应该使用 Required 模式。如果已经有事务在运行，则 EJB 组件参与其中；如果没有事务运行，则 EJB 容器会为 EJB 组件启动新的事务。Required 是默认和最常使用的事务属性值。这个值指定必须在事务之内调用 EJB 方法。如果从非事务性客户端调用方法，那么容器会在调用方法之前开始事务，并且在方法返回时结束事务。另一方面，如果调用者从事务性上下文调用方法，那么方法会联结已有事务。在从客户端传播事务的情况下，如果方法表示应该回滚事务，那么容器不仅会回滚整个事务，而且会向客户端抛出异常，从而让客户端知道它开始的事务已经被另一个方法回滚了。

代码 12-34 调用了代码 12-33 中方法 insertPerson()，方法调用前开启事务，方法返回时关闭事务，执行结果把 person 对象持久化到数据库中。

代码 12-33 PersonTransDAOBean.java。

```
@Stateless
@Remote
public class PersonTransDAOBean implements PersonTransDAO {
    @PersistenceContext(unitName="TransactionEjbPU")protected EntityManager em;
    @Resource private SessionContext ctx;
    Person person;

    //@TransactionAttribute(TransactionAttributeType.REQUIRED)
        public void insertPerson() {
            person = new Person();
```

```
                person.setpName("Tom");
                person.setpGender("male");
                person.setpAge(88);
                person.setpMobileNo("13577889955");
                person.setEmail("tom@163.com");
                person.setType("admin");
                em.persist(person);
            }
    }
```

代码 12-34 TransEjbClient.java。

```
public class TransEjbClient {
    public static void main(String[] args) throws NamingException {
        InitialContext ctx = new InitialContext();
        PersonTransDAO personDao =
                (PersonTransDAO) ctx.lookup("PersonTransDAOBean/remote");
         personDao.insertPerson();
    }
}
```

（2）RequiresNew

当客户调用 EJB 时，如果总是希望启动新的事务，则应该使用 RequiresNew 事务属性。如果客户在调用 EJB 组件时已经存在事务，则当前事务会被挂起，进而容器启动新的事务，并将调用请求委派给 EJB 组件。也就是说，如果客户端已经有了事务，那么它暂停该事务，直到方法返回位置，新事务是成功还是失败都不会影响客户端已有的事务。EJB 组件执行相应的业务操作，容器会提交或回滚事务，最终容器将恢复原有的事务，当然，如果客户在调用 EJB 组件时不存在事务，则不需要执行事务的挂起或恢复操作。RequiresNew 事务属性非常有用。如果 EJB 组件需要事务的 ACID 属性，并且将 EJB 组件运行在单个独立的工作单元中，从而不会将其他外部逻辑也包括在当前的事务中，则必须使用 RequiredNew 事务属性。如果需要事务，但是不希望事务的回滚影响客户端，就应该使用它。另外，当不希望受客户端的回滚影响时，也应该使用这个值。日志记录是个很好的例子，即使父事务回滚，也希望把错误情况记录到日志中；另一方面，日志记录细小调试信息的失败不应该导致回滚整个事务，并且问题应该仅限于日志记录组件内。

修改代码 12-33，对方法 insertPerson()前的注解进行修改，使其每次被调用时都开启新的事务，具体如代码 12-35 所示。

代码 12-35 REQUIRES_NEW 应用示意。

```
@TransactionAttribute(TransactionAttributeType.REQUIRES_NEW)
    public void insertPerson() {
        person = new Person();
        person.setpName("Tom");
        person.setpGender("male");
        person.setpAge(88);
        person.setpMobileNo("13577889955");
        person.setEmail("tom@163.com");
        person.setType("admin");
      em.persist(person);
    //ctx.setRollbackOnly();
    }
```

代码 12-36 中调用 12-35 中的 insertPerson()方法，方法调用结束时事务回滚，由运行结果可知方法 insertPerson()结果不受影响，person 对象被持久化到数据库中，而对象 department 持久化操作因回滚而撤销。

代码 12-36 DepartmentTransDAOBean。

```
@Stateless
@Remote
public class DepartmentTransDAOBean implements DepartmentTransDAO {
    @PersistenceContext(unitName="TransactionEjbPU")protected EntityManager em;
    @Resource private SessionContext ctx;

    @EJB
    private PersonTransDAO personTransDAO;
     Department department;
     @TransactionAttribute(TransactionAttributeType.REQUIRED)
     public void insertDepartment() {
         department = new Department();

         department.setdName("×××市公安局");
         department.setdTel("76999999");

         department.setdAddress("光辉路 23 号");
         department.setZip("710033");
     em.persist(department);
     personTransDAO.insertPerson();
     ctx.setRollbackOnly();
     }
    }
```

（3）Supports

如果某个 EJB 组件使用了 Supports 事务属性，则只有当调用它的客户已经启用了事务时，这一 EJB 组件才会运行在事务中。如果客户并没有运行在事务中，则 EJB 组件也不会运行在事务中。

修改代码 12-35，对方法 insertPerson()前的注解进行修改，将事务属性修改为：

```
@TransactionAttribute(TransactionAttributeType.SUPPORTS)
```

重新部署并运行程序，结果对象 person 与 department 都没有持久化到数据库中，因为方法 insertPerson()与 insertDepartment()处于同一事务中，一个方法中有回滚发生，则调用者与被调用者都要回滚。

（4）NotSupported

如果 EJB 组件使用了 NotSupport 事务属性，它根本不会参与到事务中。如果调用者使用相关联的事务调用方法，容器就会挂起事务，调用方法，然后在方法返回时恢复事务。

代码 12-37 中方法 insertDepartment()调用了代码 12-38 中方法 insertPerson()。方法 insertDepartment()运行在事务中，而方法 insertPerson()不参与事务，当方法 insertDepartment()调用 insertPerson()时，挂起当前事务，调用结束恢复原来事务，运行结果是对象 department 持久化到了数据库中。

代码 12-37 DepartmentTransDAOBean。

```
@Stateless
```

```
@Remote
public class DepartmentTransDAOBean implements DepartmentTransDAO {
    @PersistenceContext(unitName="TransactionEjbPU")protected EntityManager em;
    @Resource private SessionContext ctx;

    @EJB
    private PersonTransDAO personTransDAO;
     Department department;
     @TransactionAttribute(TransactionAttributeType.REQUIRED)
     public void insertDepartment() {
         department = new Department();
         department.setdName("×××市公安局");
         department.setdTel("76999999");
         department.setdAddress("光辉路 23 号");
         department.setZip("710033");
           em.persist(department);
         personTransDAO.insertPerson();
       //ctx.setRollbackOnly();
     }
}
```

代码 12-38 PersonTransDAOBean。

```
@Stateless
@Remote
public class PersonTransDAOBean implements PersonTransDAO {
    @PersistenceContext(unitName="TransactionEjbPU")protected EntityManager em;
    @Resource private SessionContext ctx;
    Person person;

    @TransactionAttribute(TransactionAttributeType.NOT_SUPPORTED)
     public void insertPerson() {
            System.out.println("Running is not in transaction.");
     }
}
```

📖 方法 persist()、merge()等必须运行在事务中，故标识了 NOT_SUPPORTED 属性的方法不能调用这些方法。

（5）Mandatory

事务属性要求调用 EJB 组件的客户必须已经运行在事务中。如果从非事务性客户端调用使用 Mandatory 属性的 EJB 方法，那么客户将接收到系统抛出的 javax.persistence.TransactionRequiredException 异常。EJB 组件使用 Mandatory 事务属性是非常安全的，它能够保证 EJB 组件运行在事务中。如果客户没有运行在事务中，则不能够调用到应用了 Mandatory 事务属性的 EJB 组件。但是，Mandatory 事务属性要求第 3 方（及客户）在调用 EJB 组件前必须启动了事务。EJB 容器并不会为 Mandatory 事务属性自动启动新事务，这是同 Support 事务属性的最主要区别。

代码 12-39 中方法 insertPerson()必须运行在已存在的事务中，不能自己发起事务，代码 12-40 中方法 insertDepartment()不支持事务，故调用方法 insertPerson()后会抛出异常 TransactionRequiredException。

代码 12-39 PersonTransDAOBean。

```
@Stateless
```

```
@Remote
public class PersonTransDAOBean implements PersonTransDAO {
    @PersistenceContext(unitName="TransactionEjbPU")protected EntityManager em;
    @Resource private SessionContext ctx;
    Person person;
    @TransactionAttribute(TransactionAttributeType.MANDATORY)
  public void insertPerson() {
          person = new Person();

        person.setpName("Tom");
        person.setpGender("male");
        person.setpAge(88);
        person.setpMobileNo("13577889955");
        person.setEmail("tom@163.com");
        person.setType("admin");
        em.persist(person);
       //ctx.setRollbackOnly();
        System.out.println("Running is not in transaction.");
    }
}
```

代码 12-40 DepartmentTransDAOBean。

```
@Stateless
@Remote
public class DepartmentTransDAOBean implements DepartmentTransDAO {
    @PersistenceContext(unitName="TransactionEjbPU")protected EntityManager em;
    @Resource private SessionContext ctx;
    @EJB private PersonTransDAO personTransDAO;
     Department department;
     @TransactionAttribute(TransactionAttributeType.NOT_SUPPORTED)
   public void insertDepartment() {
        department = new Department();
        department.setdName("×××市公安局");
        department.setdTel("76999999");
        department.setdAddress("光辉路 23 号");
        department.setZip("710033");
         em.persist(department);
         personTransDAO.insertPerson();
         ctx.setRollbackOnly();
    }
}
```

（6）Never

如果业务方法使用 Never 事务属性，就不能够参与到任何事务中，如果该方法处于事务中，则容器会抛出 EJBException 异常。

代码 12-42 中方法 insertDepartment()调用代码 12-41 中方法 insertPerson()，方法 insertPerson()的事务属性为 Never，方法 insertDepartment()的事务属性为 Required，方法 insertPerson()处于事务中，故运行结果会抛出 EJBException 异常。

代码 12-41 PersonTransDAOBean。

```
@Stateless
@Remote
```

```
public class PersonTransDAOBean implements PersonTransDAO {
    @PersistenceContext(unitName="TransactionEjbPU")protected EntityManager em;
    @Resource private SessionContext ctx;
    Person person;

    @TransactionAttribute(TransactionAttributeType.NEVER)
    public void insertPerson() {
        person = new Person();

            person.setpName("Tom");
            person.setpGender("male");
            person.setpAge(88);
            person.setpMobileNo("13577889955");
            person.setEmail("tom@163.com");
            person.setType("admin");
            //em.persist(person);
            System.out.println(em.find(Department.class, 2));
            //ctx.setRollbackOnly();
            //System.out.println("Running is not in transaction.");
    }
}
```

代码 12-42　DepartmentTransDAOBean。

```
@Stateless
@Remote
public class DepartmentTransDAOBean implements DepartmentTransDAO {
    @PersistenceContext(unitName="TransactionEjbPU")protected EntityManager em;
    @Resource private SessionContext ctx;

    @EJB    private PersonTransDAO personTransDAO;
    Department department;
    @TransactionAttribute(TransactionAttributeType.REQUIRED)
    public void insertDepartment() {
        department = new Department();

        department.setdName("×××市公安局");
        department.setdTel("76999999");

        department.setdAddress("光辉路 23 号");
        department.setZip("710033");
        em.persist(department);
          personTransDAO.insertPerson();
        //ctx.setRollbackOnly();
    }
}
```

2. Bean 管理事务

由于 CMT 依靠容器开始、提交和回滚事务，所以会限制事务的边界位置。而 BMT 则允许通过编程的方式来指定事务的开始、提交和回滚的位置。主要使用的是 javax.transaction.UserTransaction 接口。

Bean 管理事务应用如代码 12-43 所示。

代码 12-43 OrderManagerBean。

```
@Stateless
@TransactionManagement(TransactionManagementType.BEAN)
public class OrderManagerBean {
  @Resource
    private UserTransaction userTransaction;

    public void placeSnagItOrder(Item item, Customer customer){
        try {
            userTransaction.begin();
            if (!bidsExisting(item)){
                validateCredit(customer);
                chargeCustomer(customer, item);
                removeItemFromBidding(item);
            }
            userTransaction.commit();
        } catch (CreditValidationException cve) {
            userTransaction.rollback();
        } catch (CreditProcessingException cpe){
            userTransaction.rollback();
        } catch (DatabaseException de) {
            userTransaction.rollback();
        } catch (Exception e) {
            e.printStackTrace();
        }
    }
}
```

@TransactionManagement(TransactionManagementType.BEAN) 指定了事务的类型为 BMT，上面没有用到@TransactionAttribute，因为它只适用于 CMT。在上面代码中，可以显式指定事务的开始与提交，因此更加灵活。

代码 12-43 最关键的地方是注入了 UserTransaction 资源。其中获得 UserTransaction 资源的方式有 3 种，除了用 EJB 资源的方式注入以外，还有以下两种方式。

- JNDI 查找 UserTransaction 实例。

```
Context context = new InitialContext();
UserTransaction userTransaction =
 (UserTransaction) context.lookup("java:comp/UserTransaction");
userTransaction.begin();
// Perform transacted tasks.
userTransaction.commit();
```

📖 如果在 EJB 之外，则可使用此方法。

- EJBContext 查找 UserTransaction 实例。

```
@Resource
private SessionContext context;
...
UserTransaction userTransaction = context.getUserTransaction(); userTransaction.begin();
// Perform transacted tasks.
userTransaction.commit();
```

📖 getUserTransaction 方法只能在 BMT 中使用。如果在 CMT 中使用，则会抛出 IllegalStateException 异常。且在 BMT 中不能使用 EJBContext 的 getRollbackOnly 和 setRollbackOnly 方法，如果这样使用，也会抛出 IllegalStateException 异常。如果在 EJB 之外，则可使用此方法。

如果使用有状态的 Session Bean 且需要跨越方法调用维护事务，那么 BMT 是唯一的选择，当然 BMT 这种技术复杂，容易出错，且不能连接已有的事务，当调用 BMT 方法时，总会暂停已有事务，极大地限制了组件的重用。故优先考虑 CMT 事务管理。

12.5.4 拦截器

拦截器是一个拦截业务方法调用和生命周期事件的方法。拦截器可以监听程序的一个或所有方法。

拦截器方法可以定义在企业 Bean 的 class 上，也可以定义一个拦截器类，并在企业 Bean 中引入。拦截器类（与 Bean 的 class 不同）的方法用于响应对 Bean 方法的调用或者生命周期事件。

拦截器可以用 Descriptor file 或者 annotation 来实现，但是通常用 annotation 来实现。

下面介绍@Interceptors 的 J2EE 文档，它的内容如下：

```
@Target(value={TYPE,METHOD})
    @Retention(value=RUNTIME)
    public @interface Interceptors{
public Class[] value();
}
```

@Interceptors 可以用在类级别上，也可以用在方法上。用在类级别上，就代表整个类的所有方法在被调用的时候都会让拦截器的方法被调用，而用在方法上，则只有该方法在被调用之前会让拦截器的方法被调用。

EJB3 的拦截器的开发步骤如下。

（1）开发拦截器

使用@AroundInvoke 注释指定拦截器方法，方法格式为：

```
public Object ×××(InvocationContext ctx) throws Exception
```

其中，方法名×××可以任意。

或直接在 Session Bean 中，编写拦截器方法（只拦截该会话）。

使用@AroundInvoke 注释指定拦截器方法，方法格式为：

```
public Object ×××(InvocationContext ctx) throws Exception
```

其中，方法名×××可以任意。

（2）在 Session Bean 中加入拦截器

```
@Interceptors( { 拦截器一.class，拦截器二.class })
```

示例代码如下。

业务类：

```
@Stateless
@Remote ({Hello2.class})
public class Hello2Bean implements Hello2{

    @Interceptors({MyIpt.class})
    public String hello(String name) {
```

```
            System.out.println("invoke hello2 method.");
            return "hello2," + name;
        }
    }
```

拦截类：

```
public class MyIpt {
    @javax.interceptor.AroundInvoke
    public Object log(InvocationContext ctx) throws Exception {
        System.out.println("*** HelloInterceptor intercepting");
        long start = System.currentTimeMillis();
        try {
            if (ctx.getMethod().getName().equals("hello")) {
                System.out.println("*** hello  已经被调用! *** ");
            }
            return ctx.proceed();
        } catch (Exception e) {
            throw e;
        } finally {
            long time = System.currentTimeMillis() - start;
            System.out.println("用时:" + time + "ms");
        }
    }
}
```

客户端调用类：

```
Properties props = new Properties();
props.setProperty("java.naming.factory.initial","org.jnp.interfaces.NamingContextFactory");
props.setProperty("java.naming.provider.url", "192.168.4.3:1099");
props.setProperty("java.naming.factory.url.pkgs", "org.jboss.naming");
InitialContext ctx = new InitialContext(props);
Hello2 hello2 = (Hello2) ctx.lookup("ejb3demo/Hello2Bean/remote");
System.out.println(hello2.hello("ss"));
```

12.6 本章小结

本章首先讲述了 EJB 的发展历史、意义及 EJB3.0 的运行环境及项目的部署。其次，重点讲述无状态会话 Bean 及有状态会话 Bean 的工作机制、开发部署及 EJB3.0 中依赖注入的应用、消息驱动 Bean 的应用等。最后讲述了 EJB3.0 对其他资源的访问。本章以会话 Bean 及消息驱动 Bean 为主线，其他知识贯穿其中。

拓展阅读参考：

[1] 宋智军. EJB3.1 从入门到精通[M]. 北京：电子工业出版社，2012.

[2] 黎活明. EJB3.0 入门经典[M]. 北京：清华大学出版社，2008.

[3] 李刚. 经典 JavaEE 企业应用实战——基于 WebLogic/JBoss 的 JSF+EJB3.0+JPA 整合开发[M]. 北京：电子工业出版社，2010.

第13章　JPA

Java 持久化 API（Java Persistence API，JPA）是 Java EE 中的持久层解决方案，表现为一套 ORM 规范和一组标准接口，提供访问不同持久层框架（如 Hibernate 等）的统一方法。在 Java EE 中引入 JPA 主要基于两个原因：一是为了简化 Java EE 和 Java SE 应用中 Java 对象的持久化操作；二是希望统一目前各自为战的 ORM 技术框架。在具有一定的 Hibernate 知识的基础上，持久层解决方案过渡到 JPA 就显得较为自然和平滑。因此，本章只是对 JPA 的特色部分做简要说明，其他相关概念和技术可以参考之前的 Hibernate。

13.1　JPA 简介

13.1.1　简介

基于 Java 的持久化 ORM 框架（如 TopLink、OpenJPA、EclipseLink、MyBatis、Hibernate 等）在一定程度上弥补了 JDBC 编程所存在的缺陷，并简化了对数据库的访问。但仍然存在不同的代码与配置、各种持久框架的学习曲线等问题，因而基于数据库的 Java 应用开发呼唤一种方式统一的持久化 ORM 框架。

JPA 是 Sun 公司于 2006 年提出的 Java 持久化框架，当时就被纳入了 Java EE 5 规范。在吸取了 EJB CMP 规范惨痛失败经历的基础上，充分吸收现有 Java 持久框架的优点，得到了一个易于使用、弹性强的 ORM 规范。JPA 的宗旨是为 POJO 提供持久化标准规范，使得 Java 对象持久化操作能够脱离容器独立运行，并方便基于数据库的 Java 应用系统的开发和测试。OpenJPA 0.97、TopLink 10.1.3、EclipseLink 2.4 及 Hibernate 3.2 都提供了 JPA 的实现。使用 JPA 持久对象并不依赖于某一个具体的 ORM 框架实现，如 Hibernate，如图 13-1 所示。Java EE 6 中集成的 JPA 2.0 为当前最新版本。

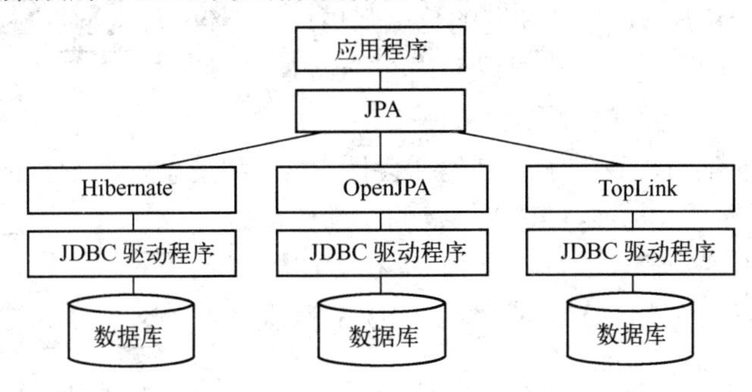

图 13-1　JPA 工作原理

JPA 的总体思想与 Hibernate、OpenJPA、TopLink、JDO 等 ORM 框架大体一致。总的来说，JPA 包括以下三方面的技术。

- ORM 映射元数据：JPA 支持 XML 和注解两种元数据形式，元数据描述对象和表之间的映射关系，框架据此将实体对象持久化到数据库表中。

- JPA 的 API：用于执行 CRUD 操作，管理实体对象，开发者就可从烦琐的 JDBC 操作和 SQL 代码中解放出来。
- 查询语言：这是持久化操作中很重要的一个方面，通过面向对象而非面向数据库的查询语言来查询数据，避免程序代码与 SQL 语句的紧密耦合。

13.1.2 JPA 与其他持久化技术的比较

在 Java 领域中，持久化也是企业应用开发中一项必不可少的技术，曾经涌现出了非常多的技术方案。从最早的序列化 Serialization 到 JDBC、关系对象映射（ORM）、对象数据库（ODB），再到 EJB 2.X、Java 数据对象（JDO），一直到目前最新的 Java 持久化 API（JPA）。与其他持久化技术相比，JPA 有很大的技术优势，如表 13-1 所示。

表 13-1 JPA 与其他持久化技术的比较

比 较 项 目	序列化	JDBC	ORM	ODB	JPA
持久化 Java 对象	是	否	是	是	是
具备面向对象特征	是	否	是	是	是
事务完整性	否	是	是	是	是
并发性	否	是	是	是	是
大数据集	否	是	是	是	是
对现有的关系数据库数据的支持	否	是	是	否	是
数据查询	否	是	是	是	是
严格标准/可移植性	是	否	否	否	是

13.1.3 JPA 与 EJB 3 之间的关系

由于历史原因，EJB 3 与 JPA 有着较为紧密的关系。EJB 2.x 中，实体 Bean（Entity Bean）是 EJB 三种类型 Bean 中的一种，负责实体对象的持久化。在 EJB 3 中，实体 Bean 则被 JPA 所替代，因此 JPA 作为 EJB 3 规范的一个组成部分。JPA 虽出自 EJB 3，但其使用的范围却更广，不仅可以用于 Java EE 5.0 的环境中，也可以应用在 Java SE 的环境中。JPA 与 EJB 3 规范之间的关系如图 13-2 所示。

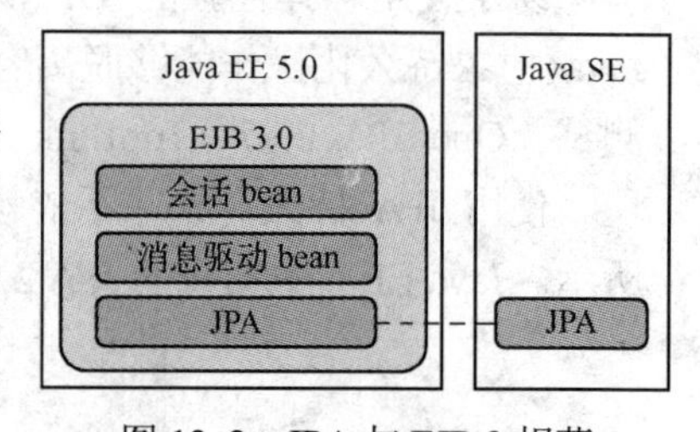

图 13-2 JPA 与 EJB 3 规范

基于之前 EJB 的学习，我们了解到包括会话 Bean 和消息驱动 Bean 的 EJB 组件由 EJB 容器提供运行环境。尽管 JPA 是 EJB 3 规范的一部分，但 JPA 实体不是由 EJB 容器管理的，而是由 JPA 实体管理器或者说持久提供者管理的。JPA 实体与 EJB 3 容器之间的关系如图 13-3 所示。

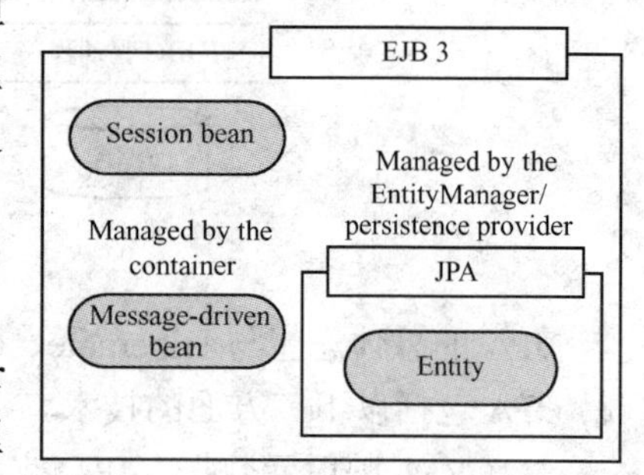

图 13-3 JPA 与 EJB 3 容器

13.1.4 JPA 的主要类和接口

JPA 的主要接口包括：Persistence，EntityManager Factory（实体管理器工厂），EntityManager（实体管理器）和 Query。下面分别描述这几个接口。

javax.persistence.Persistence 类用于获取 EntityManagerFactory。拥有两个静态方法，如表 13-2 所示。

表 13-2 类 Persistence 的主要方法

方法名	描述
createEntityManagerFactory(String puName)	创建并返回由 puName 所指定的持久单元名字所对应的 EntityManagerFactory
createEntityManagerFactory(String puName, Map properties)	同上。只是参数 properties 指定创建 EntityManagerFactory 所需的属性，而且这些属性将覆盖其他地方已经设置的属性

javax.persistence.EntityManagerFactory 接口用于管理实体管理器。拥有的主要方法如表 13-3 所示。

表 13-3 接口 EntityManagerFactory 的主要方法

方法名	描述
createEntityManager()	创建 EntityManager
createEntityManager(Map properties)	根据参数 properties 所指定的属性创建 EntityManager
close()	关闭 EntityManagerFactory，以释放资源
isOpen()	判断 EntityManagerFactory 是否关闭

javax.persistence.EntityManager 接口完成对实体的操作（包括创建、修改和删除），还可以创建 Query 对象，完成对实体的查询操作。拥有的主要方法如表 13-4 所示。

表 13-4 接口 EntityManager 的主要方法

方法名	描述
persist(Object entity)	持久化实体 entity（相当于新增操作）
remove(Object entity)	删除实体 entity
merge(T entity)	修改实体 entity
find(Class<T> entityClass, Object primaryKey)	根据主键 primaryKey 查询实体
getReference(Class<T> entityClass, Object primaryKey)	基于主键获取实体实例，该实体可能为延迟获取的实体
flush()	同步持久化上下文状态到对应的数据库中
refresh(Object entity)	根据数据库中的对应值来覆盖更新指定实体的状态
createQuery(String sJPQL)	根据 JPQL 查询语句 sJPQL 创建查询对象
createNamedQuery(String sJPQLName)	根据 JPQL 查询语句的名字 sJPQLName 创建查询对象
createNativeQuery(String sSQL)	根据 SQL 查询语句 sSQL 创建查询对象
createNativeQuery(String sSQL, Class rClass)	根据 SQL 查询语句 sSQL 创建查询对象，并由 rClass 指定返回结果的类型
createNativeQuery(String sSQL,String resultSetMapping)	根据 SQL 查询语句 sSQL 创建查询对象，并由参数 resultSetMapping 来指定返回结果的映射机制

EntityManager 的创建过程如图 13-4 所示。

javax.persistence.Query 接口用于完成对实体的查询操作，由 EntityManager 创建。通过 Query 接口提供的方法，可以对查询中的参数赋值，可以从中获取查询结果。拥有的主要方法如表 13-5 所示。

表 13-5 接口 Query 的主要方法

方法名	描述
getSingleResult()	获得单个查询结果
getResultList()	获得查询的结果集
executeUpdate()	执行更新或删除操作
setMaxResults(int iMaxCount)	设定返回结果集中结果的最大个数为 iMaxCount
setFirstResult(int iFirstIndex)	设定返回结果集中第一条结果的位置为 iFirstIndex
setParameter()	为查询参数赋值。具有多种形式

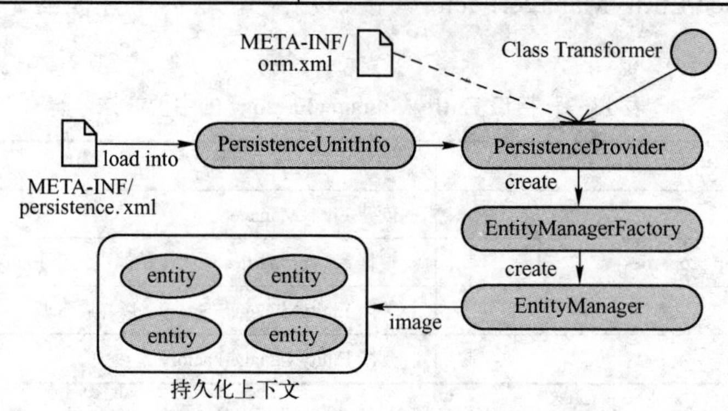

图 13-4 EntityManager 的创建过程

javax.persistence.EntityTransaction 接口用于控制本地资源实体管理器的资源事务。拥有的主要方法如表 13-6 所示。

表 13-6 接口 EntityTransaction 的主要方法

方法名	描述
begin()	声明事务开始
commit()	提交事务
rollback()	事务回滚
getRollbackOnly()	获得当前事务的回滚状态
setRollbackOnly()	设置当前的事务只能是回滚状态
isActive()	判断当前事务是否处于激活状态

13.2 第一个 JPA 应用

与 Hibernate 应用开发过程类似，JPA 应用开发的主要过程如下。

- 准备工作：获取持久提供者及 JDBC 驱动程序，创建数据库并连接。
- 编写实体类：存在两种实体类编写方式实现 JPA 实体到数据表的映射。一种是 POJO 配合注解；另一种是 POJO 配合映射配置 XML 文件。
- 编写配置文件：配置持久单元的相关信息。包括事务类型、数据库连接的基本信息、持久实体、持久提供者的一些相关配置等。
- 使用 JPA 提供的接口完成对实体的操作：通过使用如 Persistence、EntityManager-Factory、EntityManager、Query 和 EntityTransaction 等主要 JPA 接口实现对实体的

CRUD 操作。

本示例中的数据库采用与 Hibernate 一章中相同的数据库，HTML 页面和 JSP 文件也与之相同。以下仅对不同的地方做一个简要介绍。

13.2.1 创建 JPA 项目

创建一个名为 FirstJPAWebApp 的 Web 工程项目。然后在该项目中添加对 JPA 的支持，如图 13-5 所示，这主要是为该项目导入 JPA 相关 JAR 包，并在集成开发环境 MyEclipse 中提供一些便利的开发支持。

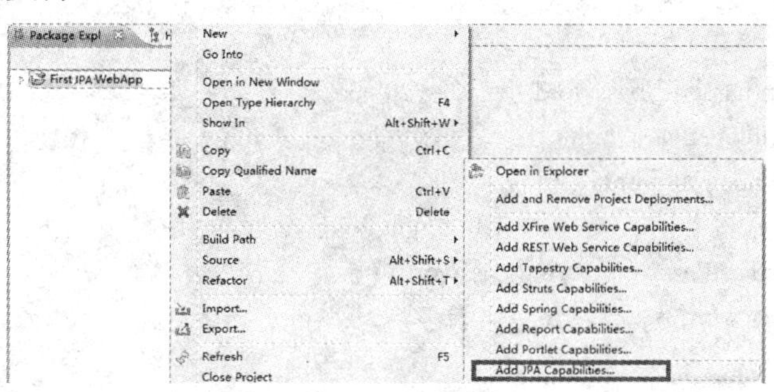

图 13-5 在 MyEclipse 中为应用程序添加 JPA 支持

MyEclipse 为项目添加 JPA 支持时，将会导入相应持久提供者（如 Hibernate 等）的 JAR 包。如未采用 MyEclipse 的添加 JPA 支持，则需要手工导入这些 JAR 包。同样，也需要导入相应数据库的 JDBC 驱动包。

13.2.2 创建基于注解的持久化类

使用配置注解的 Member 持久化类如代码 13-1（Hibernate 也可以使用注解来配置实体到数据表的映射）所示。

代码 13-1 Member.java-JPA 实体 Member。

```
//Member.java
package vo;
//引入(import)相关接口
@Entity
@Table(name = "member" catalog="acc")
public class Member implements java.io.Serializable {
    private Integer id;    //属性 id
    private String username;    //属性 username
    private String password;    //属性 password
    public Member() {  //无参构造方法 }

    @Id
    @GeneratedValue(strategy=GenerationType.NATIVE)
    @Column(name = "id")
    public Integer getId() {
        return this.id;
    }
```

```
        public void setId(Integer id) {
            this.id = id;
        }
        @Column(name = "username" length="20")
        public String getUsername () {
            return this.username;
        }
        public void setUsername (String username) {
            this.username = username;
        }
        @Column(name = "password" length="20")
        public String getPassword() {
            return this.password;
        }
        public void setPassword(String password) {
            this.password = password;
        }
        public boolean equals(Object other) {
            if (this == other) return true;
            if (id == null) return false;
            if (!(other instanceof Member)) return false;
            return this.id.intValue() == other.getId().intValue();
        }
        public int hashCode() {
            return this.id == null ? System.identityHashCode(this) : this.id.hashCode();
        }
    }
```

其中，@Entity 声明类 Entity 为 JPA 实体类。@Table 声明该实体类映射的数据表，其属性 name 指定数据表名，catalog 指定对应数据库中的 catalog。@Id 声明类 Entity 的属性 id 为主键属性，@GeneratedValue 指定该主键的生成策略（这里为 Native）。@Column 指定 JPA 实体类属性所映射的数据表字段，其属性 name 指定字段名，length 则指定类型为 String 的字段的长度。

13.2.3 编写 JPA 配置文件

与 Hibernate 类似，JPA 配置文件对数据库连接（如数据库的用户名、密码等）及 JPA 属性、待映射实体等信息进行设定。本例的 JPA 配置文件 persistence.xml 如代码 13-2 所示。

代码 13-2 persistence.xml-JPA 配置文件。

```
<?xml version="1.0" encoding="UTF-8"?>
<persistence xmlns="http://java.sun.com/xml/ns/persistence"
    xmlns:xsi="http://www.w3.org/2001/XMLSchema-instance"
    xsi:schemaLocation="http://java.sun.com/xml/ns/persistence
    http://java.sun.com/xml/ns/persistence/persistence_1_0.xsd" version="1.0">
```

```
    <persistence-unit name="FirstJpaTestPU" transaction-type="RESOURCE_LOCAL">
      <provider>
          org.hibernate.ejb.HibernatePersistence
      </provider>
      <properties>
          <property name="hibernate.connection.driver_class" value="com.mysql.jdbc.Driver" />
          <property name="hibernate.connection.url" value="jdbc:mysql://127.0.0.1:3306/acc" />
          <property name="hibernate.connection.usename" value="root" />
          <property name="hibernate.connection.usename" value="root" />
      </properties>
      <class>vo.Member</class>
    </persistence-unit>
</persistence>
```

其中，<persistence>声明的是一个 JPA 配置，而<persistence-unit>声明的是一个 JPA 持久单元。<persistence-unit>中的子元素依次声明如下：持久的事务类型（这里为本地事务）、持久框架的提供者（由<provider>设定，这里使用 Hibernate 作为 JPA 的实现）及其相关属性（由<properties>设定，内容包括连接数据库的 JDBC 驱动程序、URL 串、用户名、密码、Hibernate 相关设定）。子元素<class>设定该 JPA 持久单元中所包含的 JPA 实体类（这里只有一个 JPA 实体类，即 vo.Member）。

13.2.4 编写 EntityManagerHelper 和 DAO 文件

EntityManager（javax.persistence.EntityManager）是 JPA 中面向开发人员的最主要和最常用的接口之一，负责 JPA 实体对象的存取。通过 Persistence 和 EntityManagerFactory 对象，可以创建新的 EntityManager 对象。定义 EntityManagerHelper，如代码 13-3 所示。

代码 13-3 EntityManagerHelper.java-JPA 实体管理器协助类。

```
package dao;
import javax.persistence.*;
public class EntityManagerHelper {
    private static final EntityManagerFactory emf;
    private static final ThreadLocal<EntityManager> threadLocal;
    static {
        emf = Persistence.createEntityManagerFactory("FirstJpaTestPU");
        threadLocal = new ThreadLocal<EntityManager>();
    }
    public static EntityManager getEntityManager() {
        EntityManager manager = threadLocal.get();
        if (manager == null || !manager.isOpen()) {
            manager = emf.createEntityManager();
            threadLocal.set(manager);
        }
        return manager;
    }
    public static void closeEntityManager() {
```

```
        EntityManager em = threadLocal.get();
        threadLocal.set(null);
        if (em != null) em.close();
    }
    public static void beginTransaction() {
        getEntityManager().getTransaction().begin();
    }
    public static void commit() {
        getEntityManager().getTransaction().commit();
    }
    public static void rollback() {
        getEntityManager().getTransaction().rollback();
    }
    public static Query createQuery(String query) {
        return getEntityManager().createQuery(query);
    }
}
```

而 DAO 类 MemberDAO 的 Java 代码如代码 13-4 所示。

代码 13-4 MemberDAO.java-JPA 实体 Member 的 DAO。

```
//MemberDAO.java
package dao;
import vo.*;
import java.util.List;
import javax.persistence.*;
public class MemberDAO {
        public void save(Member entity) {   //保存对象
        try {
                getEntityManager().persist(entity);
        } catch (RuntimeException re) {
                throw re;
        }
        }
        //由属性获取对象
        public List<Member> findByProperty(String propertyName, Object value) {
        try {
                String queryString = "select model from Member model where model."
                            + propertyName + "= ?";
                Query queryObject = getEntityManager().createQuery(queryString);
                queryObject.setParameter(0, value);
                return queryObject.getResultList ();
        } catch (RuntimeException re) {
                throw re;
        }
        }
        public Session getEntityManager() {
                return EntityManagerHelper.getEntityManager();
        }
}
```

其中，save()方法通过调用 EntityManager 接口的 persist()方法来保存一个 Member 对象。findByProperty()则用于根据 Member 属性及属性值查询所有符合条件的 Member 对象。它首先调用 EntityManager 接口的 createQuery()方法来创建一个 Query 对象，然后基于 Query 对象的 setParameter()和 getResultList()方法设定查询参数并返回查询结果。

13.2.5 基于 MyEclipse 的 JPA 反向工程

MyEclipse 还提供了基于 JPA 的反向工程功能，如图 13-6 所示，即由数据表反向自动生成 JPA 的 EntityManagerHelper、DAO、实体类及配置，以及 JPA 配置文件。具体步骤可以参考“JPA Reverse Engineering …”功能的操作向导。

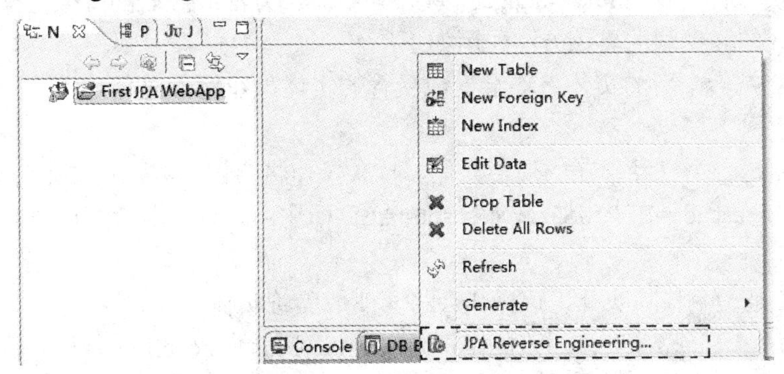

图 13-6　MyEclipse 中对 JPA 反向工程的支持

13.3 使用 JPA 完成实体状态的操作

13.3.1 实体的状态及操作

与 Hibernate 实体对象的生命周期类似，JPA 实体具有 4 种状态：新建态（New）、受管态（Managed）、脱管态（Detached）和移除态（Removed）。JPA 实体对象的状态变迁则由 JPA 实体管理操作（即 CRUD）等触发。JPA 实体对象的状态以及触发状态变迁的实体管理操作如图 13-7 所示。

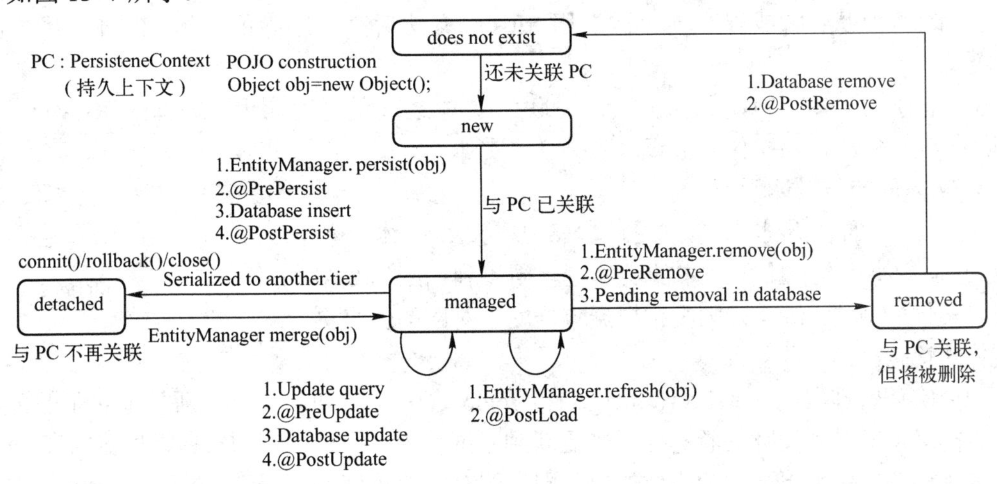

图 13-7　JPA 实体对象的状态以及触发状态变迁的实体管理操作

- 新建态：程序中新创建的实例对象即处于新建态。处于新建态的 JPA 实例没有持久标识（即在数据库中不存在），并且没有与上下文环境关联（即没有被管理）。
- 受管态：处于受管态的JPA实例具有持久标识，并且已与持久上下文环境关联。
- 脱管态：处于脱管态的JPA实例具有持久标识，但没有与持久上下文环境关联。
- 移除态：处于移除态的 JPA 实例具有持久标识，并且已与持久上下文环境关联，但已经准备从数据库中删除其对应的记录。

通过实体操作，可以使实体实例 X 从一种状态转换到另一种状态。

1. 持久化实体实例

通过调用实体管理器 EntityManager 接口的 persist()方法或级联的持久化操作，可以使实体实例变成持久的和受管的。该方法作用如下：

1）如果 X 是一个新的实体，X 会变成受管的实体，在事务提交时或提交之前，X 会被写到数据库中。

2）如果 X 是一个已经存在的受管实体，持久操作将会被忽略。但如果与 X 关联的实体之间的关系使用 cascade=PERSIST 或 cascade=ALL 标注，则意味着持久操作将持久化关联的实体。

3）如果 X 是一个移除实体，该操作会将其变成受管实体。

4）如果 X 是一个脱管实体，该操作将抛出 EntityExistsException 异常，若调用实体管理器的 flush()或 commit()方法也会产生类似的异常。

2. 删除实体

通过调用实体管理器 EntityManager 接口的 remove()方法或级联的移除操作，可以使受管的实体实例变成移除的。该方法作用如下：

1）如果 X 是一个新建实体，该操作将会被忽略，但可能级联影响到关联的实体。

2）如果 X 是一个受管实体，该操作将会使 X 变成移除状态，并且可能级联影响到关联的实体。

3）如果 X 是一个托管实体，该操作将抛出 IllegalArgumentException 异常。

4）如果 X 是一个移除实体，该操作将被忽略。

5）在事务提交时或提交前，或调用 flush()方法后，被删除的实体 X 将被从数据库中删除。

6）对于 1）和 2），如果与 X 关联的实体之间的关系使用 cascade=REMOVE 或 cascade=ALL 标注，该操作会被级联到关联的实体。

3. 实体同步与实体刷新

JPA 实体的同步与刷新如图 13-8 所示。实体同步（flush）是指将持久化上下文中的实体更新同步到相应的数据库中，实体刷新（refresh）则是指根据数据库中对应的值来更新实体的状态。

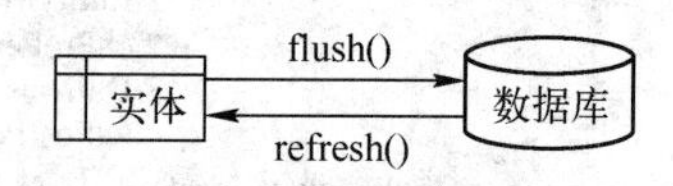

图 13-8 JPA 实体的同步与刷新

调用实体管理器的 persist()、merge()和 remove()等方法时，实体更新并未立即提交到数据库。提交事务时，实体的状态才会被更新到数据库中。另外，调用实体管理器的 flush()方法也可以将持久化上下文中的实体的更新同步到对应的数据库。可以通过调用 setFlushMode()方法，设定 flush 模式为容器自动（AUTO，为默认方式）或者事务提交时（COMMIT）。如果 flush 模式为 AUTO，在事务范围内的 EntityManager 事务终止以及应用程序管理的或扩展的 EntityManager 关闭时，都会执行 flush 操作；如果 flush 模式为 COMMIT，持久化提供器就只在提交事务时才同步数据库。需要注意的是，应该谨慎使用 COMMIT 模式，因为在执行查询之前由 JPA 应用程序负责实体状态和数据库的同步。如果没有进行及时同步，将可能导致 EntityManager 查询从数据库返回陈旧的实体，从而导致不一致的状态。

📖 与 JPA 不同，Hibernate 中 flush 模式有 5 种：NEVEL、MANUAL、AUTO、COMMIT 和 ALWAYS。其中，NEVEL 已经废弃而由 MANUAL 取代；MANUAL 模式下，Hibernate 会将事务设置为 readonly；如果模式为 AUTO，在程序进行查询、提交事务或者调用 flush()方法时，都会刷新数据库；如果模式为 COMMIT，在执行查询、提交事务、session.flush()时，都会刷新数据库。ALWAYS 模式与 AUTO 模式的唯一区别就是 Hibernate 在进行查询时是否会检查缓存中的数据。AUTO 模式下，查询时会判断缓存中数据是否为脏数据，如果是则刷新数据库，否则不刷新数据库；ALWAYS 模式则是直接刷新，不检查缓存，也不进行任何判断。很显然 AUTO 模式比 ALWAYS 模式要高效得多。

当前受管实体可能并未体现数据库中对应的最新状态，这时可以通过实体管理器的 refresh()方法来刷新指定的实体，容器会把数据库中对应的数据重写进实体对象，此即所谓的实体刷新。如果与该实体关联的实体之间的关系使用 cascade=REFRESH 或 cascade=ALL 标注，刷新该实体时也会刷新与之关联的实体的状态。与同步操作不同，刷新操作不会把实体对象的状态同步到数据库中。刷新操作只适用于受管实体，对新建、脱管或游离的实体执行刷新操作，将会导致 IllegalArgumentException 异常。

4. 分离实体

一个托管实体可能的来源如下：

1）事务提交或回滚（如果使用的是一个事务范围内的由容器管理的实体管理器）。

2）删除持久上下文。

3）关闭实体管理器。

4）序列化一个实体或通过值传递来的实体。

托管态的实体实例继续在持久上下文环境之外存在，其状态不再被保证与数据库中状态一致。应用可以在持久上下文结束时访问可用的托管实体实例的状态。状态如下：

1）任何未被标识为 fetch=LAZY 的持久域或属性。

2）任何应用访问的持久域或属性。

如果关联的属性是一个关系，则只有关联实体实例可用时，才可以安全地访问关联实体的可用状态。可访问的实体实例如下：

1）使用 find()方法检索的实体实例。

2）使用 query 查询或明确地在 FETCH JOIN 语句中检索的实体实例。

3）使用标记为 fetch=EAGER 导航关系通过另一个可用实例访问的实体实例。

5. 合并托管的实体状态

合并操作（merge）允许把脱管实体实例的状态传递给实体管理器中的受管实体。对实体实例 X 进行合并操作的语法如下：

1）如果 X 是一个脱管的实体，X 的状态将被复制到已经存在的具有相同持久标识的受管实体实例 X'，或创建一个新的 X 的副本。

2）如果 X 是一个新建的实体，则会创建一个新的受管理的实体实例 X'，X 的状态将被复制到新的实体实例 X'。

3）如果 X 是一个被移除的实体，合并操作将会抛出 IllegalArgumentException 异常。

4）如果 X 是一个受管的实体，合并操作会被忽略，但会级联到 X 所关联的且设定为 cascade=MERGE 或 cascade=ALL 的实体。

5）对所有 X 引用的标志为 cascade=MERGE 或 cascade=ALL 的实体，Y 将被迭代成 Y'。对 X 引用的这些 Y，X' 将引用相应的 Y'（注意，如果 X 是受管的，那么 X 和 X' 是同一个对象）。

6）如果 X 引用的所有 Y 没有标志为 cascade=MERGE 或 cascade=ALL，那么 X' 会产生一个对受管理实体 Y' 的引用，这个 Y' 与 Y 有相同的标识。

6. 受管的实体实例

JPA 应用需要确保一个实例只在一个持久上下文中被管理。实体管理器的 contains()方法可用于确定一个实体实例是否被当前持久化上下文管理。

contains()方法在如下情形返回 true：

1）实体已经被从数据库中检索到，并且还处于受管态。

2）实体实例为新建的，已经使用了 persist()方法或已被级联到 persist 操作。

contains()方法在如下情形返回 false：

1）实体调用了 remove()方法，或已被级联到 remove 操作。

2）如果实体实例为新建的，还未调用 persist()方法，或未级联到 persist 操作。

13.3.2 获取实体管理器工厂

应通过实体管理器工厂（EntityManagerFactory）接口来获取实体管理器（EntityManager）。实体管理器工厂应该在使用完后或应用关闭时被及时关闭。一旦关闭了实体管理器工厂，其所创建的实体管理器也都将处于关闭状态。通常，实体管理器工厂与配置文件 persistence.xml 中的 persistenceUnit 对应。Java EE 环境中，实体管理器工厂既可以通过注入的方式获取，也可以通过 Persistence 接口来创建。

1. 通过注入方式获取实体管理器工厂

在 Java EE 环境中，实体管理器工厂可使用元注解 javax.persistence.PersistenceUnit 注入。形如：

```
@PersistenceUnit(unitName="FirstJpaTestPU")
private EntityManagerFactory emf;
```

元注解@PersistenceUnit 具有两个属性参数。

1）name：在环境引用上下文中访问实体管理器工厂所使用的名字，如果使用注入方式，就不需要了。默认值为空字符串。

2）unitName：在配置文件 persistence.xml 中定义的持久单元的名字。

2. 通过 Persistence 创建实体管理器工厂

Java EE 容器环境之外，javax.persistence.Persistence 类提供了对实体管理器工厂的访问。通过调用 Persistence 类的 createEntityManagerFactory()方法可以创建实体管理器工厂。示例代码如下（其中，puName 为持久单元的名字）：

```
EntityManagerFactory emf = Persistence.createEntityManagerFactory("FirstJpaTestPU");
```

当然，Java EE 环境中也可以通过该种方式获取实体管理器工厂。

13.3.3 获取实体管理器

实体管理器与持久上下文环境相关联。持久上下文环境是一组实体实例，每个实体实例都有一个标识。在持久上下文环境中，实体实例及其生命周期由实体管理器管理。

EntityManager 接口定义了与持久上下文环境进行交互的方法。包括创建实体、删除实体、修改实体、根据主键查询实体以及使用 Query 查询实体的方法。

能够被实体管理器管理的实体是在持久单元中定义的。持久单元定义了一组相关的类的集合，这些类必须映射到同一个数据库中。持久单元在配置文件 persistence.xml 中定义。示例如下：

```
<persistence-unit name = "FirstJpaTestPU" transaction-type = "RESOURCE_LOCAL">
    <provider>oracle.toplink.essentials.PersistenceProvider</provider>
    <properties>
        … … …
    </properties>
    <class>vo.Member</class>
    … … …
</persistence-unit>
```

可以通过 3 种方式获取实体管理器：注入实体管理器、JNDI 查找实体管理器以及实体管理器工厂创建实体管理器。以下做分别描述。

1. 通过注入方式获取实体管理器

通过注入方式获取实体管理器，容器负责管理与实体管理器工厂的交互，在程序中无需访问实体管理器工厂，实体管理器工厂对应用而言是透明的。容器负责持久上下文生命周期以及实体管理器示例的创建和关闭，这些对于应用而言也是透明的。用于注入实体管理器的注解@PersistenceContext 的属性如下。

1）name：在上下文环境引用（例如 SessionContext）中访问实体管理器时所使用的名字。如使用注入方式，就不需要了。默认值为空字符串。

2）unitName：持久单元的名字。如果指定了 unitName，必须与在 JNDI 中能访问的实体管理器的持久单元的名字相同。默认值为空字符串。

3）type：指定事务类型。事务类型包括扩展持久上下文（EXTENDED）和事务范围的持久上下文（TRANSACTION），分别通过 PersistenceContextType.EXTENDED 或者 PersistenceContextType.TRANSACTION 表示。

4）properties：为容器或持久提供者指定属性。与特定持久性提供厂商相关的属性也可以包含在这组属性中。提供商不识别的属性将被忽略。默认值为空字符串。

使用注解@PersistenceContext 注入实体管理器的示例代码如下：

```
@PersistenceContext(type = PersistenceContextType.EXTENDED)
private EntityManager memberEM;
```

2. 通过 JNDI 查找实体管理器

如同通过注解注入实体管理器一样，通过 JNDI 查找实体管理器时，持久上下文生命周期以及实体管理器示例的创建和关闭等对于应用而言也是透明的。基于 JNDI 查找实体管理器，首先需要在会话 Bean 中通过@PersistenceContext 声明实体管理器，然后在会话 Bean 中查找实体管理器。

1）在会话 Bean 的 Bean 类中声明持久上下文：@PersistenceContext(name= "member-EM")。

2）注入 SessionContext：@Resource SessionContext ctx。

3）查找实体管理器：EntityManager em = (EntityManager)ctx.lookup("memberEM")。

完整示例代码如下：

```
@Stateless
PersistenceContext(name = "memberEM")
public class JndiEmSessionBean implements JndiEmInterface {
    @Resource SessionContext ctx ;
    public void doSomething() {
        EntityManager em = (EntityManager)ctx.lookup("memberEM");
        … … …
    }
}
```

3. 通过实体管理器工厂创建实体管理器

当使用应用管理的实体管理器时，应用必须使用实体管理器工厂来管理实体管理器和持久上下文的生命周期，需要通过实体管理器工厂获取实体管理器。通常在 Java SE 环境下使用。假设 emf 为实体管理器工厂，创建实体管理器的示例代码如下：

```
EntityManager em = emf.createEntityManager();
```

在 Java SE 环境下，需要通过 javax.persistence.Persistence 创建 EntityManagerFactory 对象，然后通过 EntityManagerFactory 对象创建 EntityManager 对象；在 Java EE 环境下，除了可以使用上面的方法之外，还可以通过注解注入 EntityManagerFactory 对象和 EntityManager 对象。如果注入的是 EntityManagerFactory，可以在注入之后再创建 EntityManager 对象。

13.3.4 使用实体管理器

JPA 规范定义了两种实体管理器：程序管理型和容器管理型。程序管理型实体管理器是在 JPA 应用程序直接向实体管理器工厂请求一个实体管理器时创建的。在这种情况下，程序负责打开或关闭，在事务中控制所请求的实体管理器。该类型的实体管理器最适合运行于非 Java EE 容器的独立程序；容器管理型实体管理器则由 Java EE 容器创建和管理。这种情况下，JPA 应用程序根本不与实体管理器工厂进行交互，实体管理器是通过注入或利用 JNDI 获得的，容器负责配置实体管理器工厂。该类型的实体管理器最适合于 Java EE 应用。这两种类型的实体管理器都实现同一个 EntityManager 接口，其关键区别并不在于 EntityManager 本身，而是 EntityManager 被创建和被管理的方式。程序管理型的实体管理器是由 EntityManagerFactory 创建的。与之相比，容器管理型的实体管理器是通过 PersistenceProvider 的 createContainerEntityManagerFactory()方法获得的。

1. 应用管理的实体管理器

1）对于无状态会话 Bean，其业务方法是共享的，所以通常在每个方法中创建自己的实体管理器，并在使用完后显式地关闭。示例如代码 13-5 所示。

代码 13-5 ShoppingCartImplAppSL1.java-应用管理的 JPA 实体管理器示例 1-无状态会话 Bean。

```
//应用管理的实体管理器 – 无状态会话 Bean，业务方法之间不共享实体管理器变量
```

```java
@Stateless
public class ShoppingCartImplAppSL1 implements ShoppingCart {
    @PersistenceUnit
    private EntityManagerFactory emf;
    public Order getOrder(Long id) {
        EntityManager em = emf.createEntityManager();   //创建实体管理器
        Order order = (Order)em.find(Order.class, id);
        em.close();    //关闭实体管理器
        return order;
    }
    public Product getProduct(String name) {
        EntityManager em = emf.createEntityManager();   //创建实体管理器
        String sJPQL = "select p from Product p where p.name = :name";
        Product product = (Product)(em.createQuery(sJPQL))
                        .setParameter("name", name).getSingleResult();
        em.close();  //关闭实体管理器
        return product;
    }
    public LineItem createLineItem(Order order, Product product, int quantity) {
        EntityManager em = emf.createEntityManager();   //创建实体管理器
        LineItem li = new LineItem(order, product, quantity);
        order.getLineItems().add(li);
        em.persist();
        em.close();  //关闭实体管理器
        return li;
    }
}
```

2）对于无状态会话 Bean，也可将实体管理器作为其成员变量，并在无状态会话 Bean 实例构造之后创建（可以使用无状态会话 Bean 的 PostConstruct 生命周期方法），然后在各个业务方法中使用实体管理器。在每个业务方法返回之前，清空实体管理器（分离实体使其处于托管状态）。在无状态会话 Bean 实例被删除之前关闭实体管理器（可以使用无状态会话 Bean 的 PreDestroy 生命周期方法）。示例如代码 13-6 所示。

代码 13-6 ShoppingCartImplAppSL2.java-应用管理的 JPA 实体管理器示例 2-无状态会话 Bean。

```java
//应用管理的实体管理器 – 无状态会话 Bean，业务方法之间共享实体管理器变量
@Stateless
public class ShoppingCartImplAppSL2 implements ShoppingCart {
    @PersistenceUnit
    private EntityManagerFactory emf;
    private EntityManager em;
    @PostConstruct
    public void init(){
        em = emf.createEntityManager();    //创建实体管理器
    }
    public Order getOrder(Long id) {
        Order order = (Order)em.find(Order.class, id);
        em.clear();  //清空实体管理器，实体变成分离的
        return order;
    }
    public Product getProduct(String name) {
```

```
        String sJPQL = "select p from Product p where p.name = :name";
        Product product = (Product)(em.createQuery(sJPQL))
                                .setParameter("name", name).getSingleResult();
        em.clear();   //清空实体管理器，实体变成分离的
        return product;
    }
    public LineItem createLineItem(Order order, Product product, int quantity) {
        LineItem li = new LineItem(order, product, quantity);
        order.getLineItems().add(li);
        em.persist();
        em.flush();   //实体状态同步到数据库
        em.clear();   //清空实体管理器，实体变成分离的
        return li;
    }
    @PreDestroy
    public void destroy()
        em.close();   //关闭实体管理器
    }
}
```

3）对于有状态会话 Bean，与无状态会话 Bean 的用法类似，即在有状态会话 Bean 实例构造之后创建实体管理器（可使用有状态会话 Bean 的 PostConstruct 生命周期方法），在有状态会话 Bean 实例移除之前关闭实体管理器（可使用有状态会话 Bean 的 Remove 生命周期方法）。这里需要注意的是，有状态会话 Bean 中的每个客户独自对应一个 Bean 实例，因而不需要在每个业务方法完成之后调用 clear()方法以清空实体管理器。示例如代码 13-7 所示。

代码 13-7 ShoppingCartImplAppSF.java-应用管理的 JPA 实体管理器示例 3-有状态会话 Bean。

```
//应用管理的实体管理器 – 有状态会话 Bean
@Stateful
public class ShoppingCartImplAppSF implements ShoppingCart {
    @PersistenceUnit
    private EntityManagerFactory emf;
    private EntityManager em;
    @PostConstruct
    public void init(){
        em = emf.createEntityManager();   //创建实体管理器
    }
    public Order getOrder(Long id) {
        Order order = (Order)em.find(Order.class, id);
        return order;
    }
    public Product getProduct(String name) {
        String sJPQL = "select p from Product p where p.name = :name";
        Product product = (Product)(em.createQuery(sJPQL))
                                .setParameter("name", name).getSingleResult();
        return product;
    }
    public LineItem createLineItem(Order order, Product product, int quantity) {
        EntityManager em = emf.createEntityManager();   //创建实体管理器
        LineItem li = new LineItem(order, product, quantity);
        order.getLineItems().add(li);
```

```
            em.persist();
            return li;
        }
        @Remove
        public void destroy()
            em.close();   //关闭实体管理器
        }
    }
```

2. 容器管理的实体管理器

对于基于 Web 容器或 EJB 容器的 JPA 应用，可采用容器管理的实体管理器。容器管理的实体管理器中，实体管理器对象的创建不是由用户调用实体管理器工厂创建的，而是使用@PersistenceContext 注入实体管理器的。示例如代码 13-8 所示。

代码 13-8 ShoppingCartImplContSL.java-容器管理的 JPA 实体管理器示例-无状态会话 Bean。

```
    @Stateless
    public class ShoppingCartImplContSL implements ShoppingCart {
        @PersistenceContext
        private EntityManager em;
        public Order getOrder(Long id) {
            Order order = (Order)em.find(Order.class, id);
            return order;
        }
        public Product getProduct(String name) {
            String sJPQL = "select p from Product p where p.name = :name";
            Product product = (Product)(em.createQuery(sJPQL))
                                .setParameter("name", name).getSingleResult();
            return product;
        }
        public LineItem createLineItem(Order order, Product product, int quantity) {
            EntityManager em = emf.createEntityManager();   //创建实体管理器
            LineItem li = new LineItem(order, product, quantity);
            order.getLineItems().add(li);
            em.persist();
            return li;
        }
    }
```

13.3.5 处理事务

实体管理器操作所涉及的事务可以通过 JTA 来控制，也可以通过使用资源内部的 EntityTransaction API 进行控制。根据所采用的事务处理方式，可把实体管理器分为 JTA 实体管理器（事务通过 JTA 控制）和 Resource-local 实体管理器（事务由应用通过 EntityTransaction API 控制）。各种应用可以使用的事务类型如图 13-9 所示。

容器管理的实体管理器必须是一个 JTA 实体管理器。JTA 实体管理器只能用于 Java EE 容器中。应用管理的实体管理器可以使用 JTA 实体管理器，也可以使用 Resource-local 实体管理器。Web 容器和 EJB 容器必须支持 JTA 实体管理器和 Resource-local 实体管理器。在 EJB 环境中，一般使用 JTA 实体管理器。通常在 Java SE 环境下，只需要支持 Resource-local 实体管理器。

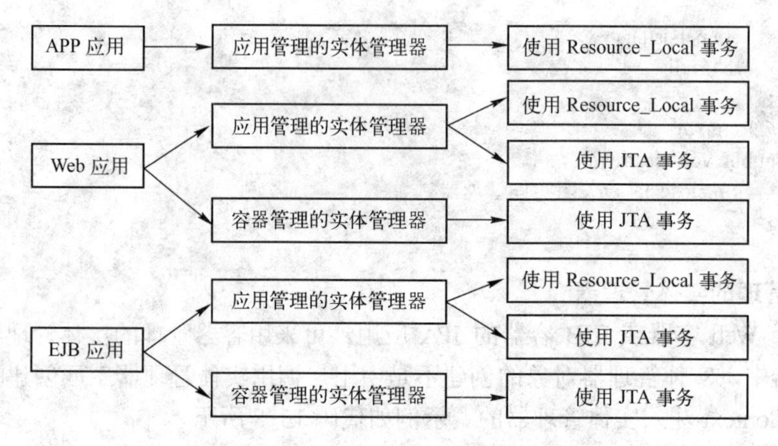

图 13-9　各种应用可以使用的事务类型

1. 容器管理的 JTA 实体管理器

当使用容器管理的实体管理器时，持久上下文的生命周期总是被自动管理的，对应用而言是透明的，持久上下文被传递给 JTA 事务。容器管理的持久上下文可以被定义成具有单个事务的生命周期，或具有跨越多个事务的扩展生命周期，通过在创建实体管理器时设定 PersistenceContextType 来定义。这两种类型的持久上下文分别被称为单个事务内的持久上下文和跨越多个事务的扩展持久上下文。

持久上下文是通过 PersistenceContext 注解和 persistence-context-ref 部署描述符元素声明的，缺省情况下使用单个事务内的持久上下文。

1）容器管理的单个事务内的持久上下文。

JPA 应用可以通过注解或者直接查询 JNDI 名字，获取绑定到 JTA 事务的容器管理的单个事务的持久上下文的实体管理器。实体管理器的上下文类型采用默认类型，或者被定义为 PersistenceContextType.TRANSACTION。

在一个活动的 JTA 事务范围中，当容器管理的实体管理器被调用时，一个新的持久上下文开始，并且持久上下文已经与当前的 JTA 事务关联。当关联的 JTA 事务提交或者回滚时，持久上下文结束，所有被该实体管理器管理的实体都将变成脱管的。使用容器管理的单个事务内的持久上下文的示例代码可以参考容器管理的实体管理器示例代码即代码 13-8。

2）容器管理的跨多个事务的扩展持久上下文。

容器管理的跨多个事务的扩展持久上下文只能在一个有状态会话 Bean 中初始化。该种类型的持久上下文从创建它的有状态会话 Bean 开始，就与有状态会话 Bean 绑定。扩展持久上下文可以通过 PersistenceContext 注解或者 persistence-context-ref 部署描述符元素来声明。当有状态会话 Bean 的生命周期方法@Remove 完成时，容器管理的跨多个事务的扩展持久上下文由容器关闭。示例如代码 13-9 所示。

代码 13-9　ShoppingCartImplContCtx.java-容器管理的跨多个事务的持久上下文-有状态会话 Bean。

```
@Stateful
@TRANSACTION(REQUIRES_NEW)
public class ShoppingCartImplContCtx implements ShoppingCart {
    @PersistenceContext(type = EXTENDED)
    private EntityManager em;
```

```
        public Order getOrder(Long id) {
            Order order = (Order)em.find(Order.class, id);
            return order;
        }
        public Product getProduct(String name) {
            String sJPQL = "select p from Product p where p.name = :name";
            Product product = (Product)(em.createQuery(sJPQL))
                              .setParameter("name", name).getSingleResult();
            return product;
        }
        public LineItem createLineItem(Order order, Product product, int quantity) {
            EntityManager em = emf.createEntityManager();    //创建实体管理器
            LineItem li = new LineItem(order, product, quantity);
            order.getLineItems().add(li);
            em.persist();
            return li;
        }
    }
```

2. 应用管理的 JTA 实体管理器

当使用应用管理的实体管理器时，应用直接与持久提供者的实体管理器工厂交互来管理实体管理器的生命周期并获取和销毁持久上下文。所有这些应用管理的持久上下文在范围上被扩展，可以跨越多个事务。

EntityManager 接口的方法 close()和 isOpen()用于管理应用管理的实体管理器的生命周期和与之关联的持久上下文。其中，EntityManager 的 close()方法关闭一个实体管理器来释放持久上下文以及其他资源。调用了 close()方法之后，应用就不能调用除 isOpen()和 getTransaction()之外的其他方法，否则会抛出 IllegalStateException 异常。如果在事务处于活动时调用 close()方法，持久上下文将继续被管理直到事务结束；EntityManager 的 isOpen()方法用于判断实体管理器是否是开放的。如果实体管理器没有被关闭，isOpen()方法将返回 true。

应用管理的扩展持久上下文是从使用 EntityManagerFactory 的 createEntityManager()方法开始的，直到通过调用 EntityManager 的 close()方法结束。从应用管理的实体管理器获取的持久上下文是一个独立的持久上下文，不会随着事务传播。

当使用应用管理的实体管理器时，如实体管理器是在当前事务之外创建的，则需要由 JPA 应用调用 EntityManager 接口的 joinTransaction()方法来关联实体管理器和事务。

事务通过 JTA 进行控制的实体管理器称为 JTA 实体管理器。一个 JTA 实体管理器参与 JTA 事务。UserTransaction 是使用 JTA 实体管理器开始一个事务和结束一个事务的接口。通过调用 UserTransaction 接口的 begin()方法和 commit()方法来开始和提交事务，调用 rollback()方法可以撤销事务中所有语句的执行结果，以保证数据的一致性。示例代码如下：

```
    @Resource
    UserTransaction utx
    … … …
    try {
        utx.begin();
        bookDAO.buyBooks(cart);
        utx.commit);
    } catch(Exception ex) {
        try {
```

```
			utx.rollback();
			} catch(Exception ex2) {
			System.out.println("rollback failed.");
			ex2.printStackTrace();
			}
		}
		……
```

3. 应用管理的 Resource-local 实体管理器

应用通过 EntityTransaction API 进行事务控制的实体管理器是资源层实体管理器。资源层实体管理器事务被持久提供者映射成一个资源上的资源事务。资源层的实体管理器可以使用服务器和本地资源连接到数据库上，而不考虑（可能活动的或可能不活动的）JTA 事务的存在。

1）EntityTransaction 接口。

EntityTransaction 用于控制 Resource-local 实体管理器的资源事务。EntityManager 的 getTransaction()方法返回 EntityTransaction 对象。当使用 Resource-local 实体管理器时，持久提供者运行环境抛出一个造成事务回滚的异常，必须将事务标记为回滚。如 EntityTransaction 的 commit 操作失败，持久提供者必须回滚事务。EntityTransaction 接口的定义如代码 13-10 所示。

代码 13-10 EntityTransaction.java-EntityTransaction 接口定义。

```
public Interface EntityTransaction {
	/**
	* 开始一个资源事务
	* @throws IllegalStateException 如果 isActive()方法返回 false
	*/
	public void begin();

	/**
	* 提交当前的事务，把所有没有提交的变化写到数据库中
	* @throws IllegalStateException 如果 isActive()方法返回 false
	* @throws RollbackException 如果提交失败
	*/
	public void commit();

	/**
	* 回滚当前的事务
	* @throws IllegalStateException 如果 isActive()方法返回 false
	* @throws PersistenceException 如果遇到未知的错误
	*/
	public void rollback();

	/**
	* 标记当前的事务，这样事务唯一可能的结果就是让事务回滚
	* @throws IllegalStateException 如果 isActive()方法返回 false
	*/
	public void setRollbackOnly();

	/**
	* 判断当前的事务是否已经被标记为 rollback
```

```
        * @throws IllegalStateException  如果 isActive()方法返回 false
        */
        public boolean getRollbackOnly();

        /**
        *  判断事务是否是活动的
        * @throws PersistenceException  如果遇到未知的错误
        */
        public boolean isActive();
    }
```

2）在 Java SE 环境下使用应用管理的 Resource-local 实体管理器。

在 Java SE 环境下创建一个实体管理器工厂，以及在创建和使用 Resource-local 实体管理器方法时的用法示例如代码 13-11 所示。

代码 13-11　PasswordChanger.java-Java SE 环境下使用应用管理的 Resource-local 实体管理器。

```
import javax.persistence.*;
public class PasswordChanger {
    public static void main(String[] args) {
        EntityManagerFactory emf = Persistence.createEntityManagerFactory("Order");
        EntityManager em = emf.createEntityManager();
        EntityTransaction et = em.getTransaction();
        et. begin();
        String sJPQL = "SELECT u FROM user u WHERE u.name =: name
                                                    AND u.pass = :pass";
        User user = (User)em.createQuery(sJPQL).setParameter("name", args[0])
                    .setParameter("pass", args[1]).getSingleResult();
        if(user != null)
            user.setPasswprd(args[2]);
        et.commit();
        em.close();
        emf.close();
    }
}
```

3）在应用管理的实体管理器中使用 Resource-local 事务。

在应用管理的实体管理器方式下使用 Resource-local 事务的示例如代码 13-12 所示。

代码 13-12　PasswordChanger.java-在应用管理的实体管理器中使用 Resource-local 事务。

```
public class ShoppingCartImpl {
    private EntityManagerFactory emf;
    private EntityManager em;
    public ShoppingCartImpl () {
        emf = Persistence.createEntityManagerFactory("orderMgmt");
        EntityManager em = emf.createEntityManager();
    }
    public Order getOrder(Long id) {
        Order order = (Order)em.find(Order.class, id);
        return order;
    }
    public Product getProduct(String name) {
        String sJPQL = "select p from Product p where p.name = :name";
```

```
            Product product = (Product)(em.createQuery(sJPQL))
                                 .setParameter("name", name).getSingleResult();
            return product;
        }
        public LineItem createLineItem(Order order, Product product, int quantity) {
            EntityManager em = emf.createEntityManager();    //创建实体管理器
            LineItem li = new LineItem(order, product, quantity);
            order.getLineItems().add(li);
            em.persist();
            return li;
        }
        public void destroy() {
            em.close();
            emf.close();
        }
    }
```

13.4 使用 JPA 完成查询

13.4.1 使用 EntityManager 根据主键查询对象

EntityManager 提供了专门的方法来实现基于主键的查询，方法定义如下：

```
public <T> T find(Class<T> entityClass, Object primaryKey);
```

其中，第一个参数为待查找实体的类型，第二个参数为待查找实体的主键，方法的返回值为查到的实体。如果查询的实体不存在，则返回 null。如未指定有效的实体类型或主键的类型不正确，则抛出 IllegalArgumentException 异常。基于主键查询订单的示例代码片段如下：

```
public Order gerOrder(Long id) {
    return em.find(Order.class, id);
}
```

13.4.2 编写简单查询

对于查询操作来说，首先需要编写查询语句。如查询所有图书信息的语句如下：

```
select book from Book book
```

以上使用的为 JPA 的查询语言，简称 JPA QL（JPA Query Language）。其中，from Book 指出了要查询的实体，Book 为模型名。select book 指出查询的结果，这里为查询出所有 Book 对象的全部属性。

以上 JPA 查询与标准的 SQL 语句相似，从数据库中查询所有图书的 SQL 语句如下：

```
select * from book
```

其中，book 为表名，*表示返回 book 表中的所有列。

JPA 查询与标准 SQL 查询的主要区别如下。

- 查询的源不同：在 JPA QL 中，from 后面的 Book 是待查询的 JPA 实体。在标准 SQL 中，from 后面为表名。
- 查询返回的结果不同：在 JPA QL 中，select 后面的 book 表示待查询 JPA 实体 Book 的对象，实际上就是 from Book book 中的 book。在标准 SQL 中，select 后面为表中的列。

归纳起来，标准 SQL 查询针对的是表和表中的字段，而 JPA QL 查询则是针对 JPA 实体和实体的属性。

查询书名含有“Java EE”的图书的书名和出版社：

```
select b.name, b.publisher from Book b where b.name like '%Java EE%'
```

13.4.3 创建 Query 对象

使用 JDBC 访问数据库时，使用 Statement 对象的 executeQuery()和 executeUpdate()执行 SQL 语句。JPA QL 查询则使用 Query 对象，通过 EntityManager 提供的方法创建 Query 对象。方法定义如下：

```
public Query createQuery(String sJPAQL);
```

得到 Query 对象后，就可以从中获取查询结果。查询书名含有“Java EE”的图书的书名和出版社的代码示例如下：

```
String sJPAQL = "select b.name, b.publisher from Book b where b.name like '%Java EE%'";
Query query = em.createQuery(String sJPAQLSting);
```

其中，em 为 EntityManager 对象。

13.4.4 使用命名查询

分散于代码中的查询语句不便于统一管理和共享，也影响代码的维护。如同 Hibernate 的 HQL，JPA 查询也可以采用命名查询（即给查询命名并统一管理）的方式。

1. 定义命名查询

命名查询在实体类上定义，可以通过 NamedQueries 来定义多个命名查询，每个命名查询使用一个 NameQuery 来定义。NameQuery 包括两个属性：name 指定查询的名字，query 指定查询语句。在 Book 实体中定义的多个命名查询如下：

```
@NamedQueries( {
    @NamedQuery(name = "Book.findByBooknameNam"
                query = "select b from Book b where b.bookname = :bookname"),
    @NamedQuery(name = "Book.findByBooknamePos"
                query = "select b from Book b where b.bookname = ?1"),
    @NamedQuery(name = "Book.findAllBook"
                query = "select b from Book b")
})
public class Book { … … … }
```

其中，“:bookname”为查询语句中使用的变量参数，类似于标准 SQL 语句中的查询参数。具体用法将在随后介绍。

2. 基于命名查询生成 Query 对象

使用 EntityManager 的 createNamedQuery()方法创建使用命名查询的 Query 对象。方法的定义如下：

```
public Query createNamedQuery(String sNQName);
```

基于 Book 实体中定义的命名查询“findAllBook”创建 Query 对象的示例代码如下：

```
Query query = em.createNamedQuery("findAllBook");
```

13.4.5 处理查询中的变量

1. 构造查询语句

条件查询中需要使用查询变量参数。有两种查询变量参数：名字参数和位置参数。

在名字参数中，使用冒号“:”加上参数的名字的方式表示参数。如根据书名 bookname 查找图书的条件查询语句如下：

```
select b from Book b where b.bookname = :bookname
```

其中，冒号后面的 bookname 为参数的名字。

在位置参数中，使用问号“?”加上参数的序号的方式表示参数。如根据书名 bookname 查找图书的条件查询语句如下：

```
select b from Book b where b.bookname = ?1
```

其中，问号后面的“1”表示第一个参数。位置参数中可以使用多个参数，可以用不同的数字表示。而且，同一个参数可以在条件查询中出现多次。

2. 构造查询语句

在执行条件查询语句时，需要为查询中的条件赋值，可以通过 Query 接口的相应方法完成。名字参数和位置参数的赋值方法是不同的，并且参数可以是各种类型。

用于名字参数的主要方法如下：

```
//sName 为参数名字，value 为类型为 Object 的参数值
public Query setParameter(String sName, Object value)
//value 为 Date 类型的参数值，temporalType 用于指定时间日期类型
public Query setParameter(String sName, Data value, TemporalType temporalType)
//value 为 Calendar 类型的参数值
public Query setParameter(String sName, Calendar value, TemporalType temporalType)
```

示例代码如下：

```
Query query = em.createNamedQuery("findByBooknameNam");
query.setParameter("bookname", "Java EE 开发技术与实践教程");
```

用于位置参数的主要方法如下：

```
//iPos 为参数，其他参数如同用于名字参数的那些方法
public Query setParameter(int iPos, Object value)
public Query setParameter(int iPos, Data value, TemporalType temporalType)
public Query setParameter(int iPos, Calendar value, TemporalType temporalType)
```

示例代码如下：

```
Query query = em.createNamedQuery("findByBooknamePos");
query.setParameter(1, "Java EE 开发技术与实践教程");
```

13.4.6 得到查询结果

获得 Query 对象之后，可基于该对象获取查询的结果。查询的结果可以是一个，也可以是多个，Query 提供了两个方法来分别处理。getSingleResult()用于获取单个结果，而 getResultList()用于获取多个结果。两个方法的定义如下：

```
public List getResultList()
public Object getSingleResult()
```

多数情况下使用 getResultList()方法获取查询结果，如果确切知道查询结果只有一个，则使用 getSingleResult()方法获取查询结果。

查询所有图书：

```
Query query = em.createNamedQuery("findAllBook");
List<Book> lstBooks = query.getResultList();
```

查询图书的册数：

```
Query query = em.createQuery("select count(b) from Book b");
Long lCount = query.getSingleResult ();
```

13.4.7 使用分页查询

当返回的查询结果非常多时，通常采用分页显示（即每次只显示部分对象的信息）。Query 接口提供两个方法来控制查询结果的分页显示，分别设置要获取的对象个数和第一个对象：

```
//参数 iMaxResult 为要获取的对象个数
public Query setMaxResult(int iMaxResult)
//参数 iStartPos 为要获取的第一个对象的位置（从 0 开始）
public Query setFirstResult(int iStartPos)
```

图书信息分页显示的示例代码如下：

```
public List<Book> getBookList(int iPageSize, int iStartPos) {
    Query query = em.createNamedQuery("findAllBook");
    query.setMaxResult(iPageSize);
    query.setFirstResult(iStartPos);
    List<Book> lstBooks = query.getResultList();

}
```

13.4.8 访问查询结果

查询结果可能是对象、对象的单个属性或多个属性。分别说明如下。

1. 查询对象

查询返回的结果是对象。查询所有图书时返回的 Book 实例是一个对象：

```
Query query = em.createNamedQuery("findAllBook");
List<Book> lstBooks = query.getResultList();
    for(Book b:lstBooks) {
        System.out..println(b.toString());
}
```

2. 查询对象的单个属性

查询返回的结果是对象的单个属性。查询所有图书时返回图书的名字：

```
Query query = em.createNamedQuery("select b.bookname from Book b");
List<String> lstBooknames = query.getResultList();
    for(String bookname:lstBooknames) {
        System.out..println(bookname);
}
```

3. 查询对象的多个属性

查询返回的结果是对象的多个属性。查询所有图书时返回书名和出版社：

```
Query query = em.createNamedQuery("select b.bookname, b.publisher from Book b");
List<Object> lstBooks = query.getResultList();
for(Object book:lstBooks) {
    Object[] bookNameAndPublisher = (Object[])book;
    System.out..println("书名：" + bookNameAndPublisher[0]);
    System.out..println("出版社：" + bookNameAndPublisher[1]);
}
```

这里使用对象数组来存储查询返回对象的多个属性，遍历数组即可取出每个属性。

13.4.9 使用标准 SQL 语句

JPA 中，不仅可以使用 JPA QL 完成某些查询，也可以使用标准的 SQL 语句。与在 JDBC 中使用标准 SQL 不同的是，在 JPA 中查询返回的结果为实体而不是 ResultSet。EntityManager 提供了多个执行标准 SQL 语句的方法：

```
//sSql 为标准 SQL 语句。这里未指定查询记录的类型，使用 Vector 表示返回的结果
public Query createNativeQuery(String sSql)
//resultClass 为查询结果的类型。JPA 会把查询结果转换成指定类型的对象
public Query createNativeQuery(String sSql, Class resultClass)
//sResultSetMapping 为查询记录的映射关系
public Query createNativeQuery(String sSql, String sResultSetMapping)
```

1. 结果封装为 Vector 对象

使用标准 SQL 语句查询所有图书信息如下：

```
Query query = em.createNativedQuery("select * from book");
List<Object> lstBooks = query.getResultList();
for(Object book lstBooks) {
      Vector fields = (Vector)book;
      for(Object field:fields) {
           System.out.print(field.toString() + "—");
      }
      System.out.println();
}
```

这里，每个图书的信息用 Vector 对象表示，可以从 Vector 对象中逐个取出 Book 对象的每个属性，这与 JDBC 处理结果集的方式比较相似。

2. 结果封装为实体对象

为了操作方便，可以在查询时把结果转换为对象。以下查询执行后会得到对象的集合：

```
Query query = em.createNativedQuery("select * from book", vo.Book.class);
List<Object> lstBooks = query.getResultList();
for(Object book lstBooks) {
      System.out.println(book.toString());
}
```

3. 结果的定制封装

查询返回结果的封装方式非常灵活，通过结果映射可以定制封装为指定的类型。查询结果映射可以采用@SqlResultSetMappings，其中可以包括多个结果映射，每一个具体的映射则采用@SqlResultSetMapping。@SqlResultSetMapping 包含的参数如下。

1）name：映射的名字，与@NamedNativeQuery 中指定的名字相对应，在调用 Entity Manager 的 createNativeQuery(String sSql, String sResultSetMapping)方法时第二个参数 sResultSetMapping 也使用该 name。

2）entities：映射为多个实体。可以包含多个实体的映射，每个实体使用一个@EntityResult 表示，每个@EntityResult 又包含如下部分。

- entityClass：指定待映射的实体类。
- fields：指定要映射哪些属性。每个属性使用@FieldResult 表示，而每个@FieldResult 又包括 name 和 column 两个子属性。其中，name 指定实体类的属性名，column 则指

定对应查询结果中的列名。

3）columns：映射为多个列。每个列映射使用@ColumnResult 表示，而@ColumnResult 又包括子属性 name，用于指定查询结果中对应的列。

把查询结果映射为一个 Book 实体对象和两列的定制封装示例如下：

```
1    @SqlResultSetMappings({
2        @SqlResultSetMapping (
3            name = "result",
4            entities = {
5                @EntityResult(
6                    entityClass = Book.class,
7                    fields = {
8                        @FieldResult(name = "bid", column = "id"),
9                        @FieldResult(name = "bname", column = "name")
10                   }
11               )
12           },
13           columns = {
14               @ColumnResult(name = "price"),
15               @ColumnResult(name = "name").
16           }
17       )
18   })
```

其中，第 1 行定义所有的映射，第 2～17 行表示一个具体的映射，第 3 行表示映射的名字为 result，第 4～12 行 entities 表示要映射的一些实体，第 13～16 行表示待映射的一些列，第 5～11 行表示映射为一个实体，第 6 行指定实体类的名字，第 7～10 行则表示属性与列之间的对应关系，第 8 行和第 9 行表示两个具体的对应关系，第 14 行和第 15 行表示要得到 price 和 name 两个列。执行结果的存储方式如图 13-10 所示。

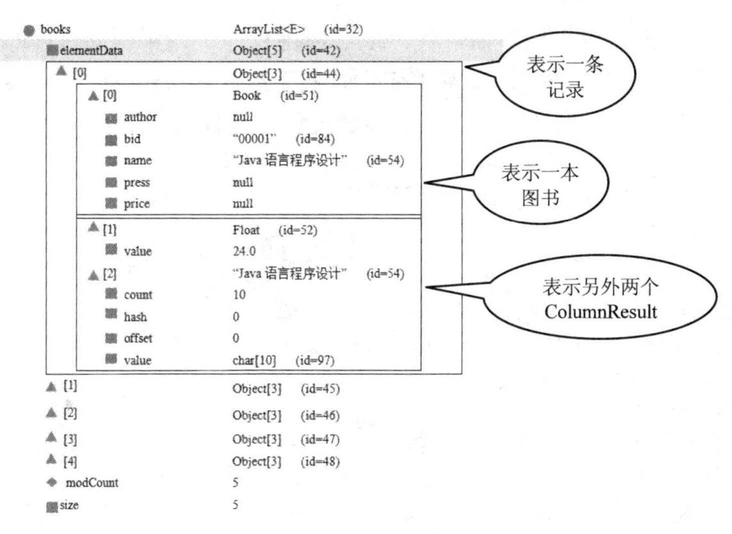

图 13-10　查询结果的存储方式

访问如上定制返回结果集的示例代码如下：

```
List< Object> lstBooks = query.getResultList();
for(Object book:lstBooks) {
    Object[] idAndName = (Object[])book;
    System.out.println("Book Info: " + book[0]);
    System.out.println("Price: " + book[1] + ", Name" + book[2]);
}
```

与@NamedQuery 定义命名查询相同，也可使用@NamedNativeQuery 定义标准 SQL 命名查询。多个标准 SQL 命名查询可以采用@NamedNativeQueries 定义。示例代码如下：

```
@NamedNativeQueries( {
    @NamedNativeQuery("… … …"),
    @NamedNativeQuery ("… … …"),
    … … …
})
```

@NamedNativeQuery 中的属性与@NamedQuery 的属性相同。

13.5 JPA 进阶

13.5.1 把查询的多个值封装成对象

可在 JPA QL 的 SELECT 子句中使用对象构造方法来返回一个或多个对象实例。所返回的类并不要求一定是一个 JPA 实体或被映射的数据库。示例代码如下：

```
String sJpaQL = "select new vo.CustomerDetail(c.id, c.status, o.count)
    from Customer c join c.orders o where o.count > 100";
Query query = em.createQuery(sJpaQL);
List<CustomerDetail> lstCustomerDetails = query.getResultList();
for(CustomerDetail customerDetail:lstCustomerDetails) {
    System.out.println(customerDetail.toString());
}
```

13.5.2 使用存储过程

对于比较复杂的查询可以采用存储过程，JPA 应用程序中调用存储过程即可。这样，只要存储过程的接口定义得好，当数据库发生变化时就无需修改 Java 代码，只需要修改存储过程代码即可。统计指定供应商的货款总额的存储过程示例代码如下：

```
CREATE OR REPLACE FUNCTION sum_total(supplier VARCHAR2)
    RETURN NUMBER AS sup_sum NUMBER;
BEGIN
    SELECT SUM(p.price * i.quantity) INTO sup_sum FROM orders o;
        JOIN orderitems i ON o.pono = i.pono;
        JOIN products p ON i.prod_id = p.prod_id;
        JOIN suppliers s ON p.sup_id = s.sup_id;
    WHERE sup_name = supplier;
    RETURN sup_sum;
END;
```

在 JPA 应用程序中调用上述存储过程的示例代码如下：

```
String sup_name = "Tortuga Trading";
Query query = em.createNativeQuery("SELECT sum_total(?1) FROM DUAL");
BigDecimal sum = (BigDecimal)query.setParameter(1, sup_name).getSingleResult();
```

```
        System.out.println("The total cost of the ordered products supplied by Tortuga Trading: " + sum);
```

13.5.3 JPA 实体生命周期回调方法

生命周期方法可定义在 4 种类中：实体类、超类、实体类所关联的实体监听器类、超类所关联的实体监听器类。实体监听器类必须有一个无参构造方法，生命周期方法可以通过 Annotation 来指定，也可以通过 XML 配置文件指定。这里只介绍使用 Annotation 的方式。

1. 生命周期的回调方法的定义

定义在实体类或者超类的回调方法如下：

```
void <MENTHOD>()
```

定义在实体监听器类的回调方法如下：

```
void <MENTHOD>(Object o)
```

回调方法可以是任何访问控制类型，但不能使用 static 和 final 修饰。

2. 生命周期回调方法使用的 Annotation

生命周期方法使用的 Annotation 及其含义如下：

- @PrePersist：持久化之前产生该事件。
- @PostPersist：持久化之后产生该事件。
- @PreRemove：删除之前产生该事件。
- @PostRemove：删除之后产生该事件。
- @PreUpdate：更新之前产生该事件。
- @PostUpdate：更新之后产生该事件。
- @PostLoad：加载之后产生该事件。

在 Ordertable 实体类中增加 7 个生命周期回调方法的示例代码片段如下：

```
@PostLoad
public void postLoad(){
    System.out.println("PostLoad 生命周期方法被调用！");
}
@PreRemove
public void preRemove (){
    System.out.println("PreRemove 生命周期方法被调用！");
}
@PrePersist
public void prePersist (){
    System.out.println("PrePersist 生命周期方法被调用！");
}
@PreUpdate
public void postLoad(){
    System.out.println("PreUpdate 生命周期方法被调用！");
}
@PostPersist
public void postPersist (){
    System.out.println("PostPersist 生命周期方法被调用！");
}
@PostRemove
public void postRemove (){
    System.out.println("PostRemove 生命周期方法被调用！");
```

```
    }
    @PostUpdate
    public void postUpdate (){
        System.out.println("PostUpdate 生命周期方法被调用！");
    }
```

持久化一个 Ordertable 实体时，会得到如下的输出：

```
PrePersist 生命周期方法被调用！
PostPersist 生命周期方法被调用！
```

当执行如下代码时：

```
Ordertable order = em.find(Ordertable.class, orderid);
Orderdetail item = new Orderdetail(ordered, goodsid);l
em.persist(item);
item.setQuantity(quantity);
if(order.getOrderdetailCollection()= = null)
    order.setOrderdetailCllection(new Vector<Orderdetail>());
order.getOrderdetailCollection().add(item);
item.setOredrtable(order);
```

会得到如下的输出：

```
PostLoad 生命周期方法被调用！
PostLoad 生命周期方法被调用！
PreUpdate 生命周期方法被调用！
PostUpdate 生命周期方法被调用！
```

从运行结果可以看出，preLoad()方法被调用了两次，这与持久提供者有关。

当执行如下代码时：

```
Ordertable order = em.find(Ordertable.class, orderid);
em.remove(order);
```

会得到如下输出：

```
PostLoad 生命周期方法被调用！
PostLoad 生命周期方法被调用！
PreRemove 生命周期方法被调用！
PostRemove 生命周期方法被调用！
```

因为在删除 Ordertable 实体之前需先查找到该实体，所以 preLoad()方法被调用。当然，删除实体也可以使用如下方法：

```
Query query = createQuery("delete from Ordertable o where o.orderid = ?1")
query.serParameter(1, orderid).executeUpdate();
```

3. 一个生命周期时间的多个回调方法

同一个生命周期事件可以定义多个回调方法，可以定义在实体类及其超类或者监听器类上。如果定义了同一个生命周期事件的多个回调方法，则这些方法被调用的顺序如下：

- 如有默认的监听器，则先调用默认的监听器。
- 如有实体监听器，则先调用父层的实体监听器，后调用子层的实体监听器。
- 如在同一个实体类上定义了多个实体监听器，则按照定义的顺序执行。
- 如果父层定义了生命周期回调方法，则调用父层的生命周期回调方法。
- 调用子层的生命周期回调方法。

13.6 本章小结

本章介绍了持久框架规范 JPA。由于 JPA 的很多概念都来自于如 Hibernate 等 ORM 框架，所以只是对不同部分进行说明。包括 JPA 实体状态及持久化操作，使用 JPA 完成查询，以及 JPA 一些高级主题，如把查询的多个值封装为对象、使用存储过程、JPA 生命周期回调方法等。

拓展阅读参考：

[1] Oracle Corporation. JPA[OL]. http://www.oracle.com/technetwork/java/javaee/tech/index.html.

[2] Mike Keith, Merrick Schincariol. Pro JPA 2: Mastering the Java Persistence API[M]. 2009.

[3] 冯慢菲. EJB JPA 数据库持久层开发实践详解[M]. 北京：电子工业出版社，2008.

[4] Oracle Corporation. JPA[OL]. https://www.jcp.org/aboutJava/communityprocess/final/jsr317/index.html.

第五部分　案例项目开发实践

第 14 章　案例项目开发示例

在完成 Java Web 开发的 MVC 模型、轻量级 SSH 框架和经典 Java EE 框架的学习之后，本章介绍一个简单内容发布系统的完整开发过程。首先对案例项目的业务概述及其功能需求、系统分析和数据库设计等进行简要说明，然后给出基于上述 3 种 Java Web 开发模型/框架对通知公告发布功能进行对照开发的示例。

14.1　系统简介

14.1.1　背景

随着互联网的高速发展，Web 技术由被动显示的 Web1.0 过渡到了主动交互的 Web2.0。Web2.0 的诞生及其相关技术的应用，使得信息交流越来越频繁，站点信息越来越多，而对站点大量信息的维护就成了一个费时费力的工作。为了解决大量站点信息的维护难题，内容管理系统（Content Management System，CMS）应运而生。CMS 所涉及内容非常广泛，从一般的博客程序、新闻发布程序，到综合性的网站管理程序都属于内容管理系统。CMS 的使用，省去了对站点大量信息的人工维护，降低了网站的建设成本，因而 CMS 成为很多建站者的首选。本案例系统为一个简单的内容发布管理系统。

14.1.2　业务功能需求

该内容发布系统的用户分 3 种：超级管理员、管理员和游客。系统后台功能提供给管理员和超级管理员，主要功能如下：新闻管理、公告管理、活动管理、项目管理、链接管理、图库管理、用户管理、系统管理等。系统前台功能提供给游客，主要包括新闻、公告的浏览和搜索以及资料文档的下载等。系统功能模块如图 14-1 所示。其中，新闻管理与公告管理的用例如图 14-2 所示。其他模块类同，这里就略去。

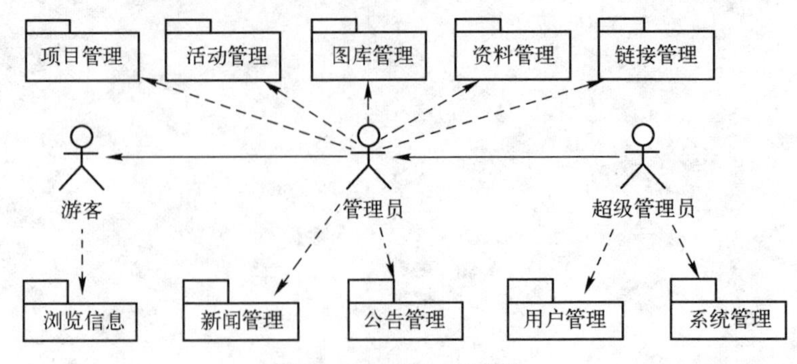

图 14-1　系统功能模块

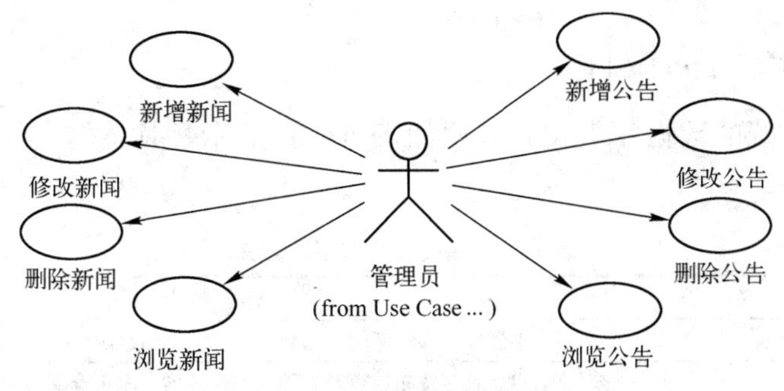

图 14-2　管理员的用例

14.2　系统分析

14.2.1　分析类

该内容发布系统的业务实体类及其关联关系如图 14-3 所示。

基于分析类（即边界类、控制类和实体类）的系统交互建模如图 14-4 所示。

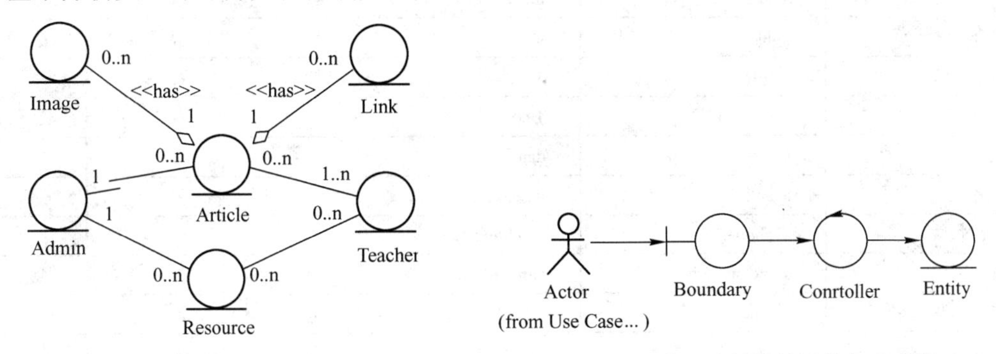

图 14-3　系统的业务实体类

图 14-4　基于分析类的系统交互建模

14.2.2　ER 图

基于系统的业务实体类，转换得到系统的 ER 图模型如图 14-5 所示。

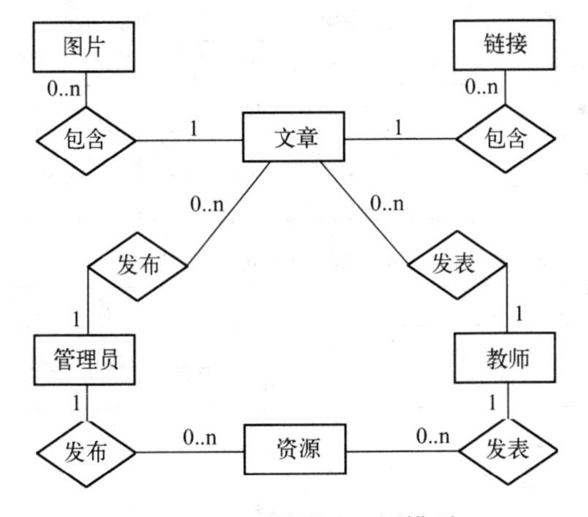

图 14-5　系统的 ER 图模型

14.3 数据库表结构设计

该内容发布系统的数据库表及其说明如表 14-1 所示。具体的表结构设计如表 14-2 到表 14-7 所示。

表 14-1 系统的数据库表清单

编 号	表 名	描 述
1	article	文章。用于保存通告、新闻、项目信息、活动信息等
2	admin	管理员用户。具有发布内容及教师等信息的增、删、查、改功能
3	images	图片。用于保存通告、新闻、项目信息、活动信息等中的图片
4	links	链接。用于保存通告、新闻、项目信息、活动信息等中的链接
5	resource	资源。用于保存供用户下载的资源
6	teacher	教师。发表内容的作者

表 14-2 数据表 article（文章）结构

字 段 名	列 名	字 段 类 型	允 许 为 空	是 否 主 键	是 否 外 键
文章编号	a_id	int	是	是	否
管理员编号	u_id	int	是	否	是
文章标题	a_title	Text	是	否	否
文章内容	a_content	Text	否	否	否
发表日期	a_date	date	是	否	否
作者	a_anthor	varchar(30)	否	否	否
电话	a_phone	varchar(12)	否	否	否
图片路径	a_picturepath	varchar(100)	否	否	否
文章类型	a_type	int	是	否	否
备注	a_log	Text	否	否	否

表 14-3 数据表 admin（管理员用户）结构

字 段 名	列 名	字 段 类 型	允 许 为 空	是 否 主 键	是 否 外 键
用户编号	u_id	int	是	是	否
密码	u_passwd	varchar(20)	是	否	否
用户名	u_name	varchar(20)	是	否	否
电子邮箱	u_email	varchar(20)	否	否	否
用户类型	u_type	char(1)	是	否	否
电话	u_phone	datetime	否	否	否

表 14-4 数据表 images（图片）结构

字 段 名	列 名	字 段 类 型	允 许 为 空	是 否 主 键	是 否 外 键
图片编号	Id	int	是	是	否
图片名称	name	varchar(50)	是	否	否
作者	anthor	varchar(20)	否	否	否
日期	date	Date	否	否	否
路径	path	varchar(100)	是	否	否
内容介绍	content	Text	否	否	否

表 14-5 数据表 links（链接）结构

字 段 名	列 名	字 段 类 型	允 许 为 空	是 否 主 键	是 否 外 键
链接编号	l_id	Int	是	是	否
中文名称	l_name	Varchar(100)	否	否	否
链接地址	l_path	Varchar(100)	否	否	否
英文名称	l_name2	varchar(100)	否	否	否
类型	l_type	Int	是	否	否

表 14-6 数据表 resource（资源）结构

字 段 名	列 名	字 段 类 型	允 许 为 空	是 否 主 键	是 否 外 键
资料编号	r_id	int	是	是	否
资料名称	r_name	varchar(100)	否	否	否
资料路径	r_path	varchar(100)	否	否	否

表 14-7 数据表 teacher（教师）结构

字 段 名	列 名	字 段 类 型	允 许 为 空	是 否 主 键	是 否 外 键
教师编号	t_id	int	是	是	否
教师姓名	t_name	varchar(20)	是	否	否
教师职位	t_position	varchar(10)	否	否	否
教师出生日期	t_date	Date	否	否	否
教师简介	t_content	text	否	否	否

14.4 基于 MVC 的 Java Web 模型

14.4.1 系统设计

在基于 MVC 的 Java Web 模型的应用开发中，JSP 页面作为分析中边界类对应的实现，Servlet、服务层的 JavaBean 以及实体对应的 DAO 作为分析中控制类的实现，实体 VO 作为分析中实体类的实现。各层之间交互的序列图如图 14-6 所示。这里以发布通知公告功能为例，下同。

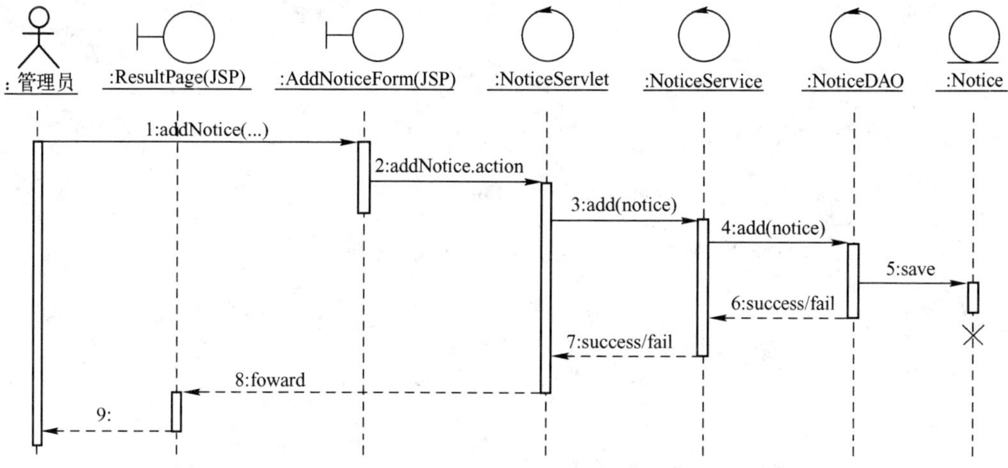

图 14-6 基于 MVC 的 Java Web 模型中各层对象之间的交互（以发布通告为例）

14.4.2 系统各层的实现

表现层、业务逻辑层和持久层各自实现的示例代码分别是代码 14-1a 到代码 14-1h 所示。

1. 表现层

1）Web 应用的配置文件。

代码 14-1a web.xml-Web 应用配置文件。

```
<?xml version="1.0" encoding="UTF-8"?>
<web-app version="2.5"
      xmlns="http://java.sun.com/xml/ns/javaee"
      xmlns:xsi="http://www.w3.org/2001/XMLSchema-instance"
      xsi:schemaLocation="http://java.sun.com/xml/ns/javaee
      http://java.sun.com/xml/ns/javaee/web-app_2_5.xsd">
  <welcome-file-list>
    <welcome-file>index.jsp</welcome-file>
  </welcome-file-list>
  <servlet>
    <description></description>
    <display-name>NoticeServlet</display-name>
    <servlet-name>NoticeServlet</servlet-name>
    <servlet-class>controller.NoticeServlet</servlet-class>
  </servlet>
  <servlet-mapping>
    <servlet-name>NoticeServlet</servlet-name>
    <url-pattern>/noticeAction</url-pattern>
  </servlet-mapping>
</web-app>
```

2）通告发布 JSP。

代码 14-1b addNotice.jsp-通告发布 JSP。

```
<%@ page language="java" contentType="text/html; charset=UTF-8"
      pageEncoding="UTF-8"%>
<% pageContext.setAttribute("root", request.getContextPath()); %>
<!DOCTYPE html PUBLIC "-//W3C//DTD HTML 4.01 Transitional//EN"
      "http://www.w3.org/TR/html4/loose.dtd">
<html>
<head>
<meta http-equiv="Content-Type" content="text/html; charset=UTF-8">
<title>通告</title>
</head>
<body>
      <form action="${root}/noticeAction?action=add" method="post">
      <table align="center" width="800px">
      <caption><h2>发布通告</h2></caption>
      <tbody>
            <tr>
                  <th width="100" align="right">标题：</th>
                  <td><input type="text" name="title" size="80"/> </td>
            </tr>
            <tr>
                  <th align="right">作者：</th>
```

```
                <td><input type="text" name="author" size="10"/> </td>
            </tr>
            <tr>
                <th align="right">联系方式：</th>
                <td><input type="text" name="phone" size="15"/> </td>
            </tr>
            <tr>
                <th align="right">发布日期：</th>
                <td><input type="text" name="publictime" size="10"/> (YYYY-MM-DD)</td>
            </tr>
            <tr>
                <th align="right">备注：</th>
                <td><input type="text" name="linktag" size="80"/> </td>
            </tr>
            <tr>
                <th align="right">内容：</th>
                <td><textarea rows="10" cols="80" name="content"></textarea> </td>
            </tr>
            <tr>
                <th colspan="2"> <input type="submit" value="提交"/> </th>
            </tr>
        </tbody>
        </table>
        </form>
</body>
</html>
```

3）通告发布成功提示 JSP。

代码 14-1c　success.jsp-通告发布成功提示 JSP。

```
<%@ page language="java" import="java.util.*"%>
<%
    String path = request.getContextPath();
    String basePath = request.getScheme()+"://"+request.getServerName()+":"+request.getServerPort()+path+"/";
%>
<!DOCTYPE HTML PUBLIC "-//W3C//DTD HTML 4.01 Transitional//EN">
<html>
    <head>
        <base href="<%=basePath%>">
        <title>Success</title>
    </head>
    <body>
        Notice insertion succeeded. <br>
    </body>
</html>
```

4）Servlet。

代码 14-1d　NoticeServlet.java-通告管理 Servlet。

```
package controller;

import java.io.IOException;
import java.text.SimpleDateFormat;
import java.util.Date;
```

```
import javax.servlet.ServletException;
import javax.servlet.http.HttpServlet;
import javax.servlet.http.HttpServletRequest;
import javax.servlet.http.HttpServletResponse;
import javax.servlet.RequestDispatcher;

import povo.Notice;
import service.NoticeService;

public class NoticeServlet extends HttpServlet {
    private static final long serialVersionUID = 1L;

    public NoticeServlet() {
        super();
    }

    protected void doGet(HttpServletRequest request, HttpServletResponse response) throws
    ServletException, IOException {
        doPost(request,response);
    }

    protected void doPost(HttpServletRequest request, HttpServletResponse response) throws
                    ServletException, IOException {
        request.setCharacterEncoding("UTF-8");
         String action = request.getParameter("action");
         NoticeService noticeService = new NoticeService();
         if("add".equals(action)){
        try {
                Notice notice = new Notice();
                notice.setTitle(request.getParameter("title"));
                notice.setLinktag(request.getParameter("linktag"));
                notice.setContent(request.getParameter("content"));
                notice.setAuthor(request.getParameter("author"));
                notice.setPhone(request.getParameter("phone"));
                SimpleDateFormat sdf = new SimpleDateFormat("yyyy-MM-dd");
                Date pt = sdf.parse(request.getParameter("publictime"));
                notice.setPublictime(pt);
                noticeService.add(notice);
                String sForwardPage = "success.jsp";
                RequestDispatcher rd = request.getRequestDispatcher(sForwardPage);
                rd.forward(request, response);
            } catch (Exception e) {
                e.printStackTrace();
            }
        }
}
```

2. 业务逻辑层

代码 14-1e NoticeService.java-通告管理的业务逻辑服务。

```
package service;

import java.sql.SQLException;
```

```
import dao.NoticeDao;
import povo.Notice;

public class NoticeService {
    public void add(Notice notice) throws ClassNotFoundException, SQLException{
        NoticeDao noticeDao = new NoticeDao();
        noticeDao.add(notice);
        noticeDao.close();
    }
}
```

3. 持久层

1）POVO。

代码 14-1f Notice.java-通告管理的业务实体 Bean。

```
package povo;

import java.util.Date;

public class Notice {
    private int id;
    private String title;
    private String content;
    private String author;
    private Date publictime;
    private String linktag;
    private String phone;

    public int getId() {
        return this.id;
    }
    public void setId(int id) {
        this.id = id;
    }

    public String getTitle() {
        return this.title;
    }
    public void setTitle(String title) {
        this.title = title;
    }

    public String getContent() {
        return this.content;
    }
    public void setContent(String content) {
        this.content = content;
    }

    public String getAuthor() {
        return this.author;
    }
    public void setAuthor(String author) {
```

```
            this.author = author;
        }

        public Date getPublictime() {
            return this.publictime;
        }
        public void setPublictime(Date publictime) {
            this.publictime = publictime;
        }

        public String getLinktag() {
            return this.linktag;
        }
        public void setLinktag(String linktag) {
            this.linktag = linktag;
        }

        public String getPhone() {
            return this.phone;
        }
        public void setPhone(String phone) {
            this.phone = phone;
        }
}
```

2）DAO。

代码 14-1g BaseDao.java-系统 DAO 基类。

```
package dao;

import java.sql.Connection;
import java.sql.DriverManager;
import java.sql.PreparedStatement;
import java.sql.ResultSet;
import java.sql.SQLException;
import java.sql.Statement;

public class BaseDao {
        private Connection con;
        protected PreparedStatement pstat;
        protected Statement stat;
        protected ResultSet rs;

        public BaseDao() throws ClassNotFoundException, SQLException {
            Class.forName("com.mysql.jdbc.Driver");
            String sConnStr = "jdbc:mysql://localhost:3306/cms?characterEncoding=UTF-8";
            con = DriverManager.getConnection(sConnStr, "root", "");
        }

        public void close() {
            try {
                if(rs != null) {
                    rs.close();
                }
```

```
                    if(stat != null) {
                        stat.close();
                    }
                    if(pstat != null) {
                        pstat.close();
                    }
                    if(con != null) {
                        con.close();
                    }
                } catch (SQLException e) {
                    e.printStackTrace();
                }
        }

        protected   void executeUpdate(String sql,Object[] params) throws SQLException {
                pstat = con.prepareStatement(sql);
                int i=1;
                for(Object param:params) {
                    pstat.setObject(i++, param);
                }
                pstat.execute();
        }

        protected void getStatment() throws SQLException {
                if(stat == null) {
                    stat = con.createStatement();
                }
        }
}
```

代码 14-1h NoticeDao.java-通告管理的 DAO。

```
package dao;

import java.sql.SQLException;
import java.util.ArrayList;

import povo.Notice;

public class NoticeDao extends BaseDao {
        static String ADD_NOTICE = "insert into article(title, linktag, content, author,
                                        publictime, phone) values(?, ?, ?, ?, ?, ?)";

        public NoticeDao() throws ClassNotFoundException, SQLException {
                super();
        }

        public void add(Notice notice) throws SQLException {
                ArrayList<Object> params =   new ArrayList<Object>();
                params.add(notice.getTitle());
                params.add(notice.getLinktag());
                params.add(notice.getContent());
                params.add(notice.getAuthor());
                params.add(notice.getPublictime());
```

```
            params.add(notice.getPhone());
            executeUpdate(ADD_NOTICE, params.toArray());
        }
    }
```

14.5 基于轻量级 SSH 框架

14.5.1 系统设计

在基于 SSH 框架的 Java Web 应用开发中，Struts 页面作为分析中边界类对应的实现，Struts Action 和服务层的 Spring 托管 Bean 作为控制类的实现，DAO 与 VO 的 Java Bean 作为实体类的实现。各层之间交互的序列图如图 14-7 所示。

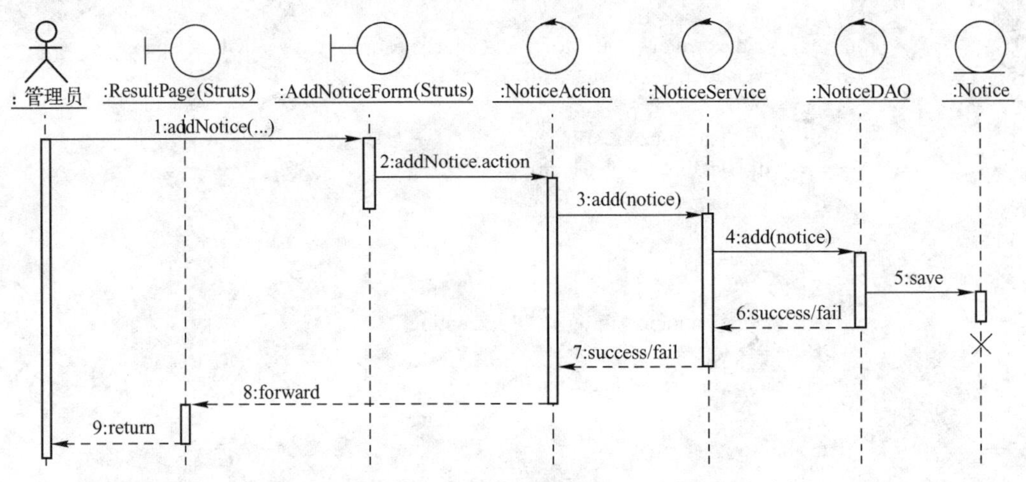

图 14-7　SSH 框架中各层对象之间的交互（以发布通告为例）

14.5.2 系统各层的实现

表现层、业务逻辑层和持久层各自实现的示例是代码 14-2a 到代码 14-21 所示。

1. 表现层

1）Web 应用的配置文件。

代码 14-2a　web.xml-Web 应用配置文件。

```
<?xml version="1.0" encoding="UTF-8"?>
<web-app version="3.0"
    xmlns="http://java.sun.com/xml/ns/javaee"
      xmlns:xsi="http://www.w3.org/2001/XMLSchema-instance"
      xsi:schemaLocation="http://java.sun.com/xml/ns/javaee
      http://java.sun.com/xml/ns/javaee/web-app_3_0.xsd" >
      <context-param>
          <param-name>contextConfigLocation</param-name>
          <param-value>classpath:beans.xml</param-value>
      </context-param>
      <listener>
          <listener-class>org.springframework.web.context.ContextLoaderListener</listener-class>
      </listener>
      <filter>
          <filter-name>struts2</filter-name>
```

```
            <filter-class>org.apache.struts2.dispatcher.ng.filter.StrutsPrepareAndExecuteFilter</filter-class>
        </filter>
        <filter-mapping>
            <filter-name>struts2</filter-name>
            <url-pattern>/*</url-pattern>
        </filter-mapping>
    </web-app>
```

2）Struts 配置文件。

代码 14-2b　struts.xml-Struts 配置文件。

```
<?xml version="1.0" encoding="UTF-8" ?>
<!DOCTYPE struts PUBLIC "-//Apache Software Foundation//DTD Struts Configuration 2.1//EN"
    "http://struts.apache.org/dtds/struts-2.1.dtd">
<struts>
    <constant name="struts.objectFactory" value="spring" />
    <package name="default" namespace="/" extends="struts-default">
        <action name="notice" class = "noticeAction">
            <result name="input">/addNotice.jsp</result>
            <result name="success">/success.jsp</result>
        </action>
    </package>
</struts>
```

代码 14-2b 中<constant name="struts.objectFactory" value="spring" />表示将 Struts 的对象工厂实例化 Action 的工作交给 Spring 完成。

3）Struts 页面。

代码 14-2c　addNotice.jsp-通告发布 Struts 页面。

```
<%@ page language="java" import="java.util.*" pageEncoding="UTF-8"%>
<%@ taglib prefix="s" uri="/struts-tags"%>
<%@ taglib uri="/struts-dojo-tags" prefix="ss"%>

<%
    String path = request.getContextPath();
    String basePath = request.getScheme() + "://"
        + request.getServerName() + ":" + request.getServerPort()
        + path + "/";
%>
<!DOCTYPE HTML PUBLIC "-//W3C//DTD HTML 4.01 Transitional//EN">
<html>
    <head>
    <title>发布通告</title>
    <ss:head parseContent="true" />
    </head>
    <body>
    <s:form action = "notice">
    <h3>发布通告</h3>
        <s:textfield label="标　　题" name = "title" size="70" /><br/>
        <s:textfield size="20" name = "author" label="作　　者"></s:textfield><br/>
        <s:textfield size="20" name = "telephone" label="联系方式"></s:textfield><br/>
        <ss:datetimepicker label="发布时间" name="noticeDate" type="date" displayFormat="yy-
MM-dd"/><br/>
        <s:textfield size="70" name = "linktag" label="备　注 " /><br/>
```

```
        <s:textarea cols="55" rows="10" label="内    容" name="editContent" /><br/>
        <s:submit value="提交" align="center"></s:submit>
    </s:form>
    </body>
</html>
```

4）Action Bean。

代码 14-2d NoticeAction.java-通告管理 Action。

```
package controller;

import java.util.Date;
import javax.annotation.Resource;
import org.springframework.stereotype.Controller;
import com.opensymphony.xwork2.ActionSupport;

import povo.Notice;
import service.NoticeService;

@Controller
public class NoticeAction extends ActionSupport {
    private static final long serialVersionUID = 1L;
    private String title;
    private String author;
    private String telephone;
    private Date noticeDate;
    private String linktag;
    private String editContent;

    @Resource(name="noticeService") NoticeService noticeService;

    public String getTitle() {
        return this.title;
    }
    public void setTitle(String title) {
        this.title = title;
    }

    public String getAuthor() {
        return this.author;
    }
    public void setAuthor(String author) {
        this.author = author;
    }

    public String getTelephone() {
        return this.telephone;
    }
    public void setTelephone(String telephone) {
        this.telephone = telephone;
    }

    public Date getNoticeDate() {
        return this.noticeDate;
```

```java
        }
        public void setNoticeDate(Date noticeDate) {
            this.noticeDate = noticeDate;
        }

        public String getLinktag() {
            return this.linktag;
        }
        public void setLinktag(String linktag) {
            this.linktag = linktag;
        }

        public String getEditContent() {
            return this.editContent;
        }
        public void setEditContent(String editContent) {
            this.editContent = editContent;
        }

        @Override
        public String execute() throws Exception {
            Notice notice = new Notice();
            notice.setTitle(title);
            notice.setAuthor(author);
            notice.setPhone(telephone);
            notice.setContent(editContent);
            notice.setPublictime(noticeDate);
            notice.setLinktag(linktag);
            noticeService.add(notice);
            return SUCCESS;
        }
    }
```

代码 14-2d 中通过注解@Controller，将 Struts2 中 Action 交给 Spring 管理。通过注解@Resource 注入服务层组件 noticeService。

2. 业务逻辑层

通过注解加扫描的方式实现各层组件的装配，具体配置如代码 14-2e 所示。

1）Spring 配置文件。

代码 14-2e beans.xml-Spring 配置文件。

```xml
<?xml version="1.0" encoding="UTF-8"?>
<beans xmlns="http://www.springframework.org/schema/beans"
        xmlns:xsi="http://www.w3.org/2001/XMLSchema-instance"
        xmlns:context="http://www.springframework.org/schema/context"
        xmlns:aop="http://www.springframework.org/schema/aop"
        xmlns:tx="http://www.springframework.org/schema/tx"
        xsi:schemaLocation="http://www.springframework.org/schema/beans
            http://www.springframework.org/schema/beans/spring-beans-3.0.xsd
            http://www.springframework.org/schema/context
            http://www.springframework.org/schema/context/spring-context-3.0.xsd
            http://www.springframework.org/schema/aop
            http://www.springframework.org/schema/aop/spring-aop-3.0.xsd
```

```
            http://www.springframework.org/schema/tx
            http://www.springframework.org/schema/tx/spring-tx-3.0.xsd">

    <context:annotation-config />
    <context:component-scan base-package="controller" />

    <context:property-placeholder location="classpath:jdbc.properties"/>
    <bean id="dataSource" class="com.mchange.v2.c3p0.ComboPooledDataSource" destroy-method="close">
        <property name="driverClass" value="${driverClass}"/>
        <property name="jdbcUrl" value="${jdbcUrl}"/>
        <property name="user" value="${user}"/>
        <property name="password" value="${password}"/>
        <property name="initialPoolSize" value="1"/>
        <property name="minPoolSize" value="1"/>
        <property name="maxPoolSize" value="300"/>
        <property name="maxIdleTime" value="60"/>
        <property name="acquireIncrement" value="5"/>
        <property name="idleConnectionTestPeriod" value="60"/>
    </bean>
    <bean id="sessionFactory"
          class="org.springframework.orm.hibernate3.annotation.AnnotationSessionFactoryBean">
    <property name="dataSource" ref="dataSource" />
    <property name="mappingResources">
            <list>
                <value>notice/bean/Notice.hbm.xml</value>
            </list>
    </property>
    <property name="hibernateProperties">
            <value>
                hibernate.dialect=org.hibernate.dialect.MySQL5Dialect
                hibernate.hbm2ddl.auto=update
                hibernate.show_sql=false
                hibernate.format_sql=false
                hibernate.cache.use_second_level_cache=true
                hibernate.cache.use_query_cache=false
                hibernate.cache.provider_class=org.hibernate.cache.EhCacheProvider
            </value>
        </property>
    </bean>
    <bean id="transactionManager"
          class="org.springframework.orm.hibernate3.HibernateTransactionManager">
        <property name="sessionFactory" ref="sessionFactory" />
    </bean>
    <tx:annotation-driven transaction-manager="transactionManager" />
    <bean id="noticeDAO" class="notice.dao.impl.NoticeDAOBean">
        <property name="sessionFactory" ref="sessionFactory" />
    </bean>
    <bean id="noticeService" class="notice.service.impl.NoticeServiceBean">
        <property name="noticeDAO" ref="noticeDAO"/>
    </bean>
</beans>
```

2）Service 接口与实现类。

代码 14-2f NoticeService.java-通告管理的业务逻辑服务接口。

```
package service;

import java.io.Serializable;
import povo.Notice;

public interface NoticeService {
        void add(Notice entity);
}
```

代码 14-2g 通过注解@Resource(name="noticeDAO") NoticeDAO noticeDAO 注入 DAO 层组件 noticeDAO。

代码 14-2g NoticeServiceBean.java-通告管理的业务逻辑服务实现类。

```
package service.impl;

import java.io.Serializable;
import javax.annotation.Resource;
import org.springframework.stereotype.Service;

import dao.NoticeDAO;
import povo.Notice;
import service.NoticeService;

public class NoticeServiceBean implements NoticeService {
      @Resource(name="noticeDAO") NoticeDAO noticeDAO;
        @Override
        public void add(Notice entity) {
              noticeDAO.save(entity);
        }
}
```

3. 持久层

1）POVO。

利用映射文件实现的 Hibernate 实体。

代码 14-2h Notice.java-通告管理业务的 Hibernate 实体（基于映射文件）。

```
package povo;

import java.util.Date;

public class Notice implements java.io.Serializable {
        private static final long serialVersionUID = 1L;

        private Integer id;
        private String title;
        private String author;
        private String content;
        private String phone;
        private String linktag;
        private Date publictime;

        public Integer getId() {
```

```
        return this.id;
    }
    public void setId(Integer id) {
        this.id = id;
    }

    public String getTitle() {
        return this.title;
    }
    public void setTitle(String title) {
        this.title = title;
    }

    public String getAuthor() {
        return this.author;
    }
    public void setAuthor(String author) {
        this.author = author;
    }

    public String getContent() {
        return this.content;
    }
    public void setContent(String content) {
        this.content = content;
    }

    public String getPhone() {
        return this.phone;
    }
    public void setPhone(String phone) {
        this.phone = phone;
    }

    public String getLinktag() {
        return linktag;
    }
    public void setLinktag(String linktag) {
        this.linktag = linktag;
    }

    public Date getPublictime() {
        return this.publictime;
    }
    public void setPublictime(Date publictime) {
        this.publictime = publictime;
    }
}
```

代码 14-2i 为实体 Notice 的映射文件，通过该映射文件实现代码 14-2h 所示实体的持久化。

代码 14-2i Notice.hbm.xml-通告管理业务的 Hibernate 实体 Notice 的映射文件。

```
<?xml version="1.0" encoding="UTF-8"?>
<!DOCTYPE hibernate-mapping PUBLIC
        "-//Hibernate/Hibernate Mapping DTD 3.0//EN"
        "http://hibernate.sourceforge.net/hibernate-mapping-3.0.dtd">
<hibernate-mapping package="povo">
    <class name="Notice" table="article">
        <id name="id" length="11">
            <generator class="identity"/>
        </id>
        <property name="title" length="20" not-null="true"/>
        <property name="author" not-null="true" length="20"/>
        <property name="content" not-null="true" length="20"/>
        <property name="phone" not-null="true" length="20"/>
        <property name="linktag" not-null="true" length="255"/>
        <property name="publictime" not-null="true" length="20">
            <type name="java.util.Date" />
        </property>
    </class>
</hibernate-mapping>
```

利用 annotation 实现的 Hibernate 实体。

代码 14-2j Notice.java-通告管理业务的 Hibernate 实体（基于 annotation）。

```
package povo;

import java.util.Date;
import javax.persistence.Column;
import javax.persistence.Entity;
import javax.persistence.GeneratedValue;
import static javax.persistence.GenerationType.IDENTITY;
import javax.persistence.Id;
import javax.persistence.Table;
import javax.persistence.Temporal;
import javax.persistence.TemporalType;

@Entity
@Table(name = "article", catalog = "cms")
public class Notice implements java.io.Serializable {
    private static final long serialVersionUID = 1L;

    private Integer id;
    private String title;
    private String author;
    private String phone;
    private String linktag;
    private Date publictime;
    private String content;

    @Id
    @GeneratedValue(strategy = IDENTITY)
    @Column(name = "id", unique = true, nullable = false)
    public Integer getId() {
        return this.id;
    }
```

```
        public void setId(Integer id) {
            this.id = id;
        }

        @Column(name = "title", nullable = false, length = 50)
        public String getTitle() {
            return this.title;
        }
        public void setTitle(String title) {
            this.title = title;
        }

        @Column(name = "author", nullable = false, length = 20)
        public String getAuthor() {
            return this.author;
        }
        public void setAuthor(String author) {
            this.author = author;
        }

        @Column(name = "phone", length = 20)
        public String getPhone() {
            return this.phone;
        }
        public void setPhone(String phone) {
            this.phone = phone;
        }

        @Temporal(TemporalType.DATE)
        @Column(name = "publictime", nullable = false, length = 10)
        public Date getPublictime() {
            return this.publictime;
        }
        public void setPublictime(Date publictime) {
            this.publictime = publictime;
        }

        @Column(name = "linktag", length = 255)
        public String getLinktag() {
            return this.linktag;
        }
        public void setLinktag(String linktag) {
            this.linktag = linktag;
        }

        @Column(name = "content")
        public String getContent() {
            return this.content;
        }
        public void setContent(String content) {
            this.content = content;
        }
}
```

2）DAO 接口及实现类。

代码 14-2k　NoticeDAO.java-通告管理的 DAO 接口。

```
package dao;

import povo.Notice;

public interface NoticeDAO {
	public void save(Notice entity);
}
```

代码 14-2l 中注解@Transactional 表示对 NoticeDAOBean 中的方法开启事务，其中 sessionFactory 实例通过代码 14-2e（beans.xml）所示配置文件可知，由 Spring 容器给其注入。

代码 14-2l　NoticeDAO.java-通告管理的 DAO 实现类。

```
package dao.impl;

import org.hibernate.Session;
import org.hibernate.SessionFactory;
import org.springframework.context.ApplicationContext;
import org.springframework.transaction.annotation.Transactional;

import dao.NoticeDAO;
import dao.impl.NoticeDAOBean;

import povo.Notice;

@Transactional
public class NoticeDAOBean  implements NoticeDAO {
	private SessionFactory sessionFactory;

	public SessionFactory getSessionFactory() {
		return sessionFactory;
	}

	public void setSessionFactory(SessionFactory sessionFactory) {
		this.sessionFactory = sessionFactory;
	}

	public void save(Notice entity) {
		Session s = null;
		try {
			s = sessionFactory.getCurrentSession();
			s.save(entity);
		} catch (RuntimeException re) {
			throw re;
		}
	}

	public static NoticeDAO getFromApplicationContext(ApplicationContext ctx) {
		return (NoticeDAO) ctx.getBean("NoticeDAOBean");
	}
}
```

14.6 基于经典 Java EE 框架

14.6.1 系统设计

在基于经典 Java EE 框架的 Web 应用开发中，JSF 页面作为分析中边界类对应的实现，JSF 托管 Bean 和服务层的 EJB 会话 Bean 作为控制类的实现，DAO 与 VO 的 Java Bean 作为实体类的实现。各层之间交互的序列图如图 14-8 所示。

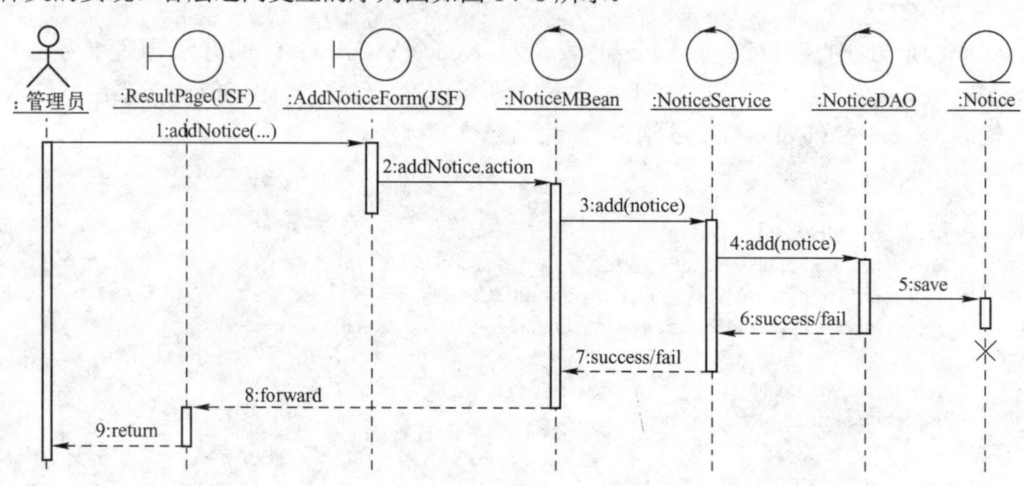

图 14-8　经典 Java EE 框架中各层对象之间的交互（以发布通告为例）

14.6.2 系统各层的实现

表现层、业务逻辑层和持久层各自实现的示例代码分别是代码 14-3a 到代码 14-3l 所示。

1. 表现层

1）Web 应用的配置文件。

代码 14-3a　web.xml-Web 应用配置文件。

```
<?xml version="1.0" encoding="UTF-8"?>
<web-app xmlns="http://java.sun.com/xml/ns/javaee" xmlns:xsi="http://www.w3.org/2001/XMLSchema-
      instance" version="2.5" xsi:schemaLocation="http://java.sun.com/xml/ns/javaee
      http://java.sun.com/xml/ns/javaee/web-app_2_5.xsd">
  <servlet>
    <servlet-name>Faces Servlet</servlet-name>
    <servlet-class>javax.faces.webapp.FacesServlet</servlet-class>
    <load-on-startup>0</load-on-startup>
  </servlet>
  <servlet-mapping>
    <servlet-name>Faces Servlet</servlet-name>
    <url-pattern>*.faces</url-pattern>
  </servlet-mapping>
  <welcome-file-list>
    <welcome-file>index.faces</welcome-file>
  </welcome-file-list>
</web-app>
```

2）JSF 配置文件。

代码 14-3b Faces-config.xml-JSF 配置文件。

```
<?xml version="1.0" encoding="UTF-8"?>
<faces-config version="1.2" xmlns="http://java.sun.com/xml/ns/javaee"
 xmlns:xi="http://www.w3.org/2001/XInclude"
 xmlns:xsi="http://www.w3.org/2001/XMLSchema-instance"
    xsi:schemaLocation="http://java.sun.com/xml/ns/javaee
    http://java.sun.com/xml/ns/javaee/web-facesconfig_1_2.xsd">
<managed-bean>
    <managed-bean-name>notice</managed-bean-name>
    <managed-bean-class>controller.NoticeMBean</managed-bean-class>
    <managed-bean-scope>request</managed-bean-scope>
    <managed-property>
        <property-name>noticeDate</property-name>
        <property-class>java.util.Date</property-class>
        <value/>
    </managed-property>
</managed-bean>

<navigation-rule>
    <from-view-id>/addNotice.jsp</from-view-id>
    <navigation-case>
        <from-outcome>success</from-outcome>
        <to-view-id>/success.jsp</to-view-id>
    </navigation-case>
</navigation-rule>
</faces-config>
```

3）EJB 实例工厂。

代码 14-3c EJBFactory.java-EJB 实例工厂。

```
package util;

import java.util.*;
import javax.naming.InitialContext;
import javax.naming.Context;
import javax.naming.NamingException;

public class EJBFactory {

    public static Object lookup(String ejbrefname) {
        try {
            Properties props = new Properties();
             props.setProperty(Context.INITIAL_CONTEXT_FACTORY,
                             "org.jnp.interfaces.NamingContextFactory");
             props.setProperty(Context.PROVIDER_URL, "localhost:1099");
             InitialContext ctx = new InitialContext(props);
             return ctx.lookup(ejbrefname);
        } catch (NamingException e) {
             e.printStackTrace();
        }
         return null;
    }
}
```

代码 14-3c 主要功能是完成表现层与业务逻辑层的连接。

4）JSF 托管 Bean。

代码 14-3d NoticeMBean.java-通告管理的 JSF 托管 Bean。

```
package controller;

import service.NoticeServiceRemote;

import util.EJBFactory;
import povo.Notice;

public class NoticeMBean {
        private String title;
        private String author;
        private String telephone;
        private java.util.Date noticeDate;
        private String linktag;
        private String editContent;

        public NoticeMBean() {
        }

        public String getTitle() {
              return this.title;
        }
        public void setTitle(String title) {
              this.title = title;
        }

        public String getAuthor() {
              return this.author;
        }
        public void setAuthor(String author) {
              this.author = author;
        }

        public String getTelephone() {
              return this.telephone;
        }
        public void setTelephone(String telephone) {
              this.telephone = telephone;
        }

        public java.util.Date getNoticeDate() {
              return this.noticeDate;
        }
        public void setNoticeDate(java.util.Date noticeDate) {
              this.noticeDate = noticeDate;
        }

        public String getLinktag() {
              return this.linktag;
```

```
        }
        public void setLinktag(String linktag) {
            this.linktag = linktag;
        }

        public String getEditContent() {
            return this.editContent;
        }
        public void setEditContent(String editContent) {
            this.editContent = editContent;
        }

        public String submit(){
        NoticeServiceRemote noticeService = (NoticeServiceRemote)EJBFactory.lookup("notice");
        Notice notice = new Notice();
        notice.setTitle(title);
        notice.setAuthor(author);
        notice.setPhone(telephone);
        notice.setContent(editContent);
        notice.setPublictime(noticeDate);
        notice.setLinktag(linktag);
        noticeService.add(notice);
        return "success";
        }
}
```

2. 业务逻辑层

1）EJB 远程接口。

代码 14-3e NoticeServiceRemote.java-通告管理的 EJB 远程接口。

```
package service;

import javax.ejb.Remote;

import povo.Notice;

@Remote
public interface NoticeServiceRemote {
        public void add(Notice notice);
}
```

2）EJB 本地接口。

代码 14-3f NoticeServiceRemote.java-通告管理的 EJB 本地接口。

```
package service;

import javax.ejb.Local;
import povo.Notice;

@Local
public interface NoticeServiceLocal {
        public void add(Notice notice);
}
```

3）EJB 的 Bean 类。

代码 14-3g NoticeServiceRemote.java-通告管理的 EJB 的 Bean 类。

```
package service;

import javax.ejb.Stateless;

import povo.Notice;
import dao.*;

@Stateless(mappedName = "notice")
public class NoticeService implements NoticeServiceLocal, NoticeServiceRemote {
        public void add(Notice entity) {
              INoticeDAO noticeDAO = new NoticeDAO();
              noticeDAO.save(entity);
        }
}
```

3. 持久层

1）JPA 配置文件。

代码 14-3h Persistence.xml-JPA 配置文件。

```
<?xml version="1.0" encoding="UTF-8"?>
<persistence xmlns="http://java.sun.com/xml/ns/persistence"
     xmlns:xsi="http://www.w3.org/2001/XMLSchema-instance"
     xsi:schemaLocation="http://java.sun.com/xml/ns/persistence
     http://java.sun.com/xml/ns/persistence/persistence_1_0.xsd" version="1.0">

     <persistence-unit name="cms_jpaPU"
      transaction-type="RESOURCE_LOCAL">
      <provider>org.hibernate.ejb.HibernatePersistence</provider>
      <class>povo.Notice</class>
      <properties>
            <property name="hibernate.connection.driver_class"
                  value="com.mysql.jdbc.Driver" />
            <property name="hibernate.connection.url"
                  value="jdbc:mysql://localhost:3306/cms" />
            <property name="hibernate.connection.username" value="root" />
            <property name="show_sql" value="true" />
            <property name="hibernate.hbm2ddl.auto" value="update"/>
      </properties>
      </persistence-unit>
</persistence>
```

2）POVO。

代码 14-3i Notice.java-通告管理的 JPA 实体。

```
package povo;

import java.util.Date;
import javax.persistence.Column;
import javax.persistence.Entity;
import javax.persistence.GeneratedValue;
import static javax.persistence.GenerationType.IDENTITY;
import javax.persistence.Id;
import javax.persistence.Table;
```

```
import javax.persistence.Temporal;
import javax.persistence.TemporalType;

@Entity
@Table(name = "article", catalog = "cms")
public class Notice implements java.io.Serializable {
	private static final long serialVersionUID = 1L;

	private Integer id;
	private String author;
	private String linktag;
	private String content;
	private String phone;
	private Date publictime;
	private String title;

	public Notice() {
	}

	public Notice(String author, Date publictime, String title) {
		this.author = author;
		this.publictime = publictime;
		this.title = title;
	}

	public Notice(String author, String comments, String content,
			String phone, Date publictime, String title) {
		this.author = author;
		this.linktag = comments;
		this.content = content;
		this.phone = phone;
		this.publictime = publictime;
		this.title = title;
	}

	@Id
	@GeneratedValue(strategy = IDENTITY)
	@Column(name = "id", unique = true, nullable = false)
	public Integer getId() {
		return this.id;
	}
	public void setId(Integer id) {
		this.id = id;
	}

	@Column(name = "author", nullable = false, length = 20)
	public String getAuthor() {
		return this.author;
	}
	public void setAuthor(String author) {
		this.author = author;
	}
```

```
        @Column(name = "linktag")
        public String getLinktag() {
            return this.linktag;
        }
        public void setLinktag(String linktag) {
            this.linktag = linktag;
        }

        @Column(name = "content")
        public String getContent() {
            return this.content;
        }
        public void setContent(String content) {
            this.content = content;
        }

        @Column(name = "phone", length = 20)
        public String getPhone() {
            return this.phone;
        }
        public void setPhone(String phone) {
            this.phone = phone;
        }

        @Temporal(TemporalType.DATE)
        @Column(name = "publictime", nullable = false, length = 10)
        public Date getPublictime() {
            return this.publictime;
        }
        public void setPublictime(Date publictime) {
            this.publictime = publictime;
        }

        @Column(name = "title", nullable = false, length = 50)
        public String getTitle() {
            return this.title;
        }
        public void setTitle(String title) {
            this.title = title;
        }

        public String toString() {
            String sRet = this.title + " " + this.content + " " + this.publictime;
            return sRet;
        }
    }
```

3）JPA 实体管理器协助类。

代码 14-3j EntityManagerHelper.java-JPA 实体管理器协助类。

```
package dao;

import java.util.logging.Level;
```

```
import java.util.logging.Logger;

import javax.persistence.EntityManager;
import javax.persistence.EntityManagerFactory;
import javax.persistence.Persistence;
import javax.persistence.Query;

public class EntityManagerHelper {

    private static final EntityManagerFactory emf;
    private static final ThreadLocal<EntityManager> threadLocal;
    private static final Logger logger;

    static {
        emf = Persistence.createEntityManagerFactory("cms_jpaPU");
        threadLocal = new ThreadLocal<EntityManager>();
        logger = Logger.getLogger("cms_jpaPU");
        logger.setLevel(Level.ALL);
    }

    public static EntityManager getEntityManager() {
        EntityManager manager = threadLocal.get();
        if (manager == null || !manager.isOpen()) {
            manager = emf.createEntityManager();
            threadLocal.set(manager);
        }
        return manager;
    }

    public static void closeEntityManager() {
        EntityManager em = threadLocal.get();
        threadLocal.set(null);
        if (em != null) em.close();
    }

    public static void beginTransaction() {
        getEntityManager().getTransaction().begin();
    }

    public static void commit() {
        getEntityManager().getTransaction().commit();
    }

    public static void rollback() {
        getEntityManager().getTransaction().rollback();
```

```
        }

        public static Query createQuery(String query) {
            return getEntityManager().createQuery(query);
        }

        public static void log(String info, Level level, Throwable ex) {
            logger.log(level, info, ex);
        }
    }
```

代码 14-3j 主要是创建实体管理器工厂，并通过该工厂创建实体管理器对象。

4）DAO 接口及实现类。

代码 14-3k INoticeDAO.java-通告管理的 DAO 接口。

```
package dao;

import java.util.List;

import povo.Notice;

public interface INoticeDAO {
    public void save(Notice entity);
}
```

在代码 14-3l 的业务方法 save()中，通过实体管理器 em 完成对实体对象 entity 的持久化操作。

代码 14-3l NoticeDAO.java-通告管理的 DAO 实现类。

```
package dao;

import java.util.Date;
import java.util.List;
import java.util.logging.Level;
import javax.persistence.EntityManager;
import javax.persistence.Query;
import javax.persistence.EntityTransaction;

import povo.Notice;

public class NoticeDAO implements INoticeDAO {
    private EntityManager getEntityManager() {
        return EntityManagerHelper.getEntityManager();
    }

    //保存 Notice 实体
    public void save(Notice entity) {
        EntityManagerHelper.log("saving Notice instance", Level.INFO, null);
        EntityTransaction et = null;
```

```
        try {
            EntityManager em = getEntityManager();
            et = em.getTransaction();
            et.begin();
            em.persist(entity);
            et.commit();
            EntityManagerHelper.log("save successful", Level.INFO, null);
        } catch (RuntimeException re) {
            et.rollback();
            EntityManagerHelper.log("save failed", Level.SEVERE, re);
            throw re;
        }
    }
}
```

14.7 本章小结

本章介绍一个简单的内容发布系统中通告发布功能的完整开发过程示例。通过给出基于MVC模型、轻量级SSH框架和经典Java EE框架3种Java Web开发模型/框架的对照开发示例，以期获得Java EE应用不同开发方法的总体把握。系统中其他功能的示例代码请参考随书附带的案例项目开发源代码。

拓展阅读参考：

[1] Wikipedia. 内容管理系统[OL]. http://zh.wikipedia.org/wiki/内容管理系统.

[2] Ivar Jacobson, Grady Booch, James Rumbaugh. 统一软件开发过程[M]. 周伯生，等译. 北京：机械工业出版社，2002.

[3] 王珊，萨师煊. 数据库系统概论 [M]. 4版. 北京：高等教育出版社，2006.

[4] 李绪成，等. Java EE实用教程——基于WebLogic和Eclipse[M]. 2版. 北京：电子工业出版社，2011.

[5] 刘京华. Java Web整合开发王者归来（JSP+Servlet+Struts+Hibernate+Spring）[M]. 北京：清华大学出版社，2010.

精品教材推荐目录

序号	书　号	书　名	作　者	定价	获奖情况
1	978-7-111-44718-4	大学计算机基础(Windows 7+Office 2010) 第3版	刘瑞新	39.00	
2	978-7-111-28676-9	计算机应用基础教程(Windows XP+Office 2003)	刘志强	38.00	
3	978-7-111-47047-2	计算机应用基础(Windows 7+Office 2010)第2版	宁　玲	43.00	
4	978-7-111-43012-4	新编C语言程序设计教程	钱雪忠	39.90	
5	978-7-111-33365-4	C++程序设计教程—化难为易地学习C++	黄品梅	35.00	十二五
6	978-7-111-48279-6	Visual Basic程序设计教程(第3版)	刘瑞新	39.90	
7	978-7-111-31223-9	ASP.NET程序设计教程(C#版)第2版	崔　淼	38.00	
8	978-7-111-39152-4	ASP.NET程序设计教程	崔连和	42.00	
9	978-7-111-46103-6	Android应用程序开发	汪杭军	49.00	
10	978-7-111-45858-6	数据库系统原理及应用教程(SQL Server 2008)第4版	苗雪兰 刘瑞新	39.90	十二五、十一五
11	978-7-111-45454-0	数据库原理及应用(Access版)第3版	吴　靖	39.00	北京精品教材
12	978-7-111-48219-2	Visual FoxPro程序设计教程(第3版)	刘瑞新	39.90	
13	978-7-111-39525-6	多媒体技术应用教程(第7版)	赵子江	39.00	十二五、十一五、全国优秀畅销书奖
14	978-7-111-26505-4	多媒体技术基础(第2版)	赵子江	36.00	北京精品教材
15	978-7-111-44520-3	计算机网络——原理、技术与应用(第2版)	王相林	49.90	浙江精品教材
16	978-7-111-08257-5	计算机网络应用教程(第3版)	王　洪	32.00	北京精品教材
17	978-7-111-36023-0	无线移动互联网——原理、技术与应用	崔　勇	52.00	十二五、北京精品教材立项
18	978-7-111-20898-3	TCP/IP协议分析及应用	杨延双	39.00	北京精品教材
19	978-7-111-46983-4	网络安全技术及应用(第2版)	贾铁军	49.00	上海精品教材
20	978-7-111-45196-9	物联网导论	薛燕红	45.00	
21	978-7-111-39540-9	物联网概论	韩毅刚	45.00	
22	978-7-111-41218-2	网页设计与制作教程(HTML+CSS+JavaScript)	刘瑞新	39.90	
23	978-7-111-43389-7	操作系统原理	周　苏	49.90	
24	978-7-111-35895-4	Linux应用基础教程——Red Hat Enterprise Linux/CentOS 5	梁如军	58.00	
25	978-7-111-23424-1	嵌入式系统原理及应用开发	陈　渝	35.00	北京精品教材
26	978-7-111-45795-4	数据结构与算法(第3版)	张小莉	39.90	
27	978-7-111-26532-0	软件开发技术基础(第2版)	赵英良	34.00	十二五、十一五
28	978-7-111-27907-5	计算机软件技术基础	李淑芬	30.00	北京精品教材立项
29	978-7-111-26103-2	信息安全概论	李　剑	28.00	
30	978-7-111-40081-3	防火墙技术与应用	陈　波	29.00	